# 化学化工实验

## 基础·综合·设计

赵龙涛　主编　刘　建　高玉梅　杨　柳　参加编写

化学工业出版社
·北 京·

本书首先介绍化学化工实验室安全守则和化学化工实验基础知识，然后按照基础实验、综合实验、设计实验的顺序将无机化学、分析化学、有机化学、物理化学、化工原理等课程的实验进行了整合，实验内容包括基本操作训练；化合物的提取、制备方法；化合物性质检验；综合设计实验等，结合实验内容讲解了实验仪器的操作。本书是作者在总结多年实验教学改革和实践的基础上，借鉴和吸收各高校教学改革经验编写而成。本书在实验内容选择和实验教学方法的设计中，充分注意结合化学化工实验的特点和实验学时的限制，体现了对学生既能进行具体的实验指导又能启发他们进行积极的思维。

本书可作为高等院校化学、化工、生物、药学、医学、食品、材料、环境、高分子等相关专业的基础化学化工实验教材，也可供相关领域的科研技术人员参考使用。

**图书在版编目（CIP）数据**

化学化工实验　基础·综合·设计/赵龙涛主编.
北京：化学工业出版社，2013.8（2024.2重印）
ISBN 978-7-122-17792-6

Ⅰ.①化…　Ⅱ.①赵…　Ⅲ.①化学实验-高等学校-教材②化学工业-化学实验-高等学校-教材　Ⅳ.①O6-3②TQ016

中国版本图书馆 CIP 数据核字（2013）第 138084 号

责任编辑：李玉晖　杨　菁　　文字编辑：糜家铃
责任校对：王素芹　　装帧设计：张辉

出版发行：化学工业出版社（北京市东城区青年湖南街 13 号　邮政编码 100011）
印　　装：北京捷迅佳彩印刷有限公司
787mm×1092mm　1/16　印张 19　字数 473 千字　2024 年 2 月北京第 1 版第 9 次印刷

购书咨询：010-64518888　　售后服务：010-64518899
网　　址：http://www.cip.com.cn
凡购买本书，如有缺损质量问题，本社销售中心负责调换。

定　　价：38.00 元　

# 前　言

化学化工实验是化工类及其相关专业的专业基础课，实验教学在培养高科技人才的基本素质和能力方面具有其他基础课程无法替代的重要作用。为适应科学技术发展和实验教学改革的趋势，编者广泛参阅了近年来出版的化学化工类实验教材，结合自己的教学实践，编写这本《化学化工实验》。

本书涉及无机化学、分析化学、有机化学、物理化学、化工原理 5 门课程的基础实验，并将几门课程的实验进行了整合，按照基础性-综合性-设计性三个层次推进实验内容。全书共分 5 篇，包括化学化工实验室安全守则、化学化工实验基本知识、基础实验、综合实验、设计实验。实验内容涵盖基本操作训练；常规设备操作；化合物的提取、制备方法；化合物性质；综合设计实验等。本书在实验内容选择和实验教学方法的设计中，充分注意结合化学化工实验的特点和实验学时的限制，体现了对学生既能进行具体的实验指导又能启发他们进行积极思维。

本书由赵龙涛主编，刘建、高玉梅、杨柳参加编写。承蒙卢奎教授、高琳教授审稿，两位教授提出了许多宝贵的意见和积极的建议，帮助编者提高了书稿的质量，在此表示衷心感谢。同时历年来从事化学化工实验教学的老师和实验员以及历届学生的教学实践也给予我们很多有益的启示，在此谨致谢意。

本书既可作为高等院校化学工程与工艺及其相关专业的化学化工实验教学的教材或教学参考书，也可作为化工、石油、纺织、食品、环境工程、医药等领域从事科研、生产的技术人员的参考书。

由于编者水平所限，书中如有不妥之处，衷心希望读者给予指教，以使本教材日臻完善。

编　者

**2013 年 4 月**

# 目录

## 第一篇 化学化工实验室安全守则



## 第二篇 化学化工实验基本知识



## 第三篇 基础实验

## 第四篇　综合实验

## 第五篇　设计实验



## 附　录

# 第一篇　化学化工实验室安全守则

进入化学化工实验室，每个人务必要重视安全问题，决不能麻痹大意。这就要求进入化学化工实验室的每一个人，都必须十分熟悉实验室的一般安全守则；熟悉易燃、易爆、具有腐蚀性的药物及毒物的使用规则；熟悉化学化工实验意外事故的处理及急救措施。在做每一个实验前都应充分了解该实验的有关安全注意事项，在整个实验过程中，都应集中注意力，严格遵守操作规程和各项安全守则，避免事故的发生。

## 第一节　实验室的一般安全守则

(1)师生务必了解实验室内及周围环境各项灭火和救护设备(如沙箱、灭火器、急救箱等)及安放的位置，以及水、门、电闸的位置；熟悉各类灭火器的性能和使用方法。

(2)遵守纪律，保持肃静，集中思想，认真操作。仔细观察各种现象，并如实地详细记录在实验报告中。严禁在实验室内饮食、吸烟。

(3)使用电器时，要谨防触电。不要用湿手、湿物接触电器设备。实验后应随手关闭电器开关。

(4)加热试管时，试管口不要对着自己和别人，也不要俯视正在加热的液体，以免液体溅出而受到伤害。

(5)使用药品时应注意下列几点：

①药品应按规定量取用，如果书中未规定用量，应注意节约，尽量少用。

②取用固体药品时，注意勿使其洒落在实验台上。

③药品自瓶中取出后，不应倒回原瓶中，以免带入杂质而引起瓶中药品变质。

④试剂瓶用过后，应立即盖上塞子并放回原处，以免和其他瓶上的塞子弄错，混入杂质。

⑤同一滴管在未洗净时，不应在不同的试剂瓶中吸取溶液。

⑥实验教材中规定在做完实验后要回收的药品，都应倒入回收瓶中。

(6)不要直接用手触及毒物。实验时应保持实验室和桌面清洁整齐，废纸、火柴梗和废液等应倒在废物缸内，严禁倒入水槽内，以防水槽堵塞和腐蚀，碎玻璃应放在废玻璃箱内回收。

(7)使用精密仪器时，严格按照操作规程进行操作，细心谨慎，避免粗枝大叶而损坏仪器。如发现仪器有故障，应立即停止使用并报告指导教师，及时排除故障。

(8)实验后，应将仪器洗刷干净，放回指定的位置，整理好桌面，把实验台擦干净，并打扫地面，最后检查水龙头是否关紧。实验室内一切物品(仪器、药品和产物等)不得带离实验室。离开实验室前，需经指导教师签字。实验完毕，洗净双手方可离开实验室。

(9)根据原始记录数据，认真地写出实验报告，按时交给实验指导教师。

## 第二节　事故的预防

(1)涉及氢气的实验，操作时要远离明火，点燃氢气前，必须先检查氢气的纯度。

(2)银氨溶液久置后会变成氮化银而发生爆炸，因此，用剩的银氨溶液必须酸化后回收。

(3)某些强氧化剂(如氯酸钾、过氧化钠、硝酸钾、高锰酸钾)或其混合物(如氯酸钾与红磷、碳、硫等的混合物)不能研磨，以防爆炸。

(4)钾、钠暴露在空气中或与水接触易燃烧，应保存在煤油中，并用镊子取用。

(5)白磷在空气中易自燃且有剧毒，能灼伤皮肤，切勿与人体接触，应保存在水中，在水下切割并用镊子取用。

(6)实验室中使用的有机溶剂大多是易燃的，因此，着火是有机实验中常见的事故。防火的基本原则是使火源与溶剂尽可能离得远些。易燃、易挥发药品不能放置在敞口容器中。盛有易燃有机溶剂的容器不得靠近火源，数量较大的易燃有机溶剂应放在危险药品橱柜内。

回流或蒸馏液体时应放沸石，以防溶液因过热暴沸而冲出。若在加热后发现未放沸石，则应停止加热，稍冷却后再放。否则在过热溶液中放入沸石会导致液体迅速沸腾，冲出瓶外而引起火灾。不要用火焰直接加热烧瓶，而应根据液体沸点高低采用相应的加热方法(如水浴加热)。冷凝水要保持畅通，以免大量蒸汽来不及冷凝就逸出而造成火灾。

(7)浓酸、浓碱具有强腐蚀性，切勿使其溅在皮肤或衣服上，尤其要注意保护眼睛。稀释时(特别是浓硫酸)，应将它们慢慢倒入水中而不能相反进行，以避免迸溅。

(8)实验中用的有些有毒物质会渗入皮肤，因此，在接触固体或液体有毒物质时，必须戴橡胶皮手套，操作后应立即洗手。切勿让毒品触及五官或伤口，例如氰化钠触及伤口后就会随着血液循环遍及全身，严重者会造成中毒死亡事故。能产生有毒、有刺激性恶臭气体(如硫化氢、氯气、一氧化碳、二氧化碳、二氧化氮、二氧化硫、溴等)的实验，都要在通风橱或台面通风口下面进行操作，并且实验开始后不要将头伸进橱内，器皿使用后应立即清洗。

(9)嗅闻气体时，用手轻拂气体，把少量气体扇向自己的鼻孔，决不能将鼻子直接对着瓶口。

(10)可溶性汞盐、铬(Ⅵ)的化合物、氰化物、砷盐、锑盐、镉盐和钡盐都有毒，不得进入口内或接触伤口，其废液也不能倒入下水道，应集中统一处理。

(11)金属汞易挥发，它在人体内会累积起来引起慢性中毒。一旦把汞洒落在桌上或地面，必须尽可能收集起来，并用硫黄粉盖在洒落的地方，使汞转变成不挥发的硫化汞。

(12)有些有机物遇到强氧化剂时会发生猛烈爆炸或燃烧，操作时应特别小心。存放药品时，应将氯酸钾、过氧化物、浓硝酸等强氧化剂和有机药品分开。

## 第三节　意外事故的处理及救护措施

(1)割伤。在伤口上抹红药水或紫药水，撒些消炎粉并包扎，或贴上止血贴。如被玻璃扎伤，应先挑出伤口里的玻璃碎片再包扎。

(2)烫伤。切勿用水冲洗，在烫伤处抹上烫伤膏或万花油。

(3)受酸腐蚀。先用大量水冲洗，再用饱和碳酸氢钠溶液或稀氨水洗，最后再用水洗。如果酸溅入眼内也用此法处理。

(4)受碱腐蚀。先用大量水冲洗，再用醋酸($20g\cdot L^{-1}$)洗，最后再用水冲洗。如果碱溅入眼中，可用硼酸溶液洗，再用水洗。

(5)受溴腐蚀。用苯或甘油洗，再用水洗。

(6)受白磷灼伤。用1%(质量分数)硫酸银溶液、1%(质量分数)硫酸铜溶液或浓高锰酸钾溶液洗后进行包扎。

(7)吸入刺激性气体。吸入氯、氯化氢气体时，可吸入少量乙醇和乙醚的混合蒸气解毒。吸入硫化氢气体而感到不适时，立即到室外呼吸新鲜空气。

(8)毒物进入口内。把5～10mL 5%(质量分数)稀硫酸铜溶液加入一杯温水中，内服后，用手指伸入咽喉部，促使呕吐再送医院治疗。

(9)触电。首先切断电源，然后在必要时进行人工呼吸。

(10)起火。起火后，要立即一面灭火，一面防止火势扩展(如采取切断电源，停止加热，停止通风，移走易燃、易爆物品等措施)。灭火方法要根据起火原因采取扑灭的方法。

①一般的小火可用湿布、石棉布或沙土覆盖在燃烧物上。

②火势大时可用泡沫灭火器喷射起火处。

③由电器设备引起的火灾，不能用泡沫灭火器扑救(以免触电)，只能用四氯化碳气体或二氧化碳灭火器扑灭。

④某些化学药品(如金属钠)和水反应引起的火灾，应用沙土来灭火。

⑤实验人员衣服着火时，切勿惊慌乱跑，应立即脱下衣服，或用石棉布覆盖着火处，或就地卧倒打滚。伤势重者，立即送医院。

# 第二篇　化学化工实验基本知识

## 第一节　化学化工实验的目的

化学化工实验是化学工程与工艺、高分子材料、轻化工程、环境工程、生物工程等各有关专业学生必修的一门重要基础实验课，它为学生学习专业基础课、专业课以及从事相关工作奠定必要的基础。该课程的目的主要是培养学生理论联系实际的工作作风，严谨的科学态度，良好的实验工作习惯，细致的观察能力、思维能力，综合分析问题和解决问题的能力。

(1)使学生通过实验获得感性知识，巩固和加深对化学基本理论、基础知识的理解。

(2)对学生进行严格的化学实验基本操作和基本技能的训练，使其学会使用一些常用仪器。

(3)培养学生独立进行实验、组织与设计实验的能力。例如，细致观察与记录实验现象的能力，正确测定与处理实验数据的能力，正确阐述实验结果的能力等。

(4)培养学生严谨的科学态度、良好的实验作风和环境保护意识。

化学化工实验课还为学生学习后续课程、参与实际工作和科学研究打下良好的基础。

## 第二节　化学化工实验的学习方法

要达到实验目的，不仅要有正确的学习态度，还需要有正确的学习方法。做好化学化工实验必须掌握如下几个环节。

**1. 实验前的预习**

学生在实验前应认真仔细阅读实验内容，预先了解实验的目的，了解所用仪器的构造和使用方法，了解实验操作过程。并结合实验教材及有关资料，全面了解实验方法，掌握实验原理，在全面预习的基础上写出实验预习报告。每人准备一个记录本写预习报告。预习报告要求写出实验目的、实验所用仪器和试剂、实验步骤，并列出实验时所要记录的数据表格。

**2. 仔细实验，如实记录，积极思考**

在实验操作过程中，应严格按照规范进行操作，并且随时注意观察记录实验现象，特别是有一些反常的现象出现时，不但要认真记录，而且要相信自己，不轻易放弃正在进行的实验，一定要进行到底并完整记录。记录实验数据必须完整、准确，不得随意更改或删减、修整实验数据，实验数据应清楚、整齐地记录在预习报告本已画好的数据表格中。同时要勤于思考分析问题，培养良好的实验习惯和科学作风。

**3. 认真写好实验报告**

写实验报告是化学化工实验课程的基本训练，书写实验报告时，要求开动脑筋、探讨钻研问题、认真计算。通过写实验报告，学生在实验数据处理、作图、误差分析、逻辑思维等方面都能得到训练和提高，达到加深理解实验内容、提高写作能力和培养严谨的科学态度的目的，为今后写科学论文打下良好基础。

**4. 严格遵守实验室规则，注意安全**

保持实验室内安静、整洁。实验台面保持清洁，仪器和试剂按照规定摆放整齐有序。爱护实验仪器设备，实验中如发现仪器工作不正常，应及时报告教师处理。实验中要注意节约。安全使用电、水和有毒或腐蚀性的试剂。每次实验结束后，应将所用的试剂及仪器复原，清洗好用过的器皿，整理好实验室。

## 第三节　化学化工实验的基本操作

### 一、玻璃仪器的洗涤、干燥与存放

**1. 玻璃仪器的洗涤**

洗涤仪器是保证实验顺利完成的重要环节，应当养成良好的习惯，每次实验完成后，应及时正确将仪器洗涤干净，否则久置会使污垢不易洗掉，洗涤时应注意：

①实验完毕后应趁热将仪器拆开，以防仪器出现热套死现象。

②洗涤仪器时应在仪器冷却至室温后进行。如果仪器用水洗刷不干净，需用毛刷蘸取少量去污粉擦洗器壁，直至污垢去掉后再用自来水冲洗干净，最后用蒸馏水漂洗 1～2 次。玻璃洗涤干净的标准是器壁能均匀地被水所润湿而不沾附水珠。

③对一些容积精确、形状特殊、不便刷洗的仪器中不易洗去的脏物，应视脏物的性质，用少量回收的有机溶剂洗涤，或用少量稀酸、碱处理，也可用铬酸洗液清洗。方法是往仪器内加入少量洗液，将仪器倾斜慢慢转动，使内壁全部为洗液湿润，反复操作数次后，把洗涤后的废液倒回回收瓶中，然后用自来水清洗，最后用蒸馏水漂洗两次。

常用的洗涤剂如下。

(1)铬酸洗液　配制方法是：称取 10g $K_2Cr_2O_7$(工业级即可)于烧杯中，加入约 20mL 热水溶解后，在不断搅拌下，缓慢加入 200mL 浓 $H_2SO_4$，冷却后，转入玻璃瓶中，备用。铬酸洗液具有强氧化性，能除去无机物、油污和部分有机物。其溶液呈暗红色，可反复使用，当溶液呈绿色时，表示已经失效，须重新配制。铬酸洗液腐蚀性很强，且对人体有害，使用时应特别注意安全，切不可将其倒入水池中。

(2)合成洗涤剂　主要是洗衣粉、洗洁精等，适用于去除油污和某些有机物。

(3)盐酸-乙醇溶液　盐酸-乙醇溶液是化学纯盐酸和乙醇(1∶2)的混合溶液，用于洗涤被有色物污染的比色皿、容量瓶和移液管等。

(4)有机溶剂洗涤液　常用的有机溶剂洗涤液有丙酮、乙醚、苯或 NaOH 的饱和乙醇溶液，用于洗去聚合物、油脂及其他有机物。

**2. 仪器的干燥与存放**

化学化工实验常需使用干燥的仪器以保证反应不受到水的干扰，特别是一些要求绝对无水的实验更应如此，因此仪器的干燥是不能忽视的基本工作。实验中，如能合理利用时间净化、干燥仪器，随用随取，无疑可提高实验质量，节约实验时间。

最简单的办法是晾干法，即将洗净的仪器，如烧杯、量筒等，倒净水滴(器壁应不挂水珠)倒置或将管形仪器开口端向下竖立于柜内，几天后即阴干。若仪器急需干燥，可使用气流烘干器、干燥电烘箱及有机溶剂干燥法等来实现。

气流烘干器上斜立着粗细不同的若干带孔的管子，热风经过管孔吹入套在这些管上的仪器中，吹干后再换冷风吹冷，效果良好，最适于管状仪器如冷凝管、量筒、分液漏斗(拔开活塞)等的吹干。

烘箱容积大，适用于干燥体积较大的仪器。烧杯、烧瓶等仪器尽量倒净水后，开口朝上放入箱内，烘干后放石棉网上冷却后使用。

厚壁仪器如量筒、抽滤瓶等以及普通冷凝管等不宜用烘箱烘干；分液漏斗、滴液漏斗宜沥干，若急用，烘干时要拔开活塞、盖子，去掉橡皮筋或连带的橡皮塞等附件后再烘。

**3. 玻璃仪器的保养**

鉴于标准磨口仪器较精密，价格较高，因此，在使用标准磨口仪器时应特别小心，并应做到以下几点。

①始终保证磨口表面清洁，一旦沾有固体杂质，磨口处就不能紧密连接，硬质沙粒还会造成磨口表面永久性的损伤，严重破坏磨口的严密性。因此，标准磨口仪器使用后，应立即洗涤干净，在洗涤时，不许使用秃顶的毛刷，以免划伤磨口表面。

②在装配仪器时，要先选定主要仪器(如圆底烧瓶)的位置，用烧瓶夹夹牢，再逐个连接上其他配件，并按其自然位置夹紧，勿使仪器的磨口连接处受到应力，以免仪器的磨口处受到损坏。实验完毕，拆卸仪器时则应按与安装相反的顺序，由后往前逐个拆除，在拆开一个夹子时，必须先用手托住所夹的部件，特别是倾斜安装的部件，决不能使仪器的重量对磨口施加侧向压力，否则仪器容易破损。

③磨口仪器使用完毕后，必须立即拆卸、洗净，各个部件一一分开存放，决不允许将连接在一起的磨口仪器长期放置，这样会使磨口仪器的磨口连接处黏结在一起。特别需注意的是无机盐或碱溶液会渗入磨口连接处，蒸发后析出固体物质，更易使磨口处黏结在一起，很难分开。

④在常压下使用时，磨口处一般不需润滑，为防止磨口连接处黏结，可在磨口靠粗端涂敷少量凡士林、真空活塞脂或硅脂。而要从这个内磨口涂有润滑脂的仪器中倒出物料时，则需用脱脂棉或滤纸蘸取少量易挥发溶剂(乙醚、丙酮等)将磨口表面的润滑脂擦净，以免污染样品。

**4. 磨口玻璃仪器粘连后的处理方法**

在使用磨口玻璃仪器时，由于操作不慎或加热温度较高，或磨口处有碱性物质及无机盐等，几个有磨口的配件长期连接在一起，都可使两个磨口粘连在一起很难打开。遇此情况，可视不同成因采取不同的措施处理。具体做法如下。

①若粘连时间不长，粘连不太牢，可用小木块自上而下轻轻敲击外面配件的边缘，通常即可打开。但决不允许用力过猛或用金属物敲击，以免损坏仪器。

②如果是由于沾有无机盐或碱性物质，致使两个有磨口的配件粘连在一起，可将它们一起放入水中浸泡一段时间，或放到水浴中加热煮沸一段时间，冷却后，稍用力旋转亦可打开。

③如果粘连不太牢，也可将磨口仪器竖立起来，往连接处滴入少许乙醇或甘油水溶液，待乙醇或甘油水溶液渗入磨口处，再稍用力旋转也可将两配件打开。

④用电吹风加热粘连处外面，在外配件受热、内配件未受热时，稍用力旋转也可打开(注意加热时间不可太长，以免内配件也热起来)。如果粘连时间很长，粘连又太牢，以上各方法也不能打开时，要请有经验的玻璃工师傅进行处理，以免损坏仪器。

以上所述都是被动的，最好的预防方法是：在使用磨口仪器时，要切实养成良好的习惯，每做完一个实验都要及时地将所有仪器清洗干净。

## 二、加热方法

许多实验需要对流体加热，一般方法是，将盛有液体的加热容器置于热源中，通过热传递实现加热目的。此外，在实验室有时也需给固体加热。因此，正确使用加热工具，掌握加热方法，是一项基本的实验操作技能。

### 1. 常用的加热工具

在实验室，常用的加热工具有酒精灯、电炉等。

(1)酒精灯　酒精灯一般是玻璃制的，其灯罩带有磨口，由灯体、灯帽、灯芯管和灯芯组成。灯体内盛有适量酒精，一般要求所盛酒精不超过其总容量的2/3，也不宜少于灯体容量的1/4。点燃酒精灯时，应该用火柴，切不可用燃着的酒精灯直接去点燃另一盏酒精灯，否则灯内的酒精会洒出，引起燃烧而发生火灾。熄灭酒精灯时，切勿用嘴去吹，只要将灯帽盖上即可使火焰熄灭，然后再提起灯帽；待灯口稍冷再盖上灯帽，这样可以防止灯口破裂。

酒精灯内酒精快用完时，必须及时添加。酒精灯内需要添加酒精时，应把火焰熄灭，然后再把酒精加入灯内。酒精灯的火焰由内至外分别为焰心、内焰和外焰，焰心温度最低，内焰温度稍高，外焰温度最高，加热时应根据具体情况选择火焰。

(2)电炉　电炉由底盘和在其上盘绕的电阻丝以及电源进线等组成。电炉生热面较大，温度较高，适合给盛有较多流体的横截面积较大的容器加热。使用电炉应注意用电安全，进线应能承受较大电流容量，电炉与所置平面接触物以及容器间应绝缘。另外，使用电炉加热时，电炉四周要留有足够的空间，远离易燃物，炉盘与容器间应加石棉网，其一能防止漏电伤人，其二能使加热均匀。

(3)电热套　电热套是用玻璃纤维包裹着的电热丝组成的帽状加热器，由于不是使用明火，因此不易着火，并且热效应高，加热温度用调压变压器控制，最高温度可达400℃左右，是有机实验室中常用的一种简便、安全的加热装置。需要强调的是，当一些易燃液体(如酒精、乙醚等)洒在电热套上时，仍有引起火灾的危险。

实验室使用的加热工具还很多，有时使用自制的加热工具，但无论使用哪一种，都应注意安全，防止触电，烫伤。操作时应根据加热工具的特点、加热原理、加热液体的性质等进行处置。

### 2. 热浴

在实验室常用的热浴方法有水浴、油浴、沙浴等。

(1)水浴　水浴就是用水作为热浴物质的热浴方法。由于水温在标准大气压下，最高为100℃，所以水浴最高温度为100℃。应用水浴的方法是：将需水浴的容器浸没在盛有水的较大容器中，且不得与较大容器直接接触，再将较大容器置于热源上加热，至适当温度时停止加热，待冷却后取出水浴容器即可。

(2)油浴　油浴就是用油作为热浴物质的热浴方法。当加热温度在100～200℃时，宜使用油浴，优点是使反应物受热均匀，反应物的温度一般低于油浴温度20℃左右。油浴常用的热浴物质有以下几种。

①甘油。可以加热到140～150℃，温度过高时则会炭化。

②植物油。如菜油、花生油等，可以加热到220℃左右，常加入1%的对苯二酚等抗氧化剂，便于久用。温度过高时分解，达到闪点时可能燃烧起来，所以使用时要小心。

③石蜡油。可以加热到 200℃左右，温度稍高并不分解，但较易燃烧。

④硅油。硅油在 250℃时仍较稳定，透明度好，安全，是目前实验室里较为常用的油浴之一，但其价格较贵。

使用油浴加热时要特别小心，防止着火，当油浴受热冒烟时，应立即停止加热，油浴中应挂一温度计，可以观察油浴的温度和有无过热现象，同时便于调节控制温度，温度不能过高，否则受热后有溢出的危险。使用油浴时要防止产生可能引起油浴燃烧的因素。

加热完毕取出反应容器时，仍用铁夹夹住反应器离开油浴液面悬置片刻，待容器壁上附着的油滴完后，再用纸巾或干布擦干器壁。

(3)沙浴　沙浴就是用沙石作为热浴物质的热浴方法。沙浴一般使用黄沙，沙浴温度可达 350℃以上。沙浴操作方法与水浴基本相同，一般用铁盆装干燥的细海沙(或河沙)，把反应器埋在沙中，特别适用于加热温度在 220℃以上者。但沙浴传热慢，升温较慢，且不易控制。因此，沙层要薄一些，沙浴中应插入温度计，温度计水银球要靠近反应器。

## 三、加热操作与温度测量

### 1. 加热操作

实验室常用的加热容器有试管、烧杯、烧瓶、坩埚和蒸发皿等，使用不同加热容器其加热操作方法不同。

使用试管加热液体时，试管内液体的体积应不超过试管容积的 1/3，为防止振动搅拌时，液体外溅，应用试管夹夹住试管的上半部。手持试管加热液体时，还应注意：试管口不能对着别人或自己，以免溶液溅出时把人烫伤；试管外壁受热应尽可能均匀，搅拌时用力不要过猛。

使用烧杯、烧瓶加热液体时，应采用方座支架，烧杯、烧瓶置于方座支架的铁环上，底部要垫有石棉网，使火焰不直接作用于烧杯、烧瓶上，并使加热均匀。

使用坩埚或蒸发皿加热时，首先将坩埚或蒸发皿置于泥三角上，再放置于三脚架或方座支架的铁环上。加热结束，移取坩埚或蒸发皿时，应采用坩埚钳，以防止烫伤。

通常在实验室进行加热，都要求均匀。所以在加热过程中，应不断用玻璃棒进行搅拌。搅拌时应使玻璃棒在液体中均匀缓慢转动，并尽可能避免玻璃棒与容器壁碰撞。

注意：试管、烧杯、烧瓶、瓷蒸发皿等器皿能承受一定的温度，但不能骤冷或骤热，因此，加热前必须将器皿外壁的水擦干，加热后，不能立即与潮湿的物体接触。

### 2. 温度测量

在实验中，需要对加热物质的温度进行测量，通常使用的是水银温度计和酒精温度计。它们是根据物质的热胀冷缩特性制作的，因此，使用这类温度计测量温度时，要使其与被测物质有足够长的接触时间和足够大的接触面积。

使用温度计测定温度时，应注意以下几点：

①被测物质的温度不得高于温度计的测量上限，否则会损坏温度计。

②在加热过程中，温度计的感温泡不得与加热容器底部接触，以避免误测。

③不得将温度计从被测物质中取出读数，否则读数有误差。

## 四、试剂的取用

### 1. 固体试剂的取用

固体试剂需用清洁干燥的药匙取用。药匙的两端为大、小两个匙，取大量固体时用大匙，取少量固体时用小匙(取用的固体要放入小试管时，必须用小匙)。

**2. 液体试剂的取用**

①从试剂瓶取用试剂，用左手持量筒(或试管)，并用大拇指指示所需体积刻度处。右手持试剂瓶(注意：试剂标签应向着手心，避免试剂沾污标签)，慢慢将液体注入量筒到所指刻度。读取刻度时，视线应与液体凹面的最低处保持水平。倒完后，应将试剂瓶口在容器壁上靠一下，再将瓶子竖直，以免试剂流至瓶的外壁。如果是平顶塞子，取下后应倒置桌上，如瓶塞顶不是扁平的，可用食指和中指(或中指和无名指)将瓶塞夹住(或放在洁净的表面皿上)，切不可将它横置桌上。取用试剂后应立即盖上原来的瓶塞，把试剂瓶放回原处，并使试剂标签朝外，应根据所需用量取用试剂，不必多取，如不慎取出了过多的试剂，只能弃去，不得倒回或放回原瓶，以免沾污试剂。

②从滴瓶中取用少量试剂。瓶上装有滴管的试剂瓶称作滴瓶。滴管上部装有橡皮头，下部为细长的管子。使用时，提起滴管，使管口离开液面，用手指紧捏滴管上部的橡皮头，以赶出滴管中的空气，然后把滴管，伸入试剂瓶中，放开手指，吸入试剂。再提起滴管将试剂滴入试管或烧杯中。

使用滴瓶时，需注意下列各点：

①将试剂滴入试管中时，可用无名指和中指夹住滴管，将它悬空地放在靠近试管口的上方，然后用大拇指和食指捏橡皮头，使试剂滴入试管中。绝对禁止将滴管伸入试管中，否则，滴管的管端将很容易碰到试管壁上面沾附的其他溶液，以致使试剂被污染。

②滴瓶上的滴管只能专用，不能和其他滴瓶上的滴管搞错。因此，使用后，应立即将滴管插回原来的滴瓶中。

③滴管从滴瓶中取出试剂后，应保持橡皮头在上，不要平放或斜放，以免试液流入滴管的橡皮头。

## 五、塞子的钻孔和玻璃管的简单加工

在化学化工实验特别是制备实验中，常常要用到各种不同规格和形状的玻璃管和塞子等配件，才能将各种玻璃仪器正确地装备起来。因此，掌握玻璃管的加工和塞子的选用及钻孔方法，是进行化学化工实验必不可少的基本操作。

**1. 塞子的钻孔**

化学化工实验室常用的塞子有软木塞和橡皮塞两种。软木塞的优点是不易和有机化合物作用，但易漏气和易被酸、碱腐蚀。橡皮塞虽然不漏气和不易被酸、碱腐蚀，但易被有机物所侵蚀或溶胀。两种塞子各有优缺点，究竟选用哪一种塞子合适要看具体情况而定。如有机化学实验，比较多地使用软木塞，因为在有机化学实验中接触的主要是有机化合物。不论使用哪一种塞子，塞子大小的选择和钻孔的操作，都是必须掌握的。

(1)塞子大小的选择　选择一个大小合适的塞子，是使用塞子的起码要求，塞子的大小应与仪器的口径相适合，塞子进入瓶颈的部分不能少于塞子本身高度的1/2，也不能多于2/3，否则，就不合用。使用新的软木塞时只要能塞入1/3～1/2时就可以了，因为经过压紧后就能塞入2/3左右了。

(2)钻孔器的选择　有机化学实验往往需要在塞子内插入导气管、温度计、滴液漏斗等，这就是为何要在塞子上钻孔的原因。钻孔用的工具叫钻孔器(也叫打孔器)，这种钻孔器是靠手来钻孔的。也有把钻孔器固定在简单的机械上，借助机械力来钻孔的，这种机械叫打孔机。每套钻孔器约有五、六支直径不同的钻嘴，以供选择。

若在软木塞上钻孔，就应选用比欲插入的玻璃管等的外径稍小或接近的钻嘴。若在橡皮塞上钻孔，则要选用比欲插入的玻璃管等的外径稍大一些的钻嘴，因为橡皮塞有弹性，孔道钻成后，会收缩使孔径变小。

总之，塞子孔径的大小，应以能使插入的玻璃管等紧密地贴合固定为度。

(3)钻孔的方法　软木塞在钻孔之前，需用压塞机压紧，防止在钻孔时塞子破裂。把塞子小的一端朝上，平放在桌面上的一块木板上，这块木板的作用是避免塞子被钻通后，钻坏桌面。钻孔时，左手持紧塞子平稳放在木板上，右手握住钻孔器的柄，在预定好的位置上，使劲地将钻孔器以顺时针的方向向下钻动，钻孔器要垂直于塞子的面，不能左右摆动，更不能倾斜。不然，钻出的孔道是偏斜的。等到钻至约塞子高度的一半时，拔出钻孔器，用铁杆通出钻孔器中的塞芯。拔出钻孔器的方法是将钻孔器边转动边往外拔。然后在塞子大的一端钻孔，要对准小的那端的孔位，照上述同样的操作钻孔，直至钻通为止。拔出钻孔器，通出钻孔器内的塞芯。

为了减小钻孔时的摩擦，特别是橡皮塞钻孔时，可在钻孔器的刀口上涂上甘油或液体石蜡。

钻孔后，要检查孔道是否合用，如果不费力气就能插入玻璃管，这说明孔道过大，玻璃管和塞子之间不够紧密贴切，会漏气，不能用。若孔道略小或不光滑时，可用圆锉修整。

**2. 玻璃管的简单加工**

(1)玻璃管的截断　玻璃管的截断基本操作有两个方面：一是锉痕，二是折断。锉痕用的工具是小三角钢锉。锉痕的操作是：把玻璃管平放在桌子的边缘上，左手的拇指按住玻璃管要截断的地方，右手执小三角钢锉，把小三角钢锉的棱边放在要截断的地方，朝一个方向用力锉出一道稍深的锉痕(若锉痕不够深或不够长，可以如上法补锉)，锉痕约占管周的1/6，锉痕时只向一个方向即向前或向后锉去，切忌往复拉锉。

锉出了凹痕之后，下一步就是把玻璃管折断。两手拇指顶住锉痕的背面，轻轻向前推，同时用力向外拉，玻璃管就会在锉痕处平整地断开。也可在锉痕处稍涂点水，这样就会大大降低玻璃强度，折断时更容易。为了安全起见，折断玻璃管时，手上可垫块布，推拉时应离眼睛稍远些，以免玻璃碎伤人。

对较粗的玻璃管，或者需在玻璃管的近端处进行截断的玻璃管，可利用玻璃管骤然受热或骤然遇冷易裂的性质，来使其断裂。

玻璃管的断口很锋利，容易划破皮肤，又不易插入塞子的孔道中，所以要及时把断口在灯焰上烧平滑。

(2)玻璃管的弯曲　玻璃管受热变软后可以加工成实验所需的制品。但玻璃受热弯曲时，管的一侧会收缩，另一侧会伸长，管壁变薄。弯玻璃管时，若操之过急或不得法，则弯曲处会出现瘪陷或纠结现象，还可能形成角度不对或角度的两边不在同一平面上，以及管径不匀等现象。正确的操作方法是：双手持玻璃管，手心向外把需要弯曲的地方放在火焰上预热，先低温，后高温，同时要不断转动玻璃管(注意管两端转动要同向同步)，受热长度约5cm。当玻璃管受热至足够软化时(玻璃管色变黄)，离开火焰，轻轻一顺势弯几度角，然后改变加热点(在刚刚弯过角顶的附近)，再弯几度角。反复多次加热弯曲，每次的加热部位要稍有偏移，直到弯成所需要的角度为止。弯好的管，管径应是均匀的，角的两边在同一平面上，角度合乎要求。

加工完毕要及时退火。方法是将弯好的玻璃管在火焰的弱火上加热一会儿，慢慢离开火焰，放在石棉网上冷却至室温，以防骤冷在玻璃管内产生很大的应力，导致玻璃管断裂。

(3)拉毛细管　准备一根干净的直径0.8～1.0cm、长15～30cm的玻璃管。两肘搁在桌面上，用两手执住玻璃管的两端，掌心相对，加热方法和弯曲玻璃管基本相同，只不过加热程度要强一些，待玻璃管被烧成红黄色时，才从火焰中取出，两肘仍搁在桌面上，两手平稳地沿水平方向作相反方向移动，一直拉开至所需要的规格为止。拉长之后，立刻转为竖直方向，松开一只手，另一只手提着一端，使管靠重力拉直并冷却定型。待中间部分冷却之后，放在石棉网上，以防烫坏实验台面。冷却后，用小瓷片的锐棱把直径合格的部分(测熔点用的毛细管内径约为1mm，进行薄层点样的毛细管内径约为0.2mm)截成7～8cm长的一段，保存待用。用这种方法，还可拉制滴管等。

(4)玻璃管插入软木塞的方法　先用水或甘油润湿选好的玻璃管的一端(如插入温度计时即水银球部分)，然后左手拿住软木塞，右手手指捏住玻璃管的欲插入的一端(距管口约4cm)，稍稍用力转动逐渐插入。必须注意，右手手指捏住玻璃管的位置与塞子的距离应经常保持4cm左右，不能太远，其次，用力不能过大，以免折断玻璃管刺破手掌，最好用布包住玻璃管(这样较为安全)。插入或拔出弯曲的玻璃管时，手指不能捏在弯曲的部位。

## 六、沉淀的过滤、洗涤和转移

### 1. 沉淀的过滤

当溶液中有沉淀而又要把它与溶液分离时，常用过滤法。

(1)普通过滤(常压过滤)　普通过滤中最常用的过滤器是贴有滤纸的漏斗。根据沉淀在灼烧中是否会被纸灰还原及称量形式的性质，选择滤纸或玻璃滤器过滤。

①滤纸的选择。定量滤纸又称无灰滤纸(每张灰分在0.1mg以下或准确已知)。由沉淀量和沉淀的性质决定选用大小和致密程度不同的快速、中速和慢速滤纸。晶形沉淀多用致密滤纸过滤，蓬松的无定形沉淀要用较大的疏松滤纸。由滤纸的大小选择合适的漏斗，放入的滤纸应比漏斗沿低0.5～1cm。

②滤纸的折叠和安放。如图2-1所示。先将滤纸沿直径对折成半圆(1)，再根据漏斗的角度大小折叠(2)。折好的滤纸，一个半边为三层，另一个半边为单层，为使滤纸三层部分紧贴漏斗内壁，可将滤纸的上角撕下(3)，并留作擦拭沉淀用。将折叠好的滤纸放在洁净的漏斗中，用手指按住滤纸，加蒸馏水至满，必要时用手指小心轻压滤纸，把留在滤纸与漏斗壁之间的气泡赶走，使滤纸紧贴漏斗并使水充满漏斗颈形成水柱，以加快过滤速度。

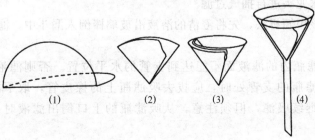

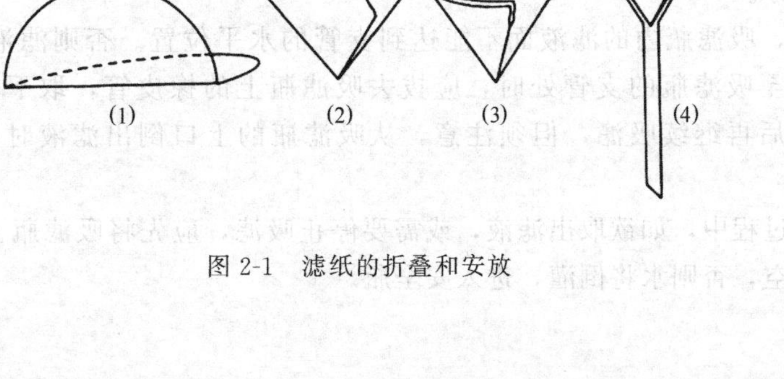


图2-1　滤纸的折叠和安放

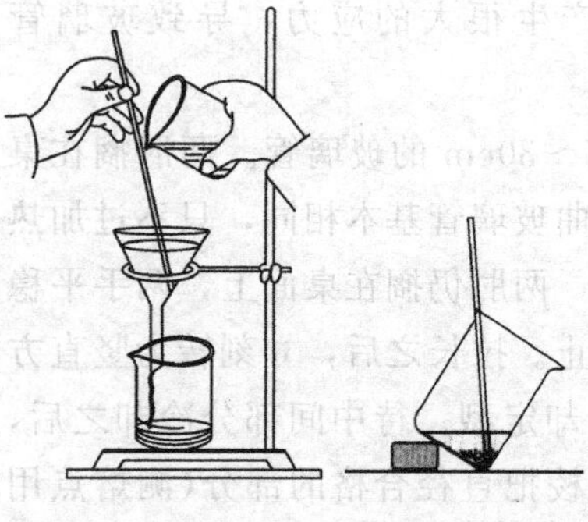

图 2-2　倾泻法过滤操作和倾斜静置

③沉淀的过滤。一般多采用“倾泻法”过滤。操作如图 2-2 所示：将漏斗置于漏斗架之上，接受滤液的洁净烧杯放在漏斗下面，使漏斗颈下端在烧杯边沿以下 3～4cm 处，并与烧杯内壁靠紧。先将含沉淀的液体倾斜静置，然后将上层清液小心倾入漏斗滤纸中，使清液先通过滤纸，而沉淀尽可能地留在烧杯中，尽量不搅动沉淀，操作时一手拿住玻璃棒，使与滤纸近于垂直，玻璃棒位于三层滤纸上方，但不和滤纸接触。另一只手拿住盛沉淀的烧杯，烧杯嘴靠住玻璃棒，慢慢将烧杯倾斜，使上层清液沿着玻璃棒流入滤纸中，随着滤液的流注，漏斗中液体的体积增加，至滤纸高度的 2/3 处，停止倾注(切勿注满)，停止倾注时，可沿玻璃棒将烧杯嘴往上提一小段，扶正烧杯；在扶正烧杯以前不可将烧杯嘴离开玻璃棒，并注意不让沾在玻璃棒上的液滴或沉淀损失，把玻璃棒放在烧杯内，切勿把玻璃棒靠在烧杯嘴部。

(2)吸滤法过滤(减压过滤或抽气过滤)　为了加速过滤，常用吸滤法过滤。吸滤装置如图 2-3 所示：它由吸滤瓶、布氏漏斗、安全瓶和真空泵组成。

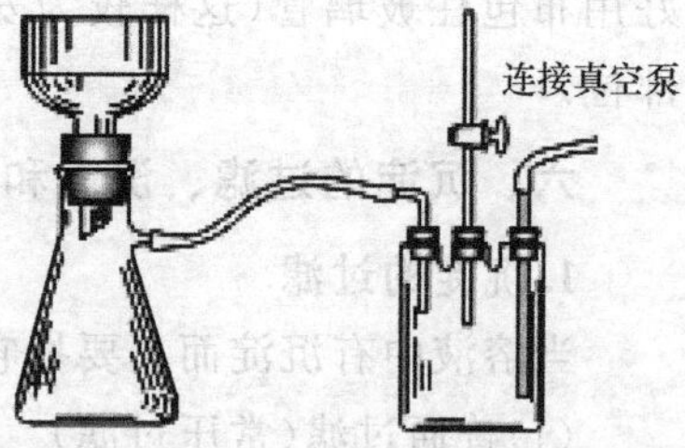


图 2-3　减压过滤装置

布氏滤斗是瓷质的，中间为具有许多小孔的瓷板，以便使溶液通过滤纸从小孔流出。布氏漏斗必须装在橡皮塞上，橡皮塞的大小应和吸滤瓶的口径相配合，橡皮塞塞进吸滤瓶的部分一般不超过整个橡皮塞高度的 1/2。如果橡皮塞太小而几乎能全部塞进吸滤瓶，则在吸滤时整个橡皮塞将被吸进吸滤瓶而不易取出。

吸滤瓶的支管用橡皮管和安全瓶的短管相连接，而安全瓶的长管则和真空泵相连接，安全瓶的作用是防止滤液进入真空泵，对真空泵造成损害。若发生这种情况，可将吸滤瓶和安全瓶拆开，将安全瓶中的液体倒出，再重新把它们连接起来。

吸滤操作，必须按照下列步骤进行：

①做好吸滤前准备工作，检查装置。安全瓶的长管接真空泵，短管接吸滤瓶；布氏漏斗的颈口应与吸滤瓶的支管相对，便于吸滤。

②贴好滤纸。滤纸的大小应剪得比布氏漏斗的内径略小，以恰好能盖住瓷板上的所有小孔为度。先由洗瓶挤出少量蒸馏水润湿滤纸，微启水龙头，稍微抽吸。使滤纸紧贴在漏斗的瓷板上，然后开大水龙头进行抽气过滤。

③过滤时，应该用倾析法，先将澄清的溶液沿玻璃棒倒入漏斗中，滤完后再将沉淀移入滤纸的中间部分。

④过滤时，吸滤瓶内的滤液面不能达到支管的水平位置。否则滤液将被抽出。因此，当滤液快上升至吸滤瓶的支管处时，应拔去吸滤瓶上的橡皮管，取下漏斗，从吸滤瓶的上口倒出滤液后再继续吸滤，但须注意，从吸滤瓶的上口倒出滤液时，吸取滤瓶的支管必须向上。

⑤在吸滤过程中，如欲取出滤液，或需要停止吸滤，应先将吸滤瓶支管的橡皮管拆下，然后再关闭真空，否则水将倒灌，进入安全瓶。

⑥在布氏漏斗内洗涤沉淀时，应停止吸滤，让少量洗涤剂缓慢通过沉淀，然后进行吸滤。

⑦为了尽量抽干漏斗上的沉淀，最后可用一个平顶的试剂瓶塞挤压沉淀。

过滤完后，应先将吸滤瓶支管的橡皮管拆下再关闭真空泵，再取下漏斗；将漏斗的颈口朝上，轻轻敲打漏斗边缘，即可使沉淀脱离漏斗，落入预先准备好的滤纸上或容器中。

**2. 沉淀的洗涤**

洗涤沉淀时，先让烧杯中的沉淀充分沉降，然后将上层清液沿玻璃棒小心倾入另一容器或漏斗中，或将上层清液倾去，让沉淀留在烧杯中。由洗瓶吹入蒸馏水，并用玻璃棒充分搅动，然后让沉淀沉降，用上面同样的方法将清液倾出，让沉淀仍留在烧杯中。再由洗瓶吹入蒸馏水进行洗涤。这样重复数次。

这样洗涤沉淀的好处是：沉淀和洗涤液能很好地混合，杂质容易洗净；沉淀留在烧杯中，只倾出上层清液过滤，滤纸的小孔不会被沉淀堵塞，洗涤液容易过滤，洗涤沉淀的速度较快。

**3. 沉淀的转移**

在烧杯中加入少量洗涤液，将沉淀充分搅起，立即将悬浊液一次转移到滤纸中。然后用洗瓶吹洗烧杯内壁、玻璃棒，再重复以上操作数次；这时在烧杯内壁和玻璃棒上可能仍残留少量沉淀，这时可用撕下的滤纸角擦拭，放入漏斗中，最后进行冲洗(见图 2-4)。

沉淀全部转移完全后，再在滤纸上进行洗涤，以除尽全部杂质。注意在用洗瓶冲洗时是自上而下螺旋式冲洗(见图 2-5)，以使沉淀集中在滤纸锥体最下部，重复多次，直至检查无杂质为止。

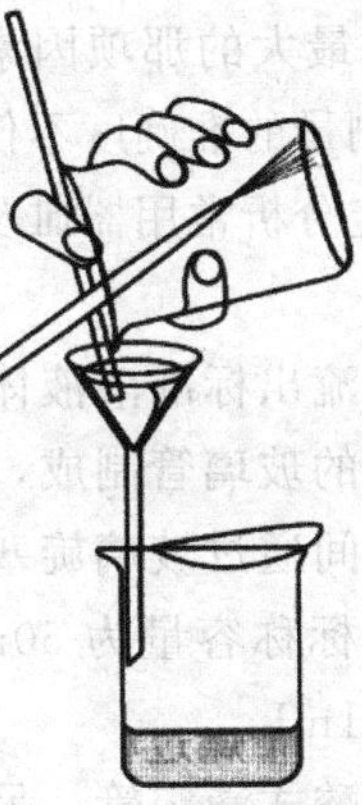

图 2-4　沉淀转移操作

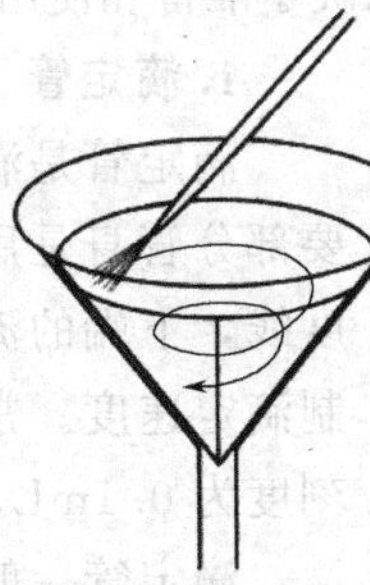

图 2-5　在滤纸上洗涤沉淀

**4. 离心分离法**

少量溶液与沉淀的混合物可用离心机进行离心分离以代替过滤操作，简单而迅速，常用的离心机有手摇式(见图 2-6)和电动式(见图 2-7)两种。

将盛有溶液和沉淀的混合物的离心管放入离心机的试管套筒内，如果离心机是手摇的，插上摇柄，然后按顺时针方向摇转。启动时要慢，逐渐加快，停止离心操作时，必须先取下摇柄，试管套管自然停止转动，不可用手去按住离心机的轴，否则不仅易损坏离心机，且因骤然停止会使已沉淀物又翻腾起来。

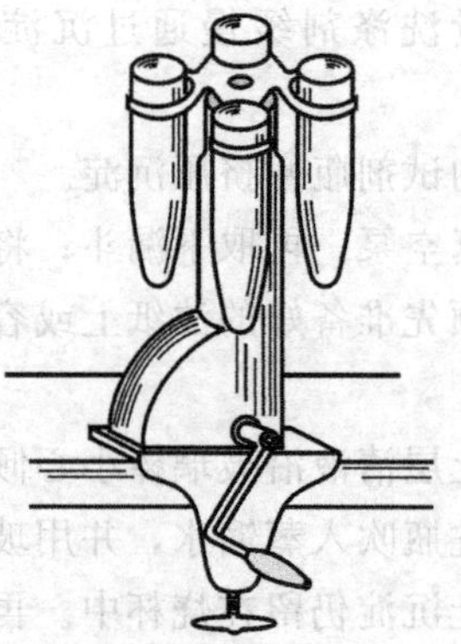

图 2-6 手摇式离心机

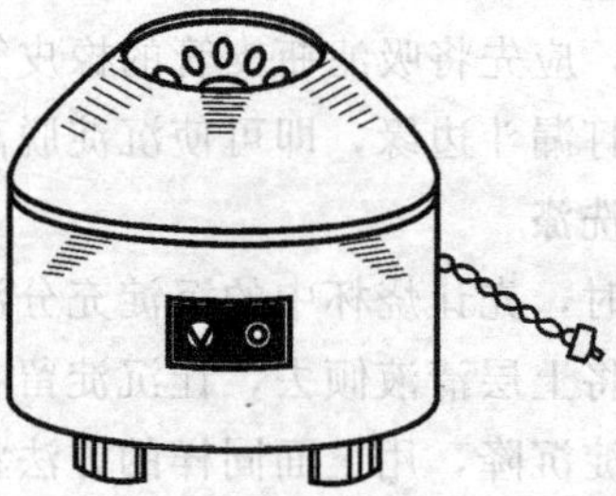

图 2-7 电动式离心机

为了防止由于两支管套中重量不均衡所引起的振动而造成轴的磨损，必须在放入离心管的对面位置上，放一同样大小的试管，其中装有与混合物等体积的水，以保持平衡(电动式离心机的使用方法和注意事项与手摇式离心机基本相同)。

离心操作完毕后，从套管中取出离心试管，再取一个小滴管，先捏紧其橡皮头，然后插入试管中，插入的深度以尖端不接触沉淀为限。然后慢慢放松捏紧的橡皮头，吸出溶液，移去。这样反复数次，尽可能把溶液移去，留下沉淀。

如要洗涤试管中存留的沉淀，可由洗瓶挤入少量蒸馏水，用玻璃棒搅拌，再进行离心沉降后按上法将上层清液尽可能地吸尽。重复洗涤沉淀 2～3 次。

## 七、滴定操作

在滴定分析中，滴定管、容量瓶、移液管和吸量管是准确测量溶液体积的量器。通常体积测量相对误差比称量要大，而分析结果的准确度由误差最大的那项因素所决定。因此，必须准确测量溶液的体积以得到正确的分析结果。溶液体积测量的准确度不仅取决于所用量器是否准确，更重要的是取决于准备和使用量器是否正确。滴定分析常用器皿及其基本操作如下。

### 1. 滴定管

滴定管是滴定时用来准确测量流出标准溶液体积的量器。它的主要部分管身是用细长而且内径均匀的玻璃管制成，上面刻有均匀的分度线，下端的流液口为一尖嘴，中间通过玻璃旋塞或橡皮管连接以控制滴定速度。常量分析用的滴定管标称容量为 50mL 和 25mL，最小刻度为 0.1mL，读数可估计到 0.01mL。

滴定管一般分为两种：一种是酸式滴定管，另一种是碱式滴定管(见图 2-8)。酸式滴定管的下端有玻璃活塞，可盛放酸液及氧化剂的溶液，不宜盛放碱液。碱式滴定管的下端连接一橡皮管，内放一玻璃球，以控制溶液的流出，下面再连一尖嘴玻璃管，这种滴定管可盛放碱液，而不能盛放酸或氧化剂等腐蚀橡皮的溶液。

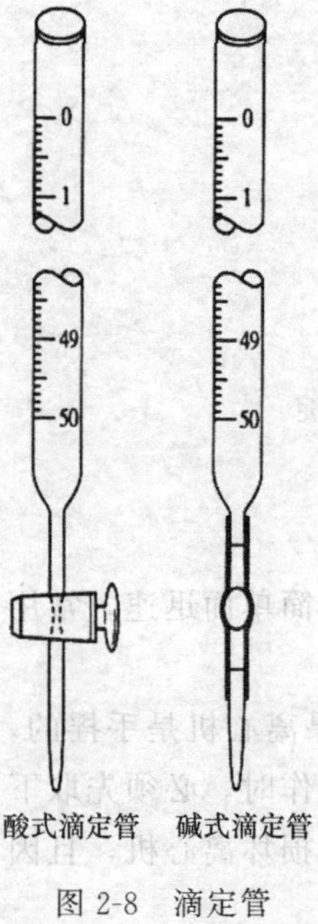


图 2-8 滴定管

### 2. 滴定管的使用

(1)洗涤　滴定管使用前先用自来水洗，再用少量蒸馏水淋洗 2～3 次，每次 5～6mL，洗净后，管壁上不应附着有液滴；最后用少量滴定用的待装溶液洗涤两次，以免加入滴定管的待装溶液被蒸馏水稀释。

(2)装液　将待装溶液加入滴定管中到刻度“0”以上，开启旋塞或挤压玻璃球，把滴定管下端的气泡逐出，然后把管内液面的位置调节到刻度“0”。排气的方法如下：如果是酸式滴定管，可使溶液急速下流驱去气泡。如为碱式滴定管，则可将橡皮管向上弯曲，并在稍高于玻璃球处用两手指挤压，使溶液从尖嘴口喷出，气泡即可除尽(见图 2-9)。

(3)读数　常用滴定管的容量为 50mL，每一大格为 1mL，每一小格为 0.1mL，读数可读到小数点后两位。读数时，滴定管应保持竖直。视线应与管内液体凹面的最低处保持水平，偏低、偏高都会带来误差(见图 2-10)。

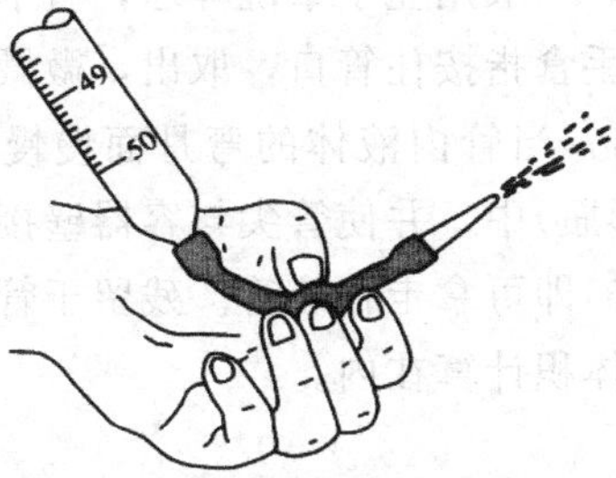


图 2-9　碱式滴定管排气

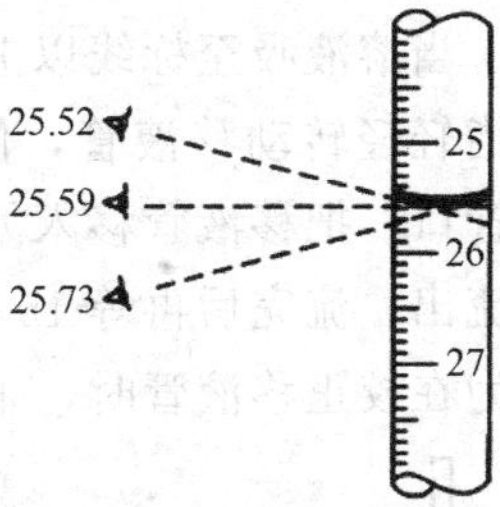


图 2-10　目光在不同位置得到的滴定管读数

(4)滴定　滴定开始前，先把悬挂在滴定管尖端的液滴除去，滴定时用左手控制阀门，右手持锥形瓶，并不断旋摇，使溶液均匀混合。将到滴定终点时，滴定速度要慢，最后一滴一滴地滴入，防止过量，并且用洗瓶挤少量水淋洗瓶壁，以免有残留的液滴未起反应。最后，必须待滴定管内液面完全稳定后，方可读数(见图 2-11)。

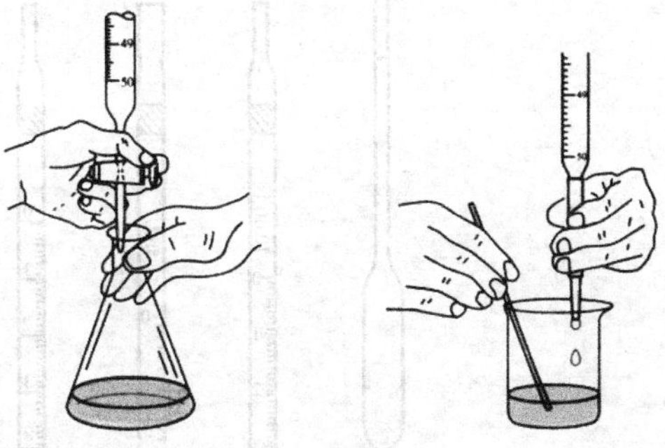

图 2-11　滴定操作

**3. 容量瓶**

容量瓶主要是用来精确地配制一定体积和一定浓度的溶液的量器，如用固体物质配制溶液，应先将固体物质在烧杯中溶解后，再将溶液转移至容量瓶中。转移时，要使玻璃棒的下端靠近瓶颈内壁，使溶液沿玻璃棒缓缓流入瓶中，再从洗瓶中挤出少量水淋洗烧杯及玻璃棒 2～3 次，并将其转移到容量瓶中(见图 2-12)。液面接近标线时，要用滴管慢慢滴加，直至溶液的弯月面与标线相切为止。塞紧瓶塞，用左手食指按住塞子，将容量瓶倒转几次直到溶液混匀为止(见图 2-13)。容量瓶的瓶塞是磨口的，一般是配套使用。

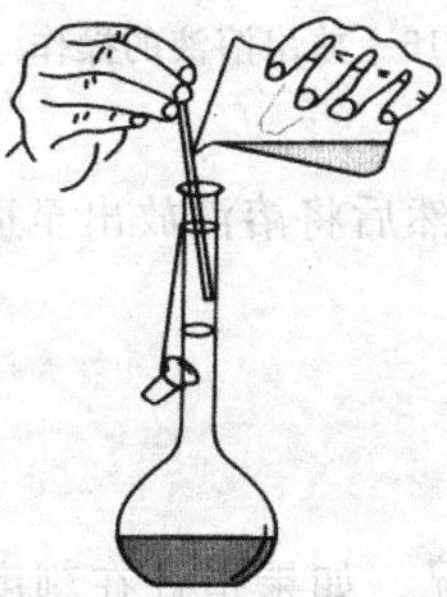

图 2-12　转移溶液入容量瓶

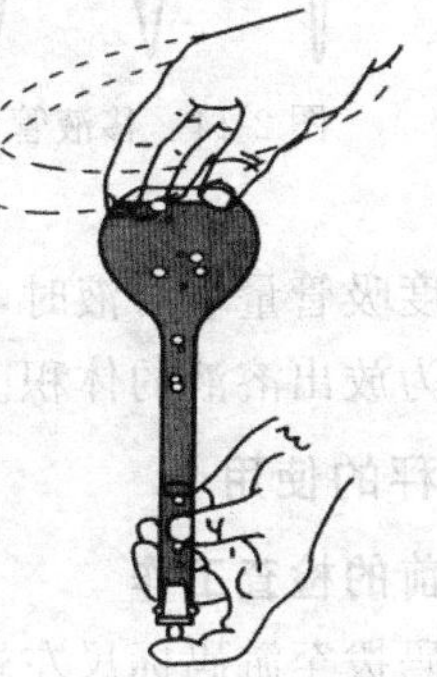

图 2-13　混匀操作

容量瓶不能久储溶液，尤其是碱性溶液，它会侵蚀瓶塞使其无法打开。也不能用火直接加热及烘烤容量瓶。使用完毕后应立即洗净。如长时间不用，磨口处应洗净擦干，并用纸片将磨口隔开。

**4. 移液管**

移液管用于准确移取一定体积的溶液。移液管通常有两种形状(见图 2-14)，一种中间有膨大部分，称为胖肚移液管；另一种是直形的，管上有分刻度，称为吸量管。

移液管在使用前应洗净，并用蒸馏水润洗 3 遍。使用时，洗净的移液管要用被吸取的溶液润洗 3 遍，以除去管内残留的水分。吸取溶液时，一般用左手拿洗耳球，右手把移液管插入溶液中吸取。当溶液吸至标线以上时，马上用右手食指按住管口，取出，微微移动食指或用大拇指和中指轻轻转动移液管，使溶液缓缓流出，当管内液体的弯月面慢慢下降到标线处，立即压紧管口；把移液管移入另一容器(如锥形瓶)中，并使管尖与容器壁接触，放开食指让液体自由流出；流完后再等 15s 左右(见图 2-15)即可拿走移液管。残留于管尖内的液体不必吹出，因为在校正移液管时，未把这部分液体体积计算在内。

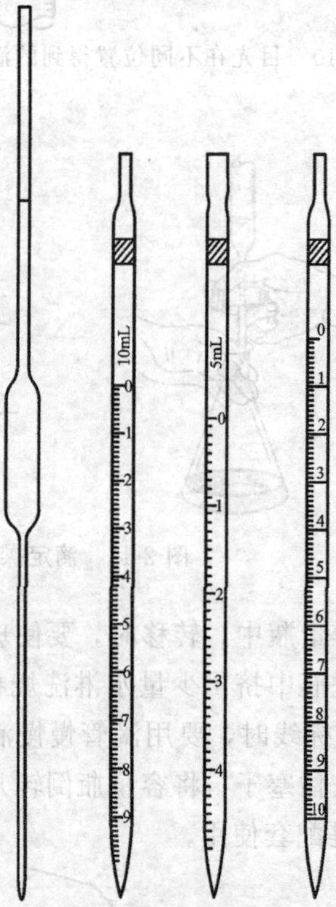


图 2-14　移液管和吸量管

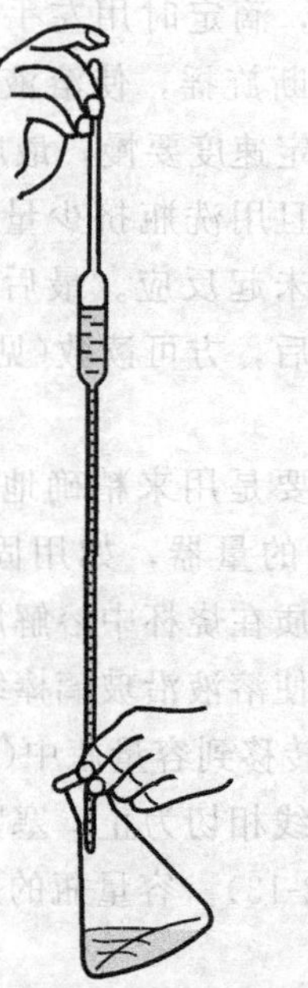

图 2-15　放出溶液的操作

使用刻度吸管量取溶液时，应将溶液吸至最上刻度处，然后将溶液放出至适当刻度，两刻度之差即为放出溶液的体积。

## 八、台秤的使用

**1. 使用前的检查工作**

先将游码拨至游码标尺左端“0”处，观察指针摆动情况。如果指针在刻度尺的左右摆动距离几乎相等，即表示台秤可以使用；如果指针在刻度尺左右摆动的距离相差很大，则应将调节零点的螺丝加以调节后方可使用。

**2. 物品称量**

①称量的物品放在左盘，砝码放在右盘。

②先加大砝码，再加小砝码，最后(在 10g 以内)用游码调节，至指针在刻度尺左右两边摇摆的距离几乎相等时为止。

③记下砝码和游码的数值至小数点后第一位，即得所称物品的质量。

④称固体药品时，应在两盘内各放一张质量相仿的蜡光纸，然后用药匙将药品放在左盘的纸上(称 NaOH、KOH 等易潮解或有腐蚀性的固体时，应衬以表面皿)。称液体药品时，要用已称过质量的容器盛放药品，称法同前(注意：台秤不能称量热的物品)。

**3. 称量后的结束工作**

称量后，把砝码放回砝码盒中，将游码退到刻度“0”处，取下盘上的物品。台秤应保持清洁，如果不小心把药品洒在台秤上，必须立刻清除。

## 九、试纸的使用方法

实验室常用的试纸有石蕊试纸、pH 试纸、淀粉-碘化钾试纸和醋酸铅试纸。

**1. 石蕊试纸**

用石蕊试纸检查溶液的酸碱性时，先将试纸剪成小块，放在干燥清洁的表面皿上，再用玻璃棒蘸取待测溶液，滴到试纸上，在 30s 内观察试纸的颜色变化(酸性变红色，碱性变蓝色)，确定溶液的酸碱性。不能将试纸浸入溶液中进行试验，以免沾污溶液。检查挥发性物质的酸碱性时，可先将石蕊试纸润湿，然后悬空放在气体出口处，观察试纸的颜色变化。

**2. pH 试纸**

pH 试纸是用于检验溶液和气体的酸碱性的，有 pH 广泛试纸(pH = 1～14)和变化范围小的 pH 精密试纸。pH 试纸的使用方法与石蕊试纸的使用方法大致相同，试纸显色 30s 内，将显示颜色与标准色标进行比较，才能确定待测溶液的 pH 值。

**3. 淀粉-碘化钾试纸和醋酸铅试纸**

淀粉-碘化钾试纸用于定性检验氧化性物质(如 $Cl_2$、$Br_2$ 等)。使用时，将试纸润湿沾在玻璃棒上放在试管口或伸入试管内，如果试纸变蓝，则表示物质具有氧化性。应该注意，当物质的氧化性很强，且浓度较大时，会进一步将 $I_2$ 氧化生成无色的 $IO_3^-$ 而使试纸褪色。因此，使用时必须认真观察试纸颜色的变化，否则将会得到错误的结论。

醋酸铅试纸用于检验硫化氢气体。当含有 $S^{2-}$ 的溶液酸化时，逸出的 $H_2S$ 遇到湿润的醋酸铅试纸，立即与试纸上 $Pb(Ac)_2$ 反应，生成黑色的 PbS 沉淀而使试纸呈黑褐色。

## 十、干燥器的使用

干燥器是保持试剂干燥的容器，由厚质玻璃制成。其上部是一个磨口的盖子(磨口上涂有一层薄而均匀的凡士林)，中部有一个有孔洞的活动瓷板，瓷板下放有干燥的氯化钙或硅胶等干燥剂，瓷板上放置装有需干燥存放的试剂的容器。

开启干燥器时，左手按住下部，右手按住盖子上的圆顶，沿水平方向向左前方推开器盖(见图 2-16)。盖子取下后应放在桌上安全的地方(注意要磨口向上，圆顶朝下)，用左手放入或取出物体，如坩埚或称量瓶，并及时盖好干燥器盖。加盖时，也应当拿住盖子圆顶，沿水平方向推移盖好。

搬动干燥器时，应用两手的大拇指同时将盖子按住，以防盖子滑落而打碎(见图 2-17)。

当坩埚或称量瓶等放入干燥器时，应放在瓷板圆孔内。但称量瓶若比圆孔小时则应放在瓷板上。温度很高的物体必须冷却至室温或略高于室温，方可放入干燥器内。

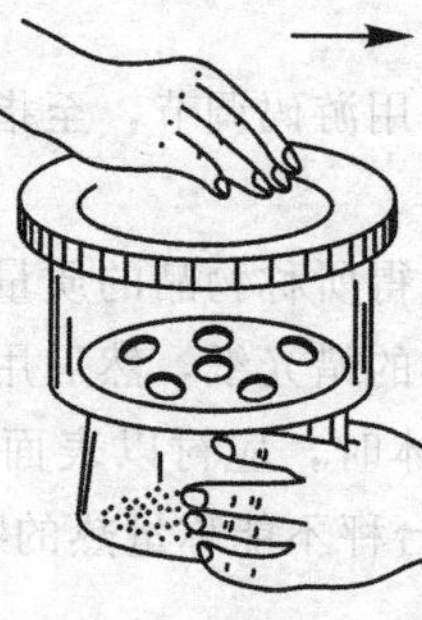

图 2-16　开干燥器

图 2-17　搬干燥器

## 十一、药品干燥与干燥剂的使用

除去固体、液体或气体内少量水分的方法称干燥。化学化工实验中经常会遇到试剂、溶剂和产品的干燥问题，所以干燥是实验室中最普通但很重要的一项操作。如果试剂和产品不进行干燥或干燥不完全，将直接影响化学反应、定性分析、定量分析、波谱鉴定或物理常数测定的结果。

干燥方法可分为物理方法与化学方法两种。物理方法有吸附(包括离子交换树脂法和分子筛吸附法)、共沸蒸馏、分馏、冷冻、加热和真空干燥等。化学方法按去水作用的方式又可分为两类：一类与水能可逆地结合生成水合物，如氯化钙、硫酸钠等；一类与水会发生剧烈的化学反应，如金属钠、五氧化二磷等。下面按有机物的物理状态介绍各种干燥的方法和实验操作。

**1. 固体的干燥**

(1)晾干　将待干燥的固体放在表面皿上或培养皿中，尽量平铺成一薄层、再用滤纸或培养皿覆盖上，以免被灰尘沾污，然后在室温下放置直到干燥为止，这对于低沸点溶剂的除去是既经济又方便的方法。

(2)红外灯干燥　固体中如含有不易挥发的溶剂时，为了加速干燥，常用红外灯干燥。干燥的温度应低于晶体的熔点，干燥时旁边可放一支温度计，以便控制温度。要随时翻动固体，防止结块。但对于常压下易升华或热稳定性差的结晶不能用红外灯干燥。红外灯可用可调变压器来调节温度，使用时温度不要调得过高，严防水滴溅在灯泡上而发生炸裂。

(3)烘箱烘干　实验室内常用带有自动温度控制系统的电热鼓风干燥箱，其使用温度一般为 50～300℃，通常使用温度应控制在 100～200℃的范围内。烘箱用来干燥无腐蚀性、无挥发性、加热不分解的物品。切忌将挥发、易燃、易爆物放在烘箱内烘烤，以免发生危险。

(4)干燥器干燥　普通干燥器一般适用于保存易潮解或升华的样品。但干燥效率不高，所费时间较长。干燥剂通常放在多孔瓷板下面，待干燥的样品用表面皿或培养皿盛装，置于瓷板上面，所用干燥剂由欲除去溶剂的性质而定。普通干燥器如图 2-18(a)所示。

变色硅胶是使用较普遍的干燥剂，其制备方法是：将无色硅胶平铺在盘中，在大气中放置几天，任其吸收水分，以减少应力。部分干燥的硅胶有内应力，浸入溶液中即会发生炸裂，变成更小的颗粒状，当吸收的水分使它质量增加原质量的 1/5 时，浸入 20%氯化钴的乙醇溶液中，15～30min 后取出晾干，再置于 250～300℃的烘箱中活化至恒重，即得变色硅胶。它干燥时为蓝色，吸水后变成红色，烘干后可再使用。

分子筛是一种硅铝酸盐晶体，在晶体内部有许多孔径均一的孔道。它可允许比孔径小的分子如水分子进入，大的分子排除在外，从而达到将大小不同的分子分离的目的。分子筛通常按微孔表观直径大小进行分类，如“5Å 分子筛”，即表示它可吸附直径为 5Å 的分子，因此也能吸附直径为 3Å 的水分子。当加热至 350℃以上时，吸附后的分子筛又可以解吸活化，所以它能反复使用。市售的分子筛应放在马弗炉内加热至(550±10)℃活化 2h，待温度降到 200℃左右取出，小心地存放在干燥器内备用。

真空干燥器[见图 2-18(b)]比普通干燥器干燥效率高，但这种干燥器不适用于易升华物质的干燥。用水泵抽气时，要接上安全瓶，以免在水压变化时使水倒吸入器内。放气取样时，要用滤纸片挡住入气口，防止冲散样品。对于空气敏感的物质，可通入氮气保护。

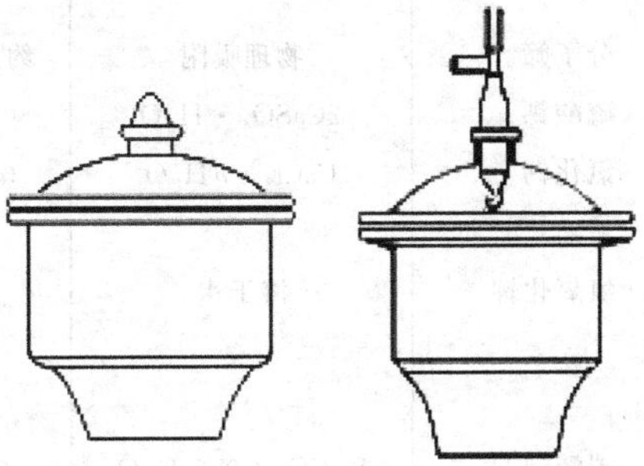

(a)普通干燥器　(b)真空干燥器

图 2-18　干燥器

干燥枪，又称真空恒温干燥器，干燥效率很高，可除去结晶水或结晶醇，常用于元素定量分析样品的干燥。使用时将装有样品的小试管或小舟放入夹层内，曲颈瓶内放置五氧化二磷，并混杂一些玻璃棉。用水泵(或油泵)抽到一定真空度时，就可关闭活塞，停止抽气。如继续抽气，反而有可能使水汽扩散到枪内。另外要根据样品的性质，选用沸点低于样品熔点的溶剂加热夹层外套，并每隔一定时间再行抽气，使样品在减压或恒定的温度下进行干燥。

冷冻干燥，是使有机物的水溶液或混悬液在高真空的容器中，先冷冻成固体状态，然后利用冰的蒸气压力较高的性质，使水分从冰冻的体系中升华，有机物即成固体或粉末。对于受热时不稳定物质的干燥，该方法特别适用。

**2. 液体的干燥**

从水溶液中分离出的液体有机物，常含有许多水分，如不干燥脱水，直接蒸馏将会增加前馏分，产品也可能与水形成共沸混合物；此外，水分如不除去，还可能与有机物发生化学反应，影响产品纯度。所以，蒸馏前一般都要用干燥剂干燥，有些溶剂的干燥也可采用共沸干燥法。

(1)干燥剂去水　在选用干燥剂时首先应注意其适用范围(见表 2-1)，即选用的干燥剂不能与待干燥的液体发生化学反应，或溶解其中，如无水氯化钙与醇、胺类易形成配合物，因而它不能用来干燥这两类化合物；其次要充分考虑干燥剂的干燥能力，即吸水容量、干燥效能和干燥速度。吸水容量是指单位质量干燥剂所吸收的水量，而干燥效能是指达到平衡时仍旧留在溶液中的水量。

对于形成水合物的干燥剂，常用吸水后结晶水的蒸气压表示干燥效能，蒸气压越小，干燥效能越强。例如，无水硫酸钠可形成10个结晶水的水合物，在 25℃时结晶水的蒸气压为 256Pa，吸水容量为 1.25；而无水氯化钙最多能形成 6 个结晶水的水合物，25℃时结晶水的蒸气压为 40Pa，吸水容量为 0.97。因此，氯化钙的干燥效能比硫酸钠强，但吸水容量小。对于含水较多的溶液，为了使干燥的效果更好，常先用吸水容量大的干燥剂除去大部分水分，然后再用干燥效能强的干燥剂。

表 2-1 常用干燥剂的性能与应用范围

| 干燥剂 | 吸水产物 | 吸水容量 | 干燥性能 | 干燥速度 | 应用范围 |
|---|---|---|---|---|---|
| 五氧化二磷 | $H_3PO_4$ | — | 强 | 快 | 醚、烃、卤代烃、腈中痕量水分，不适用于醇、酸、胺、酮的干燥 |
| 金属钠 | $NaOH + H_2$ | — | 强 | 快 | 醚、烃类中痕量水分，切成小块或压成钠丝使用 |
| 分子筛 | 物理吸附 | 约 0.25 | 强 | 快 | 适于各类有机化合物的干燥 |
| 硫酸钙 | $2CaSO_4 \cdot H_2O$ | 0.06 | 强 | 快 | 常与硫酸镁配合，作最后干燥 |
| 氯化钙 | $CaCl_2 \cdot nH_2O$ | 0.97 | 中等 | 较快 | 不能用来干燥醇、酚、胺、酰胺、某些醛、酮及酸 |
| 氢氧化钾 | 溶于水 | — | 中等 | 快 | 强碱性，用于胺及杂环等碱性化合物的干燥，不能干燥醇、醛、酮、酯、酸、酚等 |
| 碳酸钾 | $K_2CO_3 \cdot 0.5\ H_2O$ | 0.2 | 较弱 | 慢 | 弱碱性，用于醇、酮、酯、胺等碱性化合物的干燥，不适用酸、酚及其他酸性化合物的干燥 |
| 硫酸镁 | $MgSO_4 \cdot nH_2O$ | 1.05 | 较弱 | 较快 | 中性，可代替氯化钙，也可用于酯、醛、酮、腈、酰胺等类化合物的干燥 |

影响干燥效能的因素很多，如干燥时的温度、干燥剂用量和颗粒大小、干燥剂与待干燥液体接触的时间等。加热虽然可以加快干燥速度，但由于水的蒸气压随之增大，使干燥效能减弱，而且生成的水合物在 30℃以上易失去水，所以液体的干燥通常在室温下进行，在蒸馏之前应将干燥剂滤去。

根据水在液体中的溶解度和干燥剂的吸水容量，虽然可以计算出干燥剂的理论用量，但实际用量远远超过理论用量。一般操作中很难确定具体的数量，多数是凭经验加入。通常以加入后液体由浑浊变澄清，或每 10mL 液体中加入 0.5～1g 干燥剂，作为加入量的大致标准。显然加入干燥剂不能太多，否则将吸附液体，引起更大的损失。

应当注意，金属钠通常以钠片或钠丝的形式使用，并限于醚类(如乙醚)、烃类(如苯)的干燥。在干燥过程中，钠与水发生反应有氢气产生，为了使氢气逸出，防止潮气侵入，在容器上应装配氧化钙干燥管。

加入干燥剂前必须尽可能将待干燥液体中的水分分离干净，不应有任何可见的水层及悬浮的水珠，并置于锥形瓶中。加入颗粒大小合适的干燥剂，用塞子塞紧，不时旋摇，促使水合平衡的建立。干燥时间应根据液体量及含水情况而定，一般约需 0.5h 以上。如时间许可的话，最好放置过夜。然后将干燥的液体滤入蒸馏瓶中蒸馏。

干燥时如出现下列情况，要进行相应处理：容器下面出现水层，须将水层分出后再加入新的干燥剂；干燥剂互相黏结附在器壁上，说明用量不够，应补加干燥剂；黏稠液体的干燥应先用溶剂稀释后再加干燥剂。未知物溶液的干燥，常用中性干燥剂干燥，例如硫酸钠或硫酸镁。

(2)共沸干燥法 许多溶剂能与水形成共沸混合物，共沸点低于溶剂本身的沸点，因此，当共沸混合物蒸完，剩下的就是无水溶剂。显然，这些溶剂不需要加干燥剂干燥。如工业乙醇通过简单蒸馏只能得到 95.5%的乙醇，即使用最好的分馏柱，也无法得到无水乙醇。为了将乙醇中的水分完全除去，可在乙醇中加入适量苯进行共沸蒸馏。先蒸出的是苯-水-乙醇共沸混合物(沸点 65℃)，然后是苯-乙醇混合物(沸点 68℃)，残余物继续蒸出即为无水乙醇。

共沸干燥法也可用来除去反应时生成的水。如羧酸与乙醇的酯化过程中，为了使酯的产率提高，可加入苯，形成三元共沸混合物水-苯-乙醇而蒸馏出来。

**3. 气体的干燥**

有气体参加反应时，常常将气体发生器或钢瓶中气体通过干燥剂干燥。固体干燥剂一般装在干燥管、干燥塔或大的 U 形管内。液体干燥剂则装在各种形式的洗气瓶内。要根据被干燥气体的性质、用量、潮湿程度以及反应条件，选择不同的干燥剂和仪器。氧化钙、氢氧化钠等碱性干燥剂常用来干燥甲胺、氨气等碱性气体，氯化钙常用来干燥 HC、，烃类、$H_2$、$O_2$、$N_2$、$CO_2$、$SO_2$ 等，浓硫酸常用来干燥 HCl、烃类、$Cl_2$、$N_2$、$H_2$、$CO_2$ 等。

用无水氯化钙干燥气体时，切勿用细粉末，以免吸潮后结块堵塞。如用浓硫酸干燥，酸的用量要适当，并控制好通入气体的速度。为了防止发生倒吸，在洗气瓶与反应瓶之间应连接安全瓶。

用干燥塔进行干燥时，为了防止干燥剂在干燥过程中结块，那些不能保持其固有形态的干燥剂(如五氧化二磷)应与载体(如石棉绳、玻璃纤维、浮石等)混合使用。低沸点的气体可通过冷阱将其中的水或其他可凝性杂质冷冻而除去，从而获得干燥的气体，固体二氧化碳与甲醇组成的体系或液态空气都可用作为冷阱的冷冻液。

为了防止大气中的水汽侵入，有特殊干燥要求的开口反应装置可加干燥管，进行空气的干燥。

## 十二、有机化学实验常用仪器及装置

**1. 有机化学实验常用仪器**

有机化学实验的玻璃仪器，根据其塞口可分为普通玻璃仪器和标准磨口玻璃仪器。有机化学常用玻璃仪器如图 2-19 所示。

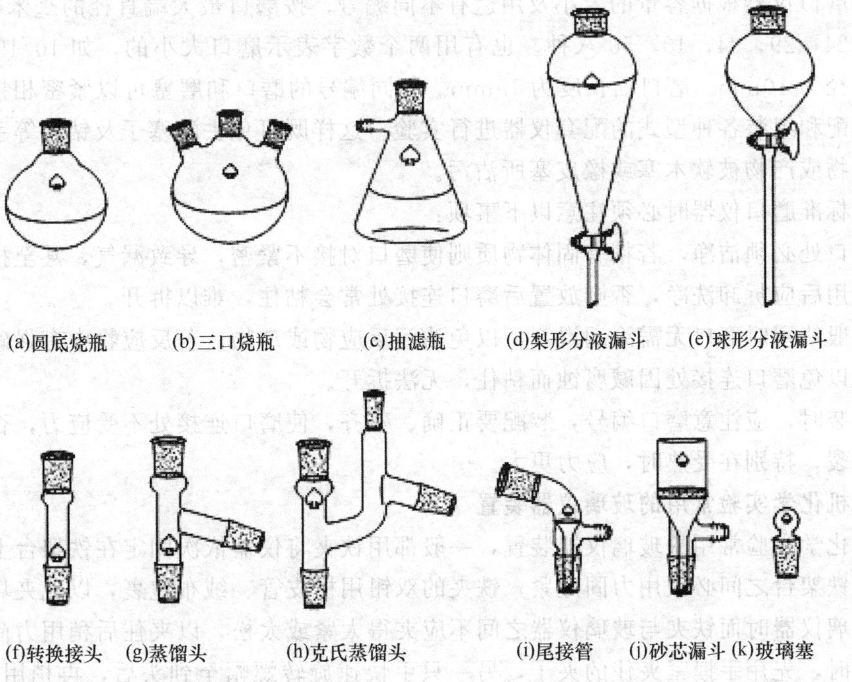


图 2-19

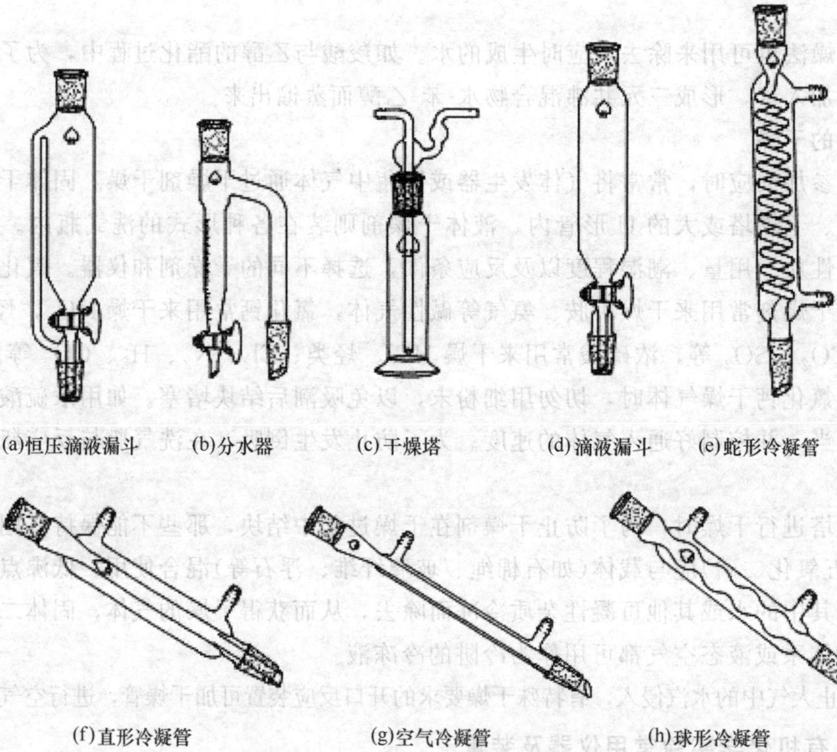

(a)恒压滴液漏斗　(b)分水器　(c)干燥塔　(d)滴液漏斗　(e)蛇形冷凝管

(f)直形冷凝管　(g)空气冷凝管　(h)球形冷凝管

图 2-19　有机化学常用玻璃仪器

在有机化学实验中，常用带有标准磨口的玻璃仪器，总称为标准磨口仪器。常用标准磨口仪器的形状、用途与普通仪器基本相同，只是具有国际通用的标准磨口和磨塞。

标准磨口仪器根据容量的大小及用途有不同编号，按磨口最大端直径的毫米数分为10，14，19，24，29，34，40，50八种。也有用两个数字表示磨口大小的，如10/19表示此磨口最大直径为10mm，磨口面长度为19mm。相同编号的磨口和磨塞可以紧密相接，因此可按需要选配和组装各种型式的配套仪器进行实验。这样既可免去配塞子及钻孔等手续，又能避免反应物或产物被软木塞或橡皮塞所沾污。

使用标准磨口仪器时必须注意以下事项：

①磨口处必须洁净，若粘有固体物质则使磨口对接不紧密，导致漏气，甚至损坏磨口。

②使用后应拆卸洗净，否则放置后磨口连接处常会粘住，难以拆开。

③一般使用时磨口无需涂润滑剂，以免沾污反应物或产物。若反应物中有强碱，则应涂润滑剂，以免磨口连接处因碱腐蚀而粘住，无法拆开。

④安装时，应注意磨口编号，装配要正确、整齐，使磨口连接处不受应力，否则仪器易折断或破裂，特别在受热时，应力更大。

**2. 有机化学实验常用的玻璃仪器装置**

有机化学实验常用的玻璃仪器装置，一般都用铁夹将仪器依次固定在铁架台上，十字夹与铁夹或铁架台之间必须用力固定紧，铁夹的双钳用橡皮管、绒布包裹，以免夹坏仪器。用铁夹夹玻璃仪器时而铁夹与玻璃仪器之间不应夹得太紧或太松，以夹住后稍用力尚能转动为宜。固定时，先用手捏紧夹住的夹子，另一只手快速旋转螺帽至到头后，再稍用力拧一下，用手托住仪器，再松开捏住夹子的手，观察仪器的牢固度，做到夹物不紧不松。

安装仪器顺序一般都是自下而上，从头到尾。要准确端正，平整竖直。无论从正面或侧面观察，全套仪器的轴线都要在同一平面内。铁夹应整齐地置于仪器的背面。安装仪器也可以概括为四个字，即稳、妥、端、正。稳，即稳固牢靠；妥，即妥善安装，消除一切不安全因素；端，即端正好看，同时给人以美的享受；正，即正确地使用和选用仪器。总之，仪器安装应先下后上，从头到尾，做到正确、整齐、稳妥、端正，使上、下轴线呈一直线，左、右轴线与实验台边沿平行。

在进行有机化合物的反应时，常用的典型实验装置如图 2-20～图 2-23 所示。加热、冷却和搅拌(或振荡)是促进或控制反应的常用手段。

(1)回流冷凝装置　在室温下，有些反应速率很慢或难以进行。为了使反应尽快地进行，常常需要使反应物较长时间保持沸腾。在这种情况下，就需要使用回流冷凝装置，使蒸气不断地在冷凝管内冷凝而返回反应器中，以防止反应瓶中物质逃逸损失。图 2-20(a)和图 2-21(a)是最简单的回流冷凝装置。将反应物放在圆底烧瓶中，在适当的热源上或热浴中加热。直立的冷凝管夹套中自下至上通入冷水，使夹套充满水，水流速度不必很快，能保持蒸气充分冷凝即可。加热的程度也需控制，使蒸气上升的高度不超过冷凝管的 1/3。

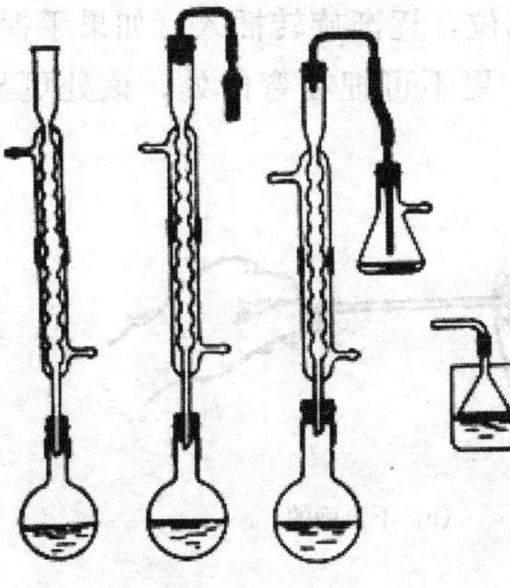
(a)　(b)　(c)

图 2-20　回流冷凝装置

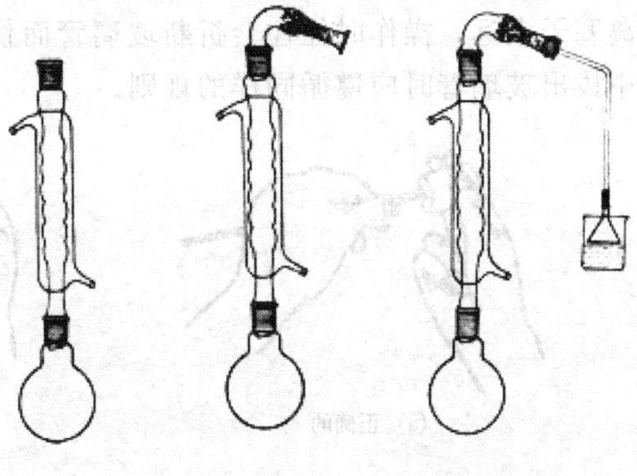
(a)　(b)　(c)

图 2-21　回流冷凝装置(标准磨口仪器)

图 2-22　回流滴加装置

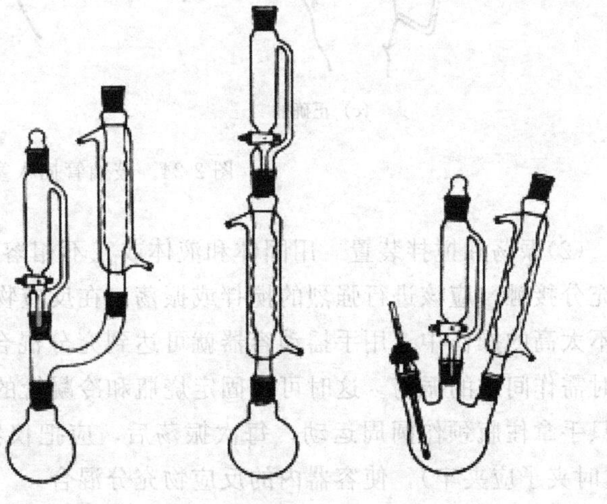
(a)　(b)　(c)

图 2-23　回流滴加装置(标准磨口仪器)

如果反应物怕受潮，可在冷凝管上端口装接氯化钙干燥管来防止空气中的湿气侵入[见图 2-20(b)、图 2-21(b)]。如果反应时会放出有害气体(如溴化氢)，可加接气体吸收装置[见图 2-20(c)、图 2-21(c)]。

有些反应进行剧烈，发热很大，如将反应物一次加入，会使反应失去控制，在这种情况下，可采用带滴液漏斗的回流冷凝装置(见图 2-22、图 2-23)，将一种试剂逐渐滴加进去。还可根据需要，在烧瓶外面用冷水浴或冰浴进行冷却。

在装配实验装置时，使用的玻璃仪器和配件应该是洁净干燥的。圆底烧瓶或三口烧瓶的大小应使反应物大约占烧瓶容量的1/3～1/2，最多不超过2/3。首先将烧瓶固定在合适的高度(下面可以放加热设备)，然后逐一安装上冷凝管和其他配件。每件大的仪器都应用夹子牢固地夹住，不宜太松或太紧。金属夹子不可与玻璃直接接触，而应套上橡皮管、粘上石棉垫或缠上石棉绳。需要加热的仪器，应夹住仪器受热最少的位置(如圆底烧瓶靠近瓶口处)，冷凝管则应夹住其中央部位。

非磨口仪器和配件常用软木塞(或橡皮塞)连接。将温度计或玻璃管(蒸馏烧瓶的支管、冷凝管的下端、滴液漏斗的颈)插入塞孔(见图 2-24)时，可先用水或甘油润湿玻璃管插入的一端，然后一手持塞子，一手捏着玻璃管靠近塞子的部位，逐渐旋转插入。如果手捏玻璃管的位置离塞子太远，操作时往往会折断玻璃管而伤手。更不可捏在弯曲处，该处更易折断。从塞孔中拔出玻璃管时应遵循同样的规则。

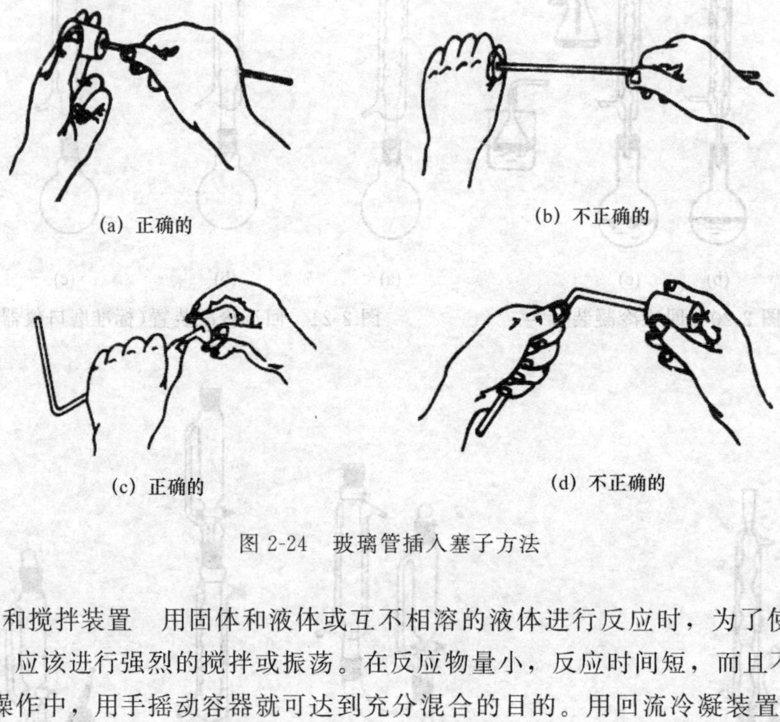


图 2-24　玻璃管插入塞子方法

(2)振荡和搅拌装置　用固体和液体或互不相溶的液体进行反应时，为了使反应混合物能充分接触，应该进行强烈的搅拌或振荡。在反应物量小，反应时间短，而且不需加热或温度不太高的操作中，用手摇动容器就可达到充分混合的目的。用回流冷凝装置进行反应时，有时需作间歇的振荡。这时可将固定烧瓶和冷凝管的夹子暂时松开，一只手扶住冷凝管，另一只手拿住瓶颈作圆周运动；每次振荡后，应把仪器重新夹好。也可通过振荡整个铁架台(这时夹子应夹牢)，使容器内的反应物充分混合。

在那些需要进行较长时间搅拌的实验中，最好用电动搅拌器或电磁搅拌器，它们搅拌的效率高，节省人力，还可以缩短反应时间。

图 2-25 和图 2-26 是适合不同需要的机械搅拌装置。在装配机械搅拌装置时，可采用简单的橡皮管密封[见图 2-25(a)]或液封管[见图 2-25(b)]。搅拌棒与玻璃管或液封管应配合适当，不太松也不太紧，搅拌棒能在中间自由地转动。用非磨口仪器时，装配封管的软木塞的孔必须钻得笔直，根据搅拌棒的长度(不宜太长)选定三口烧瓶和电动搅拌器的位置。先将搅拌器固定好，用短橡皮管(或连接器)把已插入封管中的搅拌棒连接到搅拌器上，然后小心地将三口烧瓶套上去，至搅拌棒的下端距瓶底约 5mm。将三口烧瓶夹紧。检查这几件仪器安装得是否正直：搅拌器的轴和搅拌棒应在同一直线上。用手试验搅拌棒转动是否灵活，再以低速开动搅拌器，试验运转情况。当搅拌棒与封管之间不发出摩擦声时才能认为仪器装配合格，否则需要进行调整。最后装上冷凝管、滴液漏斗(或温度计)，用夹子夹紧。整套仪器应安装在同一铁架台上。

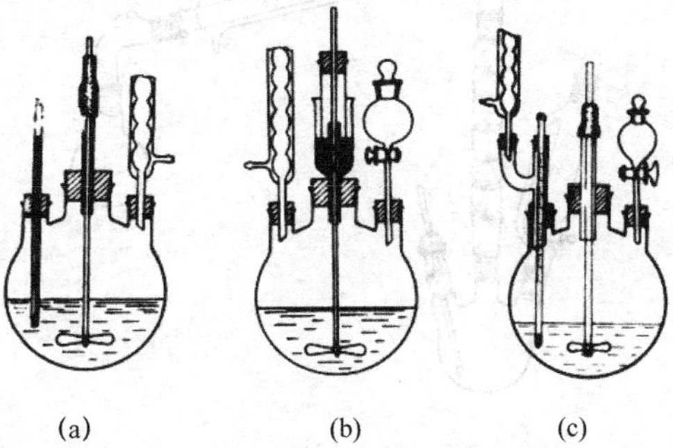

图 2-25　机械搅拌装置

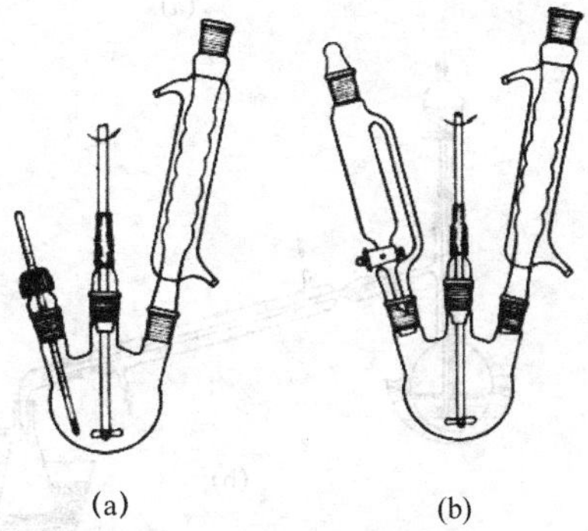

图 2-26　机械搅拌装置(磨口)

用橡皮管密封时，在搅拌棒和紧套的橡皮管之间用少量凡士林或甘油润滑。用液封管时，可在封管中装液体石蜡、甘油。

(3)蒸馏装置　蒸馏是分离两种以上沸点相差较大的液体和除去有机溶剂的常用方法。

图 2-27 中(a)和(b)为标准磨口玻璃仪器的一般蒸馏装置。(c)为减压蒸馏装置，适用于易分解、氧化、聚合等物质的常压蒸馏。

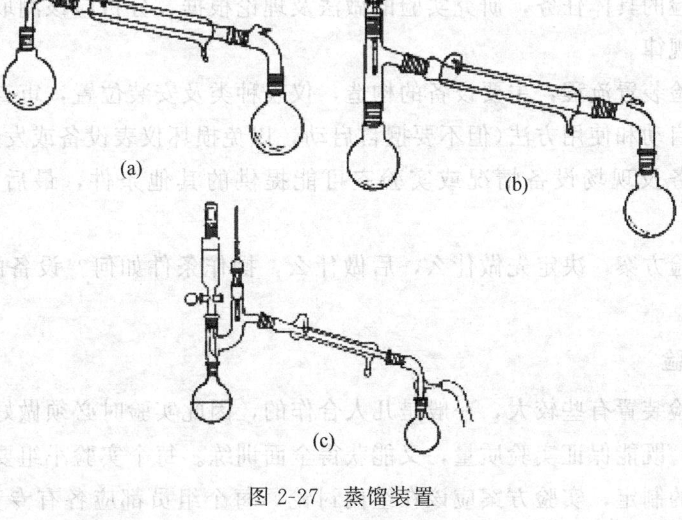

图 2-27　蒸馏装置

(4)其他反应装置 进行某些可逆平衡性质的反应时，为了使正反应进行到底，可将反应产物之一不断从反应混合物体系中除去。在图 2-28 所示的装置中反应产物可单独或形成恒沸物不断在反应过程中蒸馏出去，并可通过滴液漏斗将一种试剂滴加进去以控制反应速率或使这种试剂消耗完全。

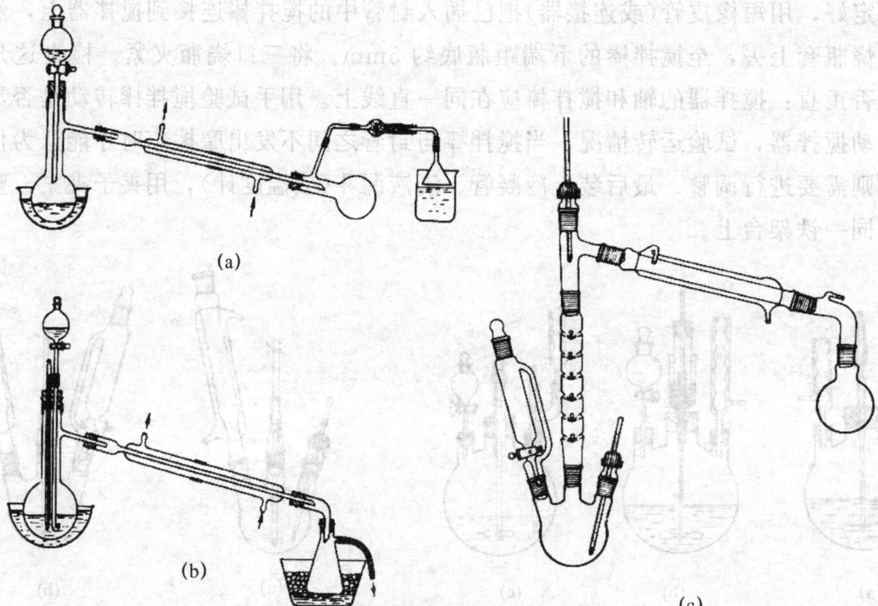


图 2-28 滴加和蒸出反应装置

# 第四节 如何进行化学化工实验

## 一、准备实验

首先阅读实验教材弄清本实验的目的与要求。

根据本次实验的具体任务，研究实验的做法及理论根据，分析应该测取哪些数据并估计实验数据的变化规律。

到现场看实验装置流程，主要设备的构造，仪表种类及安装位置，审查这种设备是否合适，了解它们的启动和使用方法(但不要擅自启动，以免损坏仪表设备或发生其他事故)。

根据实验任务及现场设备情况或实验室可能提供的其他条件，最后确定应该测取的数据。

最后拟定实验方案，决定先做什么，后做什么，操作条件如何？设备的启动程序怎样？如何调整？

## 二、组织实验

化学化工实验装置有些较大，一般是几人合作的，因此实验时必须做好组织工作，既有分工，又有合作，既能保证实验质量，又能获得全面训练。每个实验小组要有一个组长，组长负责实验方案的制定，实验方案应该在组内讨论，每个组员都应各有专责(包括操作、读取数据及现象观察等)，而且要在适当时间进行转换。

## 三、实验应测取哪些数据

凡是影响实验结果或数据整理过程中所必需的数据都必须测取，一般包括大气条件、设备有关尺寸以及操作数据等。实验数据整理中所需物性数据例如水的黏度、密度等，一般只要测出水温后，可从手册中查出，不必直接测定。

## 四、怎样测取数据

(1)事先必须拟好记录表格(只负责记某一项数据的，也要列出完整的记录表格)，在表格中应记下各项物理量的名称、表示符号和单位。每个学生都应有一个实验记录本，要保证数据完整，条理清楚而避免张冠李戴的错误。

(2)实验时一定要等现象稳定后才开始读数据，条件改变后，要稍等一会儿才能读取数据，这是由于一种状态调到另一种稳定状态需要时间，有的甚至要很长时间，而测量仪表通常又有滞后现象，若条件一变就测取数据，所得结果必然会产生很大的误差。

(3)同一条件下至少要读取两次数据，且只有当两次读数相接近时才能改变操作条件。

(4)每记录一个数据后，应立即复核，以免发生读错或写错数字等问题。

(5)数据记录必须真实地反映仪表的精确度，一般要记录至仪表上最小分度以下一位数。例如：温度计的分度为1℃，如果当时温度读数为24.6℃，这时就不能记为25℃，如果刚好是25℃，则应记为25.0℃，而不能记为25℃，因为这里有一个精确度的问题，一般记录数据中末位都是估计数字，如果记录为25℃，它表示当时温度可能是24℃，也可能是26℃，或者说它的误差是±1℃，而25.0℃则表示当时温度是介于24.9～25.1℃之间，它的误差是±0.1℃，但是用上述温度计时也不能记为24.58℃，因为它超出了所用温度计的精确度。

(6)记录数据要以当时的实际读数为准，例如：规定的水温为50.0℃，而读数时实际水温为50.5℃，就应该记50.5℃，如果数据稳定不变，也应照常记录，不得空下不记，如果漏记了数据应当留出相应的空格。

(7)实验中如果出现不正常情况，或者数据有明显误差，应在备注栏中加以注明。

最后还要指出，在实验数据测取上，必须注意到数据的分布情况，要避免所取数据集中在某一范围，而应使其较均匀地分布在整个实验范围内。为此，要求学生在测取数据之前，先根据设备的操作范围和所需测数据的数目，预先对操作范围进行讨论并作出大致的确定。

必须注意，在许多情况下按等分读数的办法来分布数据往往是不合理的。例如，一个流速计的读数变化范围为30kPa，需要读取10个数据，若按每隔3kPa读取数据的办法来分布实验数据，所得结果必然是低速部分的数据相隔太远，而高速部分的数据却过密。

## 五、实验过程注意事项

实验过程中除了读取数据外，还应做好以下几件事：

(1)密切注意仪表指示值的变化，随时调节，务必使整个操作过程都在规定条件下进行，尽量减少实验操作条件和规定操作条件之间的差距，操作人员不得离开岗位。

(2)读取数据后，应立即和前次数据相比较，也要和相关的数据相对照，分析相互关系是否合理，否则立即同小组同学研究原因，并采取有效措施，及时处理。

(3)实验过程中还应该注意观察现象，若发现不正常现象，应抓住时机，研究原因。

## 六、整理实验数据

(1)同一条件下，如有几次比较稳定但稍有波动的数据，应先取平均值，然后加以整理，不必先逐个整理后取平均值，以节省时间。

(2)数据整理时根据有效数字的运算规则，舍弃一些没有意义的数字。一个数据的精确度由测量仪表本身的精确度所决定，它不会因为计算时位数增加而提高，但是任意减少位数也是不许可的，因为它降低了应有的精确度。

(3)数据整理时，如果过程比较复杂，实验数据又多，一般以采用列表整理法为宜，同时将同一项目一次整理，这种整理方法不仅过程明显，而且节省时间。

(4)要求以一次数据为例子，把各项过程计算列出，以便检查。

(5)数据整理时还可采用归纳法，将计算公式中的常数归纳作为一个常数看待，例如，计算管路中由于流速改变后的雷诺准数时，因为 $Re=du\rho/\mu$，$u=4V/(\pi d^2)$，故 $Re=4\rho V/(\pi d\mu)$，而 $d$、$\rho$、$\mu$ 在实验中均不变化，可作为常数处理，令 $B=4\rho/(\pi d\mu)$，则 $Re=BV$。计算时先求出 $B$ 值，依次代入 $V$ 值即可求出相应的 $Re$ 值，这样可以大大提高计算速度。

## 七、实验数据的表达方法

化学化工实验数据的表达方法主要有三种：列表法、作图法和数学方程式法。

### 1. 列表法

在化学化工实验中，数据测量一般至少包括两个变量，在实验数据中选出自变量和因变量。列表法就是将这一组实验数据的自变量和因变量的各个数值依一定的形式和顺序一一对应列出来。

列表时应注意以下几点：

①每个表格开头都应写出表的序号及表的名称。

②表格的每一行上，都应该详细写上名称及单位，名称用符号表示，因表中列出的通常是一些纯数(数值)，因此行首的名称及单位应写成名称符号/单位符号，如 $p$(压强)/Pa。

③表中的数值应用最简单的形式表示，公共的乘方因子应放在栏头注明。

④在每一行中的数字要排列整齐，小数点应对齐，应注意有效数字的位数。

### 2. 作图法

(1)作图法在化学化工实验中的应用　用作图法表达实验数据，能清楚地显示出所研究的变量的变化规律，如极大值、极小值、转折点、周期性、数量的变化速度等重要性质。根据所作的图形，我们还可以作切线、求面积，将数据进一步处理。作图法的应用极为广泛，其中最重要的有以下应用。

①求外推值。有些不能由实验直接测定的数据，常常可以用作图外推的方法求得。主要是利用测量数据间的线性关系，外推至测量范围之外，求得某一函数的极限值，这种方法称为外推法。例如：用黏度法测定高聚物的相对分子质量实验中，首先必须用外推法求得溶液的浓度趋于零时的黏度(即特性黏度)值，才能算出相对分子质量。

②求极值或转折点。函数的极大值、极小值或转折点，在图形上表现得很直观。例如环己烷-乙醇双液系相图确定最低恒沸点(极小值)。

③求经验方程。若因变量与自变量之间有线性关系，那么就应符合下列方程：

$$y=ax+b$$

它们的几何图形应为一直线，$a$ 是直线的斜率，$b$ 是直线在轴上的截距。应用实验数据作图，作一条尽可能连接诸实验点的直线，从直线的斜率和截距便可求得 $a$ 和 $b$ 的具体数据，从而得出经验方程。

④作切线求函数的微商。作图法不仅能表示出测量数据间的定量函数关系，而且可以从图上求出各点函数的微商。具体做法是：在所得曲线上选定若干个点，然后用镜像法作出各切线，计算出切线的斜率，即得该点函数的微商值。

在曲线上作切线，通常用以下两种方法。

a. 镜像法。若需在曲线上某一点 $A$ 作切线，可取一平面镜垂直放于图纸上，也可用玻璃棒代替镜子，使玻璃棒和曲线的交线通过 $A$ 点，此时，曲线在玻璃棒中的像与实际曲线不相吻合，如图 2-29(a)所示，以 $A$ 点为轴旋转玻璃棒，使玻璃棒中的曲线与实际曲线重合，如图 2-29(b)所示，再沿玻璃棒作直线 $MN$，这就是曲线在该点的法线，再通过 $A$ 点作 $MN$ 的垂线 $CD$，即可得切线，如图 2-29 所示。

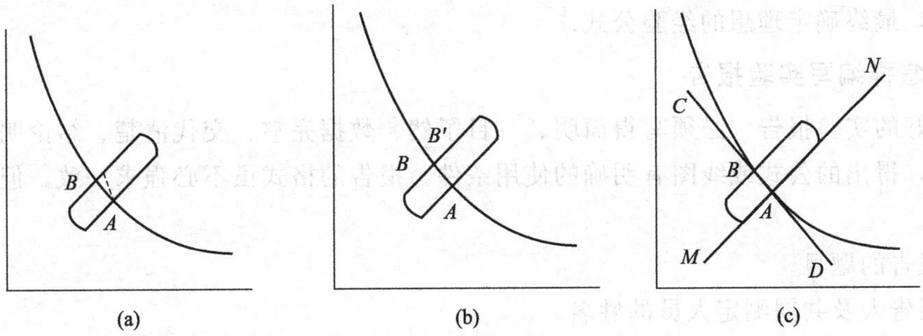


图 2-29　作切线的方法

b. 平行线法。在所选择的曲线段上，作两条平行线 $AB$、$CD$，连接两线段的中点 $M$、$N$ 并延长与曲线交于 $O$ 点，通过 $O$ 点作 $CD$ 的平行线 $EF$，即为通过 $O$ 点的切线，见图 2-30。

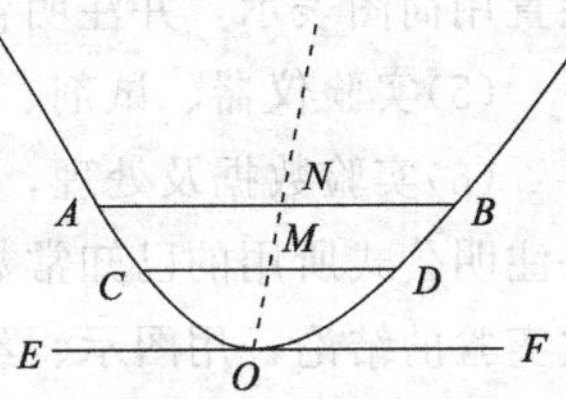


图 2-30　平行线法作切线示意图

⑤求导数函数的积分值(图解积分法)。设图形中的因变量是自变量的导数函数，则在不知道该导数函数解析表示式的情况下，也能利用图形求出定积分值，称图解积分，通常求曲线下所包含的面积常用此法。

(2)作图方法　作图首先要选择坐标纸。坐标纸分为直角坐标纸、半对数或对数坐标纸、三角坐标纸和极坐标纸等几种，其中直角坐标纸最常用。

选好坐标纸后，其次要正确选择坐标标度，要求如下。

①要能表示全部有效数字。

②坐标轴上每小格的数值，应可方便读出，且每小格所代表的变量应为 1、2、5 的整数倍，不应为 3、7、9 的整数倍。如无特殊需要，可不必将坐标原点作为变量零点，而从略低于最小测量值的整数开始，可使作图更紧凑，读数更精确。

③若曲线是直线或近乎直线，坐标标度的选择应使直线与 $x$ 轴成 45°夹角。

然后，将测得的数据，以点描绘于图上。在同一个图上，如有几组测量数据，可分别用△、×、⊙、○、●等不同符号加以区别，并在图上对这些符号注明。

作出各测量点后，用直尺或曲线板画直线或曲线。要求线条能连接尽可能多的实验点，但不必通过所有的点，对未连接的点应均匀分布于曲线两侧，且与曲线的距离应接近相等。曲线要求光滑均匀，细而清晰。连线的好坏会直接影响到实验结果的准确性，如有条件鼓励用计算机作图。

**3. 数学方程式法**

一组实验数据可以用数学方程式表示出来，这样一方面可以反映出数据结果间的内在规律性，便于进行理论解释或说明；另一方面这样的表示简单明了，还可进行微分、积分等其他变换。

对于一组实验数据，一般没有一个简单方法可以直接得到一个理想的经验公式，通常是先将一组实验数据画图，根据经验和解析几何原理，猜测经验公式的应有形式。将数据拟合成直线方程比较简单，但往往数据点间并不呈线性关系，则必须根据曲线的类型，确定几个可能的经验公式，然后将曲线方程转变成直线方程，再重新作图，看实验数据是否与此直线方程相符，最终确定理想的经验公式。

## 八、怎样编写实验报告

一份好的实验报告，必须写得简明、一目了然、数据完整、交代清楚、结论明确、有条理有分析，得出的公式或线图有明确的使用条件，报告的格式虽不必强求一致，但一般包括下列各项。

(1)报告的题目。

(2)报告人及共同测定人员的姓名。

(3)实验目的应简单明了，说明实验方法及研究对象。

(4)实验原理应在理解的基础上，最好用自己的语言表述出来，而不要简单抄书。仪器装置用简图表示，并注明各部分名称。

(5)实验仪器、试剂、设备说明(应包括流程示意图和主要设备、仪表的类型及规格)。

(6)实验数据及处理，应包括与实验结果有关的全部数据，结果处理中应写出计算公式，并注明公式所用的已知常数的数值，注意各数值所用的单位。要根据实验任务，明确提出本次实验的结论，用图示、经验公式或列表均可，但都要注明实验条件。作图必须使用坐标纸，图要端正地粘贴在报告上。要列出一次数据的计算过程，作为计算示例。

(7)分析讨论，讨论的内容可包括对实验现象的分析和解释，以及关于实验原理、操作、仪器设计和实验误差等问题的讨论，或实验成功与否的经验教训的总结。

## 九、用 Excel 软件处理实验数据

(1)设计表格、输入数据

(2)计算数据　若要计算一些物理量，可按以下步骤进行，以用“B2”框数据计算“C2”框数据为例。首先点击“C2”框，再点击计算栏 $fx$，会出现“＝”，在“＝”后输入计算公式，再点击“确认”即可。

“C2”框后面的数据计算：先点击“C2”框，然后按住鼠标左键向下拖动到最后一行即可。

这时若小数点后面的数据不符合要求，可进行修改。其方法是：在 C 列上单击右键选择“设置单元格格式”，单击“数值”进行修改。

(3)绘制曲线图　选定数据表中包含所需数据的所有单元格；单击工具栏中的“图表”栏，选出希望得到的图表类型。如：XY 散点图，再单击“下一步”，按要求完成本对话框内容的输入，最后单击“完成”，便可得到图表。

(4)数据拟合、经验公式　拟合时，在其中一个散点上点击右键，选择“添加趋势线”。在类型设置中，选择相应类型；在选项中，根据需要可选中“显示公式”、“显示 R 平方值”等复选框，再单击“确定”便可得到拟合直线或曲线、拟合方程和相关系数 R 平方的数值。

将显示的方程(经验公式)和 $R^2$(相关系数的平方)移动到右上角空白处，双击“方程和 $R^2$”即可对“数据标志格式”进行设置，其中最重要的是它们的有效数字位数(如修改小数点后的位数)。双击拟合直线，可以对直线进行相关设置，如样式、颜色、粗细。

修改绘图区的深色为白色，在深色区双击左键，弹出“绘图区格式”对话框，根据需要进行设置。在图上点击右键即可复制图片到 word 中。

# 第三篇 基础实验

## 实验一 滴定管、容量瓶和移液管的基本操作练习

### 一、实验目的

(1)掌握滴定管、容量瓶及移液管的基本操作方法。

(2)掌握玻璃仪器的洗涤方法。

### 二、实验原理

要获得理想的实验结果，必须掌握常用玻璃器皿的正确操作方法。

### 三、实验仪器与试剂

仪器：酸碱滴定管；烧杯；量筒；锥形瓶；移液管；容量瓶；玻璃棒。

试剂：自来水。

### 四、实验步骤

**1. 认领、清点仪器**

按实验仪器单认领、清点仪器。

**2. 洗涤仪器**

将仪器按正确洗涤方法洗涤干净，使之达到要求的洗涤标准——壁内外不沾挂水珠。

洗涤时要注意保管好酸式滴定管的旋塞和容量瓶磨口塞，保护移液管尖，防止损坏。

**3. 操作练习**

(1)滴定管的使用及准备

①酸式滴定管：洗涤→涂油→试漏→润洗→装溶液(水代替)→赶气泡→调“0”→滴定→读数。

②碱式滴定管：洗涤→试漏→润洗→装溶液(水代替)→赶气泡→调“0”→滴定→读数。

(2)容量瓶的使用

250mL 容量瓶：洗涤→试漏→装溶液→稀释→调液面至刻度线→平摇→摇匀→转移至试剂瓶→贴标签。

(3)移液管的使用

①25mL 移液管：洗涤→润洗→吸液(用容量瓶中的水)→调液面→移液(移至锥形瓶中)。

②10mL 移液管：洗涤→润洗→吸液(用容量瓶中的水)→调液面→移液(移至锥形瓶中)。

### 五、思考题

(1)滴定管是否洗净？应怎样检查？

(2)怎样赶去滴定管中的气泡？

(3)如何正确使用移液管？移液管中的溶液放出后，在尖端尚残留了少量溶液，应怎样处理？

## 实验二　电子天平称量练习

### 一、实验目的

(1)掌握电子天平的基本操作及常用的称量方法。

(2)培养准确、整齐、简明的记录实验原始数据的习惯。

### 二、实验原理

电子天平的构造原理：据电磁力平衡原理直接称量。

特点：性能稳定、操作简便、称量速度快、灵敏度高，能进行自动校正、去皮及质量电信号输出。

### 三、实验仪器与试剂

仪器：电子天平；表面皿；台秤；称量瓶；50mL 小烧杯；牛角匙。

试剂：NaCl。

### 四、称量方法

(1)直接称量法　用于直接称量某一固体物质的质量，如小烧杯。

要求：所称物体洁净、干燥，不易潮解、升华，并无腐蚀性。

方法：天平零点调好以后，把被称物用一干净的纸条套住(也可戴专用手套)，放在天平盘中央，所得读数即为被称物体的质量。

(2)固定质量称量法　用于称量指定质量的试样。如称量基准物质，来配制一定浓度和体积的标准溶液。

要求：试样不吸水，在空气中性质稳定，颗粒细小(粉末)。

方法：将容器放在天平盘中央，去皮，然后用牛角匙将试样慢慢加入容器中，当所加试样与指定质量相差不到 10mg 时，极其小心地将盛有试样的牛角匙伸向容器上方约 2～3cm 处，牛角匙的另一端顶在掌心上，用拇指、中指及掌心拿稳牛角匙，并用食指轻弹匙柄，将试样慢慢抖入容器中，直至读数为所需质量。此操作必须十分谨慎。

(3)递减称量法　用于称量一定质量范围的试样。适于称取多份易吸水、易氧化或易与 $CO_2$ 反应的物质。

方法：用小纸条夹住已干燥好的称量瓶，在台秤上粗称其质量；将稍多于需要量的试样用牛角匙加入称量瓶，在台秤上粗称；将称量瓶放到天平盘的中央，称出称量瓶及试样的准确质量(准确到 0.1mg)，记下读数设为 $m_1$(g)。将称量瓶拿到接收容器上方，右手用纸片夹住瓶盖柄，打开瓶盖。将瓶身慢慢向下倾斜，并用瓶盖轻轻敲击瓶口，使试样慢慢落入容器内(不要把试样撒在容器外)。当估计倾出的试样已接近所要求的质量时，慢慢将称量瓶竖起，并用盖轻轻敲瓶口，使黏附在瓶口上部的试样落入瓶内，盖好瓶盖，将称量瓶放回天平盘上称量。准确称取其质量，设此时质量为 $m_2$(g)。则倒入接收器中的质量为($m_1-m_2$)。

重复以上操作，可称取多份试样。

## 五、实验步骤

(1)固定质量称量法　称取 0.5000g NaCl 三份。

将干燥洁净的表面皿或小烧杯，在台秤上粗称其质量，再在天平上准确称出其质量，记录称量数据。

(2)递减称量法　称取 0.20～0.25g NaCl 三份：将干燥洁净的称量瓶，在台秤上粗称其质量，再加入约 1.2g 试样，在天平上准确称出其质量，记录称量数据 $m_1$(g)。转移 0.20～0.25g NaCl(约占试样总体积的 1/4)至第一个小烧杯中，称量并记录称量瓶和试样的质量 $m_2$(g)，用相同的方法，再称出 0.20～0.25g NaCl 转移至第二个已称量的小烧杯中，依次称重。

## 六、数据记录与结果处理

将实验结果填写在表 3-1 中。

**表 3-1　原始数据记录及处理**

| 项目＼次数 | Ⅰ | Ⅱ | Ⅲ |
|---|---|---|---|
| NaCl＋称量瓶的质量/g | | | |
| 倾出 NaCl 后的质量/g | | | |
| $m_{NaCl}$ /g | | | |
| 小烧杯的质量/g | | | |

## 七、思考题

(1)称量结果应记录至小数点后几位？为什么？

(2)本实验中要求称量偏差不大于 0.4mg，为什么？

(3)什么情况下用直接称量法？什么情况下用减量称量法？

## 知识扩展：电子天平的使用方法

(1)水平调节：水泡应位于水平仪中心。

(2)开机并预热：接通电源，打开“显示”键，使显示器亮，并显示称量模式“0.0000g”，此状态下预热 20～30min。

(3)按“去皮”键为零后，将称量物放入盘中央，待读数稳定后，该数字即为所称物体的质量。

(4)去皮称量：按“TAR”键清零，将空容器放在盘中央，按“去皮”键显示零。将称量物放入空容器中，待读数稳定后，此时天平所示读数即为所称物体的质量。

# 实验三　酸碱溶液的比较滴定

## 一、实验目的

(1)掌握化学试剂的一般知识和试剂的配制方法。

(2)掌握酸碱滴定管的使用。

(3)掌握滴定操作和滴定终点的判断方法。

## 二、实验原理

浓盐酸易挥发，固体 NaOH 容易吸收空气中的水分和 $CO_2$，因此不能直接配制准确浓度的酸碱标准溶液，只能先配出近似浓度的溶液，再用基准物质标定出准确浓度。酸碱指示剂具有一定的变色范围，0.1mol·$L^{-1}$ HCl 和 0.1mol·$L^{-1}$ NaOH 溶液的滴定，突跃范围为 pH=4～10，在这一范围中可采用甲基橙(变色范围 pH=3.1～4.4)、甲基红(变色范围 pH=4.4～6.2)、酚酞(变色范围 pH=8.0～10.0)、百里酚蓝-甲酚红钠盐水溶液(变色点的 pH 值为 8.3)等指示剂来指示终点。

## 三、实验仪器与试剂

仪器：酸碱滴定管；烧杯；量筒；锥形瓶。

试剂：浓盐酸；固体 NaOH；0.2%甲基橙水溶液；0.2%酚酞乙醇溶液。

## 四、实验步骤

**1. 0.1mol·$L^{-1}$ HCl 溶液和 0.1mol·$L^{-1}$NaOH 溶液的配制**(实验老师配制)

通过计算求出配制 500mL 0.1mol·$L^{-1}$ HCl 溶液所需浓盐酸的体积(浓度约 12mol·$L^{-1}$)，然后，用小量筒量取此量的浓盐酸，加入水中，并稀释成 500mL，转入试剂瓶中，摇匀、贴标签待用。

同样，通过计算求出配制 500mL 0.1mol·$L^{-1}$ NaOH 溶液所需固体 NaOH 的质量。在台秤上迅速称出置于烧杯中，立即用 500mL 水溶解，配制成溶液，转入带橡皮塞的试剂瓶中，充分摇匀、贴标签待用。

固体氢氧化钠极易吸收空气中的 $CO_2$ 和水，所以称量必须迅速。市售固体氢氧化钠常因吸收 $CO_2$ 而混有少量 $Na_2CO_3$，以致在分析结果中引入误差，因此，在要求严格的情况下，配制 NaOH 溶液时必须设法除去 $CO_3^{2-}$。

常用方法有两种。

(1)在台秤上称取一定量的固体氢氧化钠于烧杯中，再用少量的水溶解后倒入试剂瓶中，然后用水稀释到一定体积，加入 1～2mL 20% $BaCl_2$溶液，摇匀后用橡皮塞塞紧，静置过夜，待沉淀完全沉降后，用虹吸管把清液转入另一试剂瓶中，塞紧，备用。

(2)饱和的 NaOH 溶液(50%)具有不溶解 $Na_2CO_3$ 的性质。所以用固体 NaOH 先配制饱和溶液，其中的 $Na_2CO_3$ 可以全部沉降下来，待溶液澄清后，吸取上层的溶液，用新煮沸并冷却的水稀释至一定浓度。

**2. 滴定操作练习——酸碱溶液的相互滴定**

用 0.1mol·$L^{-1}$ NaOH 溶液洗涤碱式滴定管 2～3 次，每次用量 5～10mL，然后将溶液装入碱式滴定管，液面调至“0.00”刻度。

用 0.1mol·$L^{-1}$ HCl 溶液洗涤酸式滴定管 2～3 次，每次用量 5～10mL，然后将溶液装入酸式滴定管，液面调至“0.00”刻度。

以 1min 放出约 10mL 溶液的速度(即每秒 3～4 滴)，从酸式滴定管中放出 HCl 溶液 25.00mL 于 250mL 锥形瓶中，加 25mL 蒸馏水和 1～2 滴酚酞指示剂，摇匀，用 0.1mol·$L^{-1}$ NaOH 溶液滴定至溶液由无色变为粉红色，30s 不褪色，即达终点。然后由酸式滴定管中放出 1～2 滴 HCl溶液，溶液又由粉红色变为无色，再用 0.1mol·$L^{-1}$NaOH 溶液进行滴定，使溶液由无色再变为粉红色，30s 不褪色，即达终点。如此反复练习 2～3 次，观察终点。读准最后所用的 HCl 和 NaOH 溶液的体积(mL)数，并求出滴定时两溶液的体积比 $V_{NaOH}/V_{HCl}$。平行滴定 3 份，计算平均结果。

以 1min 放出约 10mL 溶液的速度(即每秒 3～4 滴)，从碱式滴定管中放出 NaOH 溶液 25.00mL 于 250mL 锥形瓶中，加 25mL 蒸馏水和 1～2 滴 0.2%甲基橙指示剂，摇匀，用 $0.1mol \cdot L^{-1}$ HCl 溶液滴定至溶液由黄色变为橙色，30s 不褪色，即达终点。然后由碱式滴定管中滴入 1～2 滴 NaOH 溶液，溶液又由橙色变为黄色，再用 $0.1mol \cdot L^{-1}$ HCl 溶液进行滴定，使溶液由黄色再变为橙色，30s 不褪色，即达终点。如此反复练习 2～3 次，观察终点。读准最后所用的 HCl 和 NaOH 溶液的体积(mL)数，并求出滴定时两溶液的体积比 $V_{HCl}/V_{NaOH}$。平行滴定 3 份，计算平均结果。

### 五、数据记录与结果处理

将实验结果填写在表 3-2 中。

**表 3-2　原始数据记录及处理**

| 项　目 | Ⅰ | Ⅱ | Ⅲ |
|---|---|---|---|
| HCl 溶液终读数/mL | | | |
| HCl 溶液初读数/mL | | | |
| $V(HCl)$/mL | | | |
| NaOH 溶液终读数/mL | | | |
| NaOH 溶液初读数/mL | | | |
| $V(NaOH)$/mL | | | |
| $V(HCl)/V(NaOH)$ | | | |
| 平均值 | | | |
| 相对平均偏差/% | | | |

### 六、思考题

(1)本实验中哪些数据需精密测定？各用什么仪器？

(2)滴定管、移液管、容量瓶是滴定分析中量取溶液体积的三种精密仪器，记录时应记准几位有效数字？

(3)为什么在同一个滴定分析中要用同一支滴定管或移液管？为什么滴定时每次都应从零刻度或在 0.00～0.10mL 之间开始？

## 实验四　化学反应速率和活化能的测定

### 一、实验目的

(1)了解浓度、温度和催化剂对反应速率的影响。

(2)测定过二硫酸铵与碘化钾反应的速率，并计算反应级数、反应速率常数和反应的活化能。

### 二、实验基本原理

测定化学反应速率，必须利用我们肉眼能够观察到的现象，所以利用淀粉与碘的显色反应来完成测定。

在水溶液中$(NH_4)_2S_2O_8$和KI发生如下反应：

$$(NH_4)_2S_2O_8 + 3KI \longrightarrow (NH_4)_2SO_4 + K_2SO_4 + KI_3 \quad (1)$$

$$S_2O_8^{2-} + 3I^- \longrightarrow 2SO_4^{2-} + I_3^-$$

反应速率可表示为：

$$v = kc^m(S_2O_8^{2-})c^n(I^-) \quad (3\text{-}1)$$

式中，$v$是在此条件下反应的瞬间速率。若$c(S_2O_8^{2-})$、$c(I^-)$是起始浓度，则$v$表示起始速率。

实验测得的速率是在一段时间($\Delta t$)内反应的平均速率$v$。如果在$\Delta t$时间内$S_2O_8^{2-}$浓度的改变为$\Delta c(S_2O_8^{2-})$，则平均速率为：

$$v = -\Delta c(S_2O_8^{2-})/\Delta t \quad (3\text{-}2)$$

(注意：负号的含义是反应物浓度降低；溶液中$I_2$以$I_3^-$形式存在。)

我们用平均速率近似地代替起始浓度。

为了测出反应在$\Delta t$内$S_2O_8^{2-}$浓度的改变值，要在$(NH_4)_2S_2O_8$和KI的混合溶液中加入一定体积和浓度的$Na_2S_2O_3$溶液，这样在反应(1)进行的同时还进行下面的反应：

$$2S_2O_3^{2-} + I_3^- \longrightarrow S_4O_6^{2-} + 3I^- \quad (2)$$

这个反应进行得非常快，几乎瞬间完成，而反应(1)比反应(2)慢得多。因此，由反应(1)生成的$I_3^-$立即与$S_2O_3^{2-}$反应，生成无色的$S_4O_6^{2-}$和$I^-$，当$S_2O_3^{2-}$耗尽时，则出现蓝色。

由于从反应开始到蓝色出现，标志$S_2O_3^{2-}$全部耗尽，所以在这段时间($\Delta t$)内，$S_2O_3^{2-}$浓度改变值$\Delta c(S_2O_3^{2-})$实际上就是起始浓度。

从反应(1)和反应(2)可见：1mol$(NH_4)_2S_2O_8$相当于1mol $I_3^-$，相当于2mol $Na_2S_2O_3$，即：

$$\Delta c(S_2O_8^{2-}) = -\Delta c(S_2O_3^{2-})/2 \quad (3\text{-}3)$$

通过改变$S_2O_8^{2-}$和$I^-$的初始浓度，测定消耗等量的$S_2O_8^{2-}$的物质的量浓度所需的不同时间间隔，即计算出反应物不同初始浓度的初始速率，确定出速率方程和反应速率常数。

## 三、实验仪器与试剂

仪器：秒表；烧杯；量筒。

试剂：0.20mol·$L^{-1}$ $(NH_4)_2S_2O_8$；0.20mol·$L^{-1}$KI；0.010mol·$L^{-1}$$Na_2S_2O_3$；0.4% 淀粉溶液；0.20mol·$L^{-1}$$KNO_3$；0.20mol·$L^{-1}$$(NH_4)_2SO_4$。

## 四、实验步骤

### 1. 浓度对化学反应速率的影响

在室温条件下进行编号Ⅰ的实验。用量筒分别量取20.0mL 0.20mol·$L^{-1}$ KI溶液，8.0mL0.010mol·$L^{-1}$$Na_2S_2O_3$溶液和2.0mL 0.4%淀粉溶液，全部注入烧杯中，搅拌均匀。

然后用另一量筒取20.0mL 0.20mol·$L^{-1}$$(NH_4)_2S_2O_8$溶液，迅速倒入上述混合溶液中，同时开动秒表，并不断搅拌，仔细观察。

当溶液刚出现蓝色时，立即按停秒表，记录反应时间和室温。

用同样方法完成编号Ⅱ，Ⅲ，Ⅳ，Ⅴ的实验。将实验结果填写在表3-3中。

**2. 温度对化学反应速率的影响**

按表 3-3 实验Ⅳ的药品用量，在高于室温 10℃、15℃、20℃的温度条件下进行实验。其他操作步骤同实验 1。将实验结果填写在表 3-4 中。

**3. 催化剂对化学反应速率的影响**

按实验Ⅳ药品用量进行实验，在$(NH_4)_2S_2O_8$ 溶液加入 KI 混合液之前，先在 KI 混合液中加入 2 滴 0.02mol·$L^{-1}$$Cu(NO_3)_2$ 溶液，搅匀，其他操作同实验 1。

**表 3-3 浓度对化学反应速率的影响**

室温______℃

| 实验编号 | | Ⅰ | Ⅱ | Ⅲ | Ⅳ | Ⅴ |
|---|---|---|---|---|---|---|
| 试剂用量/mL | 0.20mol·$L^{-1}$$(NH_4)_2S_2O_8$ | 20.0 | 10.0 | 5.0 | 20.0 | 20.0 |
| | 0.20mol·$L^{-1}$ KI | 20.0 | 20.0 | 20.0 | 10.0 | 5.0 |
| | 0.010mol·$L^{-1}$ $Na_2S_2O_3$ | 8.0 | 8.0 | 8.0 | 8.0 | 8.0 |
| | 0.4%淀粉溶液 | 2.0 | 2.0 | 2.0 | 2.0 | 2.0 |
| | 0.20mol·$L^{-1}$ $KNO_3$ | 0 | 0 | 0 | 10.0 | 15.0 |
| | 0.20mol·$L^{-1}$$(NH_4)_2SO_4$ | 0 | 10.0 | 15.0 | 0 | 0 |
| 混合液中反应物的起始浓度/mol·$L^{-1}$ | $(NH_4)_2S_2O_8$ | | | | | |
| | KI | | | | | |
| | $Na_2S_2O_3$ | | | | | |
| 反应时间 $\Delta t$/s | | | | | | |
| $S_2O_8^{2-}$ 的浓度变化 $\Delta c(S_2O_8^{2-})$/mol·$L^{-1}$ | | | | | | |
| 反应速率 $r$ | | | | | | |

**表 3-4 温度对反应速率的影响**

| 实验编号 | Ⅵ | Ⅳ | Ⅶ |
|---|---|---|---|
| 反应温度 $t$/℃ | | | |
| 反应时间 $\Delta t$/s | | | |
| 反应速率 $r$ | | | |

## 五、数据记录与结果处理

**1. 反应级数和反应速率常数的计算**

将反应速率表示式：$v=kc^m(S_2O_8^{2-})c^n(I^-)$两边取对数：

$$\lg v=m\lg c(S_2O_8^{2-})+n\lg c(I^-)+\lg k \quad (3\text{-}4)$$

当 $c(I^-)$不变时(即实验Ⅰ、Ⅱ、Ⅲ)，以 $\lg v$ 对 $\lg c(S_2O_8^{2-})$作图，可得一直线，斜率即为 $m$。

同理，当 $c(S_2O_8^{2-})$不变时(即实验Ⅰ、Ⅳ、Ⅴ)，以 $\lg v$ 对 $\lg c(I^-)$作图，可得一直线，斜率即为 $n$。该反应级数为 $m+n$。

将 $m$、$n$ 代入 $v=kc^m(S_2O_8^{2-})c^n(I^-)$，即可求反应速率常数 $k$。

将实验数据填入表 3-5 中。

表 3-5　实验数据处理

| 实验编号 | Ⅰ | Ⅱ | Ⅲ | Ⅳ | Ⅴ |
|---|---|---|---|---|---|
| $\lg v$ | | | | | |
| $\lg c(S_2O_8^{2-})$ | | | | | |
| $\lg c(I^-)$ | | | | | |
| $m$ | | | | | |
| $n$ | | | | | |
| $k$ | | | | | |

**2. 反应活化能的计算**

反应速率常数 $k$ 与反应温度 $T$ 的关系：

$$\lg k = A - Ea/2.303RT \tag{3-5}$$

式中，$Ea$ 为活化能；$R$ 为气体常数($8.314J \cdot mol^{-1} \cdot K^{-1}$)；$T$ 为热力学温度。测定出不同温度时的 $k$ 值，以 $\lg k$ 对 $1/T$ 作图，由直线的斜率($-Ea/2.303R$)可求 $Ea$。

将数据填入表 3-6 中：

表 3-6　实验数据处理

| 实验编号 | Ⅵ | Ⅶ | Ⅳ |
|---|---|---|---|
| $k$ | | | |
| $\lg k$ | | | |
| $1/T$ | | | |
| $Ea$ | | | |

## 六、存在的问题和注意事项

(1)量筒取药品不得混用，做好标记，KI、$Na_2S_2O_3$、淀粉、$KNO_3$、$(NH_4)_2SO_4$ 可使用同一个量筒量取，$(NH_4)_2S_2O_8$ 必须单独使用一个量筒。

(2)KI、$Na_2S_2O_3$、淀粉、$KNO_3$、$(NH_4)_2SO_4$ 混合均匀后，最后将$(NH_4)_2S_2O_8$ 溶液迅速倒入上述混合液中(防止过二硫酸铵与硫代硫酸钠相互作用)，同时启动秒表，并且搅拌，溶液刚出现蓝色立即按停秒表。

考查温度对化学反应速率的影响时，先将各试剂混合，KI、$Na_2S_2O_3$、淀粉、$KNO_3$、$(NH_4)_2SO_4$ 混合液和$(NH_4)_2S_2O_8$ 溶液要分别浴加热至一定温度后再合并。

(3)恒温箱温度与反应溶液温度略有差别，不可低于室温。

从室温依次升高至预定温度再进行实验。温度大致依次升高 10℃、15℃、20℃，不一定很准确，只需准确记录实际反应的温度，代入计算即可。

(4)本实验对试剂有一定的要求。KI 溶液应为无色透明，不可使用有单质碘析出的浅黄色溶液。$(NH_4)_2S_2O_8$ 溶液要使用新配制的，时间长则分解。若 pH 值小于 3，说明已经分解，不宜使用。所使用试剂中有少量杂质时，对反应有催化作用，必要时滴入几滴 $0.10mol \cdot L^{-1}$ EDTA 溶液掩蔽。

## 七、思考题

(1)若取$(NH_4)_2S_2O_8$ 试剂量筒没有专用，对实验有何影响？

(2)$(NH_4)_2S_2O_8$ 缓慢加入 KI 等混合溶液中，对实验有何影响？

(3)催化剂 $Cu(NO_3)_2$ 为何能够加快该化学反应的速率？

# 实验五 配合物的制备、性质与应用

## 一、实验目的

(1)了解几种不同类型的配合物的生成，比较配合物与简单化合物和复盐的区别。

(2)掌握影响配位平衡移动的因素。

(3)了解螯合物的形成条件。

(4)熟悉过滤和试管的使用等基本操作。

## 二、实验原理

由中心离子(或原子)和一定数目的中性分子或阴离子通过形成配位共价键相结合而成的复杂结构单元称配合单元，凡是由配合单元组成的化合物称配位化合物。在配合物中，中心离子已体现不出其游离存在时的性质。而在简单化合物或复盐的溶液中，各种离子都能体现出游离离子的性质。由此，可以区分出有无配合物存在。

配合物在水溶液中存在配位平衡：

$$M^{n+} + aL^{-} \rightleftharpoons ML_a^{n-a}$$

配合物的稳定性可用平衡常数 $K_f^\ominus$ 来衡量。根据化学平衡的知识可知，增加配体或金属离子浓度有利于配合物的形成，而降低配体或金属离子的浓度则有利于配合物的解离。因此，弱酸或弱碱作为配体时，溶液酸碱性的改变会导致配合物的解离。若有沉淀剂能与中心离子形成沉淀反应，则会减小中心离子的浓度，使配合平衡朝解离的方向移动，最终导致配合物的解离。若另加入一种配体，能与中心离子形成稳定性更好的配合物，则又可能使沉淀溶解。总之，配合平衡与沉淀平衡的关系是朝着生成更难解离或更难溶解的物质的方向移动。

中心离子与配体结合形成配合物后，由于中心离子的浓度发生了改变，因此电极电势值也改变，从而改变了中心离子的氧化还原能力。

中心离子与多基配体反应可生成具有环状结构的稳定性很好的螯合物。很多金属螯合物具有特征颜色，且难溶于水而易溶于有机溶剂。有些特征反应常用于金属离子的鉴定反应。

## 三、实验仪器与试剂

仪器：试管；试管架；离心试管；漏斗；漏斗架；白瓷点滴板；离心机(公用)；滤纸。

试剂：$2mol \cdot L^{-1} H_2SO_4$ 溶液；$2mol \cdot L^{-1}$ 氨水；$6mol \cdot L^{-1}$ 氨水；$0.1mol \cdot L^{-1}$ NaOH 溶液；$2mol \cdot L^{-1}$ NaOH 溶液；$0.1mol \cdot L^{-1} CuSO_4$ 溶液；$0.1mol \cdot L^{-1} HgCl_2$ 溶液；$0.1mol \cdot L^{-1}$ KI 溶液；$0.1mol \cdot L^{-1} BaCl_2$ 溶液；$0.1mol \cdot L^{-1}$ 铁氰化钾溶液；$0.1mol \cdot L^{-1}$ 硫酸铁铵溶液；$0.1mol \cdot L^{-1} FeCl_3$ 溶液；$0.1mol \cdot L^{-1}$ KSCN 溶液；$2mol \cdot L^{-1} NH_4F$ 溶液；饱和 $(NH_4)_2C_2O_4$ 溶液；$0.1mol \cdot L^{-1} AgNO_3$ 溶液；$0.1mol \cdot L^{-1}$ NaCl 溶液；$0.1mol \cdot L^{-1}$ KBr 溶液；$0.1mol \cdot L^{-1} Na_2S_2O_3$ 溶液；$0.1mol \cdot L^{-1} Na_2S$ 溶液；饱和

$Na_2S_2O_3$ 溶液；0.1mol·$L^{-1}$$FeSO_4$ 溶液；0.1mol·$L^{-1}$$NiSO_4$ 溶液；0.1mol·$L^{-1}$EDTA 溶液；乙醇(95%)；$CCl_4$；0.25%邻菲咯啉；1%二乙酰二肟；乙醚。

## 四、实验步骤

### 1.配合物的制备

(1)含正配离子的配合物　往试管中加入2mL 0.1mol·$L^{-1}$$CuSO_4$ 溶液，逐滴加入2mol·$L^{-1}$ 氨水，产生沉淀后继续滴加氨水，直至变为深蓝色溶液为止；然后加入约4mL乙醇，振荡试管，观察现象。过滤，所得晶体为何物？在漏斗颈下端放一支试管，直接在滤纸上逐滴滴加2mol·$L^{-1}$ 氨水溶液(约2mL)使晶体溶解(保留此溶液供下面实验用)。写出离子反应方程式。

(2)含负配离子的配合物　往试管中加入3滴0.1mol·$L^{-1}$$HgCl_2$ 溶液，逐滴加入0.1mol·$L^{-1}$KI溶液，注意最初有沉淀生成，后来变为配合物而溶解(保留此溶液供下面实验用)。写出离子反应方程式。

### 2. 配位化合物与简单化合物、复盐的区别

(1)把实验1(1)中所得的溶液分成两份，往第一支试管中滴入2滴0.1mol·$L^{-1}$NaOH溶液，往第二支试管中滴入3滴0.1mol·$L^{-1}$$BaCl_2$ 溶液。观察现象，写出离子反应方程式。

另取两支试管各加5滴0.1mol·$L^{-1}$$CuSO_4$ 溶液，然后向其中一支试管中滴入2滴0.1mol·$L^{-1}$NaOH溶液，向另一支试管中滴入3滴0.1mol·$L^{-1}$$BaCl_2$ 溶液。比较两次实验结果，并简单解释之。

(2)向实验1(2)中所得的溶液中滴入2滴0.1mol·$L^{-1}$NaOH溶液，观察现象。

另取一支试管，加2滴0.1mol·$L^{-1}$$HgCl_2$ 溶液，再加2滴0.1mol·$L^{-1}$NaOH溶液，比较两次实验的结果，并简单解释之。

(3)用实验证明铁氰化钾是配合物，硫酸铁铵是复盐，写出实验步骤并进行实验。

### 3. 配位平衡的移动

(1)配合物的取代反应。取1mL 0.1mol·$L^{-1}$$FeCl_3$ 溶液于试管中，滴加2滴0.1mol·$L^{-1}$KSCN溶液，溶液呈何颜色？然后滴加2mol·$L^{-1}$$NH_4F$ 溶液至溶液变为无色，再滴加饱和$(NH_4)_2C_2O_4$ 溶液，至溶液变为黄绿色。写出离子反应方程式并解释。

(2)配位平衡与沉淀溶解平衡。在一支离心试管中加3滴0.1mol·$L^{-1}$$AgNO_3$ 溶液，然后按下列次序进行实验，并写出每一步骤的反应方程式。

①滴加1滴0.1mol·$L^{-1}$NaCl溶液至刚生成沉淀；

②加入6mol·$L^{-1}$ 氨水至沉淀刚溶解；

③加入0.1mol·$L^{-1}$KBr溶液至刚生成沉淀；

④加入0.1mol·$L^{-1}$$Na_2S_2O_3$ 溶液，边滴边剧烈摇荡至沉淀刚溶解；

⑤加入0.1mol·$L^{-1}$KI溶液至刚生成沉淀；

⑥加入饱和$Na_2S_2O_3$ 溶液至沉淀刚溶解；

⑦加入0.1mol·$L^{-1}$$Na_2S$ 溶液至刚生成沉淀。

试从几种沉淀的溶度积和几种配离子稳定常数的大小加以解释。

(3)配位平衡与氧化还原反应的关系。取两支试管，加入5滴0.1mol·$L^{-1}$$FeCl_3$ 溶液及10滴$CCl_4$。然后向一支试管中加5滴0.1mol·$L^{-1}$KI溶液，向另一支试管中滴加

$2mol \cdot L^{-1} NH_4F$ 溶液至溶液变为无色，再加入 5 滴 $0.1mol \cdot L^{-1}$ KI 溶液。比较两试管中 $CCl_4$ 层的颜色，解释现象并写出有关的离子反应方程式。

(4)配位平衡和酸碱反应

①在自制的硫酸四氨合铜溶液中，逐滴加入稀硫酸溶液，直至溶液呈酸性，观察现象，写出反应方程式。

②在自制的 $K_3[Fe(SCN)_6]$ 溶液中，逐滴加入数滴 $0.1mol \cdot L^{-1}$ NaOH 溶液，观察现象，写出反应方程式。

**4. 螯合物的形成**

(1)取两支试管，分别加入 10 滴自制的$[Fe(SCN)_6]^{3-}$和 10 滴自制的$[Cu(NH_3)_4]^{2+}$，然后分别滴加 $0.1mol \cdot L^{-1}$ EDTA 溶液，观察现象并解释。

(2)$Fe^{2+}$ 与邻菲咯啉在微酸性溶液中反应，生成橘红色的配离子。

$$3C_{12}H_8N_2 + Fe^{2+} \longrightarrow [Fe(C_{12}H_8N_2)_3]^{2+}$$

在白瓷点滴板上滴 1 滴 $0.1mol \cdot L^{-1}$ $FeSO_4$ 溶液和 3 滴 0.25%邻菲咯啉溶液，观察现象。此反应可作为 $Fe^{2+}$ 的鉴定反应。

(3)$Ni^{2+}$ 与二乙酰二肟反应生成鲜红色的内配盐沉淀。

$$Ni^{2+} + 2HDMG \longrightarrow Ni(DMG)_2 + 2H^+$$

在试管中加入 2 滴 $0.1mol \cdot L^{-1}$ $NiSO_4$ 溶液及 20 滴蒸馏水，再加入 1 滴 $2mol \cdot L^{-1}$ 氨水和 2 滴 1%二乙酰二肟溶液，观察现象。然后再加入 1mL 乙醚，摇荡，观察现象。此反应可作为 $Ni^{2+}$ 的鉴定反应。

## 五、注意事项

(1)$HgCl_2$ 毒性很大，使用时要注意安全。切勿使其入口或与伤口接触，用完试剂后必须洗手，剩余的废液不能随便倒入下水道。

(2)在实验操作中，要注意：凡是生成沉淀的步骤，沉淀量要少，即刚生成沉淀为宜。凡是使沉淀溶解的步骤，加入溶液量越少越好，即使沉淀刚溶解为宜。因此，溶液必须逐滴加入，且边滴边摇，若试管中溶液量太多，可在生成沉淀后，倒去大部分，再继续进行实验。

## 六、思考题

(1)总结本实验中所观察到的现象以及影响配位平衡的因素。

(2)配合物与复盐的主要区别是什么？

(3)为什么硫化钠溶液不能使亚铁氰化钾溶液产生硫化亚铁沉淀，而饱和的硫化氢溶液能使铜氨配合物的溶液产生硫化铜沉淀？

(4)实验中所用 EDTA 是什么物质？它与单基配体有何区别？

# 实验六 盐酸标准溶液的配制及标定

## 一、实验目的

(1)掌握配制一定浓度标准溶液的方法。

(2)学会用滴定法测定酸碱溶液浓度的原理和操作方法。

(3)熟悉甲基橙和酚酞指示剂的使用和终点的变化，初步掌握酸碱指示剂的选择方法。

## 二、实验原理

浓盐酸因含有杂质而且易挥发，因而不能直接配制成标准溶液，其溶液的准确浓度需要先配制成近似浓度的溶液，然后用其他基准物质进行标定。

常用于标定酸溶液的基准物质有：碳酸钠($Na_2CO_3$)或硼砂($Na_2B_4O_7 \cdot 10H_2O$)。用碳酸钠($Na_2CO_3$)标定 HCl 溶液反应方程式如下：

$$Na_2CO_3 + 2HCl = CO_2 + 2NaCl + H_2O$$

由反应式可知，1mol HCl 正好与 1mol(1/2 $Na_2CO_3$)完全反应。由于生成的 $H_2CO_3$ 是弱酸，在室温下，其饱和溶液浓度约为 0.04mol·$L^{-1}$，等量点时 pH 值约为 4，故可选用甲基橙作指示剂。

## 三、实验仪器与试剂

仪器：台秤；电子天平；量筒(10mL)1 支；酸式滴定管(50mL)1 支；锥形瓶(250mL)2 只；带玻璃塞和胶塞的试剂瓶(500mL)各 1 个；容量瓶(250mL)一个。

试剂：浓 HCl(密度 1.18～1.19 g·$cm^{-3}$)；无水 $Na_2CO_3$(分析纯)；0.2%甲基橙水溶液。

## 四、实验步骤

**1. 0.1mol·$L^{-1}$ HCl 溶液的配制**

用洁净的 10mL 量筒量取浓盐酸 4.5mL，倒入事先已加入少量蒸馏水的 500mL 洁净的试剂瓶中，用蒸馏水稀释至 500mL，盖上玻璃塞，摇匀，贴好标签。

标签上写明：试剂名称、浓度、配制日期、专业、姓名。

**2. 0.1mol·$L^{-1}$ HCl 溶液的标定**

准确称取无水 $Na_2CO_3$ 三份(其质量按消耗 20～30mL 0.1mol·$L^{-1}$ HCl 溶液计)，分别加入 3 个锥形瓶中，加 30mL 蒸馏水溶解(或者是用移液管将已知准确浓度的碳酸钠标准溶液 25.00mL 移入锥形瓶中)。再往锥形瓶中加入甲基橙溶液 1～2 滴，用配制的 HCl 溶液滴定至溶液刚刚由黄色变为橙色即为终点，记录所消耗 HCl 溶液的体积，计算出 HCl 标准溶液的浓度。平行测定三份，计算出三次测定的平均值。

## 五、数据记录与结果处理

**1. 根据下式计算 HCl 溶液浓度**

$$c(HCl) = \frac{2 \times m(Na_2CO_3)}{M(Na_2CO_3) \times V(HCl)} \quad (3\text{-}6)$$

式中　$m(Na_2CO_3)$——参与反应的碳酸钠的质量，g；

$V(HCl)$——滴定时消耗 HCl 溶液的体积，mL；

$M(Na_2CO_3)$——$Na_2CO_3$ 的摩尔质量，g·$mol^{-1}$；

$c(HCl)$——所求 HCl 标准溶液的准确浓度，mol·$L^{-1}$。

**2. 0.1mol·$L^{-1}$ HCl 标准溶液的标定**

将实验结果填写在表 3-7 中。

**表 3-7　原始数据记录及处理**

| | | | 指示剂 |
|---|---|---|---|
| 试样编号 | Ⅰ | Ⅱ | Ⅲ |
| $m(Na_2CO_3)$/g | | | |
| HCl 终读数/mL | | | |
| HCl 初读数/mL | | | |
| $V$(HCl)/mL | | | |
| $c$(HCl)/mol·L$^{-1}$ | | | |
| 平均值 | | | |
| 相对平均偏差 | | | |

## 六、思考题

(1)为什么 HCl 和 NaOH 标准溶液都不能用直接法配制？

(2)滴定管在装溶液前为什么要用此溶液润洗？用于滴定的锥形瓶或烧杯是否也要润洗，为什么？

(3)基准物质称完后，需加 30mL 水溶解，水的体积是否要准确量取，为什么？

# 实验七　碱液中 NaOH 及 $Na_2CO_3$ 含量的测定

## 一、实验目的

(1)掌握双指示剂法测定 NaOH 和 $Na_2CO_3$ 混合物中各组分的原理和方法。

(2)掌握移液管和容量瓶的使用方法。

## 二、实验原理

碱液主要成分是 NaOH 和 $Na_2CO_3$，如果要测定它们的含量，可用双指示剂法，即在滴定中，用两种指示剂来指示两个不同的终点。因为 $CO_3^{2-}$ 的 $K_{b_1}^{\ominus}=1.8\times10^{-4}$，$K_{b_2}^{\ominus}=2.4\times10^{-8}$；$K_{b_1}^{\ominus}/K_{b_2}^{\ominus}=10^4$。故可用 HCl 溶液分步滴定 $Na_2CO_3$ 溶液，第一计量点终点产物为 $NaHCO_3$，pH=8.31；第二计量点终点的产物为 $H_2CO_3$，pH=3.88。所以，在混合碱溶液用 HCl 溶液滴定时，首先 $Na_2CO_3$ 与 HCl 反应，只有当 $CO_3^{2-}$ 完全转变为 $HCO_3^-$ 后，HCl 才能进一步跟 $NaHCO_3$ 反应。因此，测定到第一计量点终点时，用 HCl 滴定使 $CO_3^{2-}$ 完全变为 $HCO_3^-$，此时溶液 pH=8.33，所以选酚酞作指示剂，达到终点时，溶液由红色变为淡红色；测第二计量点终点时，加入甲基橙为指示剂，继续滴定至溶液中全部的 $HCO_3^-$ 完全变为 $CO_3^{2-}$，溶液由黄色变为橙红色，即到达终点，此时溶液 pH=3.88。

双指示剂法还常用来测定盐碱土中 $Na_2CO_3$ 和 $NaHCO_3$ 的含量。

## 三、实验仪器与试剂

仪器：电子天平；酸式滴定管；锥形瓶。

试剂：混合碱样品；HCl 标准溶液；0.2%甲基橙水溶液；0.2%酚酞乙醇溶液。

## 四、实验步骤

(1)从公用试剂瓶中准确移取 25.00mL 混合碱溶液 3 份于 3 个锥形瓶中。

(2)各加酚酞指示剂1滴，以HCl标准溶液滴定，边滴定边充分摇动，以免局部$Na_2CO_3$直接被滴定至$H_2CO_3$。滴定至溶液为无色，记录体积$V_1$。

(3)再分别各加甲基橙指示剂1～2滴，此时溶液为黄色，继续以HCl标准溶液滴定至溶液由黄色→橙色，记录第二步消耗HCl体积为$V_2$。

**五、注意事项**

(1)试样溶液不应久置于空气中，因此做完一份，再移取另一份，共做三份；

(2)移液管移取不同浓度的碱液，注意润洗，润洗前要吸干移液管中残余水分；

(3)滴定分两步进行，第一步滴定至红色恰好消失，计量点前滴定不应过快，第一步消耗HCl溶液的体积为$V_1$；

(4)第二步滴定很快会到达终点，要慢速，接近计量点时大力振摇，第二步消耗HCl溶液体积为$V_2$。

**六、数据记录与结果处理**

计算公式：

$$\rho(NaOH)=\frac{(V_1-V_2)\times c(HCl)\times M(NaOH)}{V} \tag{3-7}$$

$$\rho(Na_2CO_3)=\frac{2V_2\times c(HCl)\times M(Na_2CO_3)}{2V} \tag{3-8}$$

**七、思考题**

(1)滴定过程中，为什么HCl标准溶液要逐滴地加入且在剧烈摇动下进行？

(2)有甲、乙、丙三种溶液，分别是$Na_2CO_3$、$NaHCO_3$及二者的混合溶液。用以下方法实验。

溶液甲：加入酚酞指示剂不变色；

溶液乙：以酚酞为指示剂用HCl标准溶液滴定，用去$V_1$(mL)时，溶液红色消失。然后再加甲基橙指示剂，所需HCl标准溶液$V_2$(mL)使甲基橙溶液变色且$V_2>V_1$。

溶液丙：以酚酞及甲基橙为指示剂，用HCl标准溶液滴定时，分别耗去$V_1$(mL)和$V_2$(mL)，且$V_1=V_2$。问甲、乙、丙各是什么溶液？

(3)双指示剂法测定混合碱的准确度较低，还有什么方法能提高分析结果的准确度？

## 实验八　食醋中总酸量的测定

**一、实验目的**

(1)进一步熟练移液管和容量瓶的使用方法。

(2)掌握酸碱滴定的基本操作，了解其应用。

(3)熟悉液体试样中浓度含量的测定方法。

**二、实验原理**

醋酸为一元弱酸，其离解常数$K_a=1.76\times10^{-5}$，可用标准碱溶液直接滴定，反应如下：

$$HAc+NaOH = NaAc+H_2O$$

化学计量点时反应产物是NaAc，pH值在8.7左右，可采用酚酞作指示剂。

食用醋中的主要成分是醋酸（乙酸），同时也含有少量其他弱酸，如乳酸等。凡是$cK_a>10^{-8}$的一元弱酸，均可被强碱准确滴定。因此，在本实验中用NaOH滴定食用醋，测出的是总酸量，测定结果常用$\rho(HAc)$表示，单位为$g \cdot L^{-1}$，计算式如下：

$$\rho(HAc)=\frac{c(NaOH)V(NaOH)M(HAc)}{V(HAc)}\times 稀释倍数 \tag{3-9}$$

食用醋中含3%～5%的醋酸，可适当稀释后再进行滴定。白醋可以直接滴定，一般的食醋由于颜色较深可用中性活性炭脱色后再行滴定。

## 三、实验仪器与试剂

仪器：50mL碱式滴定管；25mL移液管；250mL容量瓶；250mL锥形瓶。

试剂：邻苯二甲酸氢钾（$KHC_8H_4O_4$）；$0.1mol \cdot L^{-1}$ NaOH溶液；0.2%酚酞指示剂。

## 四、实验步骤

### 1. NaOH溶液的配制与标定

在台秤上迅速称出NaOH 2g左右，置于烧杯中，立即用不含二氧化碳的蒸馏水溶解，配制成500mL溶液，储于具橡皮塞的细口瓶中，充分摇匀，贴好标签。

标签上写明：试剂名称、浓度、配制日期、专业、姓名。

在电子天平上，用差减法称取3份0.4～0.6g邻苯二甲酸氢钾基准物分别放入3个250mL锥形瓶中，各加入30～40mL去离子水溶解后，滴加1～2滴0.2%酚酞指示剂。用待标定的NaOH溶液分别滴定至无色变为微红色，并保持30s内不褪色即为终点。记录滴定前后滴定管中NaOH溶液的体积。

### 2. 食醋中醋酸含量的测定

用10.00mL移液管吸取食用醋试液一份置于100mL容量瓶中，用蒸馏水稀释至刻度，摇匀。

用移液管吸取25.00mL稀释后的试液置于250mL锥形瓶中，加入0.2%酚酞指示剂1～2滴，用NaOH标准溶液滴定，直到加入半滴NaOH标准溶液使溶液呈现微红色，并保持30s内不褪色即为终点。重复操作，测定另两份试样，记录滴定前后滴定管中NaOH溶液的读数。测定结果的相对平均偏差应小于0.2%。根据测定结果计算试样中酸的总含量，以$g \cdot L^{-1}$表示。

## 五、数据记录与结果处理

自己设计表格处理数据并计算出食醋中醋酸的含量。

## 六、思考题

(1)用酸碱滴定法测定总酸含量的依据是什么？

(2)滴定食醋时为什么用酚酞作指示剂？可以用甲基橙或甲基红吗？

# 实验九　氯化物中氯的测定——莫尔法

## 一、实验目的

(1)了解沉淀滴定法测定氯化物中微量$Cl^-$含量的方法。

(2)学习沉淀滴定的基本操作。

## 二、实验原理

可溶性氯化物中氯含量的测定一般采用莫尔法。该法是在中性或弱碱性介质中，以 $K_2CrO_4$ 为指示剂，用 $AgNO_3$ 标准溶液进行滴定，可以直接滴定 $Cl^-$ 或 $Br^-$。由于 AgCl 的溶解度比 $Ag_2CrO_4$ 小，因此，在滴定过程中，当 $Cl^-$ 与 $CrO_4^{2-}$ 共存时，首先生成 AgCl 沉淀，当 $Cl^-$ 沉淀完全后，微过量的 $Ag^+$ 与 $CrO_4^{2-}$ 结合生成砖红色的 $Ag_2CrO_4$ 沉淀，指示终点的到达。反应如下：

$$Ag^+ + Cl^- \longrightarrow AgCl\downarrow(\text{白色}) \qquad K_{sp}=1.77\times10^{-10}$$

$$2Ag^+ + CrO_4^{2-} \longrightarrow Ag_2CrO_4\downarrow(\text{砖红色}) \qquad K_{sp}=1.12\times10^{-12}$$

滴定适宜的酸度范围为 pH＝6.5～10.5，如有铵盐存在，溶液的 pH 值最好控制在 6.5～7.2。

干扰物质：与 $Ag^+$ 或 $CrO_4^{2-}$ 发生反应的物质有干扰。$PO_4^{3-}$、$S^{2-}$、$SO_3^{2-}$、$CO_3^{2-}$、$C_2O_4^{2-}$、$AsO_4^{2-}$ 可与 $Ag^+$ 形成沉淀，产生正误差；$Pb^{2+}$、$Ba^{2+}$、$Hg^{2+}$ 等可与 $CrO_4^{2-}$ 形成沉淀，产生正误差；能与 $Ag^+$ 形成络合物的物质(如 $NH_3$、$CN^-$ 等)也有干扰；在中性及弱碱性条件下水解的离子有干扰(如 $Fe^{3+}$、$Al^{3+}$)。

莫尔法只能测定 $Cl^-$ 或 $Br^-$，不能测 $I^-$、$SCN^-$，因为 AgI、AgSCN 吸附能力太强，AgI 吸附 $I^-$，AgSCN 吸附 $SCN^-$，使终点提前出现，产生负误差。

## 三、实验试剂

$AgNO_3$ 标准溶液(0.1mol·$L^{-1}$)：用台秤粗略称取 1.7g 硝酸银溶解于 100mL 不含 $Cl^-$ 的蒸馏水中，摇匀后储存于带玻璃塞的棕色试剂瓶中，待标定。

NaCl 基准物质：在 500～600℃高温炉中灼烧 30min，稍冷片刻放入干燥器中冷却备用；$K_2CrO_4$ 溶液(5%)。

## 四、实验步骤

### 1. $AgNO_3$ 标准溶液的标定

准确称取 0.14～0.15g NaCl 基准试剂 3 份，分别置于 250mL 锥形瓶中，加 30mL 蒸馏水溶解，加入 1mL $K_2CrO_4$(5%)指示剂，在充分摇动下。用 $AgNO_3$ 溶液滴定至呈现淡红色即为终点。计算 $AgNO_3$ 溶液的平均浓度。

### 2. 氯化物中微量氯的测定

准确称取 1.0～1.2g 试样于 250mL 烧杯中，加水溶解后，定量转入 250mL 容量瓶中，稀释至刻度，摇匀。

用 25mL 移液管取试样溶液 3 份，分别置于 250mL 锥形瓶中，加 25mL 水及 1mL $K_2CrO_4$(5%)指示剂，不停摇动下用标准 $AgNO_3$ 溶液滴定至呈现淡红色即为终点。记录 $V_{AgNO_3}$。计算氯化物中微量氯的平均含量。

## 五、数据记录与结果处理

### 1. $AgNO_3$ 溶液浓度的标定

将实验结果填入表 3-8 中。

### 2. 氯化物中氯的测定

将实验结果填入表 3-9 中。

表 3-8　原始数据记录及处理

| | | | |
|---|---|---|---|
| $m(NaCl)/g$ | | | |
| $c(NaCl)/mol \cdot L^{-1}$ | | | |
| 平行实验 | 1 | 2 | 3 |
| $V(NaCl)/mL$ | 25.00 | 25.00 | 25.00 |
| $V(AgNO_3)/mL$ | | | |
| $c(AgNO_3)/mol \cdot L^{-1}$ | | | |
| 相对偏差 | | | |
| 平均 $c(AgNO_3)/mol \cdot L^{-1}$ | | | |

表 3-9　原始数据记录及处理

| | | | |
|---|---|---|---|
| $c(AgNO_3)/mol \cdot L^{-1}$ | | | |
| 平行实验 | 1 | 2 | 3 |
| $V_s/mL$ | | | |
| $V(AgNO_3)/mL$ | | | |
| $c(Cl)/mg \cdot L^{-1}$ | | | |
| 相对偏差 | | | |
| 平均 $c(Cl)/mg \cdot L^{-1}$ | | | |

注：1. 如果滴定水中氯离子含量可将 $AgNO_3$ 标准溶液稀释 10 倍，取水样 50mL 按操作程序进行滴定。

2. $V_s$ 为所取含 $Cl^-$ 试样的体积。

## 六、思考题

(1)指示剂用量的过多或过少，对测定结果有何影响？

(2)为什么不能在酸性介质中进行？pH 值过高对测定结果有何影响？

(3)能否用标准 NaCl 溶液直接滴定 $Ag^+$？如果要用此法测定试样中的 $Ag^+$，应如何进行？

# 实验十　高锰酸钾标准溶液的配制和标定

## 一、实验目的

(1)掌握高锰酸钾标准溶液的配制方法和保存条件。

(2)掌握用 $Na_2C_2O_4$ 作基准物标定高锰酸钾溶液浓度的原理、方法及滴定条件。

(3)了解催化剂对滴定反应速率的影响。

## 二、实验原理

市售的 $KMnO_4$ 试剂常含有少量 $MnO_2$ 和其他杂质，如硫酸盐、氯化物及硝酸盐等；另外，蒸馏水中常含有少量的有机物质，能使 $KMnO_4$ 还原，且还原产物能促进 $KMnO_4$ 自身分解，分解方程式如下：

$$2MnO_4^- + 2H_2O = 2MnO_2 + O_2\uparrow + 4OH^-$$

见光使分解更快。因此，$KMnO_4$ 的浓度容易改变，不能用直接法配制准确浓度的高锰酸钾标准溶液，必须正确地配制和保存，如果长期使用必须定期进行标定。

标定 $KMnO_4$ 的基准物质较多，有 $As_2O_3$、$H_2C_2O_4 \cdot 2H_2O$ 、$Na_2C_2O_4$ 和纯铁丝等。其中以 $Na_2C_2O_4$ 最常用，$Na_2C_2O_4$ 不含结晶水，不宜吸湿，宜纯制，性质稳定。用 $Na_2C_2O_4$ 标定 $KMnO_4$ 的反应为：

$$2MnO_4^- + 5C_2O_4^{2-} + 16H^+ \longrightarrow 2Mn^{2+} + 10CO_2\uparrow + 8H_2O$$

滴定时利用 $MnO_4^-$ 本身的紫红色指示终点，称为自身指示剂。

## 三、实验仪器与试剂

仪器：台秤；电子天平；锥形瓶；移液管；容量瓶；酸式滴定管。

试剂：$KMnO_4$(s)分析纯；$Na_2C_2O_4$(s)基准试剂或分析纯；3mol·$L^{-1}$ $H_2SO_4$ 溶液。

## 四、实验步骤

### 1. 配制 0.02mol·$L^{-1}$ $KMnO_4$ 溶液

用台秤称取 1.6g $KMnO_4$ 溶于 500mL 水中，盖上表面皿，加热至沸并保持微沸状态 1h，冷却后于室温下放置 2～3 天后，用微孔漏斗或玻璃棉过滤，滤液储于清洁带塞的棕色瓶中。

### 2. $KMnO_4$ 溶液的标定

准确称取 0.13～0.16g 基准物质 $Na_2C_2O_4$ 置于 250mL 锥形瓶中，加 40mL 水和 10mL 3mol·$L^{-1}$ $H_2SO_4$，加热至 70～80℃(即开始冒蒸汽时的温度)，趁热用 $KMnO_4$ 溶液进行滴定。由于开始时滴定反应速率较慢，滴定的速率也要慢，一定要等前一滴 $KMnO_4$ 的紫红色褪去再滴入下一滴。随着滴定的进行，溶液中产物即催化剂 $Mn^{2+}$ 的浓度不断增大，反应速率加快，滴定的速率也可适当加快，此为自身催化作用。直至滴定的溶液呈微红色，半分钟不褪色即为终点。注意终点时溶液的温度应保持在 60℃ 以上。平行滴定 3 份，计算 $KMnO_4$ 溶液的浓度和相对平均偏差。

## 五、数据记录与结果处理

将实验结果填写在表 3-10 中。

**表 3-10　原始数据记录及处理**

| 项目 | 1 | 2 | 3 |
| --- | --- | --- | --- |
| $m(Na_2C_2O_4)$/g | | | |
| $V(KMnO_4)_{终}$/mL | | | |
| $V(KMnO_4)_{始}$/mL | | | |
| $V(KMnO_4)$/mL | | | |
| $c(KMnO_4)$/mol·$L^{-1}$ | | | |
| $c(KMnO_4)$/mol·$L^{-1}$ | | | |
| 相对平均偏差 | | | |

## 六、思考题

(1)配制 $KMnO_4$ 标准溶液时，为什么要将 $KMnO_4$ 溶液煮沸一定时间并放置数天？配好的 $KMnO_4$ 溶液为什么要过滤后才能保存？过滤时是否可以用滤纸？

(2)配制好的 $KMnO_4$ 溶液为什么要盛放在棕色瓶中保护？如果没有棕色瓶怎么办？

(3)在滴定时，$KMnO_4$ 溶液为什么要放在酸式滴定管中？

(4)用 $Na_2C_2O_4$ 标定 $KMnO_4$ 时，为什么必须在 $H_2SO_4$ 介质中进行？酸度过高或过低有何影响？可以用 $HNO_3$ 或 HCl 调节酸度吗？为什么要加热到 70～80℃？溶液温度过高或过低有何影响？

# 实验十一　过氧化氢含量的测定

## 一、实验目的

(1)了解 $KMnO_4$ 溶液的配制方法及保存条件。

(2)学习高锰酸钾法测定过氧化氢的原理和方法。

## 二、实验原理

$H_2O_2$ 是一种常用的消毒剂和氧化剂。在酸性条件下，可用 $KMnO_4$ 标准溶液直接测定 $H_2O_2$，其反应为：

$$2MnO_4^- + 5H_2O_2 + 6H^+ \xlongequal{} 2Mn^{2+} + 5O_2\uparrow + 8H_2O$$

此反应可在室温下进行。开始时反应速率较慢，随着 $Mn^{2+}$ 的产生反应速率会逐渐加快。因为 $H_2O_2$ 不稳定，反应不能加热，滴定时的速率不能太快。测定时，移取一定体积 $H_2O_2$ 的稀释液，用 $KMnO_4$ 标准溶液滴定至终点，根据 $KMnO_4$ 溶液的浓度和所消耗的体积，计算 $H_2O_2$ 的含量。

## 三、实验仪器与试剂

仪器：台秤；电子天平；锥形瓶；移液管；容量瓶；酸式滴定管。

试剂：$KMnO_4$ 溶液；$3mol \cdot L^{-1}$ $H_2SO_4$ 溶液；$H_2O_2$。

## 四、实验步骤

(1)用移液管吸取 1.00mL $H_2O_2$ 样品，置于 250mL 容量瓶中，加水稀释至刻度，摇匀。

(2)用移液管吸取 25.00mL 稀释后的 $H_2O_2$ 溶液，放入 250mL 锥形瓶中，加 10mL $3mol \cdot L^{-1}$ $H_2SO_4$ 溶液和 40mL 水，用 $KMnO_4$ 标准溶液滴定溶液呈粉红色；记录所用体积。计算 $H_2O_2$ 的浓度。

## 五、数据记录与结果处理

将实验结果填写在表 3-11 中。

**表 3-11　原始数据记录及处理**

| | 1 | 2 | 3 |
|---|---|---|---|
| $V(H_2O_2)_{稀释液}/mL$ | | | |
| $V(KMnO_4)_{终}/mL$ | | | |
| $V(KMnO_4)_{始}/mL$ | | | |
| $V(KMnO_4)/mL$ | | | |
| $\rho(H_2O_2)/g \cdot L^{-1}$ | | | |
| $\rho(H_2O_2)/g \cdot L^{-1}$ | | | |
| 相对平均偏差 | | | |

**六、思考题**

(1)$H_2O_2$ 有什么重要性质？使用时应注意些什么？

(2)用 $KMnO_4$ 法测定 $H_2O_2$ 溶液时，能否用 $HNO_3$、HCl 和 HAc 控制酸度？为什么？

(3)如何计算 $H_2O_2$ 的含量？

## 实验十二　EDTA 标准溶液的配制和标定

**一、实验目的**

(1)学习 EDTA 标准溶液的配制和标定方法。

(2)掌握配位滴定的原理，了解配位滴定的特点。

(3)熟悉钙指示剂或二甲酚橙指示剂。

**二、实验原理**

乙二胺四乙酸简称 EDTA 配位。它在水中的溶解度小，故常把它配成二钠盐，简称 EDTA。用 EDTA 溶液滴定含指示剂的钙离子溶液，当溶液由酒红色变为蓝色时即为终点。

$$c(\mathrm{EDTA})=\frac{m(\mathrm{CaCO_3})\times 1000\times \frac{25}{250}}{100.09\times V(\mathrm{EDTA})} \tag{3-10}$$

**三、实验仪器与试剂**

仪器：电子天平；称量瓶；容量瓶；移液管；洗耳球；烧杯；锥形瓶；酸式滴定管；洗瓶。

试剂：碳酸钙；$NH_3\cdot H_2O$(1+1)；HCl(1+1)溶液；蒸馏水；100g・$L^{-1}$ NaOH 溶液；钙指示剂；镁溶液(溶解 1g $MgSO_4\cdot 7H_2O$ 于水中，稀释至 200mL)。

**四、实验步骤**

**1. EDTA 溶液的配制**

称取 3.7g 分析纯 EDTA，溶于 300mL 水中，加热溶解，冷却后转移至试剂瓶中，稀释至 500mL，待标定。

**2. EDTA 溶液的标定**

用差减法称量 0.5000g 碳酸钙，放在 150mL 烧杯中，盖上表面皿，加少量水润湿，滴加 HCl(1∶1)，控制速率防止飞溅，使之充分反应，用少量水冲洗表面皿，配成 250mL 标准钙溶液。

用 25.00mL 移液管准确吸取 0.02mol・$L^{-1}$ 钙标准溶液，放入 250mL 锥形瓶中，再加入约 25mL 水、2mL 镁溶液、5mL100g・$L^{-1}$NaOH 溶液及钙指示剂少许(绿豆大小)，用 EDTA 溶液滴定至溶液由酒红色转变为蓝色，记录滴定时消耗 EDTA 溶液的体积，平行滴定三次，滴定误差不得超过 0.20mL，计算 EDTA 标准溶液的浓度，并计算三次测定的平均值。

**五、注意事项**

(1)在配制 EDTA 溶液时要保证固体全部溶解。

(2)碳酸钙基准试剂加 HCl 溶解时要缓慢，以防二氧化碳逸出时带走一部分溶液。

(3)配位反应进行时要缓慢，保证其充分反应。

## 六、数据记录与结果处理

将实验结果填写在表 3-12 中。

表 3-12　EDTA 标准溶液的标定

| 钙标准混合溶液 | $mol \cdot L^{-1}$ | | 体积 25.00mL |
| --- | --- | --- | --- |
| 实验编号 | 1 | 2 | 3 |
| 滴定管初读数/mL | | | |
| 滴定管终读数/mL | | | |
| EDTA 溶液耗用体积/mL | | | |
| EDTA 溶液浓度/$mol \cdot L^{-1}$ | | | |
| EDTA 溶液平均浓度/$mol \cdot L^{-1}$ | | | |
| 平均偏差 | | | |

## 七、思考题

(1)用铬黑 T 指示剂时，为什么要控制 pH ≈10?

(2)配位滴定法与酸碱滴定法相比，有哪些不同？操作中应注意哪些问题?

(3)用 EDTA 滴定 $Ca^{2+}$ 、$Mg^{2+}$时，为什么要加氨性缓冲溶液?

# 实验十三　水的硬度测定(配位滴定法)

## 一、实验目的

(1)简单了解配位滴定法中以 EDTA 为滴定剂测定水的硬度的原理。

(2)了解测定水的硬度的操作方法。

(3)进一步练习移液管、滴定管的使用及滴定操作。

## 二、实验原理

### 1. 水硬度的定义

水的硬度决定于钙、镁等盐类的含量，由于钙、镁等的酸式盐的存在而引起的硬度叫做碳酸盐硬度。当煮沸时，这些盐类分解，大部分生成碳酸盐沉淀而除去。习惯上把它叫做暂时硬度。由钙、镁的氯化物，硫酸盐，硝酸盐等引起的硬度叫做非碳酸盐硬度。由于这些盐类不可能通过煮沸生成沉淀而除去，习惯上把它叫做永久硬度。碳酸盐硬度和非碳酸盐硬度之和就是水的总硬度。硬水不适宜于工业上使用，如锅炉里用了硬水，经长期烧煮后，会生成锅垢，既浪费燃料，又易阻塞管道，造成重大事故。

几种常用的硬度单位：一种是以每升水中所含 $Ca^{2+}$（或相当量 $Mg^{2+}$）的物质的量(mmol)表示，以 1 L 水中含有 0.5mmol $Ca^{2+}$ 为 1 度；一种是以 1 L 水中含 10mg CaO 为 1 度，称为德国硬度，以 DH 表示。8DH 以下为软水，8～10DH 为中等硬水，16～30DH 为硬水，硬度大于 30DH 的属于很硬的水；另外也有的以每升水中所含的钙、镁化合物换算成

$CaCO_3$ 的质量(mg)表示。本实验采用德国硬度表示水的硬度。

**2. 配位滴定法测定水的硬度**

配位滴定法是以配位反应为基础的滴定分析方法，螯合物又是目前该方法中应用最广的一类配位化合物。因为它的稳定性强，适当控制就能得到所需的配位化合物，有的螯合剂对金属离子有选择性。乙二胺四乙酸是具有羧基和氨基的螯合剂，能与许多阳离子形成稳定的螯合物，因此被广泛用作配位滴定法中的滴定剂。

乙二胺四乙酸简称 EDTA 或 EDTA 酸，用 $H_4Y$ 表示。通常把它的溶解度较大的二钠盐也称 EDTA，实际使用中常用 $H_2Y^{2-}$ 表示。EDTA 与金属离子等物质的量发生反应，生成具有多个五元环的稳定的螯合物。

铬黑 T 是偶氮类染料，能与金属离子生成稳定的有色配位化合物。它既是一种配位剂，又是一种显色剂，因而可以指示滴定终点，当 pH=6.3～11.55 时，铬黑 T 显蓝色。EDTA 在 pH 值为 8.5～11.5 的缓冲溶液中能与 $Ca^{2+}$、$Mg^{2+}$ 形成无色的螯合物，指示剂铬黑 T 在同样条件下也能与 $Ca^{2+}$、$Mg^{2+}$ 形成酒红色的配位化合物。在开始滴定前，溶液中 $Ca^{2+}$、$Mg^{2+}$ 先与指示剂配位而显酒红色；当用 EDTA 滴定时，EDTA 首先与溶液中游离的 $Ca^{2+}$、$Mg^{2+}$ 进行配位，生成更稳定的无色螯合物；继续加入 EDTA 滴定剂，当游离的 $Ca^{2+}$、$Mg^{2+}$ 全部与 EDTA 配位后，由于 $Ca^{2+}$、$Mg^{2+}$ 与指示剂形成的配位化合物不如与 EDTA 生成的螯合物稳定，原来 $Ca^{2+}$、$Mg^{2+}$ 与铬黑 T 生成的配位化合物会转化成与 EDTA 配位的螯合物，因此铬黑 T 又游离了出来，溶液就由酒红色变成为游离铬黑 T 的蓝色，此时即为滴定终点。

按式(3-11)可计算水的总硬度(度)：

$$\text{总硬度(DH)}=\frac{c(\text{EDTA})\times V(\text{EDTA})\times\dfrac{M(\text{CaO})}{10}}{V(\text{水样})}\times10^3 \qquad (3\text{-}11)$$

测定水的总硬度时，用 $NH_3 \cdot H_2O$-$NH_4Cl$ 缓冲液调节 pH 值。以铬黑 T 为指示剂，用 EDAT 标准溶液滴定至溶液显蓝色为止。

## 三、实验仪器与试剂

仪器：250mL 锥形瓶；50mL、25mL 移液管；50mL 酸式滴定管；200mL 烧杯；100mL 量筒；洗耳球；蝴蝶夹；铁架台；洗瓶。

试剂：水样；铬黑 T 指示剂；$NH_3 \cdot H_2O$-$NH_4Cl$ 缓冲溶液(pH=10)；0.02mol·$L^{-1}$ 钙、镁标准溶液；0.02mol·$L^{-1}$ EDTA 溶液。

## 四、实验步骤

用 25.00mL 移液管吸取水样 1 三份，分别放入 250mL 锥形瓶中，加 5mL $NH_3 \cdot H_2O$-$NH_4Cl$ 缓冲溶液及铬黑 T 指示剂少许。用 EDTA 标准溶液滴定至溶液由酒红色转变为蓝色，即为终点，记录 EDTA 溶液的用量。再按同样方法，取水样 2 进行滴定(如实验中采用自来水为水样，由于其硬度较小，应准确移取 100.00mL 测定，方法同上)。

为使实验结果更加精确，每种水样做三次滴定，滴定误差不得超过 0.25mL，取平均值计算水的硬度。

## 五、数据记录与结果处理

将实验结果填写在表 3-13 中。

**表 3-13　原始数据记录及处理**

| 项目 | 水样 1 | | | 水样 2 | | |
|---|---|---|---|---|---|---|
| | 1 | 2 | 3 | 1 | 2 | 3 |
| 滴定管终读数/mL | | | | | | |
| 滴定管初读数/mL | | | | | | |
| EDTA 溶液耗用体积/mL | | | | | | |
| EDTA 耗用体积平均值/mL | | | | | | |
| 水硬度(/DH) | | | | | | |

## 六、思考题

(1)什么叫硬水，为什么硬水不适宜作工业用水？

(2)用 EDTA 配位滴定法测定水硬度的基本原理是什么？为什么能用铬黑 T 作指示剂？发生了哪些反应？终点变化如何？溶液的 pH 值控制在什么范围内？如何控制？

(3)量取 100.00mL 水样测定其总硬度，用去 0.01440mol·$L^{-1}$ EDTA 溶液 12.50mL，试计算水的总硬度。

# 实验十四　弱酸电离常数的测定——pH 值测定法

## 一、实验目的

(1)掌握 pH 值法测定弱酸电离平衡常数的原理和方法。

(2)学会使用酸度计。

## 二、实验原理

醋酸在水溶液中存在下列电离平衡：

$$HAc \rightleftharpoons H^+ + Ac^-$$

其电离常数的表达式为：

$$K^{\ominus}_{HAc}=\frac{c(H^+)c(Ac^-)}{c(HAc)} \tag{3-12}$$

设醋酸的起始浓度为 $c$，平衡时 $c(H^+)=c(Ac^-)=x$，代入式(3-12)，可得到：

$$K^{\ominus}_{HAc}=\frac{x^2}{c-x} \tag{3-13}$$

在一定温度下，用酸度计测定一系列已知浓度醋酸的 pH 值，根据 $pH=-\lg c(H^+)$，换算出 $c(H^+)$，代入式(3-13)中，可求得一系列对应的 $K^{\ominus}_{HAc}$ 值，取其平均值，即为该温度下醋酸的电离常数。

## 三、实验仪器与试剂

仪器：pHS-25 型酸度计；复合电极；50mL 小烧杯 4 个；50mL 量筒 1 个。

试剂：HAc(已标定)；缓冲溶液(定位液 pH ＝ 4.01)。

## 四、实验步骤

**1. 配制不同浓度的醋酸溶液**

用 50mL 滴定管移取已标定的 HAc 溶液 25.00mL、10.00mL、5.00mL 分别于 3 个干

燥的 50mL 小烧杯中，再分别加入 25.00mL、40.00mL、45.00mL 蒸馏水，摇匀，求出上述三种 HAc 溶液的浓度，编号为 2～4 号，已标定的 HAc 溶液编为 1 号。将所得到的溶液浓度填入表 3-14 中。

**表 3-14　醋酸浓度**

| 烧杯号数 | HAc 的体积(已标定) | $H_2O$ 的体积 | 配制 HAc 的浓度 |
|---|---|---|---|
| 1 | 50.0mL | 0.0mL | |
| 2 | 25.0mL | 25.0mL | |
| 3 | 10.0mL | 40.0mL | |
| 4 | 5.0mL | 45.0mL | |

**2. 醋酸溶液 pH 值的测定**

将上述 1～4 号杯由稀到浓，分别用 pH 酸度计测定它们的 pH 值，记录各份溶液的 pH 值及实验时的温度。计算各溶液中醋酸的电离常数。

## 五、数据记录与结果处理

将实验数据填入表 3-15 中，并计算出 HAc 的 $\alpha$ 和 $K_a^\ominus$。

**表 3-15　实验数据及处理**

| 溶液编号 | $c(HAc)/mol \cdot L^{-1}$ | pH 值 | $c(H^+)/mol \cdot L^{-1}$ | $\alpha$ | $K_a^\ominus$ |
|---|---|---|---|---|---|
| 1 | | | | | |
| 2 | | | | | |
| 3 | | | | | |
| 4 | | | | | |
| 测定时溶液的温度______℃ | | $K_a^\ominus$= | | | |

## 六、思考题

(1)本实验测定 HAc 电离常数的原理是什么？

(2)若改变所测 HAc 溶液的浓度或温度，对电离常数有无影响？

(3)怎样配制不同浓度的 HAc 溶液？如何计算？

(4)弱电解质的电离度与溶液的 $c(H^+)$ 和溶液浓度之间的关系如何？如何确定 pH 计已校正好？

# 知识扩展：酸度计(pSH-25 型)结构和使用方法

## 一、外部结构

酸度计的外部结构如图 3-1 所示。

## 二、操作步骤

**1. 开机**

按下电源开关，电源接通后，预热 10min。

**2. 操作**

仪器选择开关置于“pH”挡或“mV”挡。

**3. 标定**

仪器使用前先要标定。一般说，如果仪器连续使用，只需最初标定一次。具体操作分两种：

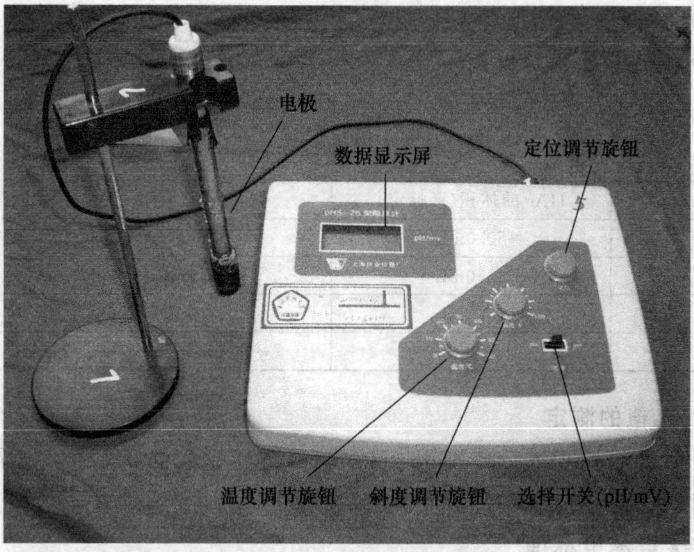


图 3-1　酸度计

(1)一点校正法——用于分析精度要求不高的情况。

①仪器插上电极，选择开关置于 pH 挡。

②仪器斜率调节器在 100%位置(即顺时针旋到底的位置)。

③选择一种最接近样品 pH 值的缓冲溶液(pH=7)，并把电极放入这一缓冲溶液中，调节温度调节器，使所指示的温度与溶液的温度相同，并摇动烧杯，使溶液均匀。

④待读数稳定后，该读数应为缓冲溶液的 pH 值，否则调节定位调节器。

⑤清洗电极，并吸干电极球泡表面残留的水。

(2)两点校正法——用于分析精度要求较高的情况。

①仪器插上电极，选择开关置于 pH 挡，仪器斜率调节器调节在 100%位置。

②选择两种缓冲溶液(被测溶液的 pH 值在该两种溶液之间或接近，如 pH=4 和 pH=7)。

③把电极放入第一缓冲溶液(pH=7)，调节温度调节器，使所指示的温度与溶液相同。

④待读数稳定后，该读数应为缓冲溶液的 pH 值，否则调节定位调节器。

⑤把电极放入第二种缓冲溶液(如 pH=4)，摇动烧杯使溶液均匀。

⑥待读数稳定后，该读数应为缓冲溶液的 pH 值，否则调节定位调节器。

⑦清洗电极，并吸干电极球泡表面残留的水。

**4. 测量仪器标定后即可用来测量被测溶液**

(1)定位调节旋钮及斜率调节旋钮，不应变动。

(2)将电极夹向上移出，用蒸馏水清洗电极头部，并用滤纸吸干。

(3)把电极插在被测溶液内，摇动烧杯使溶液均匀，读数稳定后，读出该溶液的 pH 值。

# 实验十五　蒸馏

## 一、实验目的

(1)了解测定沸点和蒸馏的意义。

(2)掌握常量法(即蒸馏法)及微量法测定沸点的原理和方法。

## 二、实验原理

液体受热气化，其蒸气压随温度的升高而增大，当液体的蒸气压增至与外压(通常指大气压力)相等时，就有大量气泡从液体内部逸出(即液体沸腾)，汽-液二相平衡时的温度即为沸点，再将蒸气冷凝，收集一定温度范围的冷凝液，这一过程即为蒸馏，也称简单蒸馏或常压蒸馏。

蒸馏是分离和提纯液态有机化合物最常用的重要方法之一。蒸馏不仅可使体系中的易挥发性物质分离，对于沸点差距比较大(一般相差 30℃以上)的体系或可挥发杂质含量较少的体系以及含难挥发有色杂质的体系也有相当好的分离效果。

在通常情况下，纯粹的液态物质在常压下有一定的沸点，如果在蒸馏过程中，沸点发生变动，则说明物质不纯，因此常利用蒸馏方法测定物质的沸点和定性检验物质的纯度，但是，不能认为沸点一定的物质都是纯物质。因为某些有机化合物往往能和其他组分形成二元或三元恒沸混合物，它们也有一定的沸点及组成，但它们不是纯物质，而是混合物。

如果被蒸馏物质是具有不同沸点而能混溶的两种液体 A 和 B 的混合物(例如苯和甲苯)，加热至沸后，混合物的总蒸气压(等于大气压)是两种液体在该温度下的蒸气分压之和。由于两种液体挥发程度不同，故蒸气的组成和液相的组成也不相同，馏液(蒸气冷凝而得)比被蒸馏液含有较多的易挥发组分(即低沸点物)。例如图 3-2 是高沸点物质甲苯与低沸点物质苯组成的一类互溶混合物在恒压下蒸馏的沸点-组成图。$t_A$、$t_B$ 分别为纯苯和纯甲苯的沸点，下面的弧状实线表示沸点与液相组成的关系，上面的弧状实线表示温度和蒸气组成的关系。例如：加热组成为 20%苯与 80%甲苯的混合物，温度达 $L_1$ 时沸腾，此时蒸气的组成为 $V_1$，显然比液相含有更多的易挥发组分苯(即含低沸点成分比蒸馏前高)。随着易挥发组分的大量逸出，被蒸馏液体的组成也不断变化，亦即液相含难挥发组分的百分比相对增高，沸点将沿 $L_1$-$t_B$线逐渐升高，达到 $t_B$ 时，液相全变成高沸点组分 B，而气相馏液中所含易挥发成分 A 显然比蒸馏前的溶液高得多，从而使 A、B 两种物质得到初步的分离。

为了得到高纯度的易挥发组分 A，可将组成为 $V_1$ 的馏液再进行第二次蒸馏，温度达 $L_2$ 时沸腾，蒸气组成为 $V_2$，显然含 A 更高。若取馏液再蒸馏，多次重复下去可得到高纯度的 A。当然，这种多次蒸馏，费时、麻烦、效果不佳。但是根据这一原理而产生的分馏技术的确能明显提高分离效果。

如果被蒸馏物质中，两组分能形成最低恒沸混合物或最高恒沸混合物时，蒸馏过程在上述分析的基础上还有一些不同点。

图 3-3 是 1 个标准大气压下乙醇-水体系的沸点-组成图，图中可见乙醇与水能形成一个最低恒沸混合物。

图 3-3 中，实线 *ADCB* 代表不同组成溶液的沸点，虚线 *AECB* 代表汽-液平衡时(即溶液达其沸点时)气相的组成。*A*、*B* 两点分别代表纯水、纯乙醇的沸点。*C* 点是曲线的最低点，称为最低恒沸点，温度为 78.15℃，组成为 *C* 的溶液含乙醇 95.5%，含水 4.5%。将该溶液加热在 78.15℃ 沸腾时，气相和液相中乙醇含量均为 95.5%，含水均为 4.5%，因此继续加热时，溶液像纯净物质一样不断气化，而组成不变，沸点亦不变。乙醇与水这种特殊组成的恒沸溶液就是常见的溶剂 95%乙醇。显然，无水乙醇不能通过蒸馏制取。除非向该溶液中加入氧化钙，进一步吸收水分后再蒸馏，才可得到高纯度的乙醇。若被蒸馏液含乙醇低

于95%，例如蒸馏25%乙醇，则按前述分析，溶液在约84℃时沸腾，气相含乙醇50%(图中$D$、$E$两点)，继续加热，沸点逐渐升高，至100℃时乙醇全部蒸净。若把50%乙醇取出蒸馏，气相含醇量将更高(图中$F$点)，再取出再蒸馏循环下去，最终蒸得的溶液就是恒沸溶液。

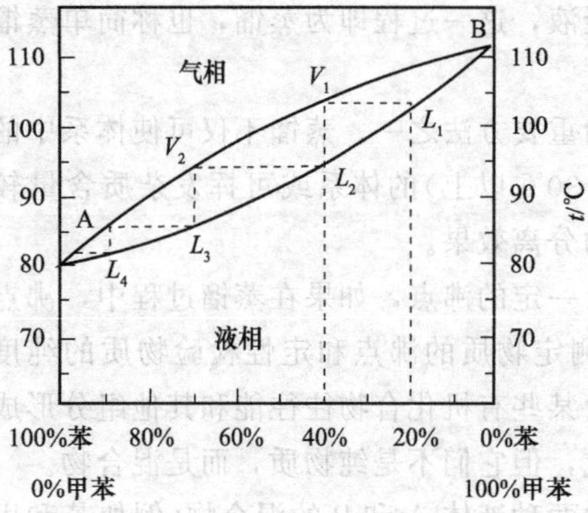


图 3-2 苯-甲苯体系的沸点-组成图

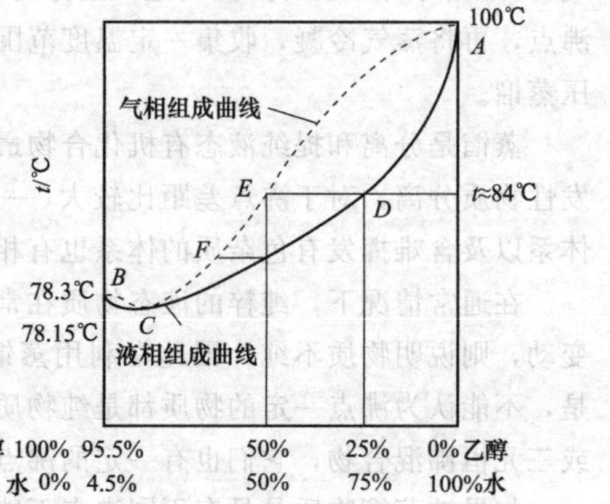


图 3-3 乙醇-水体系的沸点-组成图

## 三、实验装置

蒸馏装置主要包括圆底烧瓶、蒸馏头、冷凝管和接收器等部分。烧瓶是蒸馏时最常用的容器。选用圆底烧瓶应由所蒸馏液体的体积决定。通常，蒸馏的原料液体的体积应占圆底烧瓶容量的1/3～2/3。如果装入的液体量过多，当加热到沸腾时，液体可能冲出或液体飞沫被蒸气带出，混入馏出液中；如果装入的液体量太少，在蒸馏结束时，相对会有较多的液体残留在瓶内而蒸不出来。

温度计插入蒸馏头中的位置，应能准确反映被蒸馏液与馏液达到汽-液平衡时的温度即沸点。故温度计的水银球必须全部浸于已达汽-液平衡且即将馏出的蒸气之中，正确的位置是水银球顶端与蒸馏头侧管熔接底端平齐[见图 2-27(b)]。

蒸气的冷凝通常使用直形冷凝管或空气冷凝管，不能用球形或蛇形冷凝管，以防沸程不同的馏分混杂一起而分离不清。沸点高于140℃的液体或易凝华的物质时，应换用空气冷凝管，以防冷凝管熔接处炸裂或固体堵塞管道。

安装无磨口冷凝管之前，应先分别配好能塞入管内和塞入接引管的两个塞子，钻好孔并分别连于蒸馏烧瓶侧管和冷凝管下部，然后连接进、出水管。为使冷凝管夹套充满水，提高冷凝效果，同时防止冷凝管熔接处炸裂，冷凝水应从下口进入，上口流出。再用另一个铁架台上的烧瓶夹，斜夹住冷凝管的中上部位，将蒸馏烧瓶、冷凝管与接引管连接起来。(为何要这样讲究装置次序？若最后才在冷凝管上连接进、出水管，有何不妥?)

馏液经接引管再冷凝后导入接收器。接收器根据蒸馏的要求可有多种选择，一般为了便于储存馏分，常用磨口锥形瓶或其他具塞的瓶子作接收器。

如果蒸馏物质易受潮分解，可在接收器上连接一个氯化钙干燥管，以防止湿气的侵入；如果蒸馏的同时还放出有毒气体，则需装配气体吸收装置[见图 2-28(a)]；如果蒸馏出的物质易挥发、易燃或有毒，则可在接收部分连接一段橡皮管，通入水槽的下水道内，或引出室外。

在不需要记录蒸馏温度时，可用85°蒸馏弯头将圆底烧瓶和直形冷凝管相连接[见图

2-27(a)]。

安装蒸馏装置，是有机实验中最常见的基本操作，安装时要注意安装顺序从左到右，从上到下，保证仪器在同一平面上、连接紧密，更要注意安全，切忌使装置变成受热的密闭系统；如果实验室拥挤而又需在同一实验桌上装置几套蒸馏装置且相互的距离较近时，每两套装置之间必须是蒸馏烧瓶对蒸馏烧瓶，或是接收器对接收器。避免使一套装置的蒸馏烧瓶与另一套装置的接收器紧密相邻，否则有着火的危险。

## 四、实验试剂

50mL工业乙醇。

## 五、实验步骤

### 1. 仪器的选择与安装

### 2. 蒸馏

(1)加料　物料可以在仪器安装之前加入，也可以在仪器安装好之后，将温度计取下，借助小玻璃漏斗将50mL工业乙醇加入100mL蒸馏烧瓶中，注意防止液体从蒸馏头侧管流出。然后投入2～3粒沸石。将温度计回位，仔细检查仪器的各部分连接是否紧密和妥善。安装无误后，打开冷凝水(用水冷凝时)，然后开始加热。

(2)加热　用水浴加热，开始加热时，慢慢升温至液体沸腾，待蒸气上升至温度水银球部位时，温度将急剧上升，此时调节火焰使温度计水银球上液滴和蒸气温度达到平衡。然后再稍稍提高温度，进行蒸馏。使蒸馏速度以每秒1～2滴为宜。此时温度计读数就是馏出液的沸点。

(3)收集馏液　进行蒸馏前，至少要准备两个接收瓶，因为在达到预期物质的沸点之前，常有沸点较低的液体先馏出，这部分馏液成为“前馏分”或“馏头”。前馏分蒸完，待温度达到预期物质沸点，等温度稳定一段时间后，再换另一洁净干燥的接收瓶接收，记下这部分液体开始馏出时和馏出最后一滴时温度计的读数，即为该馏分的沸程(沸点范围)。纯液体的沸程一般不超过1～2℃。一般液体中或多或少地含一些高沸点杂质，在所需要的馏分蒸出后，若再继续升高温度，温度计读数会显著升高，若维持原来的加热温度，就不会再有馏分蒸出，温度会突然下降，这时就应停止蒸馏，即使杂质含量极少，也不要蒸干，以免蒸馏瓶破裂及发生其他意外事故。

### 3. 拆除蒸馏装置

蒸馏完毕后，应先去掉热源，再关掉冷凝水，妥善安置产品后，依安装次序相反的顺序拆除蒸馏装置，即先取下接收器，然后依次拆下接液管、冷凝管、蒸馏头和蒸馏瓶。蒸馏高沸点物质时，应注意立即拆除装置，以防蒸馏头和蒸馏瓶“咬死”。

## 六、蒸馏操作中的注意事项

### 1. 加料操作

向磨口蒸馏烧瓶中加入被蒸馏液或粉末试剂进行蒸馏或反应时，应避免磨口壁被黏附。一旦被黏附，应使用干净滤纸伸入瓶口轻轻擦去。瓶口的黏附不仅造成物料的损失，还可能引起密封不严、漏气或在加热结束后打不开瓶口。某些碱性物质还会腐蚀瓶口内壁或塞子。因此，加入被蒸馏液时，最好用一个小漏斗，液体通过漏斗上的滤纸或玻璃毛等滤去固体干燥剂进入烧瓶。由于蒸馏头支管向下倾斜，为防止液体泄漏，漏斗下口应低于支管口方可过滤。

用倾泻法直接将液体倒入烧瓶，需要细心而熟练，尤要防止某些高温下可释放出水分的干燥剂(如氯化钙)细粒混入烧瓶。往蒸馏烧瓶内加入液体时，还应注意使其倾斜，支管朝上，以防液体泄漏。

向烧瓶中加入固体粉末时，可将粉末置于干净的光板纸上，卷成纸筒后，水平方向送过烧瓶颈，再将烧瓶和纸筒竖立，并轻弹纸筒使粉末全部进入瓶内。

**2. 加入沸石**

加热前，一定要向被蒸馏液中投入2～3粒沸石以保证蒸馏的平稳进行。沸石通常是敲碎成米粒大小的未上过釉的多孔瓷片颗粒(也可用多孔性的分子筛或截断的毛细管烧结团代替)。液体受热达到沸点时，沸石中潜藏的空气产生细小气泡成为沸腾液的中心，从而防止液体因过热而出现暴沸冲溅现象。沸石是一次使用有效，一旦沸腾停止或中途暂停加热，都必须补加沸石。补加沸石必须在溶液停止沸腾、温度降低后才能进行，切记不能在高温下追加沸石，因为高温下加入沸石反而易引起溶液的暴沸，使部分液体溢出瓶外。

用几根一端封闭的毛细管，开口端朝下放入溶液中也可以起到防止暴沸的作用。还有一个值得注意的问题是溶液的黏稠程度，若溶液过于黏稠或含有较多的固体物质，加热时，易因受热不均、局部过热而暴沸，虽有沸石或毛细管也难解决问题。对于此类溶液，宜用油浴加热，让油面高于被加热物液面，使受热面大而较均匀，可缓和或克服暴沸现象。

**3. 沸程观测与馏分收集**

加料、加沸石之后，仪器装置连接处可能松动，应再次检查调整稳妥。开启冷凝水(至有细流从冷凝管流出即可)及热源。加热是蒸馏或进行反应的开始，记下时间。刚开始时，加热速度可以稍快，注意观察烧瓶中液体的变化，临近微沸时，加热不可过猛，应看到冷凝的蒸气环缓缓从瓶颈上升，当蒸气环触及水银球底部时，温度计显示汞柱迅速上升，蒸气开始在水银球上冷凝，直到蒸气刚好包围水银球时，渐达汽-液平衡，温度计上显示一个稳定的读数——沸点，与此同时，沸点温度下的蒸气开始流入冷凝管，再凝结而得到馏液，记下第一滴馏液的温度 $t_1$。如果被蒸馏液含有几种沸点差距很大、量又较少的组分，则最易挥发、沸点最低的组分最先蒸出，当其完全蒸出后，温度往往会有短暂的下降，记下收集该组分的沸点范围 $t_1$～$t_2$，所收集馏液按次序可标为第一馏分。由于持续不断地加热蒸馏，要注意更换接收器，收集更高沸点范围 $t_3$～$t_4$ 的第二馏分、$t_5$～$t_6$ 的第三馏分等。如果被蒸馏液中组分间沸点差距不大，各组分量也不少，则蒸馏分离各组分的效果就比较差，常出现一种馏分收集完毕，看不到温度下降，便更换接收器收集下一种更高沸点范围馏分的情况，特别是在有些合成实验的最后阶段，经一系列洗涤及干燥处理后的被蒸馏液，还可能含有某些比产品较易挥发或较难挥发的“杂质”成分。

在蒸馏时，严格把握好所收馏液的沸点范围便显得十分重要，通常把所需要的产品称为主馏分，简称馏分，馏分的沸程(即沸点范围)越窄、越接近文献值，则纯度越高、产品质量越好。低于馏分沸程之前所收集的馏液称为前馏分，前馏分沸程通常很宽，其中除含较易挥发的杂质外，还可能混有少量的产品，因此，在更换接收器收集主馏分时，切不可贪图多收产品而急于更换接收器，导致产品品质降低。同样，在按要求收够一定沸程的主馏分后，也不能让温度超过主馏分沸程以上的馏液(后馏分)混入主馏分接收器中，后馏分是否需更换接收器接收，由实验具体情况决定。无论主馏分、前馏分还是后馏分，都应及时记录下它们的沸程和体积，贴上标签留待处理。

**4. 适当的蒸馏速度**

馏液下滴的速度应保持适中，约为每秒1～2滴为宜，太慢则易使水银球周围蒸气偶尔中断，致使温度计读数出现不规则变动；而若太快，气流平衡未充分建立，易使温度计读数不正确。在蒸馏过程中，温度计水银球下端始终悬挂冷凝的液滴以保持汽-液平衡，这是良好蒸馏状态的一个标志。

当蒸馏烧瓶中残留液体很少(约0.5～1mL)时，应及时移去热源，停止蒸馏，切不可为了多得一点产品而蒸干，这样可能导致残留物在高温下氧化放热而爆炸。

## 七、思考题

(1)蒸馏时加热的快慢，对实验结果有何影响？为什么？

(2)在蒸馏装置中，温度计水银球的位置不符合要求会带来什么结果？

(3)蒸馏时为什么蒸馏烧瓶中所盛液体的量既不应超过其容积的2/3，也不应少于1/3？

# 实验十六　分馏

## 一、实验目的

(1)了解分馏的原理与意义，分馏柱的种类和选用方法。

(2)学习实验室里常用分馏的操作方法。

## 二、实验原理

简单蒸馏对于沸点相差较大(一般相差30℃以上)的液体混合物的分离是有效的，若两组分沸点差距较小，就难以精确分离。如果将两种挥发性液体混合物进行蒸馏，在沸腾温度下，其气相与液相达到平衡，出来的蒸气中含有较多量易挥发物质的组分，将此蒸气冷凝成液体，其组成与气相组成相同(即含有较多的易挥发组分)，而残留物中却含有较多量的高沸点组分(难挥发组分)，这就是进行了一次简单的蒸馏。如果将蒸气凝成的液体重新蒸馏，即又进行一次气液平衡，再度产生的蒸气中，所含的易挥发物质组分又有增高，同样，将此蒸气再经冷凝而得到的液体中，易挥发物质的组成也更高，这样我们可以利用一连串的有系统的重复蒸馏，最后能得到接近纯组分的两种液体。

应用这样反复多次的简单蒸馏，虽然可以得到接近纯组分的两种液体，但是这样做既浪费时间，且在重复多次蒸馏操作中的损失又很大，设备复杂，所以，通常是利用分馏柱进行多次气化和冷凝，这就是分馏。

如采用分馏操作，既可达到较好分离效果，又避免了上述缺点。所谓分馏即相当于将多次间歇蒸馏集中至一个分馏柱内进行的操作，从而使沸点相近的不同组分得到较好的分离。

## 三、实验装置

进行分馏操作需要应用分馏柱(见图3-4)，它的作用是增加气、液两相的接触面积。在所蒸馏的混合物的蒸气中，挥发性小的组分容易冷凝成液体流下，当流下的冷凝液与上升的蒸气在分馏柱内接触时，二者之间进行热量交换，使更多的挥发性较小的组分被冷凝下来，挥发性较大的组分则不断上升而被蒸馏出来。这样经过一次分馏，实际相当于经过连续多次

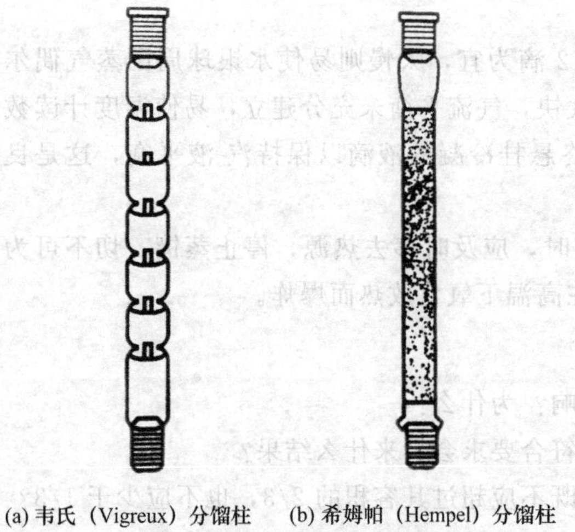


图 3-4　分馏柱

的普通蒸馏，所以分馏可以更有效地分离沸点相近的各组分的混合物。

分馏柱是实验室最常用的仪器之一。韦氏分馏柱[见图 3-4(a)]是分馏少量液体时常用的无填充物分馏柱，分馏效果低于同样高度的有填充物的希姆帕分馏柱[见图 3-4(b)]。填充物的作用是增加气液两相接触面积，有利于热量交换和传递，缺点是比空心柱黏附的液体多，易使聚集在柱内的回流液体被上升的蒸气冲出柱外。分馏柱中的填充物通常为玻璃环，最简单的玻璃环是用细玻璃管制成的，它的长度大约相当于玻璃管的直径。一般来说如图 3-4 所示的两种分馏柱的分馏效果都不是很好。若组分间沸点差距较小，应选用较长的分馏柱，若欲分离沸点相距很近(如 1～2℃)的液体混合物，必须使用精密分馏装置。

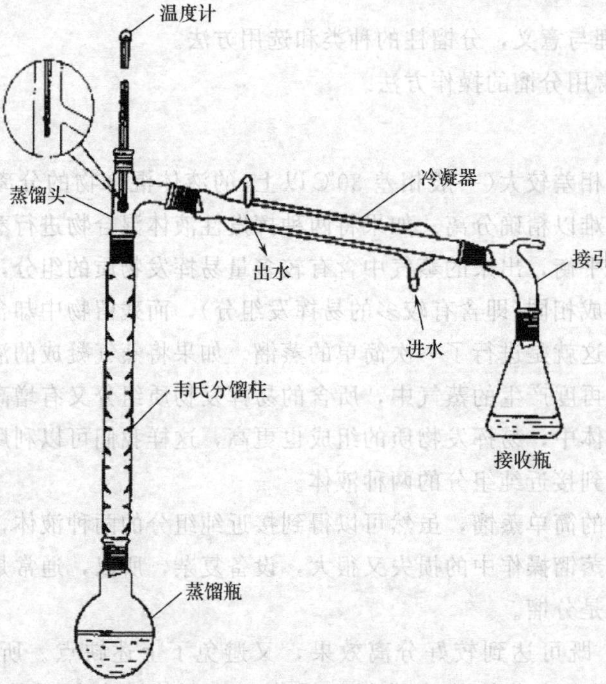


图 3-5　分馏装置图

简单的分馏装置，如图 3-5 所示。分馏装置的装配原则与蒸馏装置完全相同。当热源位置确定后，把待分馏的液体装入反应瓶中，其体积一般控制在反应瓶容量的 1/2，投入几粒沸石，检查安装好的分馏装置，合格后可开始加热。

## 四、实验试剂

50mL 工业乙醇。

## 五、实验步骤

(1)按上述简单分馏装置图安装仪器：安装方法与蒸馏装置相同，只需在蒸馏装置的蒸馏瓶和蒸馏头之间加一个分馏柱。

(2)在 100mL 圆底烧瓶内加入 50mL 工业乙醇，及 2～3 粒沸石，开始缓缓加热，并控制加热程度，使馏出液以每秒 1～2 滴的速度蒸出。

(3)分流时，常有沸点较低的“前馏分”先馏出，前馏分蒸完，待温度达到预期物质沸点，温度稳定一段时间后，更换另一个洁净干燥的接收瓶接收，记下这部分液体开始馏出和馏出最后一滴时温度计的读数，即为该馏分的沸程(沸点范围)。直至蒸馏烧瓶中残液为 1～2mL，停止加热。将馏分倒入量筒，计算。

(4)拆除分馏装置。分馏完毕后，应先去掉热源，再关掉冷凝水，然后依安装次序相反的顺序拆除分馏装置，切记不要将沸石倒入水池。

## 六、注意事项

(1)蒸馏烧瓶不要放在石棉铁丝网上用火直接加热，应根据被分馏液体的沸点范围，选用合适的热浴加热。开始要用小火加热热浴，以便使浴温缓慢而均匀地上升。

(2)待液体开始沸腾，蒸气进入到分馏柱中时，要注意调节浴温，使冷凝的蒸气环缓慢而均匀地沿分馏柱壁上升，使柱子自下而上保持一定的温度梯度。蒸气环的位置如果不易看清，可用手指轻轻触摸分馏柱的外壁确定，若室温太低或液体沸点较高，分馏柱外壁散热太快，会使蒸气在柱内很快冷凝，从而减少了气液接触面积或使液体冲出柱外。为此，可用石棉绳包缠分馏柱以起到保温作用，同时减少风和室温的影响，从而减少热量的损失和波动，使加热均匀，确保分馏操作平稳地进行。

(3)当蒸气上升到分馏柱顶部，开始有馏液馏出时，应密切注意调节浴温，控制馏液馏出的速度为 1 滴/2～4s，如果浴温太高，柱体失去自下而上的温差，破坏了汽-液平衡，分馏速度太快，产品纯度下降。通常把一定时间内柱顶冷凝的蒸气重新回入柱内的冷凝液量与从柱顶流出的馏液量之间的比值称为回流比。回流比越大，分馏效果越好。

(4)根据实验规定的要求，分段收集馏分，实验结束后，应称量各段馏分。

## 七、思考题

(1)分馏和蒸馏在原理及装置上有哪些异同？如果是两种沸点很接近的液体组成的混合物能否用分馏来提纯呢？

(2)试比较工业乙醇蒸馏和分馏的效率。

# 实验十七 水蒸气蒸馏

## 一、实验目的

(1)学习水蒸气蒸馏的原理及应用范围。

(2)了解并掌握水蒸气蒸馏的各种装置及其操作方法。

(3)分别利用常量水蒸气蒸馏装置，进行水蒸气蒸馏实验操作练习。

(4)比较水蒸气蒸馏、普通蒸馏和分馏的异同点。

## 二、实验原理

水蒸气蒸馏是将水蒸气通入不溶于水的有机物中或使有机物与水经过共沸而蒸出的操作过程。它是用来分离和提纯液态或固态有机化合物的一种方法。被提纯化合物应具备以下列条件：①不溶或难溶于水，如溶于水则蒸气压显著下降，例如丁酸比甲酸在水中的溶解度小，所以丁酸比甲酸易被水蒸气蒸馏出来，虽然纯甲酸的沸点(101℃)较丁酸的沸点(162℃)低得多；②在沸腾下与水不发生化学反应；③在100℃左右，该化合物应具有一定的蒸气压(一般不小于13.33kPa，10mmHg)。

此法常用于下列几种情况：①反应混合物中含有大量树脂状杂质或不挥发性杂质；②要求除去易挥发的有机物；③从固体多的反应混合物中分离被吸附的液体产物；④某些有机物在达到沸点时容易被破坏，采用水蒸气蒸馏可在100℃以下蒸出。还有一些适用于水蒸气蒸馏的有机混合物体系，其中含有大量固体，或溶液呈现焦油状态。若进行简单蒸馏，大量固体易引起过度暴沸，或出现起泡现象，而胶态液体又难以过滤和萃取，例如：硝基苯的酸性还原体系含有很多铁屑，呈黑色焦油状态，要把苯胺从中分离出来，适宜用水蒸气蒸馏法。也有些混合物体系含有挥发性固体有机物，若采用简单蒸馏，固体在接收管附近凝结，也适宜用水蒸气蒸馏法处理，如六氯乙烷的分离。

当水和不溶(或难溶)于水的混合物一起存在时，其蒸气总压应为物质的蒸气分压与水的蒸气分压之和，即 $p_{总}=p_{物}+p_{水}$，$p_{总}>p_{物}$ 或 $p_{水}$。物料受热后蒸气压增大，至沸腾时，蒸气总压与大气压相等：$p_{总}=p_{大气压}$。可见，混合物的沸点必低于水和任一组分的沸点，因此在常压下将水蒸气通入有机液体物质时，能在低于100℃的情况下将高沸点组分与水一起蒸出来。蒸馏时混合物的沸点保持不变，直到其中一组分几乎全部蒸出(因 $p_{总}$ 与混合物中各组分相对量无关)。混合物蒸气压中各气体分压之比等于它们的物质的量之比，即：

$$\frac{n_{水}}{n_{物}}=\frac{p_{水}}{p_{物}} \tag{3-14}$$

其中，$n_{水}$ 和 $n_{物}$ 分别代表蒸气中水和有机物的物质的量，若以 $m_{水}$、$m_{物}$ 表示水和有机物在容器中蒸气的质量，$M_{水}$、$M_{物}$ 分别代表水和有机物的相对分子质量，则：

$$n_{水}=\frac{m_{水}}{M_{水}} \tag{3-15}$$

$$n_{物}=\frac{m_{物}}{M_{物}} \tag{3-16}$$

因此：

$$\frac{m_{水}}{m_{物}}=\frac{M_{水}n_{水}}{M_{物}n_{物}}=\frac{M_{水}p_{水}}{M_{物}p_{物}} \tag{3-17}$$

说明在馏液中，水和被蒸馏物的相对质量与它们的蒸气压和相对分子质量成正比。由此可知，若被蒸馏物相对分子质量较大或具有较高的蒸气压时，水蒸气蒸馏的收率将会提高。另外在操作时采用过热水蒸气，有利于增大有机物的蒸气分压，从而提高收率。

## 三、实验装置

图3-6是一套常用的水蒸气蒸馏装置，主要由蒸馏、水蒸气发生器、冷凝和接收器四个部分组成。

目前使用的是圆底烧瓶作为水蒸气发生器装置(传统的水蒸气发生器，状似茶壶，铁或

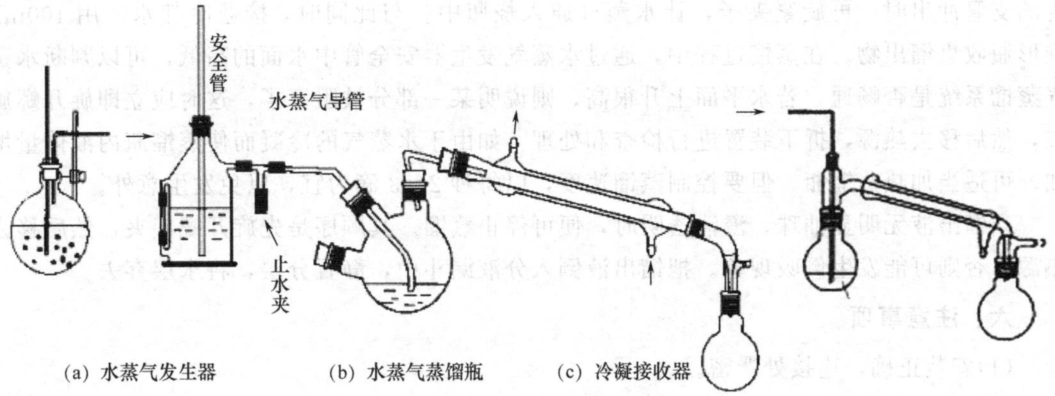


图 3-6 水蒸气蒸馏装置图

铜质，内盛水，水位高低由侧面的连通玻璃管显示)，由玻璃烧瓶代替更加透明，便于观察水面的变化。蒸气出口与三通管连接，三通管下端的橡皮管被止水夹(或螺旋夹)夹紧，以使水蒸气经导管导入反应蒸馏瓶中。安全管伸入接近底部，可起显示和调节水蒸气压力的作用。操作中一旦发生气路堵塞，水蒸气发生器内气压升高使安全管水位明显上升，当排除故障或打开止水夹通大气后，安全管水位即回落。

蒸馏瓶为三口烧瓶(也可用单口蒸馏瓶加蒸馏头或克氏蒸馏头代替)，内盛被蒸馏物料，三个瓶口中的一个侧口塞住，中间瓶口插入水蒸气导管接近瓶底(但不能触及或抵死瓶底)，另一侧口用蒸馏弯头连接导出蒸馏物到冷凝管。为防水汽冷凝过多，气阻增大或冲溅过激，被蒸馏物质的容量不宜超过瓶容量的 1/3；蒸馏头内径应略粗于水蒸气导管，也是基于此考虑；加热水蒸气蒸馏瓶，也可减少水蒸气的冷凝(若烧瓶内溶液翻腾猛烈，亦可不加热)。

冷凝管可用较长的直形冷凝管，冷却水流速也可适当大些以利充分冷凝，但若需收集易于冷凝的蒸气时，为防止固体堵塞，水冷凝管应更换为空气冷凝管，而接收器外面也要采取冷却措施。

进行水蒸气蒸馏前，应检查装置是否严密，接收器处是否通大气。水蒸气发生器中要放沸石，水量刚好过半为宜。打开三通管的止水夹，大火加热，待水沸腾，即将止水夹夹紧，使水蒸气经水蒸气导管导入反应蒸馏瓶。此时可观察到蒸馏瓶中出现气泡，混合物逐渐翻腾不息，不久即在冷凝管中出现馏液，调节火力，勿使混合物激烈飞溅而冲进冷凝管，馏出速度约每秒 2～3 滴。

操作时要随时注意安全管中水柱正常与否，如水柱上升太高或液体倒吸时，应立即打开止水夹，再移去热源，查找原因，排除故障后再继续蒸馏。

当馏液滴入盛有清水的试管或烧杯中，透明而水面无漂浮油珠时，可认为有机物已蒸完，打开止水夹后移去热源，停止蒸馏。

## 四、实验试剂

异戊醇和水杨酸混合物(1∶1)25mL。

## 五、实验步骤

按照图 3-6 所示安装水蒸气蒸馏装置，在水蒸气发生瓶中，加入约占容器 2/3 的水，将 25mL 异戊醇和水杨酸的混合液倒入 100mL 圆底烧瓶中，仪器安装好后，先把 T 形管上的夹子打开，加热水蒸气发生器使水迅速沸腾，待检查整个装置不漏气后，有水蒸气从 T 形管的支管冲出时，再旋紧夹子，让水蒸气通入烧瓶中。与此同时，接通冷却水，用 100mL 锥形瓶收集馏出物。在蒸馏过程中，通过水蒸气发生器安全管中水面的高低，可以判断水蒸气蒸馏系统是否畅通，若水平面上升很高，则说明某一部分被阻塞了，这时应立即旋开螺旋夹，然后移去热源，拆下装置进行检查和处理。如由于水蒸气的冷凝而使蒸馏瓶内液体量增加，可适当加热蒸馏瓶。但要控制蒸馏速度，以每秒 2～3 滴为宜，以免发生意外。

当馏出液无明显油珠，澄清透明时，便可停止蒸馏。其顺序是先旋开螺旋夹，然后移去热源，否则可能发生倒吸现象。把馏出液倒入分液漏斗中，静置分层，将水层弃去。

### 六、注意事项

(1)安装正确，连接处严密。

(2)严守操作程序。

(3)调节火焰，控制蒸馏速度每秒 2～3 滴，并时刻注意安全管。

(4)停火前必须先打开螺旋夹，然后移去热源，以免发生倒吸现象。

(5)按安装相反顺序拆卸仪器。

### 七、思考题

(1)什么情况下可以利用水蒸气蒸馏进行分离提纯？

(2)水蒸气蒸馏的原理是什么？

(3)安全管和 T 形管的作用是什么？

(4)怎样证明混合物中存在水杨酸和异戊醇？

## 实验十八　减压蒸馏

### 一、实验目的

(1)掌握减压蒸馏的原理和方法。

(2)比较减压蒸馏、普通蒸馏和分馏的异同点。

(3)认识减压蒸馏的主要仪器设备。

(4)掌握减压蒸馏仪器的安装和操作方法。

### 二、实验原理

减压蒸馏，就是通过与密闭蒸馏系统相连接的减压泵减小蒸馏系统内的压力，以降低其沸点来达到蒸馏纯化目的的蒸馏操作。

实验证明：当压力降低到 10～15mmHg(1.3～2.0kPa)时，许多有机化合物的沸点可以比其常压下的沸点降低 80～100℃。因此，减压蒸馏对于分离或提纯沸点较高或者性质比较不稳定的液态有机化合物具有特别重要的意义。因为这类有机化合物往往加热未到沸点即已分解、氧化、聚合，或者其沸点很高、很难达到，而采用减压蒸馏就可以避免这种现象的发生。所以，减压蒸馏也是分离、提纯液态有机物常用的方法。减压蒸馏对于某些高沸点有机化合物是最有效的分离提纯方法，当物质在常压下蒸馏发生氧化、聚合，或不到沸点即有部分或全部分解时，常压蒸馏难以进行或效果不佳。物质沸点与压力的关系可近似地用克劳修斯-克拉贝龙方程表示：

$$\lg p = -\frac{\Delta H}{2.303R} \times \frac{1}{T} + C \tag{3-18}$$

式中，$p$ 为蒸气压；$T$ 为热力学温度；$\Delta H$ 为相变热；$R$ 为通用气体常数；$C$ 为积分常数。

由于许多液体缔合程度不同，沸点与压力的关系与公式有偏差。有时在文献中也查不到低压下的相应沸点，在这种情况下，可根据图 3-7 的经验曲线从已知常压下沸点值和预期压力 $p$ 找到沸点近似值。方法是：在经验曲线的中间的 $B$ 线和右边的 $C$ 线上分别找到两个已知点，连接并延长使之与经验曲线左边的 $A$ 线相交，交点即为低压 $p$ 下的相应沸点。

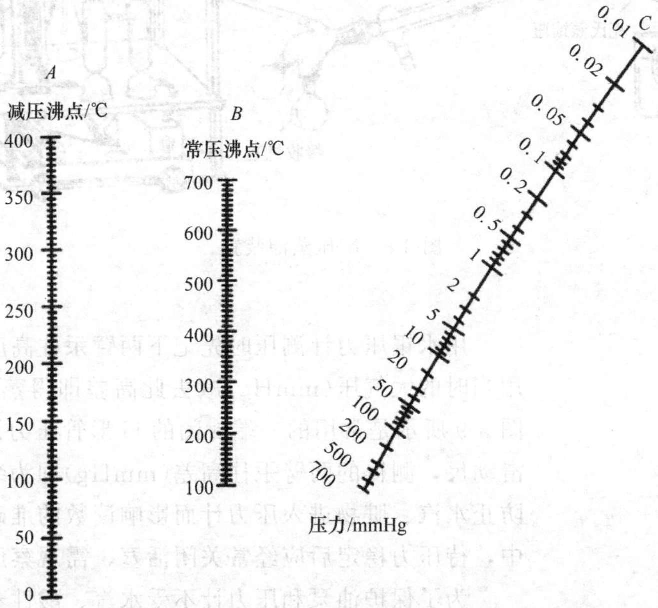


图 3-7　液体在常压下沸点与减压下沸点的近似关系图

## 三、实验装置

减压蒸馏装置通常由圆底烧瓶、克氏蒸馏头、冷凝管、接收器、水银压力计、干燥塔、缓冲用抽滤瓶、冷却阱和减压泵等组成。只要不违背基本原理与原则，实验者可以从实验室条件出发，准确、有效地组装起适用的装置。

常见的减压蒸馏系统主要分抽气、蒸馏及测压保护装置等三部分。图 3-8 所示是一个常见的减压蒸馏装置(泵未画出)。

抽气泵一般为水泵和油泵，水泵常用循环水真空泵，可减压至 1.5999～3.999kPa，这对一般减压蒸馏已经足够。油泵可把压力减至 0.2666～0.5333kPa，但泵油可能因吸收有机物蒸气而被污染使效率降低；水蒸气的凝结，会使油乳化，也会降低泵的效率；酸会腐蚀泵。故使用油泵时应在泵前加设保护装置。

减压蒸馏的蒸馏部分类似普通蒸馏装置，不同处是用克氏蒸馏头代替普通蒸馏头，用带支管的接引管通过厚壁橡皮管连接蒸馏部分与抽气、测压保护部分。圆底烧瓶的一个口连接一根用玻璃管拉制的毛细管，毛细管端伸到离瓶底约 1～2mm 处，玻璃管端套一段橡皮管，用螺旋夹夹住，用于调节进入烧瓶的空气量。减压蒸馏时，由毛细管进入液体的空气控制沸腾的程度。由于气压很低，须用圆底烧瓶作接收器，不能使用锥形瓶等不耐压仪器。

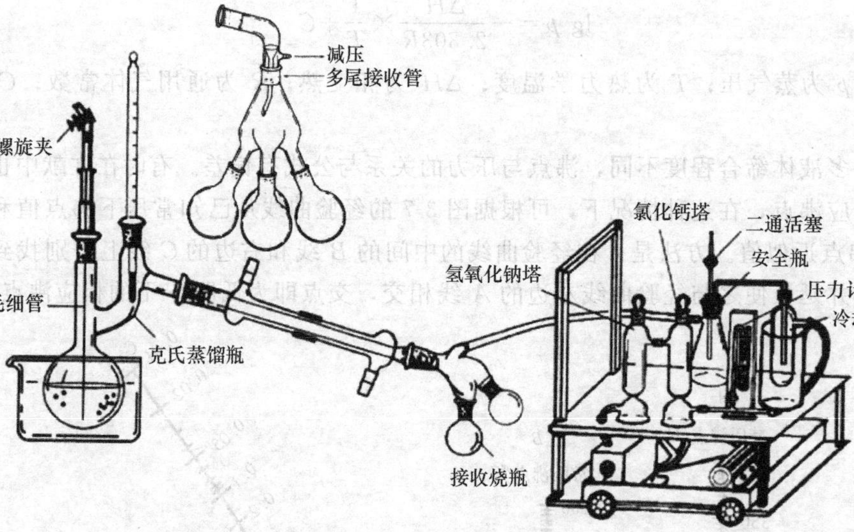


图 3-8 减压蒸馏装置

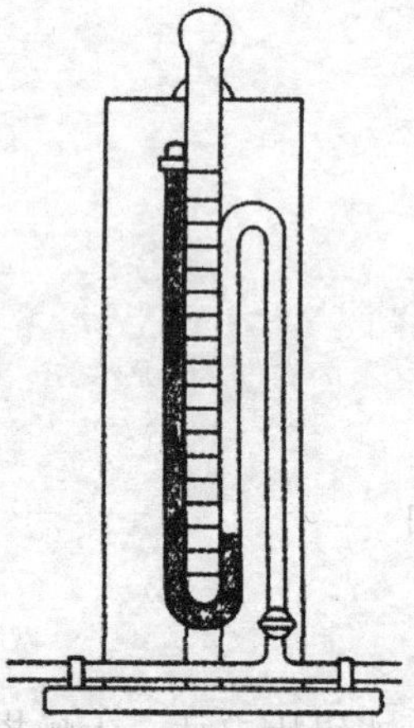

图 3-9 左端封闭的 U 形管水银压力计

用水银压力计测压时先记下两臂汞柱高度差(mmHg)，再用当时的大气压(mmHg)减去此高差即得蒸馏装置内的压力。图 3-9 所示是常用的一端封闭的 U 形管压力计，管后木座上有滑动尺，测得的两臂汞柱高差(mmHg)即为装置内的压力。为防止水汽、脏物进入压力计而影响读数的准确性，在蒸馏过程中，待压力稳定后应经常关闭活塞，需观察压力时再打开。

为了保护油泵和压力计不受水汽、酸性蒸气及有机气体的侵蚀，可按图 3-10 所示在油泵与蒸馏部分尾部接收器间顺次装上安全瓶、冷阱、压力计、干燥塔(分别装无水氯化钙、粒状氢氧化钠、石蜡片等吸收剂)，使有害蒸气进一步凝结或被吸收。一般用抽滤瓶作为安全瓶使用，瓶上有导管，经活塞 G 可与大气相通，能够防止泵油倒吸。

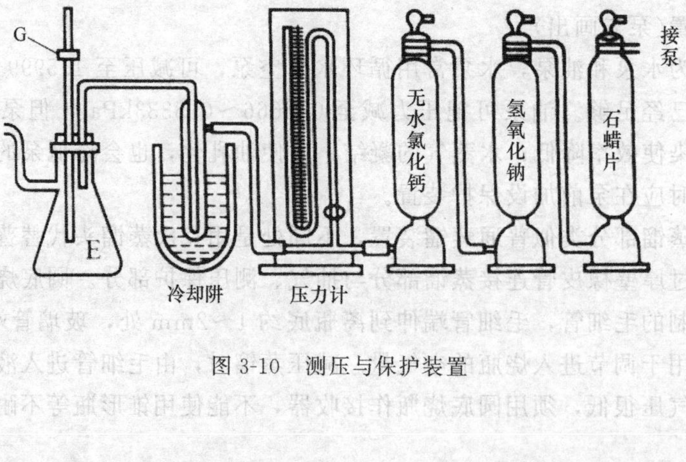


图 3-10 测压与保护装置

## 四、实验试剂

50mL 苯甲醛。

## 五、实验步骤

### 1. 检查装置的气密性

装置安装完毕，检查各连接处有无松动，夹紧毛细管上部的螺旋夹，打开安全瓶上的活塞后再开动抽气泵，逐渐关闭活塞，从压力计上可观察到减压程度。

### 2. 蒸馏操作

装置符合要求后，在 100mL 圆底烧瓶中加入 50mL 苯甲醛(若有低沸点物质，应先进行常压蒸馏，蒸去低沸点物质后，降温静置到减压蒸馏的预期温度以下时，再进行减压蒸馏)，调节活塞至压力为 $2.66\times10^3$Pa。开启热源，逐渐升温(选用油浴加热时，一般油浴温度应高出被蒸馏液体的沸点 20℃左右)。同时调节螺旋夹，使空气以小气泡形式进入液体，平稳沸腾，再调节浴温，使馏出液流出速度控制在每秒 1～2 滴，收集 75℃时的馏分。

蒸馏过程中应注意压力计读数，及时记录时间、压力、沸点、浴温、馏液流出速度等数据。

### 3. 结束蒸馏

蒸馏完毕，先撤出热源，待稍冷后，拧开螺旋夹，慢慢地打开活塞放空，使压力计水银柱慢慢复原。若放空太猛，水银柱快速回升，易出事故。待仪器装置内压力与大气压相等后，关闭抽气泵，再拆卸仪器。

## 六、注意事项

(1)绝不能用有裂痕或薄壁的玻璃仪器，特别是平底瓶，如锥形瓶等。

(2)被蒸馏液体中若含有低沸点物质，通常先进行普通蒸馏，再进行水泵减压蒸馏，而油泵减压蒸馏应在水泵减压蒸馏后进行。

(3)蒸馏时，若要收集不同的馏分而又不中断蒸馏，则可用两尾或多尾接收管。转动多尾接收管，就可使不同的馏分进入指定的接收器中。

(4)实验结束时，一定要缓慢旋开安全瓶上的活塞，使压力计中的汞柱缓慢地恢复原状，否则，汞柱急速上升，有冲破压力计的危险。

(5)使用油泵时，应注意防护与保养，不可使水分、有机物质或酸性气体侵入泵内，否则会严重降低油泵的效率。

(6)蒸馏时，压力计所测压力很重要，记录沸点时要记下相对应的压力。

## 七、思考题

(1)在什么情况下使用减压蒸馏?

(2)减压蒸馏装置应注意哪些问题?

(3)当减压蒸完所要的化合物后，应如何停止减压蒸馏？为什么？

# 实验十九　熔点测定

## 一、实验目的

(1)了解熔点测定的意义。

(2)掌握熔点测定的操作方法。

(3)判断已知样的纯度，判断纯净样品是什么物质？

## 二、实验原理

### 1. 熔点

熔点是固体有机化合物固液两态在大气压力下达成平衡的温度，纯净的固体有机化合物一般都有固定的熔点，固液两态之间的变化是非常敏锐的，自初熔至全熔(称为熔程)温度不超过 0.5～1℃。化合物温度不到熔点时以固相存在，加热使温度上升，达到熔点，开始有少量液体出现，而后固、液相平衡。继续加热，温度不再变化，此时加热所提供的热量使固相不断转变为液相，两相间仍为平衡，最后的固体熔化后，继续加热则温度线性上升。因此在接近熔点时，加热速度一定要慢，每分钟温度升高不能超过 2℃，只有这样，才能使整个熔化过程尽可能接近于两相平衡条件，测得的熔点也更精确。当含杂质时(假定两者不形成固溶体)，根据拉乌尔定律可知，在一定的压力和温度条件下，在溶剂中增加溶质，导致溶剂蒸气分压降低，此时的熔点较纯粹者低。

### 2. 混合熔点

在鉴定某未知物时，如测得其熔点和某已知物的熔点相同或相近，不能认为它们为同一物质。还需把它们混合，测定该混合物的熔点，若熔点仍不变，才能认为它们为同一物质。若混合物熔点降低，熔程增长，则说明它们属于不同的物质。故此种混合熔点试验，是检验两种熔点相同或相近的有机物是否为同一物质的最简便方法。多数有机物的熔点都在 400℃以下，较易测定。但也有一些有机物在其熔化以前就发生分解，只能测得分解点。

## 三、实验装置

由于熔点的测定对有机化合物的研究具有重要性，因此如何测出准确的熔点是一个重要问题。传统测定熔点的方法以毛细管法最为简便。分为齐列管(Thiele，又称 b 形管)测定法和双浴式测定法(见图 3-11)。

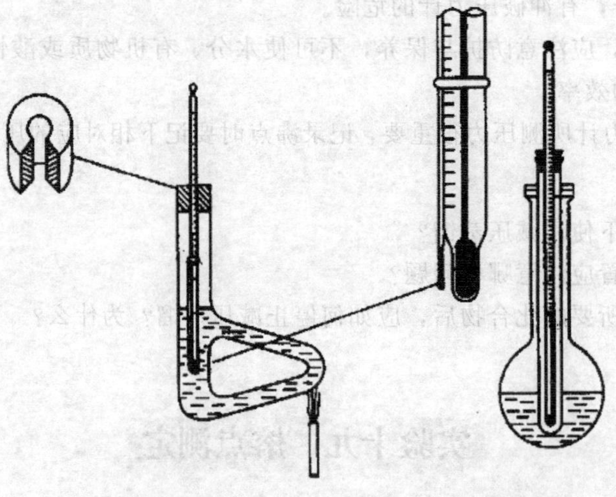

(a) 齐列管熔点测定仪　　　(b) 双浴式熔点测定器

图 3-11　毛细管法测定熔点的装置

## 四、实验试剂

乙酰苯胺。

## 五、实验步骤

双浴式测定法：如图 3-11(b)所示，将试管经开口橡胶塞插入 250mL 平底(或圆底)烧瓶内，直至离瓶底约 1cm 处，试管口也配一个开口橡胶塞，插入温度计，其水银球应距试管底 0.5cm。瓶内装入约占烧瓶 2/3 体积的加液体，试管内也放入一些加热液体，待插入温度计后，其液面高度与瓶内相同。熔点管黏附于温度计，所处位置和在 b 形管中相同。

下面详细介绍毛细管法中 b 形管测熔点的步骤。

### 1. 毛细管的准备

取一根管壁薄而均匀的直径约为 10 mm 的预先洗净且干燥过的玻璃管，在酒精喷灯上加热，不停转动玻璃管，待玻璃管充分软化并使火焰呈樱红色时迅速移离火焰。稍停(约 1s)，开始稍慢然后较快地向两端迅速拉长至外径为 1～1.2 mm 时为止。然后截成 50～60 mm 长的小段，并在酒精灯的火焰边缘将其一端封闭。封口时要不停转动，使能恰好封住为宜，勿使封口处太厚，保存备用。

### 2. 待测试样的填装

取少许待测熔点的干燥样品(约 0.1 g)于干净表面皿或研钵上，用空心塞或不锈钢刮勺将它研成粉末并集成一堆，把毛细管开口一端垂直插入堆积的样品中，使一些样品进入管内，然后，把该毛细管垂直桌面轻轻上下振动，使样品进入管底，再用力在桌面上下振动，尽量使样品装得紧密。或将装有样品、管口向上的毛细管，放入长约 50～60cm、垂直桌面的玻璃管中，管下可垫一表面皿，使之从高处落于表面皿上，如此反复几次后，可把样品装实，样品高度 2～3mm。熔点管外的样品粉末要擦干净以免污染热浴液体。装入的样品一定要研细、夯实，否则影响测定结果。

对于蜡状的样品，为了解决研细及装管的困难，只得选用较大口径(2mm 左右)的熔点管。

### 3. 仪器的安装

将干燥的 b 形管[见图 3-11(a)]固定在铁架台上，管口装有开口橡皮塞，温度计插入其中，刻度应面向橡皮塞开口，其水银球位于 b 形管上下两叉管口之间，装好样品的熔点管用小橡皮圈固定在温度计上(或借少许浴液沾附于温度计下端)，使样品的部分置于水银球侧面中部。b 形管中装入加热液体(浴液)，高度达上叉管处即可。在图示的部位加热，受热的浴液沿管作上升运动，从而促成了整个 b 形管内浴液呈对流循环，使得温度较均匀。

### 4. 测定过程

用酒精灯加热齐列管右侧倾斜处，开始时升温速度可以快些，约按每分钟上升 5～6℃的速度为宜，当传热液温度距离该化合物熔点约 10～15℃时，调整火焰使每分钟上升约 1～2℃，越接近熔点，升温速度应越缓慢，每分钟约 0.2～0.3℃。为了保证有充分时间让热量由管外传至毛细管内使固体熔化，升温速度是准确测定熔点的关键；另一方面，观察者不可能同时观察温度计所示读数和试样的变化情况，只有缓慢加热才可使此项误差减小。记下试样开始塌落并有液相产生时(初熔)和固体完全消失时(全熔)的温度，即为该化合物的熔程。要注意在加热过程中试样是否有萎缩、变色、发泡、升华、炭化等现象，均应如实记录。

熔点测定，至少要有两次的重复数据。每一次测定必须用新的熔点管另装试样，不得用已测过一次熔点的试样，因为有时某些化合物部分分解，有些经加热会转变为具有不同熔点的其他结晶形式。如果测定未知物的熔点，应先对试样粗测，加热可以稍快，知道大致的熔点。待浴温冷至熔点以下 30℃左右，再另取一根装好试样的熔点管做准确的测定。准确记录实验数据于表 3-16 中。

**表 3-16　熔点测定数据记录**

| 乙酰苯胺 | | | 未知样 | | |
|---|---|---|---|---|---|
| 第一次 | 第二次 | 第三次 | 第一次 | 第二次 | 第三次 |
| | | | | | |
| 由实验结果判断未知样为： | | | | | |

**5. 结束实验**

一定要等溶液冷却后，方可将其(液体石蜡)倒回瓶中，切勿将橡皮筋等杂物倒入瓶中。温度计冷却后，用纸擦去液体石蜡再洗涤干净。根据所测样品熔点，确定样品名称。

## 六、注意事项

(1)熔点管必须洁净。如含有灰尘等，能产生 4～10℃的误差。

(2)熔点管的底部未封好，会产生漏管。

(3)样品粉碎要细，填装要实，否则产生空隙，不易传热，造成熔程变大。

(4)样品不干燥或含有杂质，会使熔点偏低，熔程变大。

(5)样品量太少不便观察，而且熔点偏低；太多会造成熔程变大，熔点偏高。

(6)升温速度应慢，让热传导有充分的时间。升温速度过快，熔点偏高。

(7)熔点管壁太厚，热传导时间长，会使熔点偏高。

(8)使用硫酸作加热浴液要特别小心，不能让有机物碰到浓硫酸，否则使浴液颜色变深，有碍熔点的观察。若出现这种情况，可加入少许硝酸钾晶体共热后使之脱色。采用浓硫酸作热浴液，适用于测熔点在 220℃以下的样品。若要测熔点在 220℃以上的样品可用其他热浴液。

(9)一定要等热浴液冷却后，方可将热浴液(液体石蜡)倒回瓶中。温度计冷却后，用纸擦去液体石蜡。

(10)实验过程中应先测已知样品三次，再测未知样品三次，均取平均值，并查阅有机化合物性质手册，根据熔点确定未知样品。

## 七、思考题

测熔点时，若有下列情况将产生什么结果？

(1)熔点管壁太厚；(2)熔点管底部未完全封闭，尚有一针孔；(3)熔点管不洁净；(4)样品未完全干燥或含有杂质；(5)样品研得不细或装得不紧密；(6)加热太快。

# 实验二十　重结晶

## 一、实验目的

(1)学习重结晶法提纯固体有机化合物的原理和方法。

(2)掌握固体有机物的提纯操作方法。

(3)掌握抽滤、热过滤操作和菊花形滤纸的折叠方法。

## 二、实验原理

重结晶是利用被提纯物质与杂质在同一溶剂中的溶解度随温度变化的差异，将其分离的一种操作，是提纯固体有机产品最常用的方法，一般适用于纯化杂质含量在5%以下的固体有机化合物。在有机化学反应制取的固体产物中，常伴随少量杂质，包括由主反应生成的次产物、副反应产物、未参加反应的反应物、溶剂等，常常用重结晶法进行纯化处理。

重结晶法的内容是：先选定一种溶剂体系，利用产品与杂质在不同温度下在该溶剂中溶解度的巨大差异，通过对近饱和热溶液进行热过滤、冷却、过滤等一系列操作，使产品纯化。溶剂的选择及过滤方法是否得当是相当重要的问题，对被提纯物质的纯度与收率有着重要影响。

### (一)溶剂的选择

溶剂有单一溶剂和混合溶剂两类。不管哪种溶剂，都应使它对产品的溶解度在高温时较大而室温或低温时很小；而对杂质来讲，溶解度要么很大(以便使饱和热溶液冷却析出结晶后，杂质留到母液中而分离)，要么很小(可使杂质在热滤时被滤去)。此外，应考虑到任何溶剂都不允许与重结晶物质发生化学反应；它们应该是与重结晶物质易于分离、有一定挥发性的液体；至于毒性、易燃性、价格等方面，也是选择溶剂时需考虑的因素。

选用何种溶剂重结晶，可先根据需重结晶物质的成分和结构，应用相似相溶经验规则大致估计。例如，含羟基的物质，极性较强，一般都能溶在水和醇类溶剂中。高级醇由于碳链的增长，碳链对羟基的屏蔽，在水中的溶解度显著减小，而在乙醇和碳氢化合物中的溶解度就增大，所以醇、水、轻汽油等都可优先考虑。进一步选择溶剂需要查阅手册，需要关注的是能否满足高温易溶而室温难溶的基本要求。有时由于手册的局限性难以得到详尽的数据，所以最可靠的办法是做试验。方法是：取几个小试管，各放入约0.2 g要重结晶的物质，分别加入0.5～1mL不同种类的溶剂，加热沸腾至完全溶解。冷却后，能析出最多量晶体的溶剂，一般可认为是最合适的。有时在1mL溶剂中尚不能完全溶解，可用滴管逐步添加溶剂，每次0.5mL，并加热至沸，如果固体物质在3mL热溶剂中仍不能全溶，可以认为此溶剂不适于重结晶之用。如果固体在热溶剂中能溶解，而冷却后无晶体析出，这时可用玻璃棒在液面下的试管内壁摩擦，以促使晶体析出，若还得不到晶体，则说明此固体在该溶剂中溶解度过大，这样的溶剂也不适用于此种物质的重结晶。

如果重结晶物质易溶于某一溶剂(良溶剂)而难溶于另一种溶剂(不良溶剂)，且该两种溶剂能互溶，那么就可以用二者配成的混合溶剂进行试验。常用的混合溶剂有乙醇-水、甲醇-乙醚、乙醇-乙醚、乙醇-丙酮、乙醇-氯仿、乙醚-石油醚、苯-乙醚等。用混合溶剂重结晶，效果常常不亚于用单一溶剂。

操作方法：先将样品溶于沸腾的易溶溶剂中，趁热滤去不溶物，在热滤液中滴入难溶溶剂，至溶液变浑浊，再加热(或滴加少量易溶溶剂)使之澄清，放冷至结晶析出。若冷后析出油状物，则可调节两溶剂比例做相同条件下的结晶试验，选取析出晶体最多、最好的溶剂混合比例。如果结果仍不理想，需要选择其他溶剂做试验。

### (二)减压过滤与加热过滤

影响重结晶效果的因素很多，过滤操作是否得当是一大关键。过滤方式有普通过滤、减压过滤(抽气过滤)和加热过滤等几种。普通过滤通常指一般实验室用的玻璃漏斗中铺润湿滤纸的过滤。在有机实验中还常采用在漏斗颈部塞疏松棉花或玻璃毛代替滤纸的方法，用以滤去有机液体中的大颗粒固体。但当固体颗粒细小时，过滤物易堵塞滤纸细孔使过滤速度很慢，分离效果差，应改为减压过滤。

**1. 减压过滤**(抽气过滤)

减压过滤是用泵(常为水泵)对过滤系统进行抽气减压，使待滤物受大气压力作用而加快过滤进程的一种操作，简称抽滤。

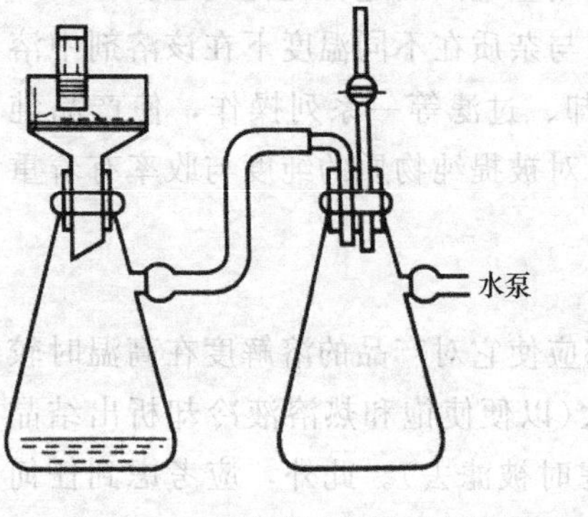

图 3-12　带有缓冲瓶的抽滤装置

抽滤装置如图 3-12 所示，瓷质布氏漏斗经橡皮塞(圈)与收集滤液的耐压抽滤瓶紧密连接，抽滤瓶可以直接连接抽气泵，但最好在瓶与泵之间接连一个缓冲瓶(配有二通活塞的抽滤瓶。调节活塞，可有效防止水的倒吸)。若用油泵，还应增加连接吸收水汽的干燥塔等装置，以保护油泵(参见减压蒸馏装置)。

过滤时，用略小于布氏漏斗内径的圆形滤纸平铺于漏斗内，滤纸大小以能紧贴盖住所有滤孔为准，边沿不能翘曲。抽滤前，先用少许溶剂润湿滤纸，然后打开水泵开关，使滤纸贴紧，再慢慢将被过滤物倒入漏斗中，使固体均匀分布于滤纸面上，持续抽气至无液滴为止。以平底干净玻璃瓶塞轻按固体，使滤饼尽量压干、抽干。滤毕，拔掉抽气管或放空缓冲瓶上的活塞，恢复常压，再以少许溶剂渗透滤饼，重新抽气过滤，重复几次，可得洗净抽干的固体。

过滤强酸、强碱性溶液，应在布氏漏斗中铺以精制石棉或玻璃布代替滤纸。

抽滤操作的分离效果好，省时，可直接得到较干燥的固体。缺点是挥发性溶剂在抽滤时损失较多。

**2. 加热过滤**

加热过滤简称热滤，是防止高温溶液遇冷过早结晶的过滤方法。

通常采用金属制保温漏斗(见图 3-13)内衬普通机制玻璃漏斗，进行热滤操作。操作时，将玻璃漏斗置于保温漏斗中，加热保温漏斗夹套中的热浴液(一般采用较多的是水)，使过滤在相对高的温度下进行，减少了溶质由于温度降低导致，使过饱和溶液中过早析出结晶导致分离失败的可能。温度控制得当，过滤快，滤纸上除杂质外极少看到结晶物质。

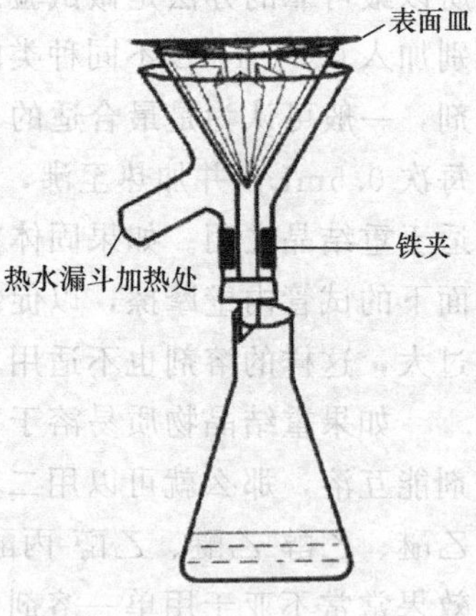

图 3-13　热过滤装置

为了尽量利用滤纸的有效面积加快热滤速度，常将普通滤纸折叠成菊形，折叠方法如下：先把圆形滤纸对折成半圆，再对折成两个 90°扇形，然后按图 3-14(a)所示将折痕 2 与 3 对折出折痕 4，1 与 3 对折成 5，接着 2 与 5 对折成 6，1 与 4 对折成 7，如图 3-14(b)所示。2 与 4 对折得 8，1 与 5 对折得 9，如图 3-14(c)所示，这时折好的滤纸槽全都向外，纸棱全部向里，如图 3-14(d)所示，再在等分的折片中间朝反方向折一折纹，得到槽与棱交错排列像扇子一样的折纸，最后滤纸两端 1 与 2 再向相反方向各折叠一次，展开后得到如图 3-14(e)所示完好的折叠滤纸。

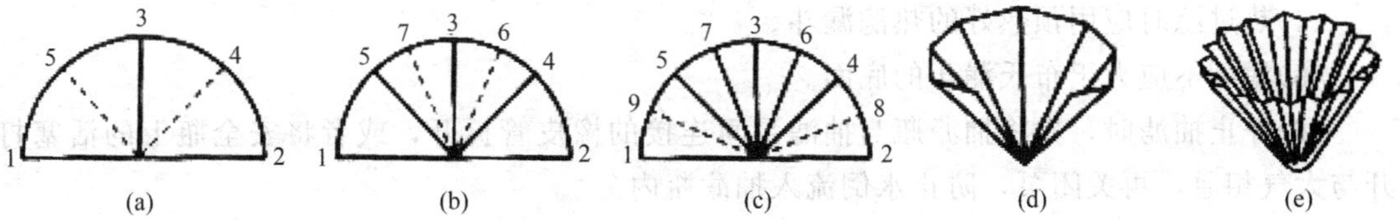


图 3-14　扇形滤纸的折叠

在每次折叠时，在折纹近集中点处切勿对折纹反复挤压，否则滤纸的中央在过滤时易破裂。在使用前，应将折好的滤纸翻转并整理好后再放入漏斗中，这样可避免被手指弄脏的一面接触滤液。过滤时，扇形滤纸不必用溶剂润湿，直接把热的饱和溶液分次迅速地倒入漏斗中即可。在漏斗中的液体不宜积得过多，以免析出晶体，堵塞漏斗。滤液温度越高，操作越快，过滤效果越好。

**三、实验装置**

参见图 3-13。

**四、实验试剂**

乙酰苯胺。

**五、实验步骤**

(1)高温近饱和溶液的配制。将 2g 粗制的乙酰苯胺及少量的水加入 100mL 的烧杯中，加热至沸腾，并用玻璃棒不断搅拌，使固体溶解，若不全溶，再加少量热水，直到乙酰苯胺完全溶解。

(2)脱色除去有色物质。移去火源，稍冷却后加入少许活性炭，稍加搅拌后继续加热微沸 5min。

(3)趁热过滤，冷却、结晶。将加活性炭后的溶液，煮沸 3～5 min 后即进行热滤，使杂质留于漏斗中。若在滤液中发现炭粒，应重新热滤。趁热过滤出不溶物，冷却使结晶。

(4)过滤、干燥。结晶完成后，高温滤液经自然冷却，产品即因溶解度随温度降低而下降，自饱和溶液中结晶出来。若冷却后仍不见结晶，可用玻璃棒摩擦瓶壁或加入少许该晶体的晶种，使晶体析出。结晶较细或太大都可能吸附或包藏杂质。滤液若以冷水强制迅速冷却，所得晶粒较细，故不能只图快而不讲究结晶质量。若结晶量少，可能是操作中加溶剂过多，可适当蒸发掉部分溶剂后再冷却结晶。若冷却至室温后，再以冰水深冷，结晶量还可增加。

晶体与母液用抽滤法分离，尽量洗净、抽干。

在得到抽干的晶体后，重结晶过程基本结束，但结晶中还含有少量的溶剂，尚需进一步干燥，制得纯品。

(5)测定干燥后精制产物的熔点，并与粗产物熔点作比较，称量并计算收率。

**六、注意事项**

(6)用水重结晶乙酰苯胺时，往往会出现油珠，这时可加少量热水或继续加热至此现象消失。

(7)每次补加水时，应少量多次，若加入溶剂加热后并未能使不溶物减少，则可能是不溶性杂质，此时可不必再加溶剂。

(3)用活性炭脱色时，绝对不能将活性炭加到正在沸腾的溶液中，否则易造成暴沸现象。

(4)热过滤时应用预热好的热滤漏斗。

(5)滤纸不应大于布氏漏斗的底面。

(6)停止抽滤时，先将抽滤瓶与抽滤泵间连接的橡皮管拆开，或者将安全瓶上的活塞打开与大气相通，再关闭泵，防止水倒流入抽滤瓶内。

### 七、思考题

(1)简述重结晶过程及各步骤的目的。

(2)加活性炭脱色应注意哪些问题？

(3)如何选择重结晶溶剂？

(4)母液浓缩后所得到的晶体为什么比第一次得到的晶体纯度要差？

(5)使用有毒或易燃的溶剂进行重结晶时应注意哪些问题？

(6)用水重结晶纯化乙酰苯胺时在溶解过程中有无油珠状物出现？如有油珠出现应如何处理？

(7)如何鉴定重结晶纯化后产物的纯度？

## 实验二十一　升华

### 一、实验目的

(1)学习升华法提纯固体有机化合物的原理和方法。

(2)练习升华法提纯固体有机物的操作。

### 二、实验原理

固态有机物的提纯通常用重结晶法，但对于某些在不太高的温度下有足够高的蒸气压的固态物质(在熔点温度以下蒸气压高于2.66kPa)也可采用另一种方法进行纯化，即升华法。所谓升华就是固态物质受热尚未达到其熔点，而直接气化变为蒸气，然后蒸气又直接冷凝为固态的过程，在气化和冷凝这两个过程中均没有液态出现。通过升华操作可除去难挥发性杂质，也可分离有不同挥发性的固体混合物。升华的优点是经升华后的物质纯度较高，但操作时间长，物料损失大，因此在实验室里一般用于较少量化合物(1～2g)的纯化。

为了了解升华的原理，首先介绍物质固态、液态、气态的三相图。

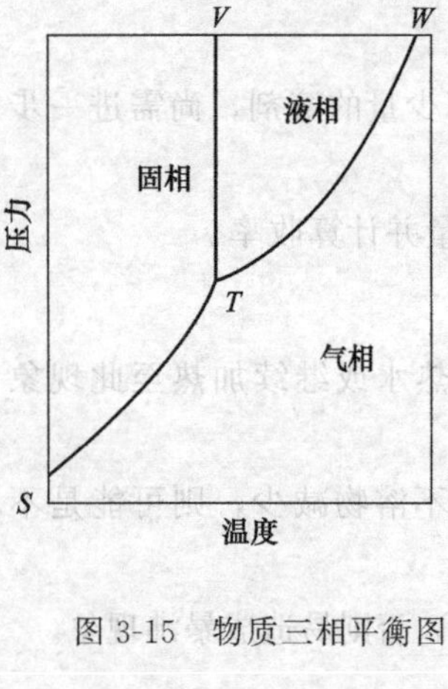


图3-15　物质三相平衡图

在图3-15中$ST$表示固相与气相平衡时的蒸气压曲线，$TW$表示液相与气相平衡时的蒸气压曲线，$TV$表示为固相与液相平衡时的蒸气压曲线，三条曲线在$T$处相交，$T$点即为三相点。

从图3-15中可以看出，在三相点以下，化合物只有气、固两相。若温度降低蒸气就不经过液态而直接变为固态。所以，一般升华都在三相点温度以下进行。若某化合物在三相点温度以下蒸气压很高，则气化速度就快，这样，受热后就容易从固态直接气化变为气态。由于化合物的蒸气压随温度降低而降低，蒸气遇冷即凝结为固态。例如，樟脑在160℃时的蒸气压为29.17kPa，这就是说当加热还未达到樟脑的熔点(179℃)

时就有很高的蒸气压，这时只要缓慢加热，温度不超过熔点，樟脑就可以不经过液体而变为气态，蒸气遇冷的瞬间又直接变为固态，这样的蒸气压可以维持很长时间，直到樟脑全部变为蒸气为止。

## 三、实验装置

将待精制的物质放入蒸发皿中，用一张扎有若干小孔的圆滤纸把锥形漏斗的口盖起来，把此漏斗倒盖在蒸发皿上，漏斗颈部塞一团疏松的棉花，如图 3-16 所示。

在沙浴或石棉网上将蒸发皿加热，逐渐升高温度，使待精制的物质气化，蒸气通过滤纸孔，遇到漏斗的内壁，又冷凝为晶体，附在漏斗的内壁和滤纸上。在滤纸上扎小孔可防止冷凝后形成的晶体落回到下面的蒸发皿中。

较大量物质的升华，可在烧杯中进行，如图 3-17 所示。烧杯上放置一个通冷水的烧瓶，使蒸气在烧瓶底部凝结成晶体，并附着在瓶底上。升华前，必须把要精制的物质充分干燥。

图 3-18 所示是一种适于少量物质的真空升华装置，将粗细相差较大的两个指形管，用橡皮塞连接，细管充满冷凝水，粗管壁厚、耐压，接减压装置，在粗管外部加热，被纯制固体在粗管中升华而凝集于细管底部。

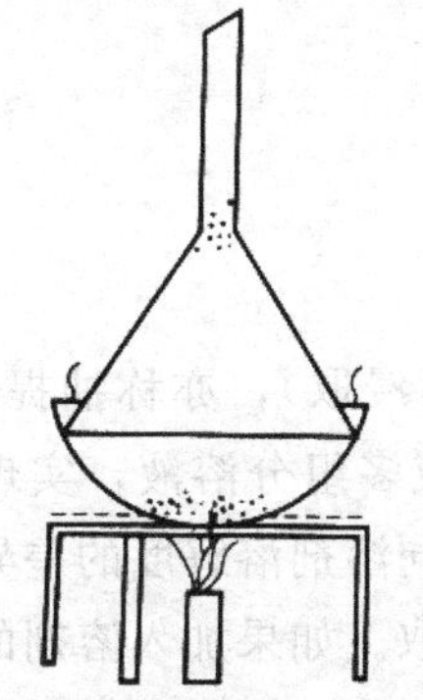

图 3-16　升华装置

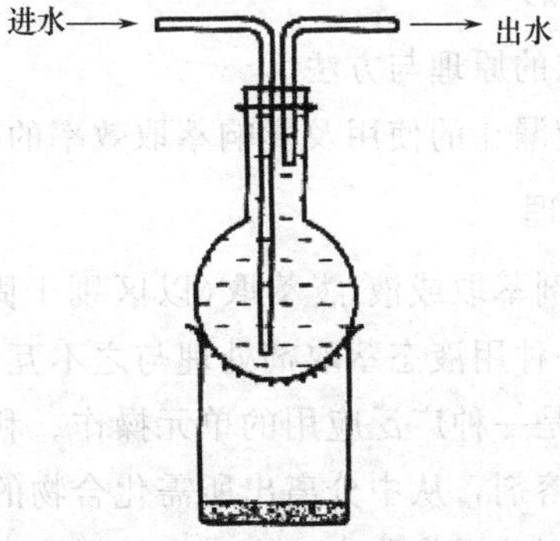


图 3-17　较大量物质的升华装置图

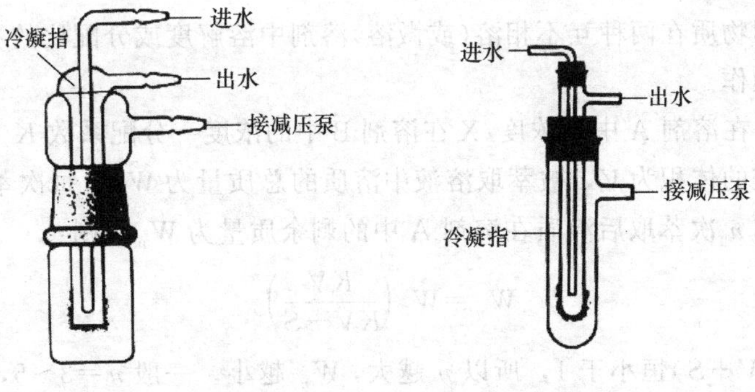


图 3-18　少量物质的真空升华装置

## 四、实验试剂

樟脑。

## 五、实验步骤

(1)称取 1g 粗樟脑于 50mL 烧杯中，烧杯上坐一只装有循环水的 50mL 的圆底烧瓶，固定在铁架台上，用一小团棉花堵上烧杯滤嘴。

(2)隔石棉网用酒精灯缓缓加热，控制樟脑不要熔化，至升华温度，然后撤去火源。

(3)冷却后取下烧瓶，将瓶底附着结晶刮于称量纸上，称重计算回收率，并回收样品(烧杯壁上的升华樟脑也应一并回收)。

### 六、注意事项

升华操作时要控制好温度，防止产品和滤纸炭化。

### 七、思考题

(1)被提纯样品若积层太厚有何不好?

(2)温度高于熔点操作有何不好?

(3)升华面与冷凝面相距太近或太远各有什么弊端?

## 实验二十二　萃取

### 一、实验目的

(1)学习萃取的原理与方法。

(2)掌握分液漏斗的使用及影响萃取效率的因素。

### 二、实验原理

萃取又称溶剂萃取或液-液萃取(以区别于固-液萃取，即浸取)，亦称抽提(通用于石油炼制工业)，是一种用液态萃取剂处理与之不互溶的双组分或多组分溶液，实现组分分离的传质分离过程，是一种广泛应用的单元操作。利用物质对不同溶剂溶解度的差异，向固体混合物中加入某种溶剂，从中分离出所需化合物的操作称为提取。如果加入溶剂的目的是带走不需要的杂质，则此操作称为洗涤。可见提取(或萃取)与洗涤在纯化物质的总目标及基本原理方面是相同的，仅是目的不同而已。

萃取：是利用物质在两种互不相溶(或微溶)溶剂中溶解度或分配比的不同来达到分离提纯或纯化的一种操作。

分配定律：X在溶剂A中的浓度/X在溶剂B中的浓度=分配系数 $K$

若被萃取溶液的体积为 $V$，被萃取溶液中溶质的总质量为 $W_0$，每次萃取所用溶剂B的体积均为 $S$，经过 $n$ 次萃取后溶质在溶剂A中的剩余质量为 $W_n$，则：

$$W_n = W_0\left(\frac{KV}{KV+S}\right)^n \tag{3-19}$$

因为 $KV/(KV+S)$ 恒小于1，所以 $n$ 越大，$W_n$ 越小。一般 $n=3\sim5$，即萃取3～5次。

萃取的目的：分离和提纯有机化合物，从液体中萃取常用分液漏斗。

应当注意，在萃取操作中，有时由于少量轻质沉淀、两液相的相对密度相差较小等原因，可能使两液相不能很清晰地分开，这样很难将它们完全分离，特别是溶液呈碱性时，常常会产生“乳化现象”，可采用一定措施来消除，常用的方法有盐析等。盐析是一种使水相中的有机化合物转入有机相的独特分离技术，由于盐析后溶液的处理与分液操作有关，在此一并讨论。

萃取分离法的理论基础是分配定律，而选择溶剂是关键。选择溶剂，不仅要求溶剂对被提取物溶解度大且不与原溶剂混溶，而且，溶剂应该纯度高，沸点低，毒性小。一般常用的溶剂有石油醚、乙醚、苯、乙酸乙酯等。若物质难溶于水，则以石油醚萃取；若易溶于水，可用乙酸乙酯；对很多较难溶于水的物质，常以乙醚作萃取剂。

萃取可分为以下几种。

**1. 双水相萃取**

双水相萃取技术(two-aqueous phase extraction，简称 ATPS)是指亲水性聚合物水溶液在一定条件下可以形成双水相，由于被分离物在两相中分配不同，便可实现分离，双水相萃取技术设备投资少，操作简单，该类双水相体系多为聚乙二醇-葡萄糖和聚乙二醇-无机盐两种，由于水溶性高聚物难以挥发，使反萃取必不可少，且盐进入反萃取剂中，对随后的分析测定带来很大的影响，另外水溶性高聚物大多黏度较大，不易定量操作，也给后续研究带来麻烦，事实上，普通的能与水互溶的有机溶剂在无机盐的存在下也可生成双水相体系，并已用于血清铜和血浆铬的形态分析，基于与水互溶的有机溶剂和盐水相的双水相萃取体系具有价廉、低毒、较易挥发而无需反萃取和避免使用黏稠水溶性高聚物等特点。

**2. 超临界萃取**

超临界萃取所用的萃取剂为超临界流体，超临界流体是介于气液之间的一种既非气态又非液态的物态，这种物质只能在其温度和压力超过临界点时才能存在。超临界流体的密度较大，与液体相仿，而它的黏度又较接近于气体，因此超临界流体是一种十分理想的萃取剂。

超临界流体的溶剂强度取决于萃取的温度和压力。利用这种特性，只需改变萃取剂流体的压力和温度，就可以把样品中的不同组分按在流体中溶解度的大小，先后萃取出来，在低压下弱极性的物质先萃取，随着压力的增大，极性较大和相对分子质量较大的物质与基体分离，所以在程序升压下进行超临界萃取不同萃取组分，同时还可以起到分离的作用。

温度的变化体现在影响萃取剂的密度与溶质的蒸气压两个因素上，在低温区(仍在临界温度以上)，温度升高，流体密度降低，而溶质蒸气压增加不多，因此，升温可以使溶质从萃取剂中析出。温度进一步升高到高温区时，虽然萃取剂的密度进一步降低，但溶质蒸气压增加，挥发度提高，萃取率不但不会减小反而有增大的趋势。除压力与温度外，在超临界流体中加入少量其他溶剂也可改变它对溶质的溶解能力，其作用机理至今尚未完全清楚。通常加入量不超过10%，且以极性溶剂甲醇、异丙醇等居多。加入少量的极性溶剂，可以使超临界萃取技术的适用范围进一步扩大到极性较大的化合物。

超临界流体萃取过程为：将萃取原料装入萃取釜，采用二氧化碳为超临界溶剂［二氧化碳气体经热交换器冷凝成液体，用加压泵把压力提升到工艺过程所需的压力(应高于二氧化碳的临界压力)，同时调节温度，使其成为超临界二氧化碳流体］，二氧化碳流体作为溶剂从萃取釜底部进入，与被萃取物料充分接触，选择性溶解出所需的化学成分；含溶解萃取物的高压二氧化碳流体经节流阀降压到低于二氧化碳临界压力以下进入分离釜(又称解析釜)，由于二氧化碳溶解度急剧下降而析出溶质，自动分离成溶质和二氧化碳气体两部分，前者为过程产品，定期从分离釜底部放出，后者为循环二氧化碳气体，经过热交换器冷凝成二氧化碳液体再循环使用。整个分离过程是利用二氧化碳流体在超临界状态下对有机物有特异增加的溶解度，而低于临界状态下对有机物基本不溶解的特性，将二氧化碳流体不断在萃取釜和分离釜间循环，从而有效地将需要分离提取的组分从原料中分离出来。

**3. 有机溶剂萃取**

有机溶剂萃取法就是常说的萃取，即用有机溶剂把水相、固相(或其他不溶于该溶剂的相)中溶于该溶剂的组分分离出来的方法。一般萃取实验中，萃取后的有机相(含所需化合物)还要用水或饱和食盐水洗，进一步纯化有机相。这两种方法都需要分液漏斗，操作过程基本相同，只需确定哪一层(相)需要保留。从液体混合物中萃取所需物质或除去杂质，通常用分液漏斗来操作。

分液漏斗使用前，应先检查盖子、活塞是否与分液漏斗配套、严密。摇动分液漏斗看盖子有无晃动感，如有则需更换；拔出活塞，擦净活塞表面和活塞塞口，将少许凡士林轻抹于活塞两端表面(中部孔道周边不宜涂抹，否则易堵塞孔道)，塞入活塞并旋转几周，然后关闭活塞，在漏斗中加入少许水，试试是否漏水。

萃取或洗涤操作时，分液漏斗中先后装进溶液及萃取剂(或洗液)。盖上盖子，振摇，使液层充分接触。振摇时的手法应以活塞和盖子不漏、液体能灵活转动为原则。可按图 3-19 所示握持漏斗：先以右手手心顶住漏斗盖子，几个指头顺势捏住漏斗上方颈部，倾斜漏斗，以左手虎口托住活塞下面的管子，活塞旋钮朝上并用拇指压住，食指与中指扶持漏斗。将漏斗平放胸前，由前到后顺时针作画圈摇动(画圈方向相反也可，但勿左右来回摇动)。振摇过程中要注意放气，放气时，仍使漏斗头部向下倾斜，左手拇指和食指轻轻拨动旋塞，放出蒸气或洗涤产生的气体，使内外压力平衡。若不放气，内压过大会使活塞渗漏液体，故应注意多次放气。放气时，管口勿对人。

图 3-19 分液漏斗的使用

振摇结束后，将漏斗竖直放于铁环之上(铁环宜用石棉绳缠绕或橡皮垫缠垫)，静置，待分层界面清晰。有的溶剂和物质在振摇时会形成稳定的乳浊液，则不宜剧烈振摇。若仅有少许乳化层浮于液面，可用玻璃棒由上至下轻压，若乳浊液已形成，难以分层，可加入少许食盐，使溶液饱和，以降低乳浊液的稳定性，较快分层。轻轻旋转漏斗，也可加速分层。长时间静置，乳浊液可慢慢分层。

液层界面明晰后，旋动顶盖，使盖子上的槽沟对准漏斗头部的小孔，平衡内外气压(也可揭去盖子)，将漏斗下端靠紧接收器器壁，左手扶着活塞左方，右手轻旋活塞，放出下层液体至界面接近活塞为止，关闭活塞，静置片刻，再分出下层液体。一般重复分液两三次可分净。注意漏斗内的上层液体，只能从漏斗上口倒出，若从活塞放出，将被活塞下部残留液体污染。

在多步骤实验过程中，萃取或洗涤得到的上、下层液体，应保留至实验结束后再处理，不要随意扔掉。否则，若中间操作发生差错，将无法检查和补救。

## 三、实验装置

参见图 3-19。

## 四、实验试剂

冰醋酸与水的混合溶液(冰醋酸：水＝5：25)；乙酸乙酯(乙醚)。

## 五、实验步骤

(1)将 30mL 待萃取液和 15mL 萃取溶剂依次自上口倒入分液漏斗(萃取溶剂一般为溶液体积的 1/3)。

(2)用力振荡、放气、静置分层，从下端放出水相，上层液体从分液漏斗上口倒出。

(3)将水相自上口再次倒入分液漏斗，再次加入萃取剂(10mL)，用力振荡、放气、静置分层，从下端放出水相，上层液体从分液漏斗上口倒出，合并有机相，重复萃取 3～5 次。

(4)有机相加入适量的干燥剂，干燥 0.5 h，过滤，蒸去溶剂，即得到粗产品，称量，计算收率。

## 六、注意事项

(1)使用分液漏斗前要检查玻璃塞和活塞是否紧密，使用前要先打开玻璃塞，再开启活塞。

(2)漏斗向上倾斜，朝无人处放气。

(3)分液要彻底，上层物从上口放出，下层物从下口放出。

## 七、思考题

(1)什么叫萃取？意义是什么？

(2)萃取包括液-液萃取和液-固萃取，萃取常用的器皿是什么？

(3)使用分液漏斗前应注意什么？

(4)使用分液漏斗时应注意什么？

(5)使用分液漏斗后应注意什么？

(6)萃取溶剂的选择应注意什么？

# 实验二十三　色谱法

## 一、实验目的

(1)了解色谱法分离提纯有机化合物的基本原理和应用。

(2)掌握柱色谱、纸色谱、薄层色谱的操作技术。

## 二、实验原理

色谱法(chromatography)亦称色层法、层析法等。色谱法是分离、纯化和鉴定有机化合物的重要方法之一。色谱法的基本原理是利用混合物各组分在某一物质中的吸附或溶解性能(分配)的不同，或其亲和性的差异，使混合物的溶液流经该种物质进行反复的吸附或分配作用，从而使各组分分离。

色谱法可用于分离混合物、精制提纯化合物、鉴定化合物、观察一些化学反应是否完成。

色谱法包括柱色谱、纸色谱和薄层色谱。

### (一)柱色谱

柱色谱是最早出现的色谱分离技术，至今已有百余年的历史，柱色谱又是分离较大量化合物的一种实验技术。常用的柱色谱有吸附柱色谱和分配柱色谱两类，前者常用氧化铝和硅胶作固定相，是吸附色谱。而后者以硅胶、硅藻土和纤维素为支持剂，以吸收量较大的液体为固定相，而支持剂本身一般不起分离作用，是分配色谱。这里介绍吸附柱色谱。

吸附柱色谱通常在玻璃管中填入表面积很大、经过活化的多孔性或粉状固体吸附剂。当混合物溶液流经吸附柱时，各种成分同时被吸附在柱的上端，当洗脱溶剂流下时，由于不同化合物吸附能力不同，各组分向下流动的速度就不同，极性小的组分与固定相之间的吸附力小，向下移动速度就快，反之，极性大的组分向下移动速度慢，于是形成了若干色谱带。连续用溶剂洗脱，各组分色谱带随溶剂以不同时间从色谱柱下端流出，将各个色谱带分别收集起来。如各组分均为有色物质，则可以直接观察到不同的颜色，如果各组分为无色物质，可用显色剂或紫外灯来检验。

**1. 吸附剂的选取**

常用的吸附剂有氧化铝、硅胶、氧化镁、碳酸钙和活性炭等。最常用的是氧化铝。氧化铝有酸性、中性和碱性三种。酸性氧化铝(pH≈4)适用于酸性物质的分离，中性氧化铝(pH≈7.5)适用范围最广泛，可适用于醛、酮、醌、酯类化合物的分离，碱性氧化铝(pH≈10)适用于胺类、生物碱或其他碱性化合物的分离。

吸附剂一般要经过纯化和活化处理，颗粒大小应当均匀。因大多数吸附剂都能强烈地吸水，而且水不易被其他化合物置换，致使吸附活性降低，所以通常用加热方法使吸附剂活化。选择吸附剂时要注意以下几点：a. 根据待分离化合物的类型而定；b. 不能溶于所使用的溶剂中；c. 与被分离化合物不发生反应；d. 颗粒大小均匀。

吸附剂按其相对的吸附能力可粗略分类如下：a. 强吸附剂：氧化铝、活性炭；b. 中等吸附剂：碳酸钙、磷酸钙、氧化镁；c. 弱吸附剂：蔗糖、淀粉、滑石。因此，吸附剂的选取应根据被分离化合物的性质与具体情况而定。

**2. 溶剂的选取**

吸附剂的吸附能力不但取决于吸附剂本身也取决于色谱分离中所用的溶剂，因此，在柱色谱中溶剂的选择很重要。通常根据分离物质中各组分的极性、溶解度和吸附剂的活性来考虑。一般说来，非极性化合物要用非极性溶剂，有时一种单一的溶剂便可以分离混合物中的各种成分，有时则需使用混合溶剂。溶剂的极性应比样品的极性小一些，如果溶剂的极性比样品大，则样品不易被吸附。溶剂对样品的溶解度应适中，太大则影响样品的吸附，太小则溶液体积增加，使色带分散。当样品含有较多极性基团，在极性小的溶剂中溶解度太小时，可加入少量极性大的溶剂，使溶剂的体积增加不大。

普通溶剂的极性顺序大致为：己烷、石油醚＜环己烷＜四氯化碳＜二硫化碳＜甲苯＜苯＜二氯甲烷＜氯仿＜乙醚＜乙酸乙酯＜丙酮＜乙醇＜甲醇＜水＜吡啶＜乙酸。

在柱色谱中，一般先用小极性的溶剂洗脱柱子，若要改变溶剂的极性，需要采取一些预防措施，务必避免从一种溶剂迅速换成另一种溶剂。通常应将新的溶剂慢慢加入正在使用的溶剂中，直到提高到所需要的水平，否则柱内吸附剂往往会出现“隙缝”。隙缝之所以发生是由于氧化铝或硅胶与溶剂混合时放热所致，溶剂将吸附剂溶剂化，放出热量，生成气泡，气泡又把柱内吸附剂挤干，这就形成了所谓的隙缝。因为吸附剂柱内有不连贯之处，因此有了隙缝的柱子起不到良好的分离作用。

**3. 色谱柱及吸附剂的装入方法**

如图 3-20 所示是已装好的色谱柱。为了使样品达到良好分离，应正确选择柱子的尺寸与吸附剂的用量。根据经验规律，要求柱中吸附剂的用量为被分离样品量的 30～40 倍，需要时可增至 100 倍，柱高与直径之比为(8～12)∶1 时，分离效果较好。表 3-17 列出了它们之间的相互关系。

**表 3-17　柱子尺寸与吸附剂用量关系**

| 样品/g | 吸附剂量/g | 柱直径/mm | 柱高/mm |
|---|---|---|---|
| 0.01 | 0.3 | 3.5 | 30 |
| 0.10 | 3.0 | 7.5 | 60 |
| 1.00 | 30.0 | 16.0 | 130 |
| 10.00 | 300.0 | 35.0 | 280 |

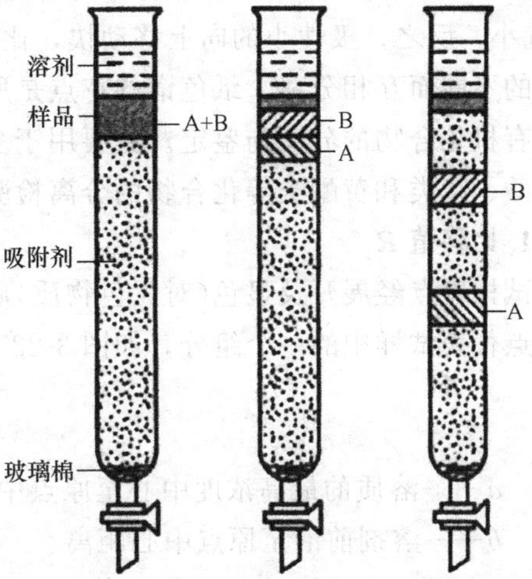

图 3-20　柱色谱装置与分离过程

柱色谱中最关键的操作是装柱，下面介绍两种装柱方法。

(1)湿法装柱　装填之前，应将玻璃棉或柱子用溶剂润湿，再用溶剂和少量吸附剂充填柱子，装填到合适的高度。此外，还可以预先将溶剂与吸附剂调好，倒入柱子里，使它慢慢沉落，打开柱子底部旋塞，溶剂慢慢流过柱子，同时用软质棒敲打，使吸附剂沿管壁沉落，使吸附剂装填均匀。

(2)干法装柱　加入足够装填 1～2cm 高的吸附剂，用一个带有塞子的玻璃棒做通条压紧，然后再加另一部分吸附剂，如此达到足够高度，吸附剂的顶部应是水平的，可以加一小片滤纸保护这个水平面(或将足量的吸附剂填装入柱，将柱子直接与水泵相连，抽实即可)。

无论采用哪种装柱方法，都必须注意：

①装好的吸附剂柱上端顶部要平整并盖一层滤纸或细砂，使吸附剂不受加入溶剂的干扰。如果顶部不平整，在洗脱时会出现如图 3-21(b)所示的情况，影响分离效果。

②已装好的吸附剂上面应覆盖一层溶剂，以防变干，因为变干后吸附剂与管壁之间或者吸附剂柱子内部会形成隙缝。

③不能使吸附剂柱中有隙缝或气泡，否则影响分离效果。如图 3-21(c)、(d)所示。

④吸附剂的高度一般为玻璃管高度的 0.7～0.8 倍。

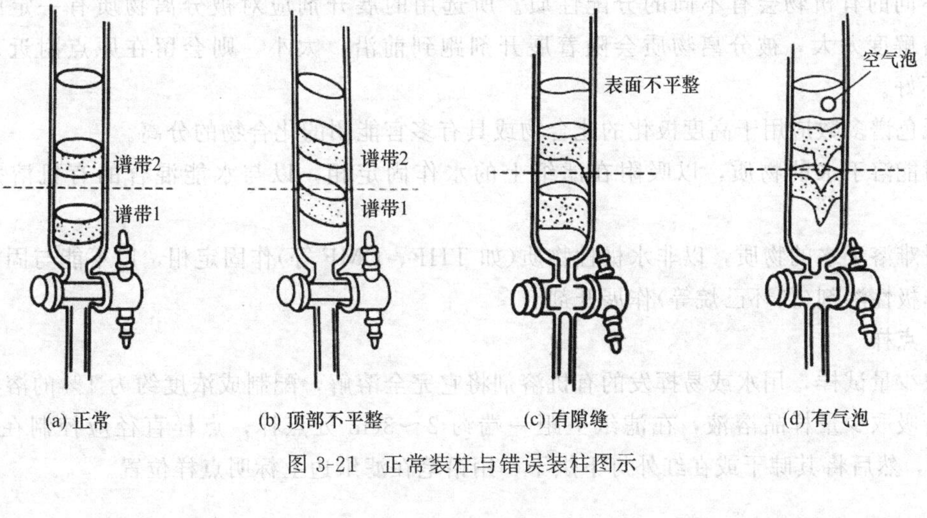

图 3-21　正常装柱与错误装柱图示

(二)纸色谱

纸色谱是以纤维(或滤纸)作固定相载体，水吸附在滤纸上作溶剂，根据组分在两相中溶解度不同，即渗透速率不同而使各组分彼此分离，纸色谱的原理和吸附色谱不同，是液-液分配色谱。滤纸可视为惰性载体，吸附在滤纸上的水或其他溶剂作固定相，而有机溶剂为流动相(展开剂)。溶剂沿滤纸上行时，化合物即在水相与溶剂相之间进行分配，由于水相是固定的，因此混合物中水溶性大或形成氢键能力大的组分由于受到阻力而移动缓慢，比移值 $R_f$ 就小，反之，极性小的向上移动快，比移值 $R_f$ 大，所以，根据各组分在两相溶剂中分配系数的不同而互相分离。纸色谱的特点是所需样品少、仪器设备简单、操作方便，故广泛应用于有机化合物的分离与鉴定。主要用于多官能团或高极性的亲水化合物如醇类、羟基酸、氨基酸、糖类和黄酮类等化合物的分离检验。它具有微量、快速、高效和敏捷度高等特点。

**1. 比移值 $R_f$**

试样斑点经展开及显色(对无色物质)后，在滤纸上出现不同颜色及不同位置的斑点，每一斑点代表试样中的一个组分，如图 3-22 所示。

$$R_f=\frac{a}{b} \tag{3-20}$$

式中 $a$——溶质的最高浓度中心至原点中心距离；

$b$——溶剂前沿至原点中心距离。

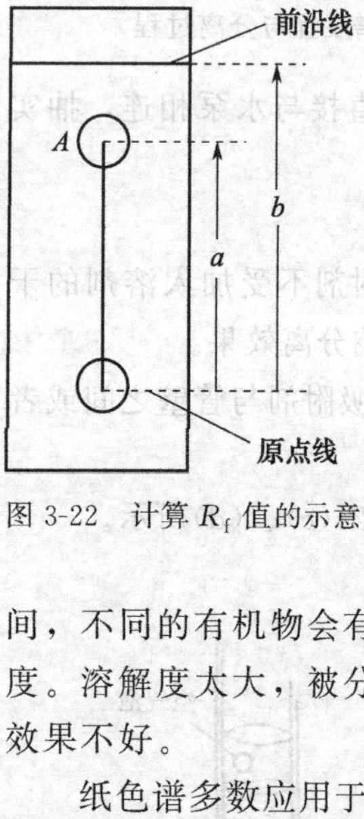


图 3-22 计算 $R_f$ 值的示意图

$R_f$ 值随被分离化合物的结构、固定相与流动相的性质、温度等因素而改变。当实验条件固定时，任何一种特定化合物的 $R_f$ 值是一个常数，因而可作为定性分析的依据。由于影响 $R_f$ 值的因素很多，实验数据往往与文献记载不完全相同，因此鉴定时常常需要用标准样品作为对照。

**2. 滤纸的准备**

纸色谱法所用滤纸要求质量均一、平整，有一定机械强度，展开速度合适。将层析滤纸在展开剂蒸气中放置过夜。

**3. 展开剂的选择**

根据被分离样品性质的不同，选用合适的展开剂。合适的展开剂一般有一定的极性，但难溶于水。在有机溶剂和水两相间，不同的有机物会有不同的分配性质。所选用的展开剂应对被分离物质有一定的溶解度。溶解度太大，被分离物质会随着展开剂跑到前沿；太小，则会留在原点附近，分离效果不好。

纸色谱多数应用于高度极化的化合物或具有多官能团的化合物的分离。

对能溶于水的物质，以吸附在滤纸上的水作固定相，以与水能混合的有机溶剂作展开剂。

对难溶于水的物质，以非水极性物质(如 THF、DMF 等)作固定相，以不能与固定相混合的非极性溶剂(如环己烷等)作展开剂。

**4. 点样**

取少量试样，用水或易挥发的有机溶剂将它完全溶解，配制成浓度约为 1% 的溶液，用毛细管吸取少量样品溶液，在滤纸上距一端约 2～3cm 处点样，点样直径应控制在 0.3～0.5cm，然后将其晾干或在红外灯下烘干，用铅笔在滤纸边上标明点样位置。

**5. 展开**

于层析筒中注入展开剂。将晾干的已点样的滤纸悬挂在层析筒内，并使滤纸下端(有试样斑点这一端)边缘放入到展开剂液面下约1cm处，但试样斑点位置必须在展开剂液面之上，将层析筒盖上，如图3-23所示。

由于毛细管作用，展开剂沿滤纸条上升，当展开剂前沿接近滤纸上端时，将滤纸取出，记下前沿位置，晾干。若被分离物中各组分是有色的，滤纸条上就有各种颜色的斑点显出，计算各化合物比移值 $R_f$。对于无色混合物的分离，通常将展开后的滤纸晾干或吹干，置于紫外灯下观察是否有荧光，或者根据化合物性质，喷上显色剂，观察斑点位置。

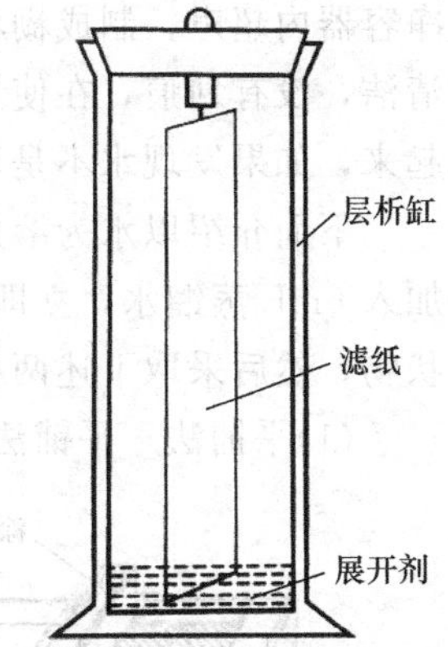

图3-23　纸色谱的展开

**(三)薄层色谱**

薄层色谱(thin layer chromatography)常用TLC表示，又称薄层层析，属于固-液吸附色谱，是近年来发展起来的一种微量、快速而简单的色谱法。它兼备了柱色谱和纸色谱的优点，其分离效果优于柱色谱，可分为吸附色谱与分配色谱两类。它不仅可分离少到0.01μg的样品，若在制作薄层板时加厚吸附层，将样品点成一条线，则可分离多达500mg的样品，因此又可用来精制纯化样品。薄层色谱展开时间短，几十分钟就能达到分离的目的。此外，在进行化学反应时，薄层色谱法还可用来跟踪有机反应及进行柱色谱之前的一种“预试”，常利用薄层色谱观察原料斑点的逐步消失来判断反应是否完成。一般用薄层色谱能分离的样品也能用柱色谱分离，因此，薄层色谱常作为柱色谱的先导。本节介绍最常见的吸附薄层色谱。

**1. 吸附剂(固定相)的选择**

薄层色谱对固定相的基本要求为：有一定的比表面积，机械强度和稳定性好，在流动相(展开剂)中不溶解，也不与样品和流动相发生化学反应，并具有可逆的吸附能力等。最常用的固定相有硅胶和氧化铝。与柱色谱不同的是，柱色谱中所用吸附剂颗粒较大，而在薄层色谱中所用的物料则是细粉。

硅胶是无定形多孔性物质，略具酸性，适用于酸性和中性物质的分离，常用的硅胶分为：

硅胶H——不含黏合剂。

硅胶G——含熟石膏($CaSO_4 \cdot 0.5H_2O$)作为黏合剂。

硅胶HF254——含荧光物质。可用于波长为254nm紫外光下观察荧光的物质的分离。

硅胶GF254——既含熟石膏又含荧光剂。

熟石膏遇水或潮气时会变成生石膏($CaSO_4 \cdot 2H_2O$)，它使吸附剂粘在一起与载玻片相黏合，由于薄层色谱所用吸附剂的颗粒细，以及上述熟石膏的黏合作用，使它不能用于柱色谱，否则会造成洗脱剂被堵塞的现象。

同样，氧化铝也因是否含有黏合剂和荧光剂而分为“氧化铝G”、“氧化铝GF254”及“氧化铝HF254”等类型。

黏合剂除可用熟石膏外，也可用淀粉以及羧甲基纤维素钠(CMC)等，其中以CMC的效果较好。一般先将CMC放在少量蒸馏水中浸泡配成0.5%～1.0%的溶液，用3号砂芯漏斗滤去不溶物，即可得澄清的CMC溶液以供使用。加黏合剂的薄层板称为硬板，不加黏合剂的薄层板称为软板。

**2. 薄层板的制备**

薄层板制备的好坏直接影响色谱分离的结果。涂层厚度一般要尽量均匀，厚度应在0.25～1 mm之间，否则，在展开样品时溶剂前沿不整齐，结果不易重复。涂板前先将吸附剂向同一方向研磨，可以适当加入一定量的无水乙醇或丙酮来消泡，也可以适当搅拌后在干净容器内超声，制成糊状物，溶剂主要有氯仿或在氯仿中加入少量甲醇与水。载板要求平滑清洁，没有划痕，在使用前可用洗涤液或肥皂水洗涤，再用水冲洗干净。洗好后拿在手上立起来，如果发现水不是呈股流下，而是呈瀑布状态流下，说明玻璃板已经洗干净了。

下面介绍以水为溶剂制备薄层板的方法。首先将吸附剂调成糊状物：称取 3g 硅胶 G，加入 6mL 蒸馏水，立即调成糊状物。如果要用 3g 氧化铝则需加 3mL 蒸馏水，立即调成糊状物，然后采取下述两种方法制成薄层板。

(1)平铺法　平铺法是使用涂布器的制板法，涂布器可以自制，如图 3-24 所示。

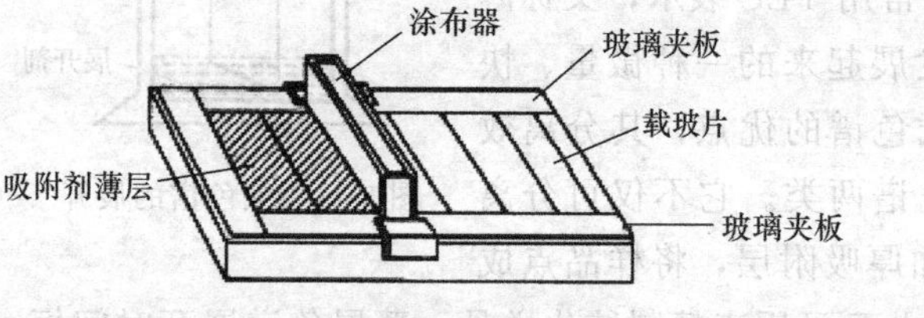


图 3-24　薄层涂布器

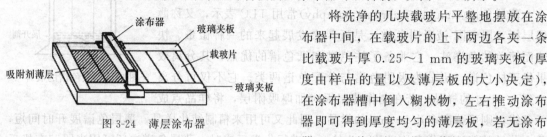

将洗净的几块载玻片平整地摆放在涂布器中间，在载玻片的上下两边各夹一条比载玻片厚 0.25～1 mm 的玻璃夹板(厚度由样品的量以及薄层板的大小决定)，在涂布器槽中倒入糊状物，左右推动涂布器即可得到厚度均匀的薄层板，若无涂布器，也可将调好的糊状浆料用钢尺刮平。

(2)倾注法　将调好的糊状物倒在干净的玻璃板上，用手轻摇，使其表面均匀平整，此法的特点是方便，但薄层板的质量不如平铺法所制。

**3. 薄层板的活化及活性测定**

把涂好的薄层板于室温晾干后，需烘干活化，活化条件根据需要而定。铺制好的硅胶板先让其稍干后，即看不出有明显的水印，放入烘箱内用50℃以下的温度鼓风干燥 30min，再升温干燥至干，注意升温过快在使用的过程中有可能发生起层的现象，不利于分离。

氧化铝板在 200℃烘 4h 可得活性Ⅰ级的薄层板，105～160℃烘 4h 可得活性Ⅱ～Ⅳ级的薄层板。薄层板的活性与含水量有关，其活性随含水量的增加而下降。

**4. 点样**

薄层色谱的点样与纸色谱基本一样，把样品溶于低沸点溶剂(如丙酮、乙醚、乙醇、氯仿、四氯化碳等)，浓度大约为 1%，用直径 0.5mm 的玻璃毛细管取样，轻轻点在距薄层板一端约 1～2cm 处，点样时食指放在毛细管上端，当其下端与硅胶板接触的瞬间轻轻松动上端的食指，溶液自然从毛细管中出来，迅速提起毛细管，这样反复操作点出的斑点既小又均匀(斑点直径 1～2mm 为宜)。但要提出样品溶液不能太浓，浓度太大，点下的样品不能被硅胶很好地吸收，不利于分离。浓度高的化合物样品，斑点直径要小，以免出现拖尾现象，斑点的位置用铅笔标记，以备计算 $R_f$ 值，然后晾干以备展开。

**5. 展开剂的选择**

薄层色谱展开剂的选择与柱色谱选择洗脱剂一样，主要根据样品化合物的极性、溶解度和吸附剂的活性等因素来考虑，溶剂的极性越大，则对样品化合物的洗脱能力越大，$R_f$ 值也就越大，各种溶剂的极性参见柱色谱部分(溶剂的选取)。

**6. 展开**

与纸色谱一样，展开需在密闭器中进行，可根据薄层板以及样品的特点分为以下几种展开方式：

(1)上升法　将色谱板垂直置于盛有展开剂的密闭容器内。通常用于吸附剂中含黏合剂的薄层板。

(2)倾斜上行法　该法是最为常见的展开方式，如图 3-25 所示。将薄层板倾斜 10°～20°，点样的一端浸入溶剂，以不浸至斑点为准，展开后，取出晾干即可。一般用于不含黏合剂的薄层板。含黏合剂的薄层板可倾斜 45°～60°，以不影响吸附剂的均匀为原则。

(3)下降法　若样品化合物的 $R_f$ 值较小，可使用下降法展开。如图 3-26 所示，将展开剂放在圆底烧瓶中，用滤纸将展开剂吸到薄层板的上端，使展开剂沿板下行。

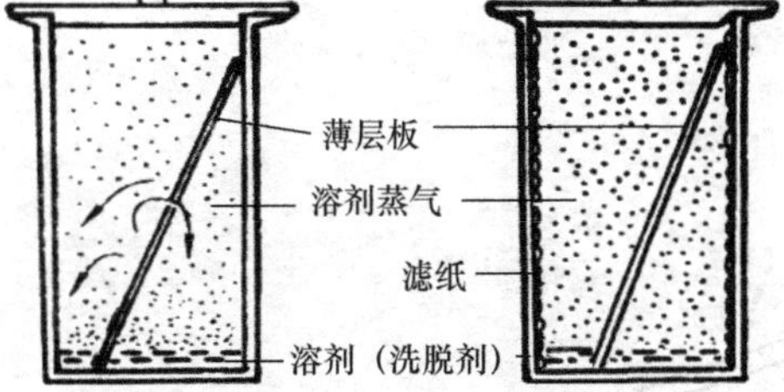


图 3-25　倾斜上行展开法

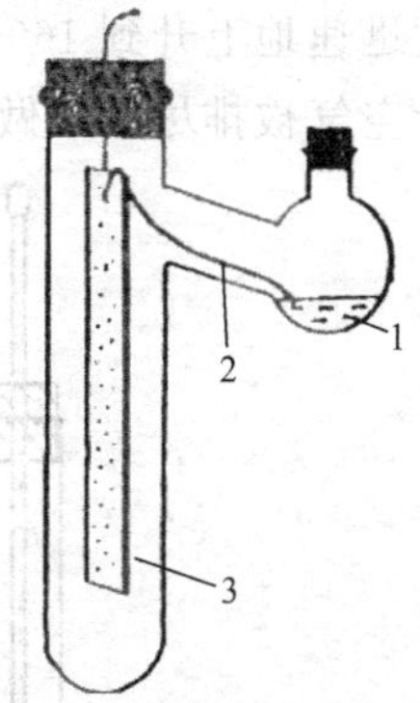


图 3-26　溶剂下降展开法示意图

1—溶剂；2—滤纸条；3—薄层板

(4)双向展开法　薄层板制成正方形，样品点在角上，先向一个方向展开。然后薄层板转动 90°，另换展开剂展开，这种方法特别适用于成分复杂的样品。

**7. 显色及鉴定**

带色斑点不必显色，无色斑点常用喷雾法显色，凡可用于纸色谱的显色剂都可用于薄层色谱。鉴定化合物时，由于 $R_f$ 值重现性较差，故不能孤立地用比较 $R_f$ 值的办法来鉴定。当未知物被怀疑是少数几种已知物之一时，可在同一块薄层板上点样，在适合于分离已知物的展开剂中展开，通过比较 $R_f$ 值即可确定未知物。

# 实验二十四　不饱和烃的性质

## 一、实验目的

验证不饱和烃的性质。

## 二、实验原理

主反应：　170℃

$$CH_3CH_2OH \xrightarrow[170℃]{H_2SO_4} C_2H_4\uparrow + H_2O$$

副反应：

$$CH_3CH_2OH + H_2SO_4 \nearrow CO\uparrow + CO_2\uparrow + SO_2\uparrow + H_2O$$

$$CH_3CH_2OH + H_2SO_4 \searrow CH_3COOH + SO_2\uparrow + H_2O$$

## 三、实验试剂

95% $C_2H_5OH$；浓 $H_2SO_4$；10% $H_2SO_4$；1% $Br_2/CCl_4$；0.1% $KMnO_4$ 溶液；10% NaOH 溶液。

## 四、实验步骤

**1. 制备**

在 150mL 的烧瓶中加入 4mL 95 %乙醇、12mL 浓硫酸（边加边摇边冷却）和几粒沸石，塞上带有温度计（0～200℃）的塞子（见图 3-27）。检查装置不漏气后，给反应物加强热，使反应物的温度迅速地上升到 160～170℃，调节火焰，保持此范围的温度，使乙烯气流均匀地发生，估计空气被排尽后，做下列性质实验。

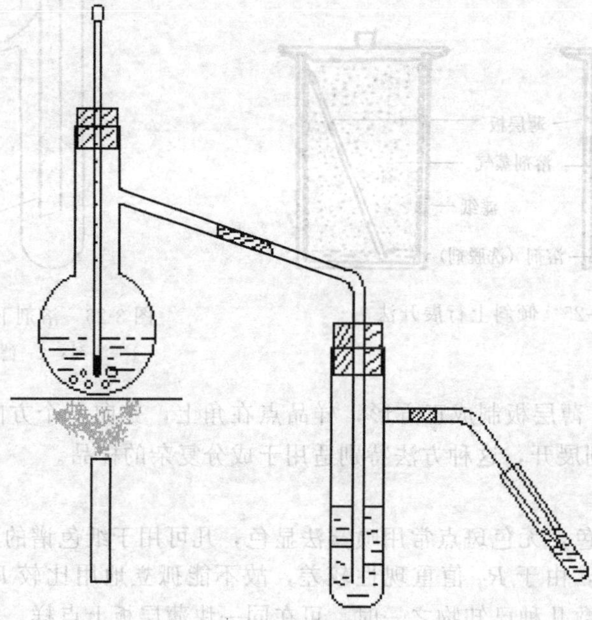

图 3-27　乙烯制备装置

**2. 性质**

(1)将产生的乙烯气体通入稀的溴水溶液中，观察颜色变化。

(2)将产生的乙烯气体通入稀的高锰酸钾溶液中，观察颜色变化。

## 五、注意事项

(1)制出的乙烯不必收集，可直接将导管通入待进行性质实验的试管中，点燃放在最后。

(2)实验后断开 NaOH 与烧瓶之间的导管，以免倒吸，然后再熄火。

(3)浓硫酸用量多，防止烧伤及散落在桌面和地面上。

# 实验二十五　芳烃的性质

## 一、实验目的

(1)掌握芳烃的化学性质，重点掌握取代反应的条件。

(2)了解游离基的存在及化学检验方法。

(3)掌握芳烃的鉴别方法。

## 二、实验试剂

苯；甲苯；二甲苯；$KMnO_4$；10% $H_2SO_4$；20% $Br_2/CCl_4$；10% NaOH 溶液；氨水；萘；浓 $HNO_3$；甲醛；$CCl_4$；$AlCl_3$。

## 三、实验步骤

**1. 高锰酸钾溶液氧化**

在试管中加入苯、甲苯各 0.5mL，加入 1 滴 0.5% $KMnO_4$ 和 0.5mL 10% $H_2SO_4$，在 60～70℃水浴中反应，观察现象。

**2. 芳烃的取代反应**

(1)溴代　在试管中加入 3mL 苯、0.5mL 20% $Br_2/CCl_4$，再加入少量铁粉，三个烧杯中分别加入 10% NaOH 溶液、去离子水、氨水，水浴加热整个试管，使之微沸，观察现象。反应完毕，将反应液倒入盛有 10mL 水的小烧杯中，观察现象。

(2)磺化　四支试管分别加入苯、甲苯、二甲苯各 1.5mL 及萘 0.5g，再各加入浓硫酸 2mL，放在 75℃水浴中加热，振荡，反应物分成两份，一份倒入盛 10mL 水的小烧杯，另一份倒入 10mL 饱和 NaCl 溶液中，观察现象。

(3)硝化

①一硝基化合物。3mL 浓 $HNO_3$ 在冷却下逐滴加入 4mL 浓 $H_2SO_4$ 中，冷却振荡，然后将混酸分成两份，分别在冷却下滴加 1mL 苯、甲苯，充分振荡，水浴数分钟，再分别倾入 10mL 冷水中，观察现象。

②二硝基化合物。加入 2mL 浓 $HNO_3$，在冷却下逐滴加入 4mL 浓 $H_2SO_4$，冷却，逐滴加 1.5mL 苯，在沸水中加热 10min，冷却，倒入盛 40mL 冷水的烧杯中，观察现象。

**3. 芳烃的显色反应**

(1)甲醛-硫酸试验　将 30mg 固体试样(液体试样则用 1～2 滴)溶于 1mL 非芳烃溶剂，取此溶液 1～2 滴加到滴板上，再加一滴试剂，观察现象。

(2)无水 $AlCl_3$-$CHCl_3$ 试验　取一支干燥的试管，加入 0.1～0.2g 无水 $AlCl_3$，试管口放少许棉花，加热使 $AlCl_3$ 升华，并结晶在棉花上，取升华的 $AlCl_3$ 粉末少许置于点滴板孔内，滴加 2～3 滴样品(用氯仿溶解)即可观察到特征颜色的产生。

# 实验二十六　醇和酚的性质

## 一、实验目的

进一步认识醇类的一般性质。比较醇和酚化学性质上的差别。认识羟基和烃基的相互影响。

## 二、实验仪器与试剂

仪器：恒温水浴锅。

试剂：甲醇；乙醇；丁醇；辛醇；钠；酚酞；仲丁醇；叔丁醇；无水 $ZnCl_2$；浓盐酸；1% $KMnO_4$ 溶液；异丙醇；NaOH；$CuSO_4$；乙二醇；甘油；苯酚；pH 试纸；饱和溴水；

1%KI 溶液；苯；$H_2SO_4$；浓 $HNO_3$；5%$Na_2CO_3$ 溶液；0.5%$KMnO_4$ 溶液；$FeCl_3$。

## 三、实验步骤

**1. 醇的性质**

(1)比较醇的同系物在水中的溶解度 向 4 支试管中分别加入甲醇、乙醇、丁醇、辛醇各 10 滴，振荡，观察溶解情况，如已溶解则再加 10 滴样品，观察现象，从而可得出什么结论？

(2)醇钠的生成及水解 在 1 支干燥的试管中加入 1mL 无水乙醇，投入 1 小粒钠，观察现象，检验气体，待金属钠完全消失后，向试管中加入 2mL 蒸馏水，滴加酚酞指示剂，并解释。

(3)醇与 Lucas(卢卡斯)试剂的作用 在 3 支干燥的试管中，分别加入 0.5mL 正丁醇、仲丁醇、叔丁醇，再加入 2mL Lucas 试剂，振荡，保持 26～27℃，观察 5min 及 1h 后混合物的变化。

(4)醇的氧化 在试管中加入 1mL 乙醇，滴入 1% $KMnO_4$ 溶液 2 滴，振荡，微热，观察现象。以异丙醇做同样实验，其结果如何？

(5)多元醇与 $Cu(OH)_2$ 作用 用 6mL 5%NaOH 溶液及 10 滴 10%$CuSO_4$ 溶液配制成新鲜的 $Cu(OH)_2$，在两支干燥的试管中分别加入乙二醇和甘油，滴加新制的 $Cu(OH)_2$，观察现象。

**2. 酚的性质**

(1)苯酚的酸性 在试管中加入苯酚的饱和溶液 6mL，用玻璃棒蘸取一滴于 pH 试纸上试验其酸性。

(2)苯酚与溴水作用 取苯酚饱和水溶液 2 滴，用水稀释至 2mL，逐滴滴入饱和溴水至淡黄色，将混合物煮沸 1～2min，冷却，再加入 1% KI 溶液数滴及 1mL 苯，用力振荡，观察现象。

(3)苯酚的硝化 在干燥的试管中加入 0.5g 苯酚，滴入 1mL 浓硫酸，沸水浴加热并振荡，冷却后加水 3mL，小心地逐滴加入 2mL 浓$HNO_3$，振荡，沸水浴加热至溶液呈黄色，取出试管，冷却，观察现象。

(4)苯酚的氧化 取苯酚饱和水溶液 3mL，置于干燥试管中，加 5%$Na_2CO_3$ 溶液 0.5mL 及 0.5% $KMnO_4$ 溶液 1mL，振荡，观察现象。

(5)苯酚与 $FeCl_3$ 作用 取苯酚饱和水溶液 2 滴，放入试管中，加入 2mL 水，并逐滴滴入 $FeCl_3$ 溶液，观察颜色变化。

## 四、问题讨论

(1)用卢卡斯试剂检验伯、仲、叔醇的实验成功的关键何在？对于六个碳以上的伯、仲、叔醇是否都能用卢卡斯试剂进行鉴别？

(2)与氢氧化铜反应产生绛蓝色是邻羟基多元醇的特征反应，此外，还有什么试剂能起类似的作用？

# 实验二十七 醛和酮的性质

## 一、实验目的

进一步加深对醛、酮化学性质的认识。掌握鉴别醛、酮的化学方法。

## 二、实验仪器与试剂

仪器：恒温水浴锅。

试剂：2,4-二硝基苯肼；甲醛；乙醛；丙酮；苯甲醛；乙醇；$NaHSO_3$；二苯酮；3-戊酮；氨基脲盐酸盐；NaAc；庚醛；3-己酮；苯乙酮；$I_2$；KI；异丙醇；1-丁醇；对品红盐酸盐；$Na_2SO_3$；浓盐酸；$AgNO_3$；$NH_3 \cdot H_2O$；环己酮；柠檬酸钠；碳酸钠；硫酸铜；$CrO_3$；浓 $H_2SO_4$；丁醛；叔丁醇。

## 三、实验步骤

**1. 醛、酮的亲核加成反应**

(1)2,4-二硝基苯肼试验　向 5 支试管中各加入 1mL 2,4-二硝基苯肼，再分别滴加 1～2 滴甲醛、乙醛、丙酮、苯甲醛、二苯酮，摇匀静置，观察结晶颜色。

(2)与饱和 $NaHSO_3$ 溶液加成　向 4 支试管中分别加入 2mL 新配制的饱和 $NaHSO_3$ 溶液，再分别滴加 1mL 苯甲醛、乙醛、丙酮、3-戊酮，振荡置于冰水中冷却数分钟，观察沉淀析出的相对速度。

(3)缩氨脲的制备　将 0.5g 氨基脲盐酸盐、1.5g 碳酸钠溶于 5mL 蒸馏水中，然后等分装入 4 支试管中，各加入 3 滴庚醛、3-己酮、苯乙酮、丙酮和 1mL 乙醇，摇匀。将 4 支试管置于 70℃水浴中加热 15min，然后各加入 2mL 水，移去灯焰，在水浴中再放置 10min，待冷却后试管置于冰水中，用玻璃棒摩擦试管至结晶完全。

**2. 醛、酮 $\alpha$-H 活泼性：碘仿试验**

向 5 支试管中分别加入 1mL 蒸馏水和 3～4 滴乙醛、丙酮、乙醇、异丙醇、1-丁醇，再分别加入 1mL 10%NaOH 溶液，滴加 $KI\text{-}I_2$ 至溶液呈黄色，继续振荡至浅黄色消失，析出浅黄色沉淀，若无沉淀，则放在 50～60℃水浴中微热几分钟(可补加 $KI\text{-}I_2$ 溶液)，观察结果。

**3. 醛、酮的区别**

(1)Schiff 试验　在 5 支试管中分别加入 1mL 品红醛试剂(Schiff 试剂)，然后分别滴加 2 滴甲醛、乙醛、丙酮、苯乙酮、3-戊酮，振荡摇匀，放置数分钟，然后分别向溶液中逐滴加入浓硫酸，边滴边摇，观察现象。

(2)Tollen 试验　向 5 支洁净的试管中分别加入 1mL Tollen 试剂，再分别加入 2 滴甲醛、乙醛、苯甲醛、丙酮、环己酮，摇匀，静置，若无变化，在 50～60℃水浴温热几分钟，观察现象。

(3)Benedict 试验　在 4 支试管中分别加入 Benedict 试剂各 1mL，摇匀分别加入 3～4 滴甲醛、乙醛、苯甲醛、丙酮，摇匀，沸水浴加热 3～5min，观察现象。

(4)铬酸试验　向 6 支试管中分别加入 1 滴丁醛、叔丁醇、异丙醇、环己酮、苯甲醛，再分别加入 1mL 丙酮，振荡，然后加入铬酸试剂数滴，边加边摇，观察现象。

## 四、思考题

(1)醛和酮与氨基脲的加成实验中，为什么要加入乙酸钠？

(2)Tollen 试剂为什么要在临用时才配制？Tollen 实验完毕后，应该加入硝酸少许，立刻煮沸洗去银镜，为什么？

(3)如何用简单的化学方法鉴定下列化合物？

环己烷　环己烯　环己醇　苯甲醛　丙酮

# 实验二十八 羧酸化合物的性质

## 一、实验目的

验证羧酸的性质。

## 二、实验仪器与试剂

仪器：恒温水浴锅。

试剂：甲酸；乙酸；草酸；苯甲酸；10%NaOH 溶液；10%盐酸；$Ba(OH)_2$；乙醇；刚果红试纸。

## 三、实验步骤

**1. 酸性试验**

将甲酸、乙酸各 5 滴及草酸 0.2g 分别溶于 2mL 水中，用洗净的玻璃棒分别蘸取相应的酸液在同一条刚果红试纸上画线，比较各线条颜色和深浅程度。

**2. 成盐反应**

取 0.2g 苯甲酸晶体放入盛有 1mL 水的试管中，加入 10%NaOH 溶液数滴，振荡，并观察现象。再直接加数滴 10%的盐酸，振荡，并观察所发生的变化。

**3. 加热分解作用**

将甲酸和冰醋酸各 1mL 及草酸 1g 分别放入 3 支带导管的小试管中，导管的末端分别伸入 3 支各自盛有 1～2mL $Ba(OH)_2$ 溶液的试管中，加热试管，观察现象。

**4. 氧化作用**

在 3 支试管中分别放置 0.5mL 甲酸、0.5mL 乙酸及 0.2g 草酸和 1mL 水所配成的溶液，然后分别加入 1mL 稀硫酸(1∶5)和 2～3mL 0.5%的 $KMnO_4$ 溶液，加热至沸，观察现象。

**5. 成酯反应**

在干燥的试管中加入 1mL 无水乙醇和冰醋酸，再加入 0.2mL 浓 $H_2SO_4$，振荡，均匀浸在 60～70℃的热水浴中约 10min，然后将试管浸入冷水中冷却，最后向试管内加入 5mL 水，观察现象。

# 实验二十九 羧酸衍生物的性质

## 一、实验目的

验证羧酸衍生物的性质。

## 二、实验试剂

乙酰氯；2%$AgNO_3$ 溶液；无水乙醇；20%$Na_2CO_3$ 溶液；NaCl；苯胺；乙酸酐；乙酰胺；20%NaOH 溶液；10%$H_2SO_4$；红色石蕊试纸。

## 三、实验步骤

**1. 酰氯和酸酐的性质**

(1)水解作用　在试管中加入 2mL 水，再加入数滴乙酰氯，观察现象。反应结束在溶液中滴加数滴 2% $AgNO_3$ 溶液，观察现象。

(2)醇解作用　在干燥的试管中加入 1mL 无水乙醇，再慢慢滴加 1mL 乙酰氯，冰水冷却，并振荡，反应结束后先加入 1mL 水，小心用 20% $Na_2CO_3$ 溶液中和至中性，观察现象，如没有酯层，再加入粉末状氯化钠至溶液饱和为止，观察现象，并闻气味。

(3)氨解作用　在干燥的试管中滴加苯胺 5 滴，再慢慢滴加乙酰氯 8 滴，待反应结束后再加入 5mL 水并用玻璃棒搅匀，观察现象。

用乙酸酐代替乙酰氯重复上述三个实验，比较反应现象及快慢程度。

**2. 酰胺的水解作用**

(1)碱性水解　取 0.1g 乙酰胺和 1mL 20%NaOH 溶液放入一小试管中，混合均匀，小火加热至沸，用湿润的红色石蕊试纸在试管口检验所产生气体的性质。

(2)酸性水解　取 0.1g 乙酰胺和 2mL 10% $H_2SO_4$ 一起放入一小试管中，混合均匀，沸水浴加热 2min，闻气味。冷却并加入 20%NaOH 溶液至碱性，再加热，用湿润的红色石蕊试纸在试管口检验所产生气体的性质。

# 实验三十　胺的性质

## 一、实验目的

理解并掌握脂肪族和芳香族胺化学反应的异同性，用简单的化学方法区别伯胺、仲胺和叔胺。

## 二、实验试剂

苯胺；*N*-甲基苯胺；*N*,*N*-二甲苯胺；丁胺；10% 氢氧化钠溶液；苯磺酰氯；30% 硫酸；10%亚硝酸钠水溶液；*β*-萘酚。

## 三、实验步骤

**1. 兴斯堡实验**(Hinsberg 实验)

实验样品：苯胺；*N*-甲基苯胺；*N*,*N*-二甲苯胺。

取 3 支试管，配好塞子，在试管中分别加入 1mL 液体样品、2.5mL 10%氢氧化钠溶液和 1mL 苯磺酰氯，塞好塞子，用力振摇 3～4min。手触试管底部，哪支试管发热，为什么？取下塞子，振摇下在水浴中温热 1min，冷却后用 pH 试纸检验 3 支试管内的溶液是否呈碱性，若不呈碱性，可再加几滴氢氧化钠溶液。观察下述三种情况并判断试管内是哪一级胺？

(1)如有沉淀或油状物析出，加入浓碱并振摇后沉淀溶解，表明为伯胺。

(2)如有沉淀或油状物析出，加入盐酸溶液或浓碱沉淀都不溶解，表明为仲胺。

(3)实验时无反应发生，溶液仍有油状物，表明为叔胺。

**2. 亚硝酸实验**

实验样品：苯胺；*N*-甲基苯胺。

在一支大试管中加入 3 滴(0.1mL)试样和 2mL 30% 硫酸溶液，混匀后在冰盐浴中冷却至 5℃以下。另取 2 支试管，分别加入 2mL 10% 亚硝酸钠水溶液和 2mL 10% 氢氧化钠溶液，并在氢氧化钠溶液中加入 0.1 g *β*-萘酚，混匀后也置于冰盐浴中冷却。

将冷却后的亚硝酸钠溶液在振荡下加入冷的胺溶液中并观察现象，在5℃或低于5℃时大量冒出气泡表明为脂肪族伯胺，形成黄色油状液或固体通常为仲胺。

在5℃时无气泡或仅有极少量气泡冒出，取出一半溶液，让温度升至室温或在水浴中温热，注意有无气泡(氮气)冒出，向剩下的一半溶液中滴加β-萘酚碱溶液振荡后如有红色偶氮染料沉淀析出，则表明未知物肯定为芳香族伯胺。

# 实验三十一　氨基酸、多肽和蛋白质的鉴别

## 一、实验目的

理解并掌握氨基酸、多肽和蛋白质的特性，用简单的化学方法区别氨基酸、蛋白质和多肽。

## 二、实验试剂

甘氨酸；丙氨酸；谷胱氨酸；酪蛋白；茚三酮；乙醇；尿素；10%氢氧化钠；1%硫酸铜。

## 三、实验步骤

**1. 茚三酮显色实验**

实验样品：甘氨酸、丙氨酸、谷胱氨酸、酪蛋白。

取四张小滤纸片，分别滴加1滴0.5%实验样品溶液，吹干后加1滴0.1%茚三酮乙醇溶液，再加热吹干，观察、记录并解释实验现象。

取干净试管编号，分别滴加3滴0.5%实验样品溶液，再各加2滴0.1%茚三酮乙醇溶液，混合均匀后，放在沸水中加热2min。观察、记录并解释实验现象。

相关反应：

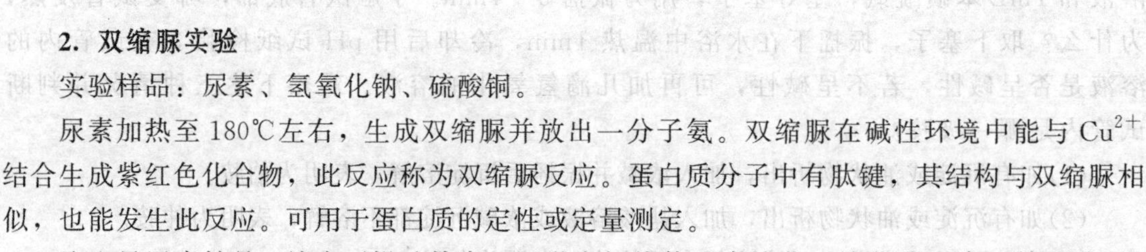


**2. 双缩脲实验**

实验样品：尿素、氢氧化钠、硫酸铜。

尿素加热至180℃左右，生成双缩脲并放出一分子氨。双缩脲在碱性环境中能与$Cu^{2+}$结合生成紫红色化合物，此反应称为双缩脲反应。蛋白质分子中有肽键，其结构与双缩脲相似，也能发生此反应。可用于蛋白质的定性或定量测定。

取少量尿素结晶，放在干燥试管中。用微火加热使尿素熔化。熔化的尿素开始硬化时，停止加热，尿素放出氨，形成双缩脲。冷却后，加10%氢氧化钠溶液约1mL，振荡混匀，再加1%硫酸铜溶液1滴，再振荡。观察出现的紫红色。要避免添加过量硫酸铜，否则，生成的蓝色氢氧化铜能掩盖紫红色。

取干净试管编号，分别滴加3滴5%实验样品溶液，再滴加3滴10%氢氧化钠溶液和1滴1%硫酸铜溶液，边加边摇动，观察、记录并解释实验现象。

# 实验三十二　恒温槽的装配和性能测试

## 一、实验目的

(1)了解恒温槽的构造及恒温原理，初步掌握其装配和调试的基本技术。

(2)练习绘制恒温槽灵敏度曲线。

(3)掌握水银接点温度计、继电器的基本测量原理和使用方法。

## 二、实验原理

物质的物理化学性质，如黏度、密度、蒸气压、表面张力、折射率等都随温度而改变，要测定这些性质必须在恒温条件下进行。一些物理化学常数，如平衡常数、化学反应速率常数等也与温度有关，这些常数的测定也需恒温，因此，掌握恒温技术非常必要。

恒温控制可分为两类，一类是利用物质的相变点温度来获得恒温，但温度的选择受到很大限制；另外一类是利用电子调节系统进行温度控制，此方法控温范围宽、可以任意调节设定温度。

恒温槽是实验工作中常用的一种以液体为介质的恒温装置，根据温度控制范围，可用以下液体介质：－60～30℃用乙醇或乙醇水溶液；0～90℃用水；80～160℃用甘油或甘油水溶液；70～300℃用液体石蜡、汽缸润滑油、硅油。

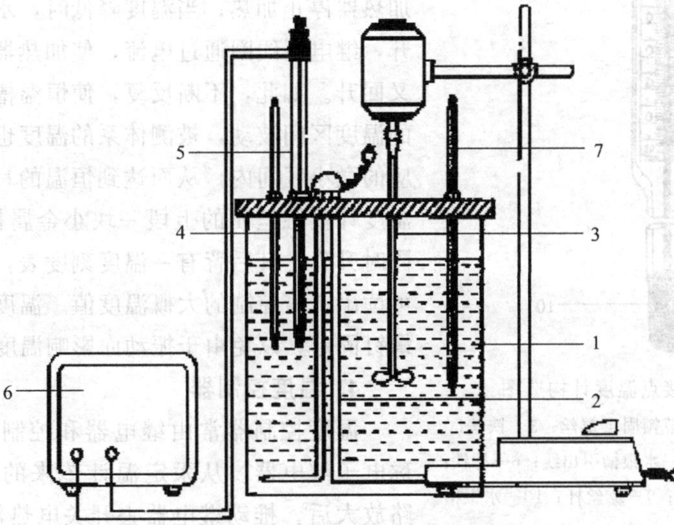


图 3-28　恒温槽的装置示意图

1—浴槽；2—加热器；3—搅拌器；4—温度计；5—电接点温度计；6—继电器；7—贝克曼温度计

恒温槽通常由下列构件组成(具体装置示意图见图 3-28)。

**1. 槽体**

如果控制的温度同室温相差不是太大，用敞口大玻璃缸作为槽体是比较合适的。对于较高和较低温度，则应考虑保温问题。具有循环泵的超级恒温槽，有时仅作供给恒温液体之用，而实验则在另一工作槽中进行。

**2. 加热器及冷却器**

如果要求恒温的温度高于室温，则需不断向槽中供给热量以补偿其向四周散失的热量；如恒温的温度低于室温，则需不断从恒温槽取走热量，以抵偿环境向槽中的传热。在前一种情况下，通常采用电加热器间歇加热来实现恒温控制。对电加热器的要求是热容量小、导热性好、功率适当。选择加热器的功率最好能使加热和停止的时间约各占一半。

**3. 温度调节器**

温度调节器的作用是当恒温槽被加热或冷却到指定值时发出信号，命令执行机构停止加热或冷却；离开指定温度时则发出信号，命令执行机构继续工作。

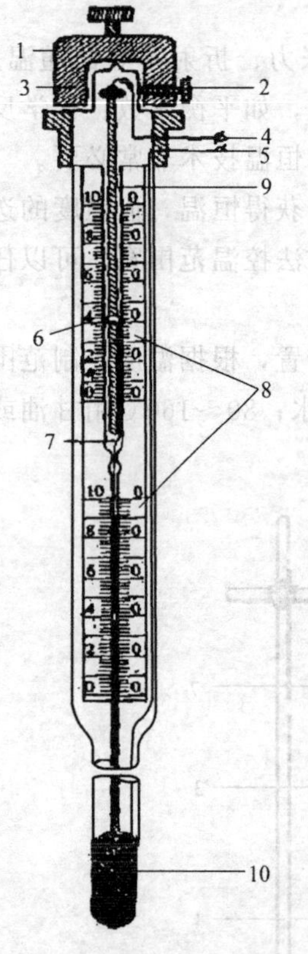


图 3-29 电接点温度计构造图

1—调节帽；2—调节帽固定螺丝；3—铁丝；4—螺旋杆引出线；5—水银槽引出线；6—标铁；7—触针；8—刻度盘；9—螺丝杆；10—水银槽

目前普遍使用的温度调节器是接点温度计，如图 3-29 所示。电接点温度计是一种可以导电的特殊温度计，又称为接触温度计。它有两个电极，一个是可调电极金属丝(即螺旋杆引出线，4)，由上部伸入毛细管内。顶端有一磁铁，可以旋转螺旋丝杆，用以调节金属丝的高低位置，从而调节设定温度。另一个电极是与底部的水银球相连的固定接触丝(即水银槽引出线，5)，4、5 连出的两根导线接到继电器上。当温度升高时，毛细管中水银柱上升与 7 接触，两电极导通，温度控制器接通，使继电器线圈中电流断开，加热器停止加热；当温度降低时，水银柱与金属丝断开，继电器线圈通过电流，使加热器线路接通，温度又回升。如此，不断反复，使恒温槽控制在一个微小的温度区间波动，被测体系的温度也就限制在一个相应的微小区间内，从而达到恒温的目的。在水银接点温度计接触丝 4 的上段一块小金属标铁 6，它可和 7 同时升降，其后背有一温度刻度表，由 6 的上沿位置可读出所需控制的大概温度值。温度恒定后，将 2 的螺钉固定，以免由于振动而影响温度的控制。

**4. 温度控制器**

温度控制器常由继电器和控制电路组成，故又称电子继电器。从汞定温计传来的信号，经控制电路放大后，推动继电器去开关电热器。

**5. 搅拌器**

加强液体介质的搅拌，对保证恒温槽温度均匀起着非常重要的作用。

设计一个优良的恒温槽应满足的基本条件是：①定温计灵敏度高；②搅拌强烈而均匀；③加热器导热良好而且功率适当；④搅拌器、汞定温计和加热器相互接近，使被加热的液体能立即被搅拌均匀并流经定温计及时进行温度控制。

恒温槽的温度控制装置属于“通”、“断”类型，当加热器接通后，恒温介质温度上升，热量的传递使水银温度计中的水银柱上升。但热量的传递需要时间，因此常出现温度传递的滞后，往往是加热器附近介质的温度超过设定温度，所以恒温槽的温度超过设定温度。同理，降温时也会出现滞后现象。由此可知，恒温槽控制的温度有一个波动范围，并不是控制在某一固定不变的温度。控温效果可以用灵敏度 $\Delta t$ 表示：

$$\Delta t = \pm (t_1 - t_2)/2 \tag{3-21}$$

式中，$t_1$ 为恒温过程中水浴的最高温度；$t_2$ 为恒温过程中水浴的最低温度。

由图 3-30 可以看出：曲线 A 表示恒温槽灵敏度较高；曲线 B 表示恒温槽灵敏度较差；曲线 C 表示加热器功率太小或散热太快。

影响恒温槽灵敏度的因素很多，大体有以下几个方面：

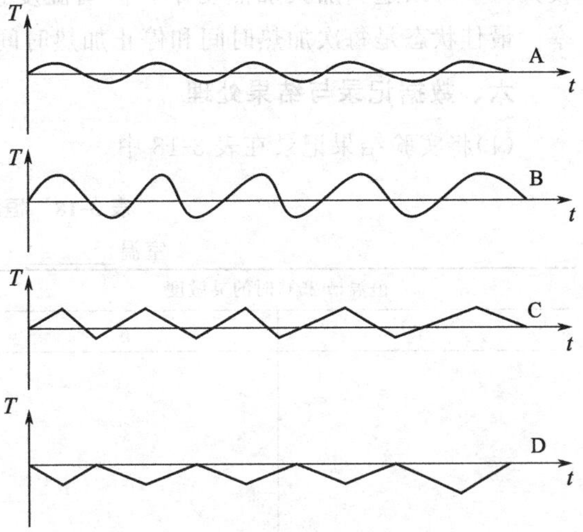

图 3-30 恒温槽灵敏度曲线

(1)恒温介质流动性好，传热性能好，控温灵敏度就高。

(2)加热器功率要适宜，热容量小，控温灵敏度就高。

(3)搅拌器搅拌速度要足够大，才能保证恒温槽内温度均匀。

(4)继电器电磁吸引电键，后者发生机械作用的时间越短，断电时线圈中的铁芯剩磁越小，控温灵敏度就高。

(5)电接点温度计热容小，对温度的变化敏感，则灵敏度高。

(6)环境温度与设定温度的差值越小，控温效果越好。

## 三、实验仪器

玻璃缸；温控仪；搅拌器；接点温度计；温差仪；调压变压器；温度计(0～50℃)；秒表。

## 四、实验步骤

(1)根据所给元件和仪器，按照图 3-28 所示恒温槽的装置图安装恒温槽，并接好线路。经教师检查完毕，方可接通电源。

(2)槽体中放入约 4/5 容积的蒸馏水。

(3)调节恒温水浴至设定温度。假定室温为 20℃，欲设定实验温度为 25℃，调节方法如下：先旋开水银接触温度计上端螺旋调节帽的锁定螺丝，再旋动磁性螺旋调节帽，使温度指示螺母位于大约低于欲设定实验温度 2～3℃处(如 23℃)，开启加热器开关加热，如水温与设定温度相差较大，可先用大功率加热(加热电压为 160～220V)，当水温接近设定温度时，改用小功率加热(加热电压为 20～50V)。注视温度计的读数，当达到 23℃左右时，再次旋动磁性螺旋调节帽，使触点与水银柱处于刚刚接通与断开状态(恒温指示灯时明时灭)。此时要缓慢加热，直到温度达 25℃为止，然后旋紧锁定螺丝。

(4)恒温槽灵敏度的测定。本实验用温差测量仪代替贝克曼温度计来测量温度的变化情况。注意调节加热电压，使每次的加热时间与停止加热的时间近乎相等。待恒温槽在设定的温度下恒温 15min 后，每隔 0.5min(秒表计时)，从温差测量仪上读数并记录，时间为 30min。

(5)实验结束，先关掉温控仪、搅拌器的电源开关，再拔下电源插头，拆下各部件之间的接线。

## 五、注意事项

(1)为使恒温槽温度恒定，接触温度计调至某一位置时，应将调节帽上的固定螺钉拧紧，以免使之因振动而发生偏移。

(2)电加热功率大小的选择是本实验的关键之一。当恒温槽的温度和所要求的温度相差较大时，可以适当加大加热功率，但当温度接近指定温度时，应将加热功率降到合适的功率。最佳状态是每次加热时间和停止加热时间近乎相等。

## 六、数据记录与结果处理

(1)将实验结果记录在表 3-18 中。

**表 3-18　恒温槽实验数据**

室温______；大气压______

| 恒温槽 25℃时的灵敏度 | | 恒温槽 35℃时的灵敏度 | |
|---|---|---|---|
| $t_{始}$ | $t_{停}$ | $t_{始}$ | $t_{停}$ |
| | | | |

(2)以时间 $t$ 为横坐标，温度(温差测量仪读数)为纵坐标，绘出 25℃时恒温槽的灵敏度曲线。

(3)从灵敏度曲线上，找出最高温度 $t_{高}$、最低温度 $t_{低}$，用公式$\frac{1}{2}(t_{高}-t_{低})$求出恒温槽在 25℃时的灵敏度，并根据灵敏度曲线对该恒温槽的恒温效果作出评价。

## 七、思考题

(1)恒温槽的恒温原理是什么？

(2)为什么在开动恒温装置前，要将接触温度计的标铁上端面所指的温度调节到低于所需温度处？如果高了会产生什么后果？

(3)对于提高恒温装置的灵敏度，可从哪些方面进行改进？

(4)如果所需要恒温低于室温，如何装配恒温装置？

# 知识扩展：温度测量技术

热是能量交换的一种形式，是在一定时间内以热流形式进行的能量交换量，热量的测量一般是通过温度的测量来实现的，温度表征了物体的冷热程度，是表述宏观物质系统状态的一个基本物理量，温度的高低反映了物质内部大量分子或原子平均动能的大小。在许多热力学参数的测量、实验系统动力学或相变化行为的表征都涉及温度的测量问题。

## 一、温标

温度量值的表示方法叫温标，目前常用的温标有两种：热力学温标和摄氏温标。

热力学温标也称开尔文温标，是一种理想的绝对的温标，单位为 K，用热力学温标确定的温度称为热力学温度，用 $T$ 表示。定义：在 610.62Pa 时纯水的三相点的热力学温度为 273.16K。

摄氏温标使用较早，应用方便，符号为 $t$，单位为℃。定义：101.325kPa 下，水的冰点为 0℃。

热力学温标与摄氏温标关系如式(3-22)所示：

$$T/\mathrm{K}=273.15+t/℃ \tag{3-22}$$

## 二、水银温度计

水银温度计是常用的测量工具，其优点是结构简单，价格便宜，精确度高，使用方便等，缺点是易损坏且无法修理，其次是其读数易受许多因素的影响而引起误差。一般根据实验的目的不同，选用合适的温度计。

### 1. 水银温度计的种类和使用范围

(1)常用 −5～150℃、150℃、250℃、360℃等等，最小分度为 1℃或 0.5℃。

(2)量热用 0～15℃、12～18℃、15～21℃、18～24℃、20～30℃，最小分度为 0.01℃或 0.002℃。

(3)测温差用贝克曼温度计。移液式的内标温度计，温差量程 0～5℃，最小分度值为 0.01℃。

(4)石英温度计。用石英作管壁，其中充以氮气或氢气，最高可测温 800℃。

### 2. 水银温度计的校正

大部分水银温度计是“全浸式”的，使用时应将其完全置于被测体系中，使两者完全达到热平衡。但实际使用时往往做不到这一点，所以在较精密的测量中需作校正。

(1)露茎校正　全浸式水银温度计如有部分露在被测体系之外，则读数准确性将受两方面的影响：第一是露出部分的水银和玻璃的温度与浸入部分不同，且受环境温度的影响；第二是露出部分长短不同受到的影响也不同。为了保证示值的准确，必须对露出部分引起的误差进行校正。其方法如图 3-31 所示，用一支辅助温度计靠近测量温度计，其水银球置于测量温度计露茎高度的中部，校正公式如式(3-23)：

$$\Delta t_{露茎}=kh(t_{观}-t_{环}) \tag{3-23}$$

式中，$k=0.00016$；$h$ 为露茎长度；$t_{观}$ 为测量温度计读数；$t_{环}$ 为辅助温度计读数；测量系统的正确温度为：

$$t=t_{观}+\Delta t_{露茎} \tag{3-24}$$

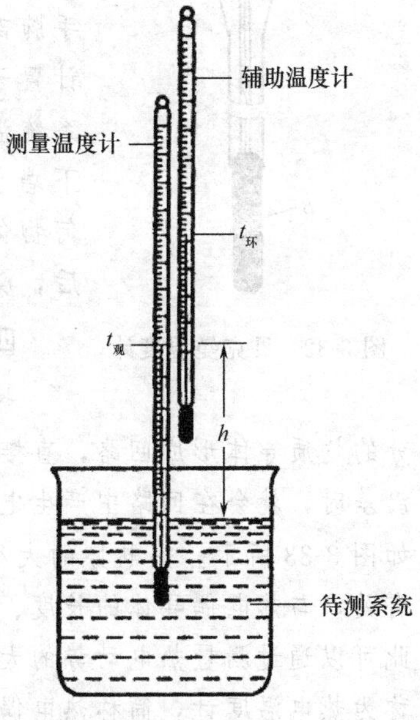


图 3-31　温度计露茎校正

(2)零点校正　由于玻璃是一种过冷液体，属热力学不稳定系统，水银温度计下部玻璃受热后再冷却收缩到原来的体积，常常需要几天或更长时间，所以，水银温度计的读数将与真实值不符，必须校正零点，校正方法是把它与标准温度计进行比较，也可用纯物质的相变点标定校正。

$$t=t_{观}+\Delta t_{示} \tag{3-25}$$

式中，$t_{观}$ 为温度计读数；$\Delta t_{示}$ 为示值较正值。

### 三、贝克曼温度计

化学实验中常用贝克曼温度计精密测量温差，其构造如图 3-32 所示。它与普通水银温度计的区别在于测温端水银球内的水银量可以借助毛细管上端的 U 形水银储槽来调节。贝克曼温度计上的刻度通常只有 5℃或 6℃，每 1℃刻度间隔 5cm，中间分为 100 等份，可直接读出 0.01℃，用放大镜可估读到 0.002℃，测量精密度高。主要用于量热技术中，如凝固点降低、沸点升高及燃烧热的测定等精密测量温差的工作中。

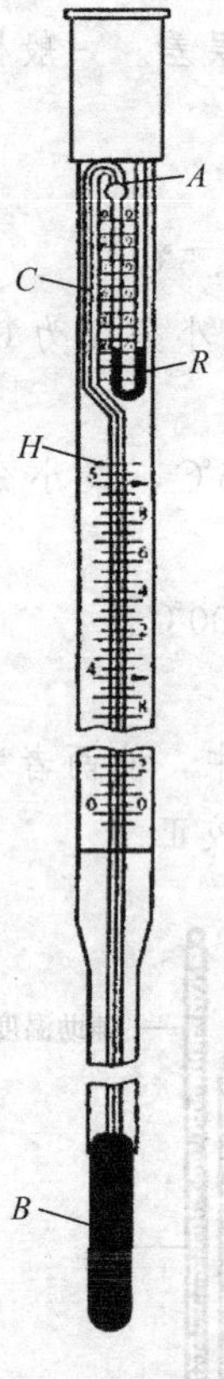


图 3-32 贝克曼温度计

贝克曼温度计在使用前需要根据待测系统的温度及误差的大小、正负来调节水银球中的水银量，把温度计的毛细管中水银端面调整在标尺的合适范围内。使用时，首先应将它插入一个与所测系统的初始温度相同的系统内，待平衡后，如果贝克曼温度计的读数在所要求刻度的合适位置，则不必调节，否则，按下列步骤进行调节：

用右手握住温度计中部，慢慢将其倒置，用手轻敲水银储槽，此时，储槽内的水银会与毛细管内的水银相连，将温度计小心正置，防止储槽内的水银断开。调节烧杯中水温至所需的测量温度。设要求欲测温度为 $t$(℃)时，使水银面位于刻度“1”附近，则使烧杯中水温 $t'=t+4+R$($R$ 为 $H$ 点到 $A$ 点这一段毛细管所相当的温度，一般约为 2℃，见图 3-32)。将贝克曼温度计，插入温度为 $t'$ 的盛水烧杯中，待平衡后取出(离实验台稍远些)，右手握住贝克曼温度计的中部，左手沿温度计的轴向轻轻敲击右手腕部位，振动温度计，使水银在 $A$ 点处断开，这样就使温度计置于温度 $t'$ 的系统中时，毛细管中的水银面位于 $A$ 点处，而当系统温度为 $t$ 时，水银面将位于 3℃附近。贝克曼温度计较贵重，下端水银球尺寸较大，玻璃壁很薄，极易损坏，使用时不要与任何物体相碰，不能骤冷骤热，避免重击，不要随意放置，用完后，必须立即放回盒内。

### 四、热电偶温度计

热电偶温度计是以热电效应为基础的测量仪。如果两种不同成分的均质导体形成回路，直接测温端叫测量端(热端)，接线端叫参比端(冷端)，当两端存在温差时，就会在回路中产生电流，那么两端之间就会存在 Seebeck 热电势，即塞贝克效应，如图 3-33 所示。热电势的大小只与热电偶导体材质以及两端温差有关，与热电偶导体的长度、直径和导线本身的温度分布无关。因此可以通过测量热电动势的大小来测量温度。这样一对导线的组合称为热电温度计，简称热电偶。对同一热电偶，如果参比端的温度保持不变，热电动势就只与测量端的温度有关，故测得热电动势后，即可求测量端的温度。

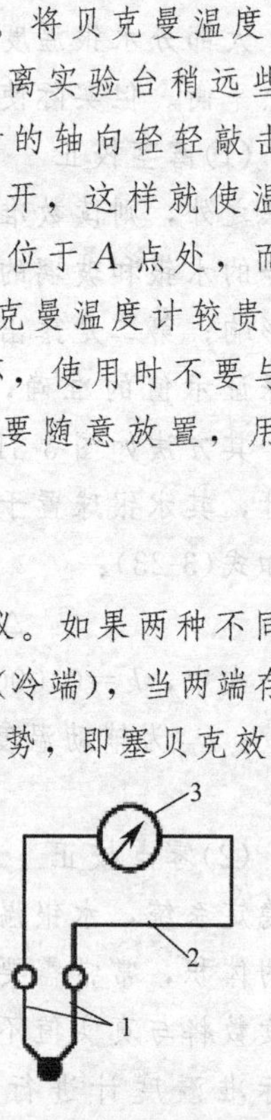


图 3-33 热电偶原理图
1—热电偶；2—连接导线；3—显示仪表

热电偶具有构造简单，适用温度范围广，使用方便，承受热、机械冲击能力强以及响应速度快等特点，常用于高温区域、振动冲击大等恶劣环境以及适合于微小结构测温场合。

# 实验三十三 燃烧热(焓)的测定

## 一、实验目的

(1)用恒温式量热计测定萘的燃烧热(焓)。

(2)明确燃烧热(焓)的定义，了解恒压燃烧热(焓)与恒容燃烧热(焓)的差别。

(3)了解恒温式量热计中主要部分的作用，掌握恒温式量热计的实验技术。

(4)学会雷诺图解法，校正温度改变值。

## 二、实验原理

燃烧热(焓)可在恒容或恒压情况下测定。由热力学第一定律可知：在不做非膨胀功的情况下，恒容反应热 $Q_V=\Delta U$，恒压反应热 $Q_p=\Delta H$。在氧弹式量热计中所测燃烧热为恒容燃烧热 $Q_V$，而一般热化学计算用的值为 $Q_p$，这两者可通过下式进行换算：

$$Q_p=Q_V+\Delta nRT \tag{3-26}$$

式中 $\Delta n$——反应前后生成物与反应物中气体的物质的量之差，mol；

$R$——摩尔气体常数，$J\cdot mol^{-1}\cdot K^{-1}$；

$T$——反应温度，K。

测量其原理是能量守恒定律，样品完全燃烧放出的能量使量热计本身及其周围介质(本实验用水)温度升高，测量了介质燃烧前后温度的变化，就可以求算该样品的恒容燃烧热。其关系为：

$$Q_V=-C_V\Delta T \tag{3-27}$$

上式中负号是指系统放出热量，放热时系统的内能降低，而 $C_V$ 和 $\Delta T$ 均为正值。

在本实验中，盛水桶内部物质及空间为系统，除盛水桶内部物质及空间的量热计其余部分为环境。二者之间有热交换，热交换的存在会影响燃烧热的准确测定，可通过雷诺校正曲线校正来减小其影响。

系统除样品燃烧放出热量引起系统温度升高以外，其他因素：燃烧丝的燃烧，氧弹内 $N_2$ 和 $O_2$ 化合并溶于水中形成硝酸等都会引起系统温度的变化，因此在计算水当量及发热量时，这些因素都必须进行校正，其校正关系式为：

$$Q_VW+QL=K\Delta T \tag{3-28}$$

式中 $Q_V$——样品恒容燃烧热，$J\cdot g^{-1}$；

$W$——样品的质量，g；

$Q$——燃烧丝的燃烧热，$J\cdot cm^{-1}$；

$L$——燃烧丝实际燃烧的长度，cm；

$K$——量热计的水当量。

样品等物质燃烧放热使水及仪器每升高1℃所需的热量，称为水当量。水当量的求法是用已知燃烧热(焓)的物质(如本实验用苯甲酸)放在量热计中燃烧，测定其始、终态温度。一般来说，对不同样品，只要每次的水量相同，水当量就是定值。量热计的水当量 $K$ 一般用纯净苯甲酸的燃烧热(焓)来标定，苯甲酸的恒容燃烧热 $Q_V=-26460J\cdot g^{-1}$。

苯甲酸完全燃烧方程式：

$$C_6H_5COOH(s)+\frac{15}{2}O_2(g)=\!=\!=7CO_2(g)+3H_2O(l)$$

为了保证样品燃烧，氧弹中必须充足高压氧气，因此要求氧弹密封，耐高压、耐腐蚀。同时，粉末样品必须压成片状，压成片状有利于样品充分燃烧，也可以避免充气时冲散样品使燃烧不完全，而引起实验误差。值得注意的是，压片以表面光滑成型为度，太紧或太松均不利于完全燃烧。

完全燃烧是实验成功的第一步，第二步还必须使燃烧后放出的热量不散失，不与周围环境发生热交换，全部传递给量热计本身和其中的盛水，促使量热计和水的温度升高。为了减少量热计与环境的热交换，量热计放在一恒温的套壳中，故称环境恒温或外壳恒温量热计。热量计须高度抛光，也是为了减少热辐射。量热计和套壳中间有一层挡屏，以减少空气的对流，虽然如此，热漏还是无法避免，因此燃烧前后温度变化的测量值必须经过雷诺作图法校正。其校正方法如下。

将燃烧热测定过程中观察所得的一系列水温和时间关系作图，连成 $FHID$ 折线，如图 3-34 所示，图中 $H$ 相当于开始燃烧之点，$D$ 为观察到最高的温度读数点，在环境温度读数点，作一平行线 $JI$ 交折线于 $I$，过 $I$ 点作垂线 $ab$，然后将 $FH$ 线和 $GD$ 线外延交 $ab$ 于 $A$、$C$ 两点。$A$ 点与 $C$ 点所表示的温度差即为欲求温度的升高值($\Delta T$)。图中 $AA'$ 为开始燃烧到温度上升至室温这一段时间 $\Delta t_1$ 内，由环境辐射和搅拌引进的能量而造成量热计温度的升高，必须扣除之。$CC'$ 为温度由室温升高到最高点 $D$ 这一段时间 $\Delta t_2$ 内，量热计向环境辐射出能量而造成量热计温度的降低，因此需要添加上。由此可见，$AC$ 两点的温差较客观地表示了由于样品燃烧促使温度计升高的数值，有时量热计的绝热情况良好，热漏小，而搅拌器功率大，不断稍微引进能量使得燃烧后的最高点不出现，这种情况下，$\Delta T$ 仍然可以按照同法校正，如图 3-35 所示。

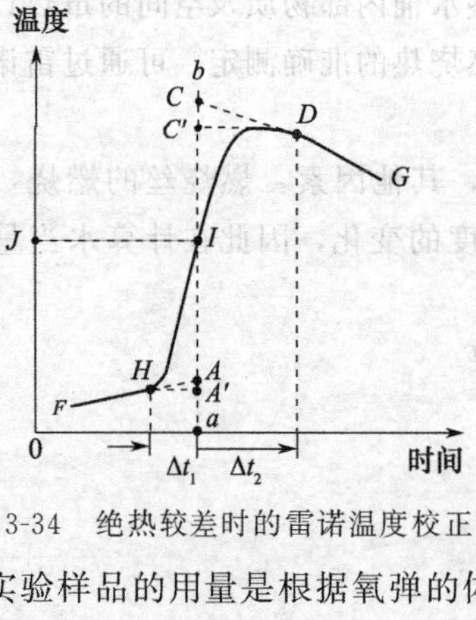

图 3-34 绝热较差时的雷诺温度校正图

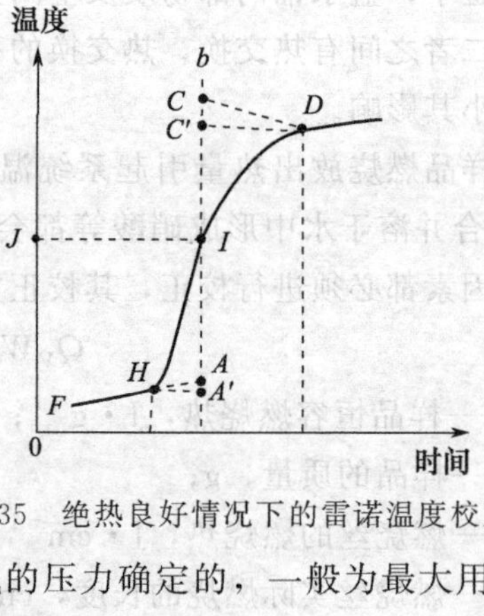

图 3-35 绝热良好情况下的雷诺温度校正图

本实验样品的用量是根据氧弹的体积和内部氧的压力确定的，一般为最大用量。如果样品(如萘和苯甲酸)的用量太少测定误差较大，量太多不能充分燃烧。

## 三、实验仪器与试剂

仪器：SHR-15 恒温式量热计(含氧弹)；SWC-ⅡD 精密数字温度温差仪；YCY-4 充氧器；压片机；氧气钢瓶(带减压阀)；托盘天平；钢尺；容量瓶(2L、1L 各一只)；铬-镍合金丝；量筒(10mL)一只。

试剂：萘；苯甲酸；冰(备用)。

## 四、实验步骤

### 1. 测定萘的燃烧热(焓)

(1)样品压片及燃烧丝的准备　用台秤称取0.6g左右萘，将压片机(见图3-36)的垫筒放置在可调底座上，装上模子，并从上面倒入已称好的萘样品，旋转手柄至合适位置压紧药品，即可松开。旋转手柄松开压棒，取出模子，再旋转压棒至药品从垫筒下掉出(用一片纸在离筒下口2cm托接，防止药片摔碎)。将样品表面未压实部分除去，再在分析天平上准确称量，待用。

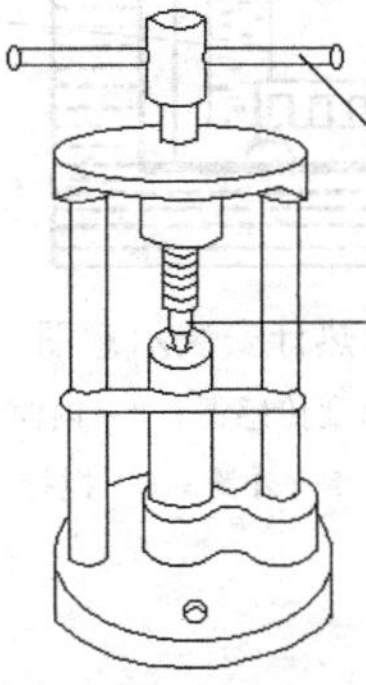


图3-36　压片机

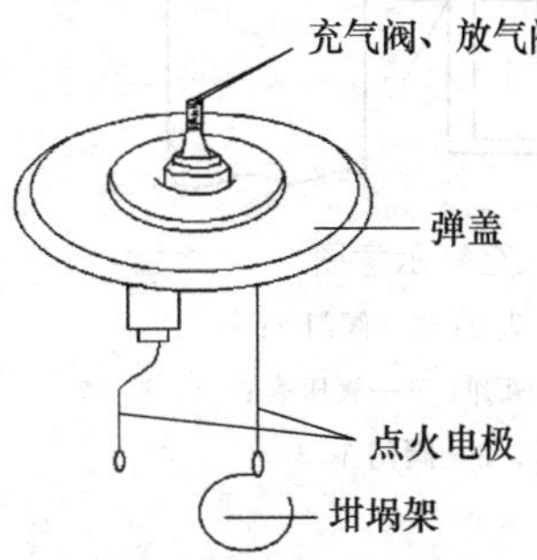


图3-37　氧弹盖结构

(2)充氧气　将燃烧丝的两端绑牢于氧弹中的两根电极上，并且燃烧丝不能与坩埚壁相碰，然后将样品片压在燃烧丝的中间部分，使样品与燃烧丝直接接触。在氧弹中加入10mL蒸馏水(防止放气时有颗粒物飞出)，旋紧氧弹盖(见图3-37)。如图3-38所示，充氧器导管和阀门2的出气管相连，先打开阀门1(逆时针旋开)，再渐渐打开阀门2(顺时针旋紧)，将氧弹放在充氧器上，弹头与充氧口相对，压下充氧器手柄，待充氧器上表压指示稳定后(一般在1.5个标准大气压左右)，即可松开，充气完毕。

(3)燃烧和测量温度　将充好氧气的氧弹放入水中检查是否漏气，若漏气重新充氧，并再检验。确保不漏气后，用毛巾擦干外壳后将充过氧的氧弹放入盛水桶内。用容量瓶准确量取已被调节到低于外筒温度0.5～1.0℃的自来水3L，倒入盛水桶内，如图3-39所示，并接上控制器上的点火电极，盖上盖子(注意不要让电线缠住叶轮)。将温度温差仪的探头插入内桶水中，将温度温差挡打向温差，按下“采零”建，将控制器各线路接好，开动搅拌电机，待温度稳定，每隔1min读取一次温度，读10个数，按下点火开关，如果指示灯亮后又熄灭，且温度迅速上升，则表示氧弹内样品已燃烧，自按下点火开关后，每隔15s读一次温度，待温度升至每分钟上升小于0.002℃时，每隔1min读一次温度，再读10个数。若记录10个数后温度还未降低，则继续读数，直到温度开始下降。(注意如果指示灯亮后又熄灭，但在1～2s内温度没有迅速上升，则表示氧弹内样品可能没有燃烧，应该停止实验检查。)

温度开始下降后关掉控制器开关，取出测温探头，打开外筒盖，取出氧弹，用泄气阀放掉氧弹内气体，旋开氧弹头，检查氧弹坩埚，若坩埚内有黑色残渣或未燃烧尽的样品微粒，说明燃烧不完全，此实验作废。如未发现这些情况，取下未燃烧的燃烧丝测其长度，计算实际燃烧的燃烧丝的长度，将筒内水倒掉并擦干，即测好了一个样品。再重复测定一次。

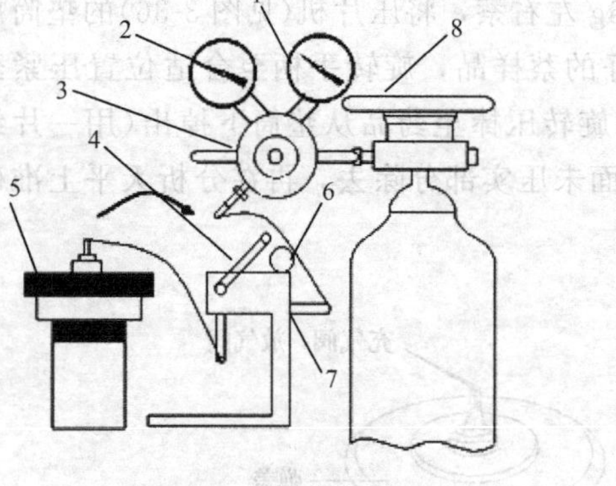


图 3-38　充氧示意图

1—表 1；2—表 2；3—阀门 2；
4—导管；5—氧弹；6—氧压表；
7—导管；8—阀门 1

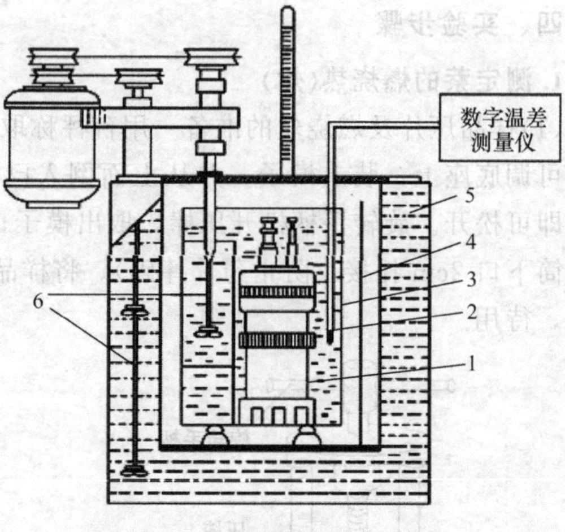


图 3-39　量热计安装示意图

1—氧弹；2—温度传感器；3—内筒；
4—空气隔层；5—外筒；6—搅拌

**2. 测定量热计的水当量 *K***

称取 1g 左右的苯甲酸，按照上述实验操作两次。

## 五、数据记录与结果处理

将所得数据填入表 3-19 中。

**表 3-19　实验数据记录**

燃烧丝长度：________；残丝长度：________；苯甲酸质量：________；外筒水温：________；

温差挡读数：________；基温选择：________；室温：________

| | 前期温度每分钟读数 | 燃烧期温度每 15s 读数 | 后期温度每 1min 读数 |
|---|---|---|---|
| 1 | | | |
| 2 | | | |
| 3 | | | |
| 4 | | | |
| 5 | | | |
| 6 | | | |
| 7 | | | |
| 8 | | | |
| 9 | | | |
| 10 | | | |

(1)用图解法求出苯甲酸燃烧引起量热计温度变化的差值 $\Delta T_1$，并根据式(3-28)计算水当量 $K$ 值。

(2)用图解法求出萘燃烧引起量热计温度变化的差值 $\Delta T_2$，并根据式(3-28)计算萘的恒容燃烧热 $Q_V$。再利用式(3-26)换算成 $Q_p$。

## 六、思考题

(1)在本实验中，哪些是系统？哪些是环境？二者之间有无热交换？如果有，对实验结果有何影响？如何校正？

(2)固体样品为什么要压成片状？萘和苯甲酸的用量是如何确定的？

(3)试分析样品不燃烧、燃烧不完全的原因有哪些？

(4)试分析测量中影响实验结果的主要因素有哪些？本实验成功的关键因素是什么？

(5)使用氧气钢瓶和氧气减压器时要注意哪些事项？

(6)指出 $Q_p=Q_V+\Delta nRT$ 公式中各项的物理意义？

(7)如何用萘的燃烧热(焓)数据来计算萘的标准摩尔生成焓？

# 实验三十四　静态法测定液体饱和蒸气压

## 一、实验目的

(1)掌握静态法测定液体饱和蒸气压的原理及操作方法。学会由图解法求平均摩尔气化热和正常沸点。

(2)理解纯液体的饱和蒸气压与温度的关系、克劳修斯-克拉贝龙方程式的意义。

(3)了解真空泵、恒温槽及气压计的使用及注意事项。

## 二、实验原理

通常温度下(距离临界温度较远时)，纯液体与其蒸气达平衡时的蒸气压称为该温度下液体的饱和蒸气压，简称为蒸气压。蒸发 1mol 液体所吸收的热量称为该温度下液体的摩尔气化焓。液体的蒸气压随温度而变化，温度升高时，蒸气压增大；温度降低时，蒸气压减小。这主要与分子的动能有关。当蒸气压等于外界压力时，液体便沸腾，此时的温度称为沸点。外压不同时，液体沸点将相应改变，当外压为 101.325kPa 时，液体的沸点称为该液体的正常沸点。

液体的饱和蒸气压与温度的关系用克劳修斯-克拉贝龙方程式表示：

$$\frac{\mathrm{d}\ln p}{\mathrm{d}T}=\frac{\Delta_{\mathrm{vap}}H_{\mathrm{m}}}{RT^2} \tag{3-29}$$

式中　$R$——摩尔气体常数，$\mathrm{J\cdot mol^{-1}\cdot K^{-1}}$；

$T$——热力学温度，K；

$\Delta_{\mathrm{vap}}H_{\mathrm{m}}$——在温度 $T$ 时纯液体的摩尔气化焓，$\mathrm{J\cdot mol^{-1}}$。

假定 $\Delta_{\mathrm{vap}}H_{\mathrm{m}}$ 与温度无关，或因温度范围较小，$\Delta_{\mathrm{vap}}H_{\mathrm{m}}$ 可以近似作为常数，积分式(3-29)得：

$$\ln p=-\frac{\Delta_{\mathrm{vap}}H_{\mathrm{m}}}{R}\cdot\frac{1}{T}+C \tag{3-30}$$

其中 $C$ 为积分常数。由此式可以看出，以 $\ln p$ 对 $1/T$ 作图，应为一直线，直线的斜率为 $-\frac{\Delta_{\mathrm{vap}}H_{\mathrm{m}}}{R}$，由斜率可求算液体的 $\Delta_{\mathrm{vap}}H_{\mathrm{m}}$。本实验测定的摩尔气化焓数据与温度有关，但温度的影响可以忽略。

测定液体饱和蒸气压有静态法、动态法以及饱和气流法三种。本实验采用静态法测定。静态法测定液体饱和蒸气压，是指在某一温度下，直接测量饱和蒸气压。此法一般适用于蒸气压比较大的液体。静态法测量不同温度下纯液体饱和蒸气压，有升温法和降温法两种。本实验采用升温法测定不同温度下纯液体的饱和蒸气压，实验装置如图 3-40 所示。

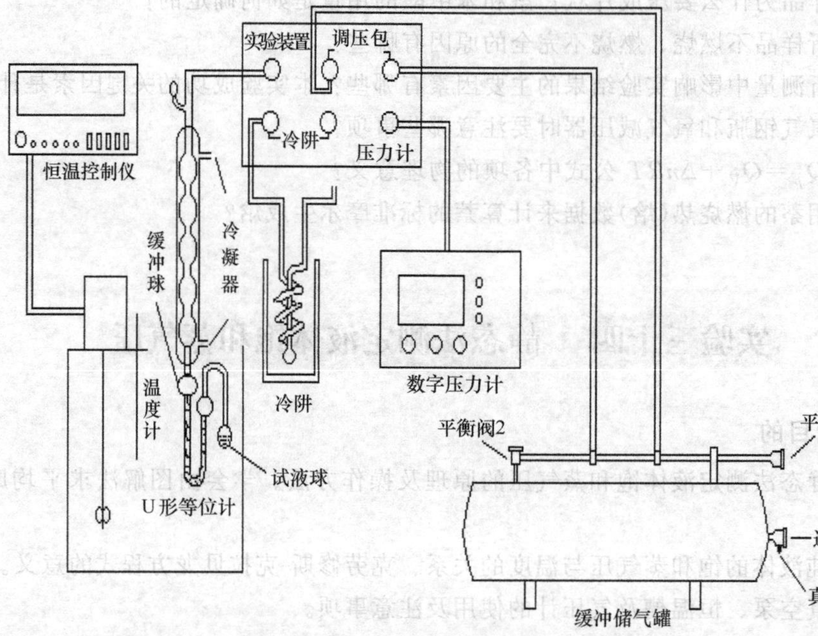


图 3-40　液体饱和蒸气压测定装置图

平衡管由试液球和 U 形管组成。平衡管上接一冷凝管，以橡皮管与压力计相连。当试液球的液面上纯粹是待测液体的蒸气，而 U 形管中的液面处于同一水平时，表示试液球液面上的蒸气压与外压相等。此时，体系气液两相平衡的温度称为液体在此外压下的沸点。注意克劳修斯-克拉贝龙方程式的适用条件：①液体的摩尔体积 $V$ 与气体的摩尔体积 $V_g$ 相比可忽略不计；②在温差不大情况下，忽略温度对摩尔蒸发焓的影响，在实验温度范围内可视为常数；③饱和蒸气可视为理想气体。

## 三、实验仪器与试剂

仪器：恒温水浴 1 套；平衡管 1 只；数字压力计 1 台；真空泵及附件等。

试剂：纯水；无水乙醇(分析纯)或乙酸乙酯(分析纯)。

## 四、实验步骤

(1)打开数字压力计采零。先开启压力计电源预热 2min，关闭缓冲压力罐的进气阀，打开阀 1，然后按下等压计上的“采零”键，仪表显示为零。

(2)常温下开启真空泵的泵前阀通大气，接通真空泵电源，半分钟后将泵前阀旋至指示真空泵与系统连通的位置。将真空泵与进气阀相连接，接通冷却水，打开进气阀和平衡阀 2，并关闭平衡阀 1，启动真空泵，至真空度－90kPa，关闭进气阀和平衡阀 2，观察数字压力计上显示的数值。如没有变化，说明整体气密性良好，否则需查找漏气原因并清除，直至合格。漏气会导致整个过程体系内部压力的不稳定，气、液两相无法达到平衡，从而造成所测结果不准确。加热过程中也不能检查是否漏气，因为加热过程中温度不能恒定，气、液两相不能达到平衡，压力也不恒定。装置的密闭性是否良好、待测液体本身是否纯净等是测定准确性的关键。

(3)开启进气阀和平衡阀 2 缓缓抽气，使试液球与 U 形等位计之间的空气呈气泡状通过

U形等位计的液体而逐出，直到压力计上的数值基本保持不变时，关闭进气阀，小心调节平衡阀1，直至U形等位计中双臂的液面等高为止，记下压力计上的数值，与当时的大气压之差，即为此温度下液体的饱和蒸气压，并记下此时的温度。

(4)然后调节水浴温度至30℃，当水浴温度达到30℃时，小心调节平衡阀1，直至U形等位计中双臂的液面等高为止，记下压力计上的数值，与当时的大气压之差，即为30℃下液体的饱和蒸气压。(注意：升温过程中应经常开启平衡阀1，缓缓放入空气，使U形管两臂液面接近相等，如放入空气过多，可打开进气阀抽气。)

(5)同法测定35℃、40℃、45℃、50℃、55℃时乙醇的饱和蒸气压。

(6)实验完毕后，缓缓打开平衡阀1至读数为零。再关掉电源，否则会引起真空泵倒灌。

(7)读取当时的大气压，并记录。

## 五、数据记录与结果处理

(1)将测得的数据及计算结果填入表3-20中。

**表3-20　原始数据及处理结果**

| 项目/温度 | $\Delta p$/Pa | $p=p_0-\Delta p$/Pa | $\ln p$ | $1/T$/$K^{-1}$ | 备注 |
|---|---|---|---|---|---|
| | | | | | |
| | | | | | |
| | | | | | |
| | | | | | |
| | | | | | |

注：$p_0$为大气压，气压计读出后，加以校正之值，$\Delta p$为压力测量仪上读数。

(2)绘出被测液体的蒸气压-温度曲线，并求出指定温度下的温度系数$dp/dT$。

(3)以$\ln p$对$1/T$作图，求出直线的斜率，并由斜率算出此温度范围内液体的平均摩尔气化焓$\Delta_{vap}H_m$，求算纯液体的正常沸点。

## 六、思考题

(1)在停止抽气时，若先拔掉电源插头会有什么情况出现?

(2)能否在加热情况下检查装置是否漏气？漏气对结果有何影响?

(3)压力计读数为何在不漏气时的加热过程中也会时常跳动?

(4)克劳修斯-克拉贝龙方程在什么条件下适用?

(5)本实验所测得的摩尔气化焓数据是否与温度有关?

(6)本实验主要误差来源是什么?

(7)为什么弯管中的空气要排干净？怎样操作？怎样防止空气倒灌?

# 知识扩展：压力及真空测量技术

压力是描述系统状态的重要参数，许多物理化学性质，如蒸气压、沸点、熔点等都与压力有关，因此，正确掌握压力的测量方法和技术是十分必要的。

## 一、压力的单位和定义

在国际单位制中，压力单位是“帕”，用“Pa”表示。其定义为1N的力作用于$1m^2$的面积上所形成的压强(压力)。

## 二、压力计

### 1. 福廷式气压计

测量大气压强的仪器称为气压计，实验室最常用的气压计是福廷式气压计。其构造见图3-41。福廷式气压计的外部为一黄铜管6，内部是一顶端封闭的装有汞的玻璃管1，玻璃管插在下部汞槽8内，玻璃管上部为真空。在黄铜管的顶端开有长方形窗口，并附有刻度标尺3，在窗口内放一游标尺2，转动螺丝4可使游标上下移动，这样可使读数的精确度达到0.1mm或0.05mm。黄铜管的中部附有温度计5，汞槽的底部为一柔性皮袋，下部由调节螺丝11支持，转动11可调节汞槽内汞液面的高低，汞槽上部有一个倒置固定的象牙针7，其针尖即为主标尺的零点。

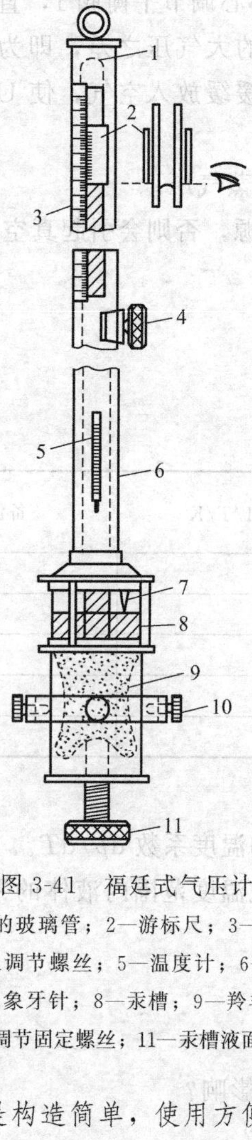


图3-41　福廷式气压计

1—封闭的玻璃管；2—游标尺；3—主标尺；4—游标尺调节螺丝；5—温度计；6—黄铜管；7—零点象牙针；8—汞槽；9—羚羊皮袋；10—铅直调节固定螺丝；11—汞槽液面调节螺丝

福廷式气压计使用时按下列步骤进行：垂直放置气压计，旋转底部调节螺丝，仔细调节水银槽内汞液面，使之恰好与象牙针尖接触(利用槽后面白瓷板的反光，仔细观察)，然后转动游标尺调节螺丝，调节游标尺，直至游标尺两边的边缘与汞液面的凸面相切，切点两侧露出三角形的小空隙，这时，游标尺的零刻度线对应的标尺上的刻度值，即为大气压的整数部分，从游标尺上找出一个恰与标尺上某一刻度线相吻合的刻度，此游标尺上的刻度值即为大气压的小数部分。记下读数后，转动螺丝11，使汞液面与象牙针脱离，同时记录气压计上的温度和气压计本身的仪器误差，以便进行读数校正。

### 2. U形压力计

U形压力计是物理化学实验中用得最多的压力计，其优点是构造简单，使用方便，能测量微小压力差。缺点是测量范围较小，示值与工作液的密度有关，也就是与工作液的种类、纯度、温度及重力加速度有关，且结构不牢固，耐压程度较差。

U形压力计由两端开口的垂直U形玻璃管及垂直放置的刻度标尺构成，管内盛有适量工作液体作为指示液。构造如图3-42所示。图中U形管的两支管分别连接于两个测压口，因为气体的密度远小于工作液的密度，因此，由液面差$\Delta h$及工作液的密度$\rho$可得式(3-31)：

$$p_1-p_2=\rho g\Delta h \tag{3-31}$$

这样，压力差$p_1-p_2$的大小即可用液面差$\Delta h$来度量，若U形管的一端是与大气相通的，则可测得系统的压力与大气压力的差值。

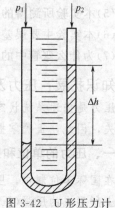

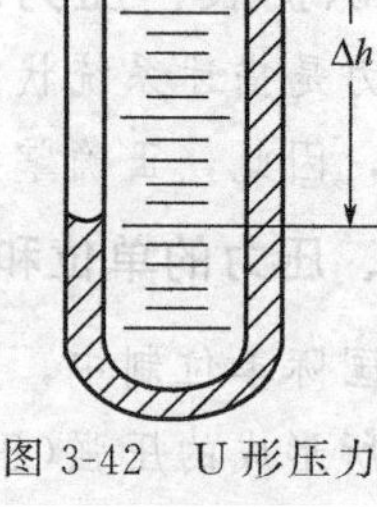


图3-42　U形压力计

**3. 数字压力计**

实验室经常用U形管汞压力计测量从真空到外界大气压这一区间的压力。虽然这种方法原理简单、形象直观，但由于汞的毒性以及不便于远距离观察和自动记录，因此这种压力计逐渐被数字式电子压力计所取代。数字式电子压力计具有体积小、精确度高、操作简单、便于远距离观测和能够实现自动记录等优点，目前已得到广泛的应用。用于测量负压(0～100kPa)的DP-A精密数字压力计即属于这种压力计。

(1)工作原理　数字式电子压力计由压力传感器、测量电路和电性指示器三部分组成，如图3-43所示。

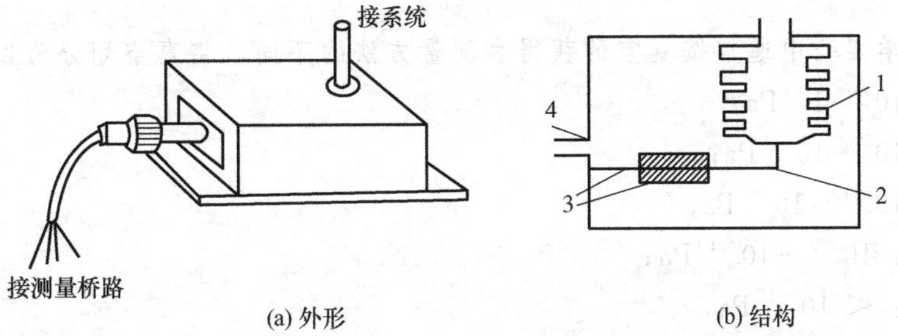


图3-43　负压传感器外形与内部结构

1—波纹管；2—应变梁；3—应变片(两侧前后共四块)；4—导线引出

压力传感器主要由波纹管、应变梁和半导体应变片组成。如图3-43所示，弹性应变梁2的一端固定，另一端和连接系统的波纹管1相连，称为自由端。当系统压力通过波纹管1底部作用在自由端时，应变梁2便发生挠曲，使其两侧的上下四块半导体应变片3因机械变形而引起电阻值变化。

这四块半导体应变片组成如图3-44所示的电桥线路。当压力计接通电源后，在电桥线路$AB$端输入适当电压，首先调节零点电位器$R_s$使电桥平衡，这时传感器内压力与外压相等，压力差为零。当连通负压系统后，负压经波纹管产生一个应力，使应变梁发生形变，半导体应变片的电阻值发生变化，电桥失去平衡，从$CD$端输出一个与压力差相关的电压信号，可用数字电压表或电位计测得。如果对传感器进行标定，可以得到输出信号与压力差之间的比例关系为$\Delta p=KV$。此压力差通过电性指示器记录或显示。

(2)使用方法

①接通电源：按下电源开关，预热5min即可正常工作。

②“单位”键：当接通电源，初始状态为“kPa”指示灯亮，显示以千帕为计量单位的零压力值；按一下“单位”键，“mmHg”指示灯亮，则显示毫米汞柱为计量单位的零压力值。通常情况下选择千帕为压力单位。

③当系统与外界处于等压状态下，按一下“采零”键，使仪表自动扣除传感器零压力值(零点漂移)，显示为“00.00”，此数值表示此时系统

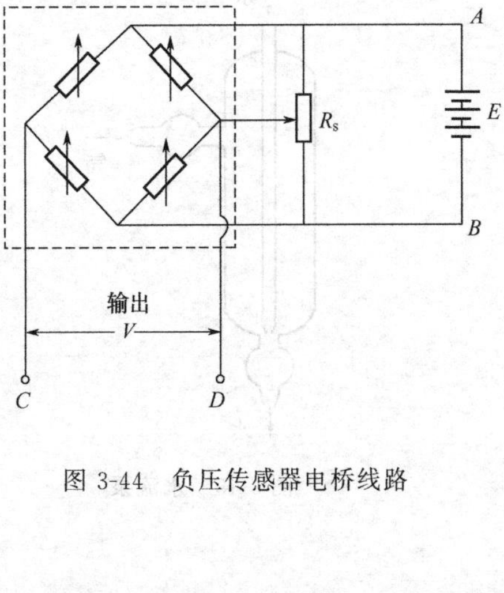


图3-44　负压传感器电桥线路

和外界的压力差为零。当系统内压力降低时，则显示负压力数值，将外界压力加上该负压力数值即为系统内的实际压力。

④本仪器采用CPU进行非线性补偿，但电网干扰脉冲可能会出现程序错误造成死机，此时应按下“复位”键，程序从头开始。注意：一般情况下，不会出现此错误，故平时不需按此键。

⑤当实验结束后，将被测系统泄压为“00.00”，电源开关置于关闭位置。

## 三、真空测量及技术

真空是指低于标准压力的气态空间，真空状态下气体的稀薄程度，常以压强值表示，习惯上称作真空度。现行的国际单位制(SI)中，真空度的单位和压强的单位均统一为帕，符号为Pa。

在物理化学实验中通常按真空的获得和测量方法的不同，将真空划分为以下几个区域。

粗真空：$10^5 \sim 10^3$ Pa；

低真空：$10^3 \sim 10^{-1}$ Pa；

高真空：$10^{-1} \sim 10^{-6}$ Pa；

超高真空：$10^{-6} \sim 10^{-10}$ Pa；

极高真空：$< 10^{-10}$ Pa。

在近代的物理化学实验中，凡是涉及气体的物理化学性质、气相反应动力学、气固吸附以及表面化学研究，为了排除空气和其他气体的干扰，通常都需要在一个密闭的容器内进行，必须首先将干扰气体抽去，创造一个具有某种真空度的实验环境，然后将被研究的气体通入，才能进行有关研究。因此，真空的获得和测量是物理化学实验技术的一个重要方面，学会真空体系的设计、安装和操作是一项重要的基本技能。

### 1. 真空的获得

为了获得真空，就必须设法将气体分子从容器中抽出，凡是能从容器中抽出气体，使气体压力降低的装置，都可称为真空泵。一般实验室用得最多的真空泵是水泵、机械泵和扩散泵。

(1)水泵　水泵也叫水流泵、水冲泵，其构造见图3-45。水经过收缩的喷口以高速喷出，使喷口处形成低压，产生抽吸作用，由体系进入的空气分子不断被高速喷出的水流带走。水泵能达到的真空度受水本身的蒸汽压的限制，20℃时极限真空约为$10^3$ Pa。

(2)机械泵　常用的机械泵为旋片式油泵。图3-46所示是这类泵的构造，气体从真空体

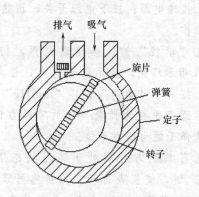

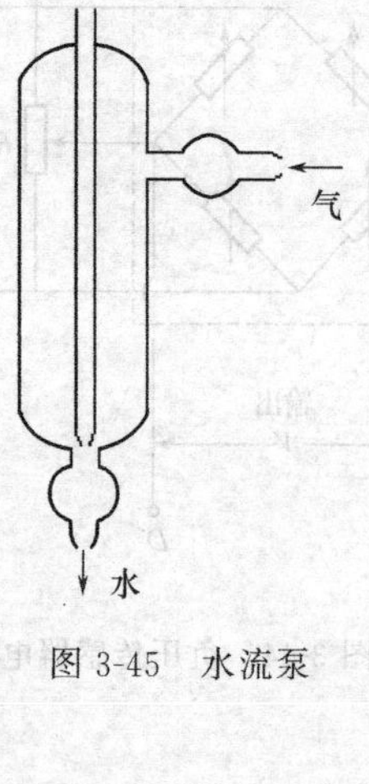

图3-45　水流泵

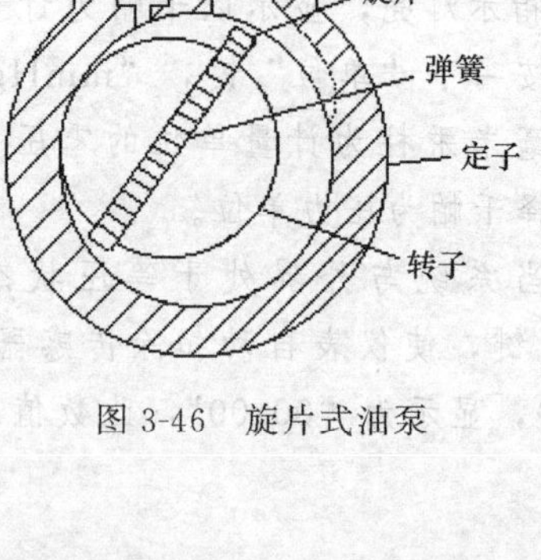

图3-46　旋片式油泵

系吸入泵的入口，随偏心轮旋转的旋片使气体压缩，而从出口排出，转子的不断旋转使这一过程不断重复，因而达到抽气的目的。这种泵的效率主要取决于旋片与定子之间的严密程度。整个单元都浸在油中，以油作封闭液和润滑剂。实际使用的油泵是上述两个单元串联而成的，这样效率更高，使泵能达到较大的真空度(约 $10^{-1}$Pa)。

使用机械泵必须注意：油泵不能用来直接抽出可凝性的蒸气，如水蒸气、挥发性液体或腐蚀性气体，应在体系和泵的进气管之间串接吸收塔或冷阱。例如：用氯化钙或五氧化二磷吸收水汽，用石蜡油或吸收油吸收烃蒸气，用活性炭或硅胶吸收其他蒸气，泵的进气管前要接一个三通活塞，在机械泵停止运行前，应先通过三通活塞使泵的进气口与大气相通，以防止泵油倒吸污染实验体系。

(3)扩散泵　扩散泵的原理是利用一种工作物质从喷口处高速喷出，在喷口处形成低压，对周围气体产生抽吸作用而将气体带走。这种工作物质在常温时应是液体，并具有极低的蒸气压，用小功率的电炉加热就能使液体沸腾气化，沸点不能过高，通过水冷却便能使气化的蒸气冷凝下来，过去用汞，现在通常采用硅油。扩散泵的工作原理可见图 3-47，硅油被电炉加热沸腾气化后，通过中心导管从顶部的二级喷口处喷出，在喷口处形成低压，将周围气体带走，而硅油蒸气随即被冷凝成液体回入底部，循环使用。被夹带在硅油蒸气中的气体在底部聚集，立即被机械泵抽走。在上述过程中，硅油蒸气起着一种抽运作用，其抽运气体的能力决定于以下三个因素：硅油本身的摩尔质量要大，喷射速度要高，喷口级数要多。现在用摩尔质量大于 3000g·$mol^{-1}$ 以上的硅油作工作物质的四级扩散泵，其极限真空度可达到 $10^{-7}$Pa，三级扩散泵可达 $10^{-4}$Pa。

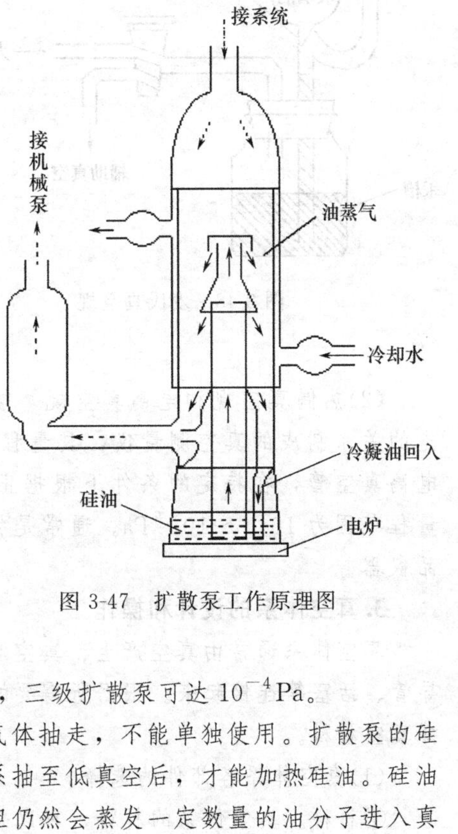

图 3-47　扩散泵工作原理图

硅油扩散泵必须用机械泵为前级泵，将其抽出的气体抽走，不能单独使用。扩散泵的硅油易被空气氧化，所以使用时应用机械泵先将整个体系抽至低真空后，才能加热硅油。硅油不能承受高温，否则会裂解。硅油蒸气压虽然极低，但仍然会蒸发一定数量的油分子进入真空体系，沾污被研究对象。因此一般在扩散泵和真空体系连接处安装冷凝阱，以捕捉可能进入体系的油蒸气。

**2. 真空的测量**

真空测量实际上就是测量低压下气体的压力，所有的量具通称为真空规。由于真空度的范围宽达十几个数量级，因此总是用若干个不同的真空规来测量不同范围的真空度。常用的真空规有U形水银压力计、麦氏真空规、热偶真空规和电离真空规等。

(1)麦氏真空规　麦氏真空规构造如图 3-48 所示，它是利用玻义耳定律，将被测真空体系中的一部分气体(装在玻璃泡和毛细管中的气体)加以压缩，比较压缩前后体积、压力的变化，算出其真空度。具体测量的操作步骤如下：缓缓开启活塞，使真空规与被测真空体系接通，这时真空规中的气体压力逐渐接近于被测体系的真空度，同时将三通活塞开向辅助真空，对汞槽抽真空，不让汞槽中的汞上升。待玻璃泡和闭口毛细管中的气体压力与被测体系

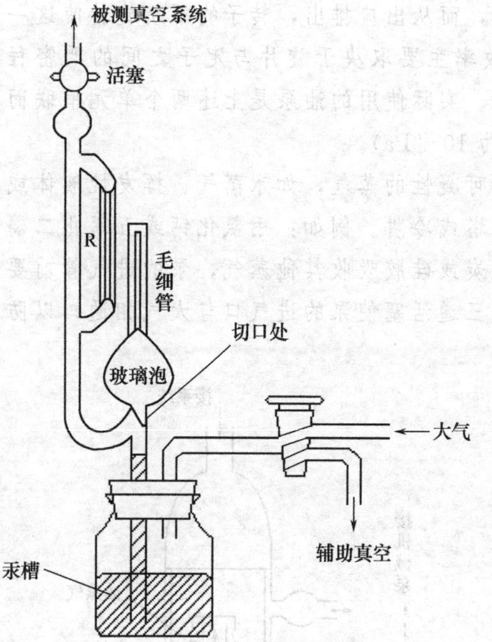

图 3-48　麦氏真空规

的压力达到稳定平衡后，可开始测量。将三通活塞小心缓慢地开向大气，使汞槽中汞缓慢上升，进入真空规上方。当汞面上升到切口处时，玻璃泡和毛细管即形成一个封闭体系，其体积是事先标定过的。令汞面继续上升，封闭体系中的气体被不断压缩，压力不断增大，最后压缩到闭口毛细管内。毛细管R是开口通向被测真空体系的，其压力不随汞面上升而变化。因而随着汞面上升，R和闭口毛细管产生压力差，其差值可从两个汞面在标尺上的位置直接读出，如果毛细管和玻璃泡的容积为已知，压缩到闭口毛细管中的气体体积也能从标尺上读出，就可算出被测体系的真空度。通常，麦氏真空规已将真空度直接刻在标尺上，不再需要计算。使用时只要闭口毛细管中的汞面刚达零线，立即关闭活塞，停止汞面上升，这时开管R中的汞面所在位置的刻度线，即为所求真空度。麦氏真空规的量程范围为 $10 \sim 10^{-4}$ Pa。

(2)热偶真空规和电离真空规　热偶真空规是利用低压时气体的导热能力与压力成正比的关系制成的真空测量仪，其量程范围为 $10 \sim 10^{-1}$ Pa。电离真空规是一种特殊的三极电离真空管，在特定的条件下根据正离子流与压力的关系，达到测量真空度的目的，其量程范围为 $10^{-1} \sim 10^{-6}$ Pa。通常是将这两种真空规复合配套组成复合真空计，已成为商品仪器。

**3. 真空体系的设计和操作**

真空体系通常由真空产生、真空测量和真空使用三部分，这三部分之间通过一根或多根导管、活塞等连接起来。根据所需要的真空度和抽气时间来综合考虑选配泵，确定管路和选择真空材料。

(1)真空体系各部件的选择

①材料。真空体系的材料，可以是玻璃或金属，玻璃真空体系吹制比较方便，使用时可观察内部情况，便于在低真空条件下用高频火花检漏器检漏，但其真空度较低，一般可达 $10^{-1} \sim 10^{-3}$ Pa。不锈钢材料制成的金属体系的真空体系可达到 $10^{-10}$ Pa 的真空度。

②真空泵。要求极限真空度仅达 $10^{-1}$ Pa 时，可直接使用性能较好的机械泵，不必用扩散泵。要求真空度优于 $10^{-1}$ Pa 时，则用扩散泵和机械泵配套。选用真空泵主要考虑泵的极限真空度的抽气速率。对极限真空度要求高，可选用多级扩散泵，要求抽气速率大，可采用大型扩散泵和多喷口扩散泵。扩散泵应配用机械泵作为它的前级泵，选用机械泵要注意它的真空度和抽气速率与扩散泵匹配。如用小型玻璃三级油扩散泵，其抽气速率在 $10^{-2}$ Pa 时约为 $60 mL \cdot s^{-1}$，配套一台抽气速率为 $30\ L \cdot min^{-1}$(1Pa 时)的旋片式机械泵就正好合适。真空度要求优于 $10^{-6}$ Pa 时，一般选用钛泵和吸附泵配套。

③真空规。根据所需量程及具体使用要求来选定。如真空度在 $10 \sim 10^{-2}$ Pa 范围，可选用转式麦氏规或热偶真空规；真空度在 $10^{-1} \sim 10^{-4}$ Pa 范围，可选用座式麦氏规或电离真空

规；真空度在 $10\sim10^{-6}$Pa 较宽范围，通常选用热偶真空规和电离真空规配套的复合真空规。

④冷阱。冷阱是在气体通道中设置的一种冷却式陷阱，使气体经过时被捕集的装置。通常在扩散泵和机械泵间要加冷阱，以免有机物、水蒸气等进入机械泵。在扩散泵和待抽真空部分之间，一般也要装冷阱，以防止油蒸气沾污测量对象，同时捕集气体。常用冷阱结构如图 3-49 所示。具体尺寸视所连接的管道尺寸而定，一般要求冷阱的管道不能太细，以免冷凝物堵塞管道或影响抽气速率，也不能太短，以免降低捕集效率。冷阱外套杜瓦瓶，常用制冷剂为液氮、干冰等。

⑤管道和真空活塞。管道和真空活塞都是玻璃真空体系上连接各部件用的。管道的尺寸对抽气速率影响很大，所以管道应尽可能粗而短，尤其在靠近扩散泵处更应如此。选择真空活塞应注意它的孔芯大小要和管道尺寸相匹配。对高真空来说，用空心旋塞较好，它重量轻，温度变化引起漏气的可能性较小。

⑥真空涂敷材料。真空涂敷材料包括真空脂、真空泥和真空蜡等。真空脂用在磨口接头和真空活塞上，国产真空脂按使用温度不同，分为 1 号、2 号、3 号真空脂。真空泥用来修补小沙孔或小缝隙。真空蜡用来胶合难以融合的接头。

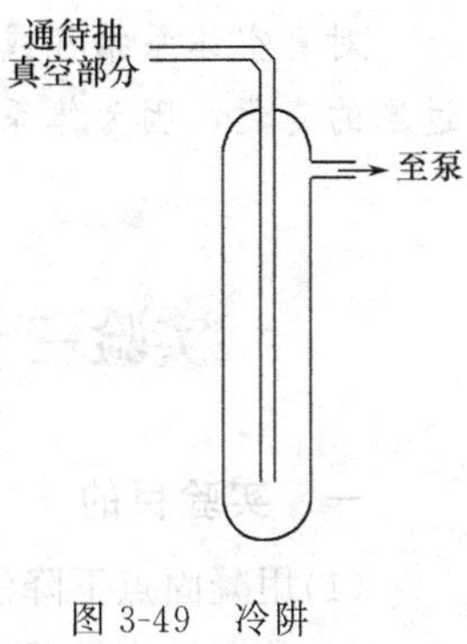

图 3-49　冷阱

(2)真空体系的检漏和操作

①真空泵的使用。启动扩散泵前要先用机械泵将体系抽至低真空，然后接通冷却水，接通电炉，使硅油逐步加热，缓缓升温，直至硅油沸腾并正常回流为止。停止扩散泵工作时，先关加热电源至不再回流后关闭冷却水进口，再关扩散泵进出口旋塞。最后停止机械泵工作。油扩散泵中应防止空气进入(特别是在温度较高时)，以免油被氧化。

②真空体系的检漏。低真空体系的检漏，最方便的是使用高频火花真空检漏仪。它是利用低压力($10^3\sim10^{-1}$Pa)下气体在高频电场中，发生感应放电时所产生的不同颜色，来估计气体真空度的。使用时，按住手揿开关，放电簧端应看到紫色火花，并听到蝉鸣响声。将放电簧移近任何金属物时，应产生不少于三条火花线，长度不短于 20 mm，调节仪器外壳上面的旋钮，可改变火花线的条数和长度。火花正常后，可将放电簧对准真空体系的玻璃壁，此时如压力小于 $10^{-1}$Pa 或大于 $10^3$Pa，则紫色火花不能穿越玻璃壁进入真空部分，若压力大于 $10^{-1}$Pa 而小于 $10^3$Pa，则紫色火花能穿越玻璃壁进入真空部分内部，并产生辉光。当玻璃真空体系上有微小的沙孔漏洞时，由于大气穿过漏洞处的导电率比玻璃导电率高得多，因此当高频火花真空检漏仪的放电簧移近漏洞时，会产生明亮的光点，这个明亮的光点就是漏洞所在处。

实际的检漏过程如下：启动机械泵后数分钟，可将体系抽至 10～1Pa，这时用火花检漏器检查可以看到红色辉光放电。然后关闭机械泵与体系连接的旋塞，5min 后再用火花检漏器检查，其放电现象应与前相同，如不同表明体系漏气。为了迅速找出漏气所在处，常采用分段检查的方式进行，即关闭某些旋塞，把体系分成几个部分，分别检查。用高频火花仪对体系逐段仔细检查，如果某处有明亮的光点存在，在该处就有沙孔。检漏器的放电簧不能在某一地点停留过久，以免损伤玻璃。玻璃体系的铁夹附近及金属真空体系不能用火花检漏器检漏。查出的个别小沙孔可用真空泥涂封，较大漏洞须重新熔接。

体系能维持初级真空后，便可启动扩散泵，待泵内硅油回流正常后，可用火花检漏器重新检查体系，当看到玻璃管壁呈淡蓝色荧光，而体系没有辉光放电时，表明真空度已优于$10^{-1}$Pa。否则，体系还有极微小漏气处，此时同样再利用高频火花检漏仪分段检查漏气，再以真空泥涂封。

若管道段找不到漏孔，则通常为活塞或磨口接头处漏气，须重涂真空脂或换接新的真空活塞或磨口接头。真空脂要涂得薄而均匀，两个磨口接触面上不应留有任何空气泡或“拉丝”。

③真空体系的操作。在开启或关闭活塞时，应双手进行操作，一手握活塞套，一手缓缓旋转内塞，务必使开、关活塞时不产生力矩，以免玻璃体系因受力而扭裂。

对真空体系抽气或充气时，应通过活塞的调节，使抽气或充气缓缓进行，切忌体系压力过剧的变化，因为体系压力突变会导致U形水银压力计内的水银冲出或吸入体系。

# 实验三十五　凝固点降低测定蔗糖的相对分子质量

## 一、实验目的

(1)用凝固点下降法测定蔗糖的相对分子质量。

(2)掌握贝克曼温度计的用法。

## 二、实验原理

凝固点降低法测定摩尔质量使用范围是非挥发性非电解质物质形成的稀溶液。根据稀溶液的依数性控制溶质的加入量。溶质加入要少，但相对称量精确度来说，溶质的量又不能太少。

某纯物质的凝固点是指该物质的固液两相的蒸气压相等的温度。当加入少量非挥发性非电解质纯物质到纯溶剂中以后，由于减少了溶液表面层溶剂分子逸出的倾向，使溶液的蒸气压小于同温度下纯溶剂的蒸气压，因此溶液的凝固点$T$低于纯溶剂的凝固点$T_0$(见图3-50)。

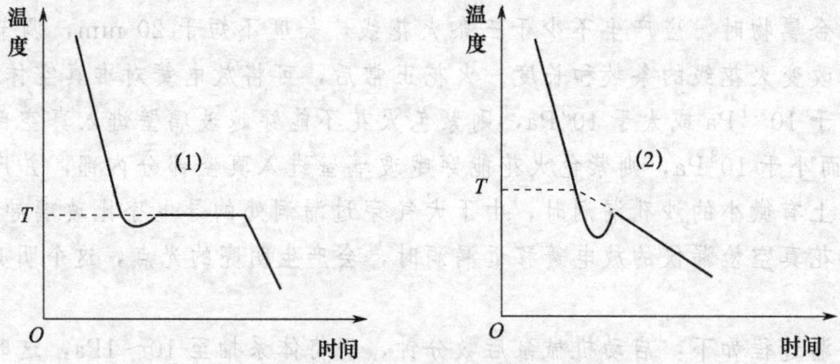


图3-50　溶剂与溶液的冷却曲线

对于溶有非挥发性非电解质的稀溶液，并且溶质分子没有缔合等复杂情况时，则对一定的溶剂而言，溶液的凝固点降低值$\Delta T$与溶液的质量摩尔浓度成正比，即：

$$\Delta T = T_f^* - T_f = K_f b_B \qquad (3\text{-}32)$$

式中　$K_f$——凝固点降低常数，其数值随不同溶剂而异，水的$K_f = 1.86\text{K} \cdot \text{kg} \cdot \text{mol}^{-1}$；

$b_B$——质量摩尔浓度，$\text{mol} \cdot \text{kg}^{-1}$。

其中

$$b_B=\frac{m_B/M_B}{m_A} \tag{3-33}$$

将式(3-33)代入式(3-32)可得：

$$M_B=\frac{K_f m_B}{m_A \Delta T_f} \tag{3-34}$$

式中 $m_B$——溶质的质量，g；

$M_B$——溶质的摩尔质量，g·mol$^{-1}$；

$m_A$——溶剂的质量，g。

因此我们取一定质量的溶剂和溶质配成溶液，测定其凝固点降低值，就能按式(3-34)计算相对分子质量。

若溶质中有离解现象，对摩尔质量的测定值 $M_B$ 会偏小。因为凝固点直接反映了溶液中的质点数，溶质离解时质点数增加，$\Delta T_f$ 变大，从公式可知，$M_B$ 会偏小。若有溶质分子缔合，则 $M_B$ 结果会偏大。

纯溶剂的凝固点是它的固液两相共存的平衡温度，若将纯溶剂逐步冷却，其冷却过程为图 3-50 中曲线(1)的形状，但往往发生过冷现象(产生过冷现象是由于温度下降到凝固点时，新相难生成造成的)。若过冷严重，温度回升的最高温度会比原来初测溶液凝固点偏低。过冷温度不能超过 0.2～0.5℃。可以采取加入晶种或控制搅拌速度的方法减小过冷现象，则冷却曲线为图 3-50 中曲线(2)的形状，即在过冷到开始析出固体后温度才回到稳定的平衡温度，待液体全部冷凝，温度再逐步下降，所以在步冷曲线上有一个恒定阶段(水平线)。我们必须读温度回升至最高并出现平台的温度，即为纯水的凝固点。而稀溶液的步冷曲线上只有折点，没有平台，这是因为稀溶液的凝固点降低值不大，而且溶液中，随着固体纯溶剂从溶液中的不断析出，剩余溶液的浓度逐渐增大，因而剩余溶液与溶剂固相的平衡温度也在逐渐下降，在步冷曲线上得不到温度不变的水平线，只出现折点，所以温度的测量需要较精密的仪器，固体析出越少越好。本实验中用 SWC-ⅡC 数字贝克曼温度计。

## 三、实验仪器与试剂

仪器：SWC-IG 冰点仪；SWC-ⅡC 数字贝克曼温度计；移液管(25mL)一只；压片计一架。装置如图 3-51 所示。

试剂：纯水；蔗糖(分析纯)；食盐。

## 四、实验步骤

(1)打开 SWC-IG 冰点仪和 SWC-ⅡC 数字贝克曼温度计。

(2)将冰点仪的传感器放入冰浴槽传感器插孔中，并在冰浴槽中加入碎冰、自来水和食盐，用冰浴槽中的手动搅拌器搅拌，使冰浴槽温度低于蒸馏水凝固点 2～3℃(原则上越低越好)，停止搅拌。按下贝克曼温度仪上的“保持”键，锁定基温，将其温度选择打向“0”，测量选择量程选“温差”。

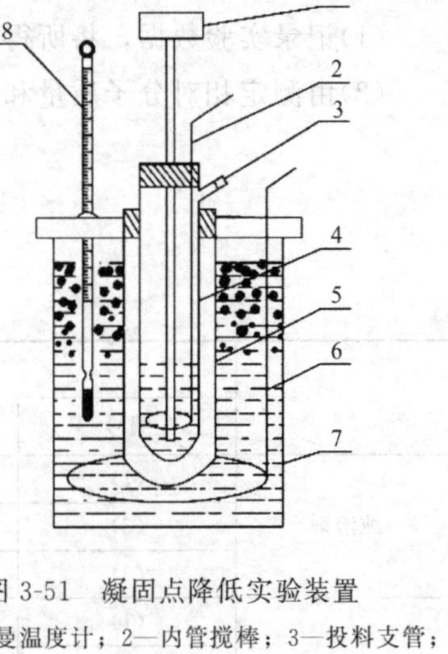


图 3-51　凝固点降低实验装置

1—贝克曼温度计；2—内管搅棒；3—投料支管；4—凝固点管；5—空气套管；6—寒剂搅棒；7—冰槽；8—温度计

(3)用移液管准确移取25mL蒸馏水放入清洁、干燥的凝固点测定管中，并放入磁子。将温度传感器从冰浴槽中取出擦干，插入橡胶塞中，然后再将橡胶塞塞入凝固点测定管。(注意：传感器插入凝固点测定管时应尽量处于与管壁平行的中央位置，插入深度以温度传感器顶端距离凝固点测定管的底部5mm左右为佳，不应与任何物质相碰，但也要保证探头浸入水中，且拉动搅拌听不到碰壁与摩擦声。)

(4)将凝固点测定管插入冰浴槽右边端口中，调节冰点仪上的调速旋钮至适当位置，观察贝克曼温度仪上的温度显示值，直至温度显示值稳定不变，此即为纯溶剂样品的初测凝固点。(记下初测凝固点数，对精测凝固点将起到指导作用。)

(5)取出凝固点测定管，用掌心握住加热，待凝固点测定管内结冰完全融化后，将凝固点测定管插入冰浴槽右边端口中，当温度降至高于初测凝固点0.3～0.7℃时，迅速将凝固点测定管取出，擦干，插入空气套管中，及时记下此时温度值。(空气套管的作用是使凝固点测定管处于较均匀温度的空间，减缓降温速率，防止过冷现象的发生。如果不用空气套管，冷凝管直接插入冰浴中，温度下降过快，不易产生新生相，容易产生强烈的过冷现象。)用塞子将冰浴槽右边端口盖上，防止冰浴从空气中吸热。调节调速旋钮缓慢搅拌使温度均匀下降，因为在温度逐渐降低过程中，搅拌过快，不易观察到产生过冷现象。搅拌过慢，体系温度不均匀。间隔30s记录一次温度值。当温度低于初测凝固点时，及时调整调速旋钮，加速搅拌，提供凝聚中心，使固体析出，温度略有回升时，调整调速旋钮，缓慢搅拌。因为在温度逐渐回升过程中，搅拌过快，回升最高点因搅拌热存在而偏高。搅拌过慢，溶液凝固点测量值偏低。直至温度稳定(持续60s)，此时显示的温度值即为蒸馏水(纯溶剂)的凝固点。

(6)再重复实验步骤(5)1～2次。

(7)溶液凝固点的测定——蔗糖水溶液凝固点的测定。取出凝固点测定管，用掌心握住加热使管中冰完全融化后放入已精确称量过的1～1.4g的蔗糖，待其完全溶解后，重复实验步骤4，初测溶液的凝固点。然后按实验步骤5精测蔗糖水溶液凝固点，并重复1～2次。

## 五、数据记录与结果处理

(1)记录实验数据，将所得数据填入表3-21中。

(2)由测定相对分子质量和查出的真实值，计算实验误差。

$$\frac{\text{实验值}-\text{真实值}}{\text{真实值}}\times 100\%$$

**表3-21 实验数据记录**

| | 凝固点读数 | | | 凝固点降低值 | 相对分子质量 |
|---|---|---|---|---|---|
| | 编号 | 测量值 | 平均值 | | |
| 纯溶剂 | (1) | | | | |
| | (2) | | | | |
| | (3) | | | | |
| 溶液 | (1) | | | | |
| | (2) | | | | |
| | (3) | | | | |

**六、思考题**

(1)为了提高实验的准确度，是否可以用增加溶质浓度的方法增加值？搅拌速度过快和过慢对实验有何影响？

(2)凝固点降低法测定摩尔质量使用范围是什么？如何控制溶质加入量？为什么要用空气套管，不用它，对实验结果有何影响？

(3)若溶质中有离解现象，对摩尔质量的测定值有何影响？

(4)为什么会产生过冷现象？对实验有何影响？过冷温度不能超过多少摄氏度？如何控制？

(5)测定凝固点时，纯溶剂的温度回升后有一个恒定阶段，而溶液没有，为什么？

(6)一般冰浴温度要求不低于溶液凝固点几摄氏度为宜？为什么？

(7)怎样测定溶液较准确的凝固点？

## 实验三十六　二组分完全互溶双液系的汽-液平衡相图的绘制

**一、实验目的**

(1)用回流冷凝法测定沸点时的气液两相组成，并绘制双液系 $T$-$x$ 相图，在相图中找出恒沸点混合物的组成和恒沸点的温度。

(2)学会运用沸点仪测定沸点的方法。

(3)掌握回流冷凝法测定溶液沸点的方法。

(4)掌握阿贝折光仪的使用方法。

**二、实验原理**

单组分液体在一定外压下的沸点是定值，但双液系溶液的沸点不仅与外压有关而且还和双液体系的组成有关，双液系溶液与拉乌尔定律的偏差不大，通过反复蒸馏的方法可以使双液系组成的两种溶液互相分离。实际溶液由于 A、B 两组分的相互影响，也可能对拉乌尔定律产生很大的偏差，导致 $T$-$x$ 或 $p$-$x$ 图中，可能有最高点或最低点的出现，这些点称为恒沸点，其相应的溶液称为恒沸点混合物，如图 3-52(b)、(c)所示。恒沸点混合物蒸馏时，所得的气相与液相组成相同，因此通过蒸馏无法改变其组成。如盐酸-水溶液就是具有最高恒沸点的溶液，苯与乙醇的体系则是有最低恒沸点的溶液。

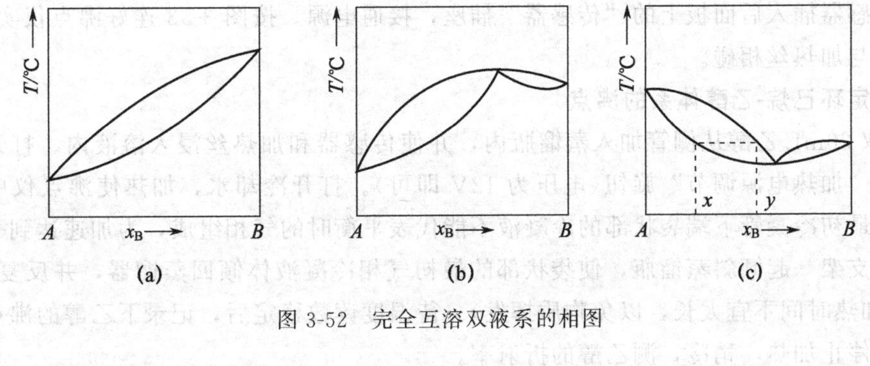


图 3-52　完全互溶双液系的相图

本实验的目的是在定压下绘制环己烷-乙醇双液体系的 $T$-$x$ 图，并找出恒沸点混合物的组成和恒沸点的温度。测绘环己烷-乙醇 $T$-$x$ 相图，首先要测定混合物溶液的沸点，然后再分析气相、液相的组成，在本实验中应用沸点仪(见图 3-53)测定混合液的沸点。测定时要防止溶液暴沸、过热及分馏效应。在此沸点仪用电热丝直接浸入溶液加热，这样可以防止溶液暴沸和过热，另外沸点仪中冷凝管和圆底烧瓶之间的距离要适中，过大容易造成分馏，太小液相中液体随气泡冲出液面进入储有气相冷凝小球中，而引起误差。在温度计水银外面用小玻璃管围牢，可以使蒸气泡带动液体不断喷向水银球。由此测定的平衡温度可以准确代表溶液的沸点。

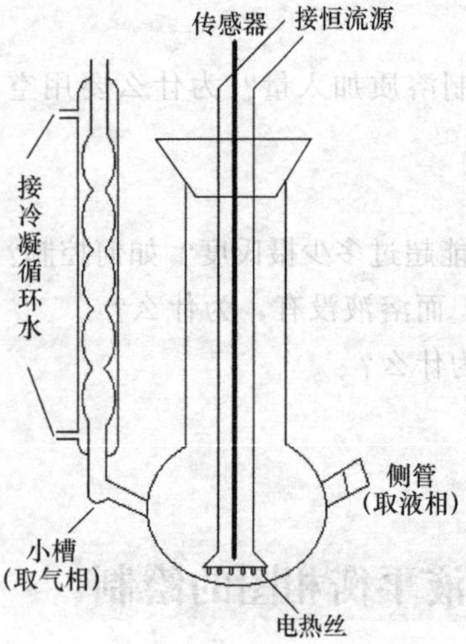

图 3-53 沸点仪

当气相、液相达到平衡状态(即温度计读数稳定，小球内液体经过反复回流被排出之后约 5min)方可用吸管取样分别进行组成分析。收集气相冷凝液的小槽体积大小会影响实验结果。小槽体积大开始非平衡液体不易倒出，太小平衡液易反馏到液相。

本实验所用分析仪器是折光仪，先用它测定已知组成混合物的折射率，作出折射率对组成的工作曲线。用此曲线即可从测得样品的折射率查出相应的组成。值得注意的是阿贝折光仪不能测定强酸、强碱等对仪器有强腐蚀性的物质。

## 三、实验仪器与试剂

仪器：沸点仪；阿贝折光仪；50～100℃温度计(1/10 分度)一支；小玻璃漏斗；细长滴管；脱脂棉。

试剂：丙酮；无水乙醇；环己烷。

## 四、实验步骤

### 1. 折射率-组成工作曲线绘制

测定实验温度下的纯乙醇、环己烷的折射率，然后以折射率为纵坐标，组成(一般左纵坐标原点为 100%乙醇，右纵坐标原点为 100%环己烷)为横坐标绘制工作曲线。

### 2. 通恒温水

调节恒温槽温度比室温高 5℃，通恒温水于阿贝折光仪中(或室温测定)。

### 3. 安装沸点仪

将传感器插入后面板上的“传感器”插座，接通电源。按图 3-53 连好沸点仪实验装置，传感器勿与加热丝相碰。

### 4. 测定环己烷-乙醇体系的沸点

(1)取 20mL 乙醇从侧管加入蒸馏瓶内，并使传感器和加热丝浸入溶液内。打开电源开关，调节“加热电源调节”旋钮(电压为 12V 即可)。打开冷却水，加热使沸点仪中液体缓慢沸腾。最初冷凝管下端袋状部的冷凝液不能代表平衡时的气相组成，为加速达到平衡，故需要连同支架一起倾斜蒸馏瓶，使袋状部的最初气相冷凝液体倾回蒸馏器，并反复 2～3 次(注意：加热时间不宜太长，以免物质挥发)。待温度读数稳定后，记录下乙醇的沸点和室内大气压。停止加热，稍冷，测乙醇的折射率。

(2)通过侧管加 0.5mL 环己烷于蒸馏瓶中，加热至沸腾，待温度变化缓慢时，同上法回流三次，温度基本不变时记下沸点，停止加热(电压调至0)，稍冷，分别取出气相、液相样品，测其折射率。

(3)依次加入1、2、4、12mL环己烷，同上法测定溶液的沸点和平衡时气相、液相的折射率。

(4)实验完毕，将溶液从侧口先倒入烧杯，再倒入回收瓶，蒸馏瓶底部残余少量溶液用滴管吸出，然后用吹风机或洗耳球吹干蒸馏瓶。

(5)从侧管加入20mL环己烷于蒸馏瓶内，重复操作步骤(1)，测其沸点和折射率。

(6)再依次加入0.2、0.4、0.8、1.0、2.0mL乙醇，同上法测定溶液的沸点和平衡时气相、液相的折射率。

(7)实验完毕，关闭仪器和冷凝水，将溶液倒入回收瓶[同步骤(4)]。

## 五、数据记录与结果处理

将实验结果填入表3-22中。

**表3-22　环己烷-乙醇体系的沸点与气、液相组成**

日期________；室温________；大气压________

| 组别 | 沸点 | 液相 | | 气相 | |
|---|---|---|---|---|---|
| | | 折射率 | 组成 | 折射率 | 组成 |
| 1 | | | | | |
| 2 | | | | | |
| 3 | | | | | |
| 4 | | | | | |
| 5 | | | | | |
| 6 | | | | | |
| 7 | | | | | |
| 8 | | | | | |
| 9 | | | | | |
| 10 | | | | | |
| 11 | | | | | |
| 12 | | | | | |

(1)将气相和液相样品的折射率根据折射率对组成工作曲线查得相应组成。若温度为25℃，也可通过表3-23查得。

**表3-23　25℃时环己烷-乙醇体系的折射率与组成关系**

| $x_{乙醇}$ | $x_{环己烷}$ | $n_D^{25}$ |
|---|---|---|
| 1.00 | 0.0 | 1.35935 |
| 0.8992 | 0.1008 | 1.36867 |
| 0.7948 | 0.2052 | 1.37766 |
| 0.7089 | 0.2911 | 1.38412 |
| 0.5941 | 0.4059 | 1.39216 |
| 0.4983 | 0.5017 | 1.39836 |
| 0.4016 | 0.5984 | 1.40342 |
| 0.2987 | 0.7013 | 1.40890 |
| 0.2050 | 0.7950 | 1.41356 |
| 0.1030 | 0.8970 | 1.41855 |
| 0.00 | 1.00 | 1.42338 |

(2)根据相应沸点的气、液相组成在坐标纸上绘制出环己烷-乙醇的汽-液平衡相图。

(3)再由相图确定最低恒沸点组成。

## 六、思考题

(1)在测定时有过热或分馏现象，将使测得相图形状有何变化？如何正确判断气相、液相已达到平衡状态？

(2)液体的折射率与哪些因素有关？使用阿贝折光仪测定溶液折射率应注意哪几点？

(3)本实验用测定沸点和气相液相的折射率来绘制相图有哪些优点？

(4)混合物的沸点与纯液体沸点有何异同？

(5)收集气相冷凝液的小槽体积大小会影响实验结果吗？为什么？

(6)本实验主要误差来源有哪些？

# 知识扩展：阿贝折光仪

## 一、折射率与浓度的关系

折射率是物质的特性常数，纯物质具有确定的折射率，但如果混有杂质其折射率会偏离纯物质的折射率，杂质越多，偏离越大。纯物质溶解在溶剂中，折射率也发生变化。当溶质的折射率小于溶剂的折射率时，浓度越大，混合物的折射率越小；反之亦然。所以，测定物质的折射率可以定量地求出该物质的浓度或纯度，其方法如下：

(1)制备一系列已知浓度的样品，分别测量各样品的折射率。

(2)以样品浓度 $c$ 和折射率 $n_D$ 作图得一工作曲线。

(3)据待测样品的折射率，由工作曲线查得其相应浓度。

用折射率测定样品的浓度所需试样量少，且操作简单方便，读数准确。实验室中常用阿贝折光仪测定液体和固体物质的折射率。阿贝折光仪的外形图见图3-54。

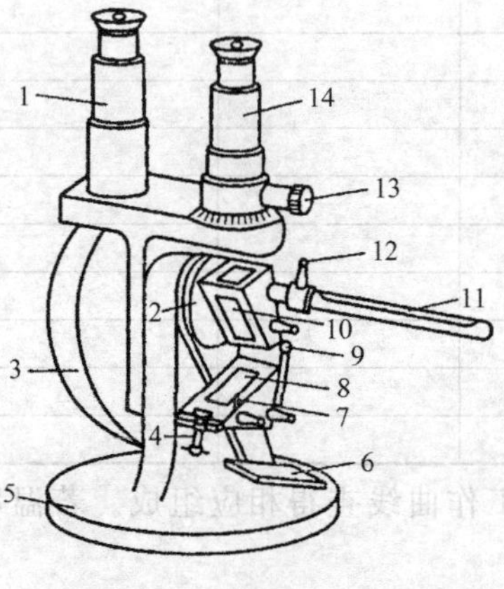


图 3-54 阿贝折光仪外形图

1—读数望远镜；2—转轴；3—刻度盘罩；4—锁钮；5—底座；6—反射镜；7—加液槽；8—辅助棱镜(开启状态)；9—铰链；10—测量棱镜；11—温度计；12—恒温水入口；13—消色散手柄；14—测量望远镜

## 二、阿贝折光仪的使用方法

(1)安装 将阿贝折光仪放在光亮处，但避免置于直曝的日光中，用超级恒温槽将恒温水通入棱镜夹套内，其温度以折光仪器上温度计读数为准。

(2)加样 松开锁钮，开启辅助棱镜，使其磨砂斜面处于水平位置，滴几滴丙酮于镜面，可用镜头纸轻轻揩干。滴加几滴试样于镜面上(滴管切勿触及镜面)，合上棱镜，旋紧锁钮。若液样易挥发，可由加液小槽直接加入。

(3)对光 转动镜筒使之垂直，调节反射镜使入射光进入棱镜，同时调节目镜的焦距，使目镜中十字线清晰明亮。

(4)读数 调节读数螺旋，使目镜中呈半明半暗状态。调节消色散棱镜至目镜中彩色光带消失，再调节读数螺旋，使明暗界面恰好落在十字线的交叉处。若此时呈现微色散，继续调节消色散棱镜，直到色散现象消失为止。这时可从读数望远镜中的标尺上读出折射率 $n_D$。为减少误差，每个样品需重复测量三次，三次读数的误差应不超过0.002，再取其平均值。

### 三、注意事项

(1)使用时必须注意保护棱镜，切勿用其他纸擦拭棱镜，擦拭时注意指甲不要碰到镜面，滴加液体时，滴管切勿触及镜面。保持仪器清洁，严禁油手或汗手触及光学零件。

(2)使用完毕后要把仪器全部擦拭干净(小心爱护)，流尽金属套中恒温水，拆下温度计，并将仪器放入箱内，箱内放有干燥剂硅胶。

(3)不能用阿贝折光仪测量酸性、碱性物质和氟化物的折射率，若样品的折射率不在1.3～1.7范围内，也不能用阿贝折光仪测定。

## 实验三十七　溶液偏摩尔体积的测定

### 一、实验目的

(1)掌握用比重瓶测定溶液密度的方法。

(2)测定指定组成的乙醇-水溶液中各组分的偏摩尔体积。

(3)理解偏摩尔量的物理意义。

### 二、实验原理

在多组分体系中，某组分 $i$ 的偏摩尔体积定义：

$$V_{i,m}=\left(\frac{\partial V}{\partial n_i}\right)_{T,p,n_j(i\neq j)} \tag{3-35}$$

若是二组分体系，则有：

$$V_{1,m}=\left(\frac{\partial V}{\partial n_1}\right)_{T,p,n_2} \tag{3-36}$$

$$V_{2,m}=\left(\frac{\partial V}{\partial n_2}\right)_{T,p,n_1} \tag{3-37}$$

体系总体积：

$$V_{总}=n_1V_{1,m}+n_2V_{2,m} \tag{3-38}$$

将式(3-38)两边同除以溶液质量 $W$：

$$\frac{V}{W}=\frac{W_1}{M_1}\times\frac{V_{1,m}}{W}+\frac{W_2}{M_2}\times\frac{V_{2,m}}{W} \tag{3-39}$$

令

$$\frac{V}{W}=\alpha,\frac{V_{1,m}}{M_1}=\alpha_1,\frac{V_{2,m}}{M_2}=\alpha_2 \tag{3-40}$$

式中，$\alpha$ 是溶液的比容；$\alpha_1$，$\alpha_2$ 分别为组分1，2的偏质量体积。

将式(3-40)代入式(3-39)可得：

$$\alpha=W_1\%\alpha_1+W_2\%\alpha_2=(1-W_2\%)\alpha_1+W_2\%\alpha_2 \tag{3-41}$$

将式(3-41)对 $W_2\%$ 微分：

$$\frac{\partial\alpha}{\partial W_2\%}=-\alpha_1+\alpha_2 \quad 即 \quad \alpha_2=\alpha_1+\frac{\partial\alpha}{\partial W_2\%} \tag{3-42}$$

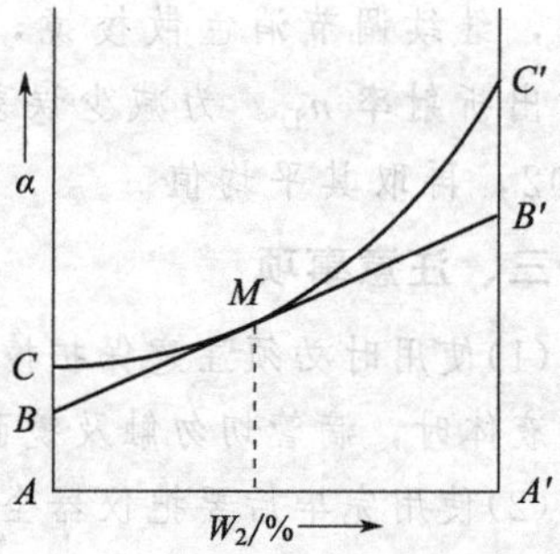

图 3-55　比容-质量分数关系图

将式(3-42)代回式(3-41)，整理得：

$$\alpha=\alpha_1+W_2\%\times\frac{\partial\alpha}{\partial W_2\%} \tag{3-43}$$

和

$$\alpha=\alpha_2-W_1\%\times\frac{\partial\alpha}{\partial W_2\%} \tag{3-44}$$

所以，实验求出不同浓度溶液的比容 $\alpha$(即密度的倒数)，作 $\alpha$-$W_2\%$关系图，得曲线 $CC'$ (见图 3-55)。如欲求 $M$ 浓度溶液中各组分的偏摩尔体积，可在 $M$ 点作切线，此切线在两边的截距 $AB$ 和 $A'B'$即为 $\alpha_1$ 和 $\alpha_2$，再由关系式(3-36)和式(3-37)就可求出 $V_{1,m}$ 和 $V_{2,m}$。

## 三、实验仪器与试剂

仪器：恒温槽 1 台；电子天平 1 台；比重瓶(5mL 或 10mL，1 只)；磨口三角瓶(50mL，4 只)。

试剂：无水乙醇(分析纯)；蒸馏水。

## 四、实验步骤

(1)调节恒温槽温度为(25.0±0.1)℃。

(2)配制溶液

以无水乙醇及蒸馏水为原液，在磨口三角瓶中用电子天平称量，配制含乙醇质量分数为 0、20%、40%、60%、80%、100%的乙醇水溶液，每份溶液的总质量控制在 15g(10mL 比重瓶可配制 25g)左右。配好后盖紧塞子，以防挥发。

(3)比重瓶体积的标定

用电子天平精确称量洁净、干燥的比重瓶，然后盛满蒸馏水置于恒温槽中恒温 10min。取出比重瓶，用滤纸迅速擦去毛细管膨胀出来的水，并擦干外壁，迅速称量。平行测量两次。注意拿比重瓶时应手持其颈部，比重瓶加满溶液后，瓶内及塞子上的毛细管内都不能有气泡，保持比重瓶的外表面干燥，然后再放到天平上精确称量。

(4)溶液比容的测定

按上法测定每份乙醇-水溶液的比容。

## 五、数据记录与结果处理

将实验结果填入表 3-24 中。

**表 3-24　实验数据记录**

| 编号 | 1 | 2 | 3 | 4 | 5 | 6 |
|---|---|---|---|---|---|---|
| 组成 | 0 | 20% | 40% | 60% | 80% | 100% |
| 比容 | | | | | | |

(1)根据 25℃时水的密度和称量结果，求出比重瓶的容积。

(2)计算所配溶液中乙醇的准确质量分数。

(3)计算实验条件下各溶液的比容。

(4)以比容为纵轴、乙醇的质量分数为横轴作曲线，并在 30%乙醇处作切线与两侧纵轴相交，即可求得 $\alpha_1$ 和 $\alpha_2$。

(5)求算含乙醇 30%的溶液中各组分的偏摩尔体积及 100g 该溶液的总体积。

知识介绍：密度瓶测量粒状固体密度的方法如下。

(1)将密度瓶洗净干燥，装入一定量研细的待测固体(装入量视瓶大小而定)，称量记为 $m_1$。

(2)再向瓶中注入部分已知密度为 $\rho$ 的液体，将瓶口敞开放入真空干燥器内，用真空泵抽气约 10min 后，取出密度瓶擦干外壁，并用滤纸吸去塞帽毛细管口溢出的液体，称质量为 $m'_1$。

(3)增加加入待测固体的量，重复步骤(1)(2)，并记录装入固体后称质量为 $m_2$，装满液体恒温后称质量为 $m'_2$。

(4)根据下述公式计算待测固体的密度 $\rho_s$：

$$\rho_s=\frac{(m_2-m_1)/\rho}{(m'_1-m'_2)-(m_1-m_2)}$$

## 六、思考题

(1)偏摩尔量有何物理意义？

(2)如何使用比重瓶测量粒状固体的密度？

(3)为提高溶液密度测量的精度，可做哪些改进？

(4)使用密度瓶应注意哪些问题？

# 实验三十八　一级反应——蔗糖转化的速率常数测定

## 一、实验目的

(1)根据物质的光学性质研究蔗糖水解反应，测定其反应速率常数。

(2)了解旋光仪的基本原理，掌握适用方法。

## 二、实验原理

蔗糖在水中水解成葡萄糖与果糖的反应为：

$$\underset{(蔗糖)}{C_{12}H_{22}O_{11}} + H_2O \longrightarrow \underset{(葡萄糖)}{C_6H_{12}O_6} + \underset{(果糖)}{C_6H_{12}O_6}$$

为使反应加速，常常以 $H_3O^+$ 为催化剂，故在酸性介质中进行。水解反应中，水是大量的，反应达终点时，虽有部分水分子参加反应，但与溶质相比可以认为它的浓度没有改变，故此反应可视为一级反应，其动力学方程式为：

$$-\frac{dc}{dt}=kc \tag{3-45}$$

或

$$k=\frac{2.303}{t}\lg\frac{c_0}{c} \tag{3-46}$$

式中，$c_0$ 为反应开始时蔗糖的浓度；$c$ 为时间 $t$ 时蔗糖的浓度。

蔗糖及水解产物均为旋光物质，当反应进行时，如以一束偏振光通过溶液，则可观察到偏振光的转移。蔗糖是右旋的，水解的混合物是左旋的，所以偏振面将由右边旋向左边。偏振面的转移角度称之为旋光度，以 $\alpha$ 表示。因此可利用体系在反应过程中旋光度的改变来量度反应的进程。溶液的旋光度与溶液中所含旋光物质的种类、浓度、液层厚度、光源的波长以及反应时的温度等因素有关。

为了比较各种物质的旋光能力，引入比旋光度［$\alpha$］这一概念并以下式表示：

$$[\alpha]_D^t=\frac{\alpha}{lc} \tag{3-47}$$

式中，$t$ 为实验时的温度；$D$ 为所用光源的波长；$\alpha$ 为旋光度；$l$ 为液层厚度（常以10cm为单位）；$c$ 为浓度［常用100mL溶液中溶有 $m$(g)物质来表示］，式(3-47)可写成：

$$[\alpha]_D^t=\frac{\alpha}{l\ m/100} \tag{3-48}$$

或

$$\alpha=[\alpha]_D^t\ lc \tag{3-49}$$

由式(3-49)可以看出，当其他条件不变时，旋光度 $\alpha$ 与反应物浓度成正比，即：

$$\alpha=kc \tag{3-50}$$

式中，$k$ 是与物质的旋光能力、溶液层厚度、溶剂性质、光的波长和反应的温度、催化剂等有关系的常数。

蔗糖是右旋性物质（比旋光度 $[\alpha]_D^{20}=66.6°$），产物中葡萄糖也是右旋物质（比旋光度 $[\alpha]_D^{20}=52.5°$），果糖是左旋性物质（比旋光度 $[\alpha]_D^{20}=-91.9°$）。因此，当水解反应进行时，右旋角不断减小，当反应终了时，体系将经过零点变成左旋。

因为上述蔗糖水解反应中，反应物和生成物都具有旋光性，旋光度与浓度成正比，且溶液的旋光度为各组成旋光度之和（加和性）。若反应时间为0、$t$、∞时溶液的旋光度各为 $\alpha_0$、$\alpha_t$、$\alpha_\infty$。则由式(3-50)即可导出：

$$c_0=k(\alpha_0-\alpha_\infty) \tag{3-51}$$

$$c=k(\alpha_t-\alpha_\infty) \tag{3-52}$$

将式(3-51)、式(3-52)代入式(3-46)中可得：

$$k=\frac{2.303}{t}\lg\frac{\alpha_0-\alpha_\infty}{\alpha_t-\alpha_\infty} \tag{3-53}$$

由式(3-53)可以看出，如以 $\lg(\alpha_t-\alpha_\infty)$ 对 $t$ 作图可得一直线，由直线的斜率即可求得反应速率常数 $k$。

本实验就是用旋光仪测定 $\alpha_t$、$\alpha_\infty$ 值，通过作图外推得到 $\alpha_0$，再由式(3-53)求得蔗糖水解反应速率常数。蔗糖溶液的浓度不影响 $\ln c=-kt+B$ 的斜率，所以配制蔗糖溶液时称量不够准确，对测量一级反应速率常数结果无影响。而氢离子在该反应中作催化剂，所以氢离子的浓度会影响 $k$ 的大小。

## 三、实验仪器与试剂

仪器：旋光仪；旋光管（或带有恒温水外套）；移液管（50mL）；锥形瓶（100mL）；烧杯（100mL）。

试剂：$6\text{mol}\cdot\text{L}^{-1}$ HCl溶液；20％蔗糖溶液（学生自配）。

## 四、实验步骤

### 1. 设置温度环境

将恒温槽调节到20℃恒温，然后将旋光管（见图3-56）的外套接上恒温水，或常温下测定。

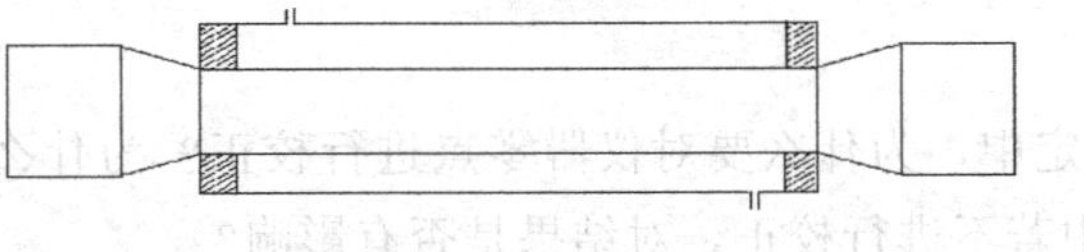

图 3-56　旋光管

**2. 旋光管零点校正**

洗净旋光管各部分零件，将旋光管一端的盖子旋紧，向管内注入蒸馏水，取玻璃盖片沿管口轻轻推入盖好，再旋紧盖套，勿使其漏水或产生气泡。操作时不要用力过猛，以免压碎玻璃片。用滤纸或干布擦净旋光管两端玻璃片，放入旋光仪中，盖上槽盖(盖上黑布)，打开旋光仪电源开关预热 2min，调节目镜使视野清晰，然后旋转检偏镜，使在视野中能视察到明暗相等的三分视野消失至均匀光斑为止。记下刻度盘读数，重复操作三次，取其平均值，此即为旋光仪的零点。测罢取出旋光管，倒出蒸馏水。进行旋光管零点校正是因为除了被测物有旋光性外，溶液中可能还有其他物质有旋光性，因此一般要用试剂空白对零点进行校正。(本实验可以不校正零点，因为在数据处理中用的是两个旋光度的差值)

**3. 蔗糖水解过程中 $\alpha_t$ 的测定**

将恒温槽调节到所需的反应温度(或常温下测定)，用移液管吸取 20%的蔗糖溶液 50mL 于 150mL 干燥的锥形瓶中，另外用移液管吸取 10mL HCl($6mol \cdot L^{-1}$)注入锥形瓶中，迅速混合均匀(注意：不能将蔗糖溶液加到盐酸溶液里，因为本实验氢离子为催化剂，如果将蔗糖溶液加到盐酸溶液里，在瞬间体系中氢离子浓度较高，导致反应速率过快，不利于测定)，浸于恒温槽内恒温 10min 取出(或常温下)，用少量混合液洗涤旋光管两次，然后将混合液注入旋光管，按前述方法盖紧(应尽量减少残留气泡)，放入旋光仪中即可测定旋光度，测定时要迅速准确。应将三分视野暗度调节消失至均匀光斑为止，先记下时间，再读取旋光度数值。可在测定第一个旋光度数值之后 5、10、15、20、30min 各测一次。如果记录反应时间晚了，也不会影响测定结果。只是不同时间所作的直线的位置不同，但所作直线的斜率相同，即速率常数相同。

**4. $\alpha_\infty$ 的测定**

为了得到反应终了时的旋光度 $\alpha_\infty$，将步骤 3 中剩余的混合液置于 60℃左右的水浴中(温度过高将会产生副反应，颜色变黄。)温热 10min，以加速水解反应，然后冷却至实验室温度，按上述操作，测其旋光度，此值即可认为是 $\alpha_\infty$。

需要注意：每次测量间隔中应将钠光灯熄灭，保护钠灯，以免因长时间使用过热损坏；另外，实验结束时应立即将旋光管洗净干燥，防止酸对旋光管的腐蚀。

## 五、数据记录与结果处理

将实验数据记录于表 3-25 中。

**表 3-25　原始数据及处理**

实验室温度________；盐酸浓度________；$\alpha$ ________；$\alpha_\infty$ ________

| 反应时间 | $\alpha_t$ | $\alpha_t - \alpha_\infty$ | $\lg(\alpha_t - \alpha_\infty)$ | $k$ |
|---|---|---|---|---|

(1)以 $\lg(\alpha_t - \alpha_\infty)$ 对 $t$ 作图，由所得直线之斜率求 $k$ 值。

(2)计算蔗糖水解反应的半衰期 $t_{1/2}$ 值。

## 六、思考题

(1)在旋光度的测定中，为什么要对仪器零点进行校正？为什么可用蒸馏水来校正旋光仪的零点？在本实验中若不进行校正，对结果是否有影响？

(2)配制蔗糖溶液时称量不够准确，对测量一级反应速率常数结果有无影响？取盐酸的体积不准又怎样？

(3)在混合蔗糖溶液和盐酸溶液时，我们将盐酸溶液加到蔗糖溶液里去，可否将蔗糖溶液加到盐酸溶液中？为什么？

(4)测定最终旋光度时，为了加快蔗糖水解进程，采用约60℃的温度恒温10min左右使反应进行到底，为什么不能采用更高的温度进行恒温？

(5)记录反应开始的时间晚了一些，是否会影响到速率常数的测定？为什么？

## 知识扩展：旋光仪

### 一、旋光度与浓度的关系

许多物质具有旋光性。所谓旋光性就是指某一物质在一束平面偏振光通过时，能使其偏振方向转一个角度的性质。旋光物质的旋光度，除了取决于旋光物质的本性外，还与测定温度、光经过物质的厚度、光源的波长等因素有关，若被测物质是溶液，当光源波长、温度、厚度恒定时，其旋光度与溶液的浓度成正比。

**1. 测定旋光物质的浓度**

配制一系列已知浓度的样品，分别测出其旋光度，作浓度-旋光度曲线，然后测出未知样品的旋光度，从曲线上查出该样品的浓度。

**2. 根据物质的比旋光度，测出物质的浓度**

旋光度可以因实验条件的不同而有很大的差异，所以又提出了“比旋光度”的概念，规定：以钠光D线作为光源，温度为20℃时，一根10cm长的样品管中，每厘米溶液中含有1g旋光物质时所产生的旋光度，即为该物质的比旋光度，用符号 $[\alpha]$ 表示。

$$[\alpha]=\frac{10\alpha}{l\,c} \tag{3-54}$$

式中，$\alpha$ 为测量所得的旋光度值；$l$ 为样品的管长，cm；$c$ 为浓度，$g\cdot cm^{-3}$。

比旋光度 $[\alpha]$ 是度量旋光物质旋光能力的一个常数，可由手册查出，这样测出未知浓度样品的旋光度，代入上式可计算出浓度 $c$。

### 二、旋光仪的结构原理

测定旋光度的仪器叫旋光仪，物理化学实验中常用WXG-4型旋光仪测定旋光物质的旋光度的大小，从而定量测定旋光物质的浓度，其光学系统如图3-57所示。

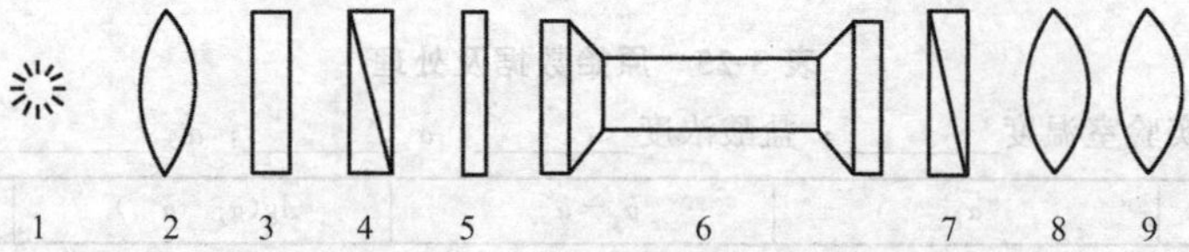


图3-57　旋光仪的光学系统图

1—钠光灯；2—透镜；3—滤光片；4—起偏镜；5—石英片；6—样品管；7—检偏镜；8,9—望远镜

旋光仪主要由起偏器和检偏器两部分构成。起偏器是由尼科尔棱镜组成，固定在仪器的前端，用来产生偏振光。检偏器也是由一块尼科尔棱镜组成，由偏振片固定在两保护玻璃之间，并随刻度盘同轴转动，用来测量偏振面的转动角度。

旋光仪就是利用检偏镜来测定旋光度的。如调节检偏镜使其透光的轴向角度与起偏镜的透光轴向角度互相垂直，则在检偏镜前观察到的视野黑暗，再在起偏镜与检偏镜之间放入一个盛满旋光物的样品管，则由于物质的旋光作用，使原来由起偏镜出来的偏振光转过了一个角度 $\alpha$，这样视野不黑暗，必须将检偏镜也相应地转过一个 $\alpha$ 角度，视野才能重又恢复黑暗。因此检偏镜由第一次黑暗到第二次黑暗的角度差，即为被测物质的旋光度。

如果没有比较，要判断视野的黑暗程度是困难的，为此设计了三分视野法，以提高测量准确度。即在起偏镜后中部装一狭长的石英片，其宽度约为视野的三分之一，因为石英也具有旋光性，故在目镜中出现三分视野，如图 3-58 所示。当三分视野消失时，即可测得被测物质的旋光度。

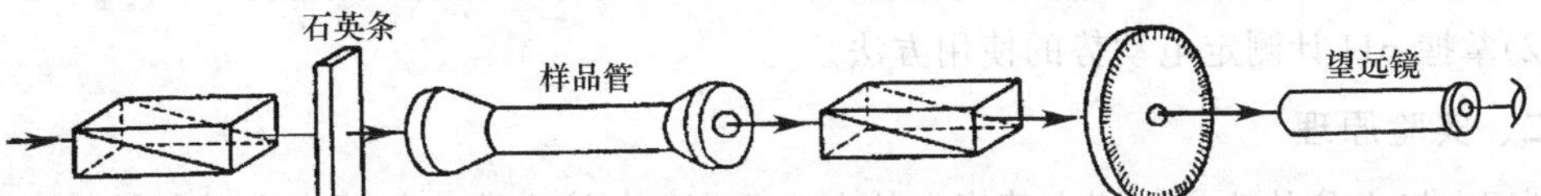


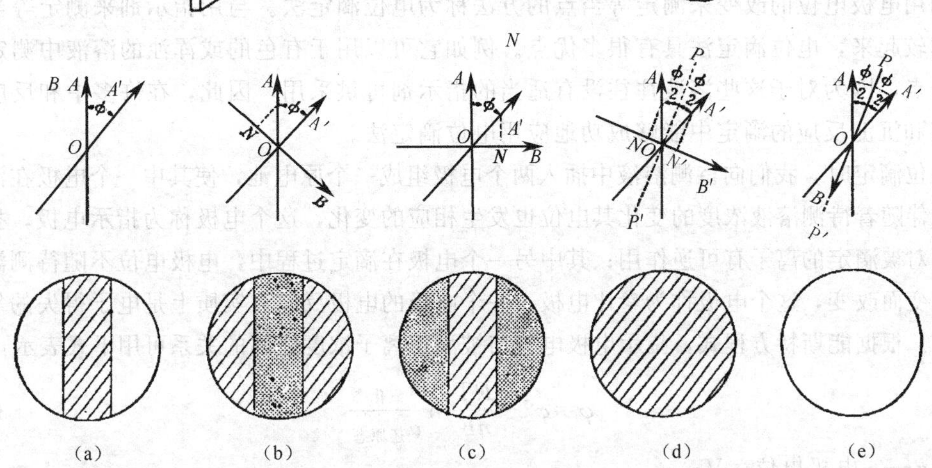


图 3-58　旋光仪三分视野图

## 三、WZZ-2S 型数字式旋光仪的使用方法

(1)接通电源，打开电源开关(见仪器左侧)，等待 5min 使钠光灯发光稳定。打开光源开关(见仪器左侧)，此时钠灯在直流供电下点燃。

(2)按下“测量”键(见仪器正面)，这时液晶屏应有数字显示。注意：开机后“测量”键只需按一次，如果误按该键，则仪器停止测量，液晶屏无显示。用户可再次按“测量”键，液晶重新显示，此时需重新校零。若液晶屏已有数字显示，则不需按“测量”键。

(3)清零。在已准备好的样品管中装满蒸馏水或待测试样的溶剂(无气泡)，将其放入仪器试样室的试样槽中，按下“清零”键(见仪器正面)，使显示为零。一般情况下本仪器在不放试管时示数为零，放入无旋光度溶剂(如蒸馏水)显示也为零，但需注意倘若在测试光束的通路上有小气泡或试管的护片上有油污、不洁物或将试管护片旋得过紧而引起附加旋光数，则会影响空白测数，在有空白测数存在时必须仔细检查上述因素或者用装有溶剂空白的空白试管放入试样槽后再清零。

(4)测定旋光度。先用少量被测试样冲洗样品管3～5次，然后在样品管中装入试样，放入试样槽中，液晶屏显示所测的旋光度值，此时指示灯“1”亮。按“复测”键一次，指示灯“2”亮，表示仪器显示第二次测量结果，再次按“复测”键，指示灯“3”亮，表示仪器显示第三次测量结果。按“shift/123”键，可切换显示各次测量的旋光度值。按“平均”键，显示平均值，指示灯“AV”亮。此时记录下该平均值，即为被测样品的旋光度值。

# 实验三十九　电位滴定

## 一、实验目的

(1)利用电极电位的改变来决定滴定的等当点，以求得未知液的浓度。

(2)掌握pH计测定电动势的使用方法。

## 二、实验原理

利用电极电位的改变来测定等当点的方法称为电位滴定法。与用指示剂来测定等当点的方法比较起来，电位滴定法具有很多优点。例如它可以用于有色的或浑浊的溶液中测定滴定的等当点，因为对于这些溶液往往没有适当的指示剂可供采用，因此，在许多中和反应、氧化反应和沉淀反应的滴定中能够成功地应用电位滴定法。

电位滴定时，我们向待测溶液中插入两个电极组成一个原电池，使其中一个电极在滴定过程中，伴随着待测溶液浓度的变化其电位也发生相应的变化，这个电极称为指示电极，指示电极必须对被滴定的离子有可逆作用；其中另一个电极在滴定过程中，电极电位不随待测溶液的浓度改变而改变，这个电极称为参比电极。一个电极的电极反应，实质上是电子得失的氧化还原反应。根据能斯特方程式，指示电极电位与被滴定离子浓度之间的关系可用下式表示：

$$\varphi=\varphi^{\ominus}+\frac{RT}{nF}\ln\frac{\alpha_{氧化态}}{\alpha_{还原态}} \tag{3-55}$$

式中　$\varphi$——电极电位，V；

$\varphi^{\ominus}$——标准电极电位，V；

$R$——气体摩尔常数，$J\cdot mol^{-1}\cdot K^{-1}$；

$T$——热力学温度，$K$；

$F$——法拉第常数；

$n$——氧化还原过程中转移的电子数；

$\alpha_{氧化态}$——氧化态离子的活度；

$\alpha_{还原态}$——还原态离子的活度。

当离子浓度较小时，近似地可用浓度代替活度，从上式可以看出，在其他条件不变时，电极电位与溶液中氧化态和还原态离子浓度之间存在着简单关系。由指示电极和参比电极所组成的原电池的电动势为：$E=\varphi_{指示}-\varphi_{参比}$(若指示电极作正极)。

因为参比电极电位在滴定过程中是不变的，因此电池电动势的变化完全是由于待测定溶液离子浓度的改变而引起指示电极电位改变的结果。在滴定过程中，我们用pH计测定电池电动势的数值，在等当点前后，由于溶液中氧化态和还原态离子浓度发生较大的变化，而引起指示电极电位发生较大的变化，反映在电极电势上就有一个明显的突变，由于电位滴定的特点主要是测定电池电动势的改变。在一般操作中，用 pH 计来测定电池电动势即可。

对中和反应，电位滴定一般采用氢电极或氢醌电极作指示电极，以甘汞电极作参比电极，组成一个原电池；对于氧化还原反应，一般以铂丝和氧化还原系统作指示电极，以甘汞电极作参比电极，组成一个原电池。

电位滴定终点的确定极为重要，一般有以下两种方法。

**1. 绘 *E-V* 曲线法**

现以 NaOH 溶液滴定 HCl 溶液为例，若用 $V$(横坐标)代表所用 NaOH 溶液体积，$E$(纵坐标)代表伏特计读数，所得曲线的转折点即为滴定等当点，如图 3-59(a)所示。

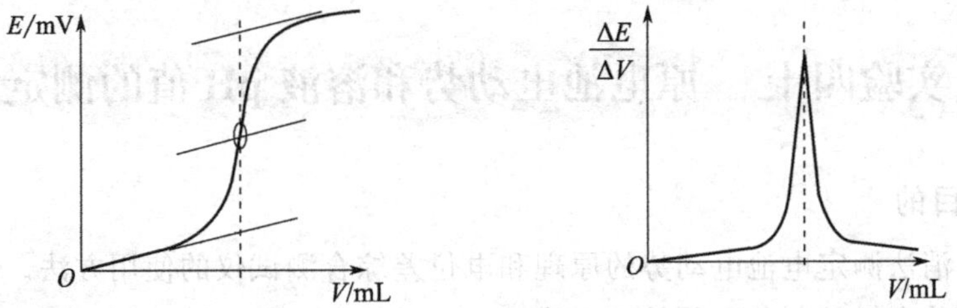


(a) *E-V*曲线　　(b) Δ*E*/Δ*V*-*V*曲线

图 3-59　确定电位滴定终点的曲线

**2. 绘 Δ*E*/Δ*V*-*V* 曲线法**

这是更为准确的方法，$\Delta E/\Delta V$ 指电位前后两次读数的改变与相应 NaOH 溶液体积差量的比值，并以此作纵坐标；横坐标 $V$ 为加入 NaOH 溶液的体积，所得曲线的转折点即为滴定等当点，如图 3-59(b)所示。

## 三、实验仪器与试剂

仪器：25 型 pH 酸度计一台；磁力加热搅拌器一台；饱和 KCl 甘汞电极一只；铂电极一只；150mL 烧杯 2 只；10mL 移液管 1 只；50mL 量筒 1 个。

试剂：$FeSO_4 \cdot (NH_4)_2SO_4 \cdot 6H_2O$ 溶液；0.02mol·$L^{-1}$ $KMnO_4$ 溶液；3mol·$L^{-1}$ $H_2SO_4$。

## 四、实验步骤

(1)用移液管吸取 10mL $FeSO_4 \cdot (NH_4)_2SO_4 \cdot 6H_2O$ 溶液注入 150mL 烧杯中，并加入 3mol·$L^{-1}$ $H_2SO_4$ 10mL，插入铂丝电极(作正极)与饱和 KCl 甘汞电极(作负极)组成待测电池。

(2)两电极接 pH 计，调 pH 计零点。

(3)用 pH 计测待测电极电位(方法见 pH 计使用说明书)。

(4)将 0.02mol·$L^{-1}$ $KMnO_4$ 溶液装在测定管中，滴定待测溶液，开始时每次加入约 5mL 的 $KMnO_4$，用电磁搅拌器充分搅拌，测其电位，直至接近终点时(约相差 25mL)，每次只能加入 $KMnO_4$ 0.05～0.1mL，在电位读数突变后，每次加入 $KMnO_4$ 量可逐渐增加，加入 $KMnO_4$ 达 35～40mL 时滴定完毕。

(5)按上法重复测定一次。

### 五、数据记录与结果处理

(1)记录每次加入 $KMnO_4$ 的体积及相应的电位。

(2)根据滴定记录，作 $E$-$V$ 图和 $\Delta E/\Delta V$-$V$ 图。

(3)求出等当点时 $0.02mol \cdot L^{-1}$ $KMnO_4$ 溶液的体积，并由此算出未知溶液的物质的量浓度。

### 六、思考题

(1)作为指示电极和参比电极应具备什么条件？

(2)pH 计和电位差计在测定电动势上有什么差别？

## 实验四十　原电池电动势和溶液 pH 值的测定

### 一、实验目的

(1)掌握对消法测定电池电动势的原理和电位差综合测试仪的使用方法。

(2)学会一些电极的制备和预处理方法。

(3)通过电池和电极电势的测量，加深理解可逆电池的电动势及可逆电极电势的概念。

(4)学会一种测定溶液 pH 值的方法——醌-氢醌电极法。

### 二、实验原理

**1. 原电池电动势的测定原理**

原电池是化学能转变为电能的装置，它由两个“半电池”所组成，而每一个半电池中有一个电极和相应的电解质溶液，由半电池可组成不同的原电池。电池反应是电池中两个电极反应的总和，其电动势为组成该电池的两个半电池的电极电势的代数和。

测量电池的电动势，要在尽可能接近热力学可逆条件下进行，不能用伏特计直接测量。因为此方法在测量过程中有电流通过电池内部和伏特计，电池内部会有电化学变化而出现电极极化和浓度变化，使测量处于非平衡状态；同时因电池本身有内阻，伏特计所测得的是两电极间的电势差，它只是电池电动势值的一部分，达不到测量电动势的目的。而只有在无电流通过的情况下，电池才处于平衡状态。用对消法可达到测量原电池电动势的目的，原理如图 3-60 所示。

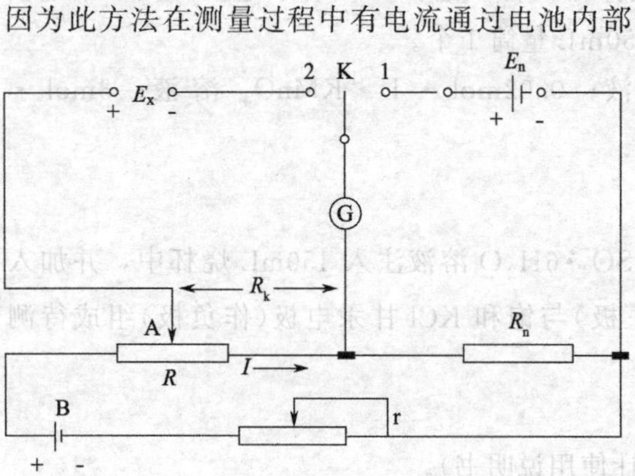

图 3-60　对消法测量原理示意图

对消法就是用一个与原电池反向的外加电压，与电池电压相抗，使回路中的电流趋近于零，只有这样才能使测出来的电压为电动势。电动势指的就是当回路中电流为零时电池两端的电压，因而必须想办法使回路中的电流为零。

图中 $E_n$ 是标准电池，它的电动势是已知的；$E_x$ 是待测电池；G 是检流计；$R_n$ 是标准电池的补偿电阻；$R$ 是被测电动势的补偿电阻，它由已知阻值的各进位盘电阻所组成，可以

调节 $R_k$ 的数值，使其电压降与 $E_x$ 相补偿；r 是调节工作电流的变阻器；B 是作为电源用的电池；K 是转换开关。

测量时，首先将转换开关 K 合在 1 的位置，调节变阻器 r 使检流计指示为零，这时 $E_n = IR_n$，其中 $I$ 是流过 B、$R$、$R_n$ 和 r 回路上的电流。工作电流调好后，将转换开关 K 合在 2 的位置，由大到小、分挡调节 A 的落点，再次使检流计 G 的指示为零，这时 $E_x = IR_k$，因此得 $E_x = E_n R_k / R_n$。

本实验使用的标准电池 $E_n$ 有两种给出方式，一是由 SDC 数字电位差综合测试仪的固有“内标”给出，不用外配的 $BC_{9a}$ 型饱和标准电池；二是使用外配的 $BC_{9a}$ 型饱和标准电池进行“外标”，不用“内标”。此外，SDC 数字电位差综合测试仪在内部线路上已经采用了对消法设计原理，这使得操作和读数更加简捷，使用时要明白这一点——尽管在仪器的操作面板上看不出来。

参比电极一般用电动势已知且较恒定的电极，它在测定中可以作标准电极使用，在实验中我们测出未知电极和参比电极的电势差后就可以直接知道未知电极的电势。

**2. 电动势法测溶液 pH 值的原理**

溶液的 pH 值可用电动势法精确测量。利用各种氢离子指示电极与参比电极(一般是用饱和甘汞电极作参比电极)组成电池，由测得的电动势算出溶液的 pH 值。常用的氢离子指示电极有氢电极、醌-氢醌电极、玻璃电极等。氢电极测溶液的 pH 值比较麻烦，本实验是用醌-氢醌电极与饱和甘汞电极组成原电池，在弱酸或弱碱性的溶液中测出电动势 $E_{池}$。值得注意的是，在 25℃ 下待测液 pH＝7.7 时，醌-氢醌电极电位与饱和甘汞电极电位相等；pH＜7.7 时，醌-氢醌电极为正极，用式(3-56)算出 pH 值；7.7＜pH＜8.5 时，醌-氢醌电极作负极而饱和甘汞电极作正极，用式(3-57)算出 pH 值，测量时正负极不能接反；待测液 pH＞8.5 时，由于溶液中醌(Q)的活度不能很好地近似等于氢醌($H_2Q$)的活度，故不能用此法测量和计算，否则会有很大误差。

$$\mathrm{pH} = \frac{E^{\ominus}_{\mathrm{Q \cdot H_2Q}} - E_{池} - E_{甘汞}}{\dfrac{2.303RT}{F}} \tag{3-56}$$

$$\mathrm{pH} = \frac{E^{\ominus}_{\mathrm{Q \cdot H_2Q}} + E_{池} - E_{甘汞}}{\dfrac{2.303RT}{F}} \tag{3-57}$$

其实验原理是：醌-氢醌［分子式 $C_6H_4O_2 \cdot C_6H_4(OH)_2$，简写为 $Q \cdot H_2Q$］在酸性水溶液中的溶解度很小，只要将少量此化合物加入待测溶液中，并插入一光亮铂电极就构成一醌-氢醌电极了，其电极反应为：

$$H_2Q \rightleftharpoons Q + 2H^+ + 2e^-$$

即
$$C_6H_4(OH)_2 \rightleftharpoons C_6H_4O_2 + 2H^+ + 2e^-$$

因为醌和氢醌的浓度相等，稀溶液情况下活度系数均近似于 1，或者活度相等，因此：

$$\begin{aligned} E_{\mathrm{Q \cdot H_2Q}} &= E^{\ominus}_{\mathrm{Q \cdot H_2Q}} + \frac{RT}{2F} \ln \frac{\alpha_{\mathrm{Q}} \alpha^2_{\mathrm{H^+}}}{\alpha_{\mathrm{H_2Q}}} \\ &= E^{\ominus}_{\mathrm{Q \cdot H_2Q}} + \frac{RT}{2F} \ln \alpha^2_{\mathrm{H^+}} = E^{\ominus}_{\mathrm{Q \cdot H_2Q}} - 2.303\frac{RT}{F}\mathrm{pH} \end{aligned} \tag{3-58}$$

在测定待测液的 pH 值时，用 KCl 盐桥组成下列电池：

$$Hg(l)-Hg_2Cl_2(s)|KCl(饱和)||待测液(Q\cdot H_2Q饱和)|Pt$$

$$E_{池}=E_{Q\cdot H_2Q}-E_{甘汞}=E^{\ominus}_{Q\cdot H_2Q}-2.303\frac{RT}{F}pH-E_{甘汞} \tag{3-59}$$

## 三、实验仪器与试剂

仪器：SDC数字电位差综合测试仪一台；$BC_{9a}$型饱和标准电池(1.01855～1.01868V)1个；饱和甘汞电极1支；锌电极1支；铜电极2支；电极管3支；10mL烧杯3只；光亮铂电极1支；15mL移液管2根；空广口瓶1个。

试剂：$ZnSO_4$溶液($0.1000mol\cdot L^{-1}$)；$CuSO_4$溶液($0.1000mol\cdot L^{-1}$)；$CuSO_4$溶液($0.0100mol\cdot L^{-1}$)；饱和KCl水溶液；镀铜溶液(100mL水中溶解15g $CuSO_4\cdot 5H_2O$)、2.5mL浓硫酸、5mL乙醇；$Q\cdot H_2Q$固体。

1#待测溶液(取$0.2mol\cdot L^{-1}$ HAc溶液和$0.2mol\cdot L^{-1}$ NaAc溶液各15mL组成)；

2#待测溶液(取$11.876g\cdot L^{-1}$的$Na_2HPO_4\cdot 12H_2O$水溶液1mL与$9.078g\cdot L^{-1}$的$KH_2PO_4$水溶液19mL混合)。

## 四、实验步骤

**1. 锌电极制备**(一般已由老师或接受此任务的同学事先准备好)

将锌电极从电极管中取出，放入装有稀盐酸的瓶中浸洗几秒钟，除掉锌电极上的氧化层。取出后用自来水洗涤，再用蒸馏水淋洗，然后浸入饱和硝酸亚汞溶液中3～5s，取出后用滤纸(或用镊子夹住一小团清洁润湿的棉花)轻轻擦拭锌电极，使锌电极表面上有一层均匀的汞齐，再用蒸馏水洗净(汞有剧毒，用过的滤纸、棉花不能乱丢，应放入指定的广口瓶内)。汞齐化的目的是消除金属表面机械应力的不同，使它获得重复性较好的电动势。将处理好的锌电极直接插入电极管中，并将橡皮塞塞紧，以免漏气。然后用10mL小烧杯取$ZnSO_4$($0.1000mol\cdot L^{-1}$)溶液一杯，将电极管的虹吸管插入小烧杯中，用洗耳球对着电极管上的橡皮管抽气，直到溶液浸没电极头，停止抽气。注意虹吸管不得有气泡和漏液现象。

**2. 铜电极的制备**(一般已由老师或接受此任务的同学事先准备好)

将两根铜电极取出后放入混合酸($HNO_3$、$H_2SO_4$、$CrO_3$)溶液中浸一下，除去氧化物，用蒸馏水冲洗干净。淋洗后的铜电极放入电镀槽内电镀5min得表面呈红色的铜电极(电流密度控制在$20mA\cdot cm^{-2}$)。电镀后的铜电极用蒸馏水淋洗，插入电极管，塞紧橡皮塞。取10mL小烧杯两个分别盛入$CuSO_4$($0.1000mol\cdot L^{-1}$)和$CuSO_4$($0.0100mol\cdot L^{-1}$)溶液各一杯，将电极管虹吸管分别插入两个小烧杯溶液中，注意区分浓度大小，用洗耳球将电解液分别吸进电极管，同样应使虹吸管无气泡和漏液现象。

**3. 盐桥的制备**

室温下向饱和氯化钾或硝酸钾的水溶液中加入约3%的琼脂，加热使之完全溶解。待冷却至尚有流动性时，借助乳胶管和洗耳球将饱和氯化钾溶液吸入盐桥中。完全冷却凝固后，即可使用。不用时，将盐桥两端浸入饱和盐溶液中保存。盐桥起到降低液接电势和使两种溶液相连接构成闭合电路的作用。

作盐桥的电解质，应该不与两种电解质溶液反应，且阴、阳离子迁移数相等，浓度要高。

**4. 电池组合**

取50mL烧杯盛入饱和KCl溶液作为盐桥，分别将上面制备好的锌、铜半电池和甘汞电极插入盐桥中，可以组成不同的电池组。电池组合如下：

(－)Zn|$ZnSO_4$(0.1000mol·$L^{-1}$)||$CuSO_4$(0.1000mol·$L^{-1}$)|Cu(＋)

(－)Zn|$ZnSO_4$(0.1000mol·$L^{-1}$)||KCl(饱和)|$Hg_2Cl_2$|Hg(＋)

(－)Hg|$Hg_2Cl_2$|KCl(饱和)||$CuSO_4$(0.1000mol·$L^{-1}$)|Cu(＋)

(－)Cu|$CuSO_4$(0.0100mol·$L^{-1}$)||$CuSO_4$(0.1000mol·$L^{-1}$)|Cu(＋)

**5. 操作**

开机预热5min后，如果使用“内标”作基准(不用外配的标准电池)，就将功能挡旋至“内标”位，将最大挡“$\times10^0$V”调至1处，其余各挡都调至0处，“补偿”挡调至最小。这等于是给出了1.0000V的标准，此时按“采零”键，使“检零指示”显示为“－00.00”。然后将功能挡旋到“测量”位，将红线夹接铜电极，黑线夹接锌电极(切勿接错)，注意电池回路接通之前，应该让电池稳定一段时间，让离子交换达到一个相对平衡的状态；还应该先估算电池的电动势大小，并将电位差计旋钮设定在未知电池电动势的估算值，避免测量时回路中有较大电流。稳定一段时间后开始测电池的电动势：Zn|$ZnSO_4$(0.1000mol·$L^{-1}$)||$CuSO_4$(0.1000mol·$L^{-1}$)|Cu

办法是由大挡位到小挡位依次逼近电动势值(刚开始测量时，“检零指示”挡会显示“QU.L”或“* *. * *”，随着测量值的逼近，绝对值越来越小，但不能为正值)，直至“检零指示”挡为“00.00”(如最后不为“00.00”，则缓缓旋“补偿”挡，使“检零指示”刚好显示“00.00”)，记录这个时候的读数。注意，只有原电池真正处于平衡状态，测出的值才会稳定不变。因此要尽可能使被测电池平稳、不受振动、不含气泡，室内气温恒定。

如果使用“外标”作基准，就先按下式计算室温$t$(℃)时标准电池的电动势：

$$E_t=E_{20℃}-[39.94(t-20)+0.929(t-20)^2-0.009(t-20)^3+0.00006(t-20)^4]\times10^{-6}\text{,V} \tag{3-60}$$

值计算出来后，将功能挡旋至“外标”位，用红线夹接标准电池的“＋”极，用黑线夹接标准电池的“－”极。注意，标准电池要在固定的位置上静置比较长的时间，切勿挪动、振荡。再使各挡位值由大到小尽可能与算出的$E_t$值相等(若不相等就调“补偿”挡)，按一下“采零”键，使“检零指示”刚好显示“00.00”。此时外标的标准已经给定，然后将功能挡旋至“测量”位，用备用的第二支红线夹接铜电极，黑线夹接锌电极，稳定5min后开始由大挡位到小挡位依次逼近电动势值(过程同前述)，测出电池的电动势：

Zn|$ZnSO_4$(0.1000mol·$L^{-1}$)||$CuSO_4$(0.1000mol·$L^{-1}$)|Cu

注意要使两个半电池的水平液面高度一致。

**6. 测电池电动势**

再接着测出下列电池的电动势，注意正负极接法——正接红、负接黑。

(－)Zn|$ZnSO_4$(0.1000mol·$L^{-1}$)||KCl(饱和)|$Hg_2Cl_2$|Hg(＋)

(－)Hg|$Hg_2Cl_2$|KCl(饱和)||$CuSO_4$(0.1000mol·$L^{-1}$)|Cu(＋)

(－)Cu|$CuSO_4$(0.0100mol·$L^{-1}$)||$CuSO_4$(0.1000mol·$L^{-1}$)|Cu(＋)

关闭电源，松开并取下红夹线和黑夹线，收拾物品，清洗。

值得注意的是标准电池工作时间过长，长时间有电流通过，可使标准电动势偏离；盐桥使用过程中受污染；饱和甘汞电极电势不稳定；未能将电位差计旋钮设定到待测电池电动势应有的大体位置，使待测电池中有电流通过等都会引起实验误差。

## 五、数据记录与结果处理

(1)计算室温时饱和甘汞电极的电极电势(取前两项)，$t$ 为室温。

$$E_{甘汞}=0.2412-6.61\times10^{-4}(t-25)-1.75\times10^{-6}(t-25)^2-9.16\times10^{-10}\times(t-25)^3 \quad (3\text{-}61)$$

(2)根据 Nernst 公式计算下列电池电动势的理论值并与测量值进行比较，计算出相对误差。

(－)Zn|$ZnSO_4$(0.1000mol·$L^{-1}$)||$CuSO_4$(0.1000mol·$L^{-1}$)|Cu(＋)

(3)根据下列电池电动势的实验值，分别计算锌的电极电势及铜的电极电势：

(－)Zn|$ZnSO_4$(0.1000mol·$L^{-1}$)||KCl(饱和)|$Hg_2Cl_2$(s)|Hg(＋)

(－)Hg|$Hg_2Cl_2$|KCl(饱和)||$CuSO_4$(0.1000mol·$L^{-1}$)|Cu(＋)

有关活度的计算：

$$\alpha_{Zn^{2+}}=\gamma_{\pm}c_{Zn^{2+}} \qquad \alpha_{Cu^{2+}}=\gamma_{\pm}\cdot c_{Cu^{2+}} \quad (3\text{-}62)$$

式中，$\gamma_{\pm}$ 为离子的平均活度系数；$c$ 为物质的浓度。

25℃时 0.1000mol·$L^{-1}$ $CuSO_4$ 的 $\gamma_{\pm}=0.160$；
0.1000mol·$L^{-1}$ $ZnSO_4$ 的 $\gamma_{\pm}=0.148$；
0.0100mol·$L^{-1}$ $CuSO_4$ 的 $\gamma_{\pm}=0.44$。

## 六、思考题

(1)电位差计、标准电池、检流计及工作电池各有什么作用？如何保护及正确使用？

(2)参比电极应具备什么条件？它有什么作用？

(3)盐桥有什么作用？选用作盐桥的物质应有什么原则？

(4)对消法测定电动势的基本原理是什么？为什么用伏特计不能准确测定电池电动势？

(5)电动势的测量方法属于平衡测量，在测量过程中尽可能地做到在可逆条件下进行，应注意什么？

(6)分析产生误差的原因。

## 知识扩展：电位差计

电池电动势的测量必须在可逆条件下进行。所谓可逆条件，一是要求电池本身的各个电极过程可逆；二是要求测量电池电动势时，电池几乎没有电流通过，即测量回路中 $I=0$。为此可在测量装置上设计一个与待测电池的电动势数值相等而方向相反的外加电动势，以对消待测电池的电动势，这种测电动势的方法称为对消法。

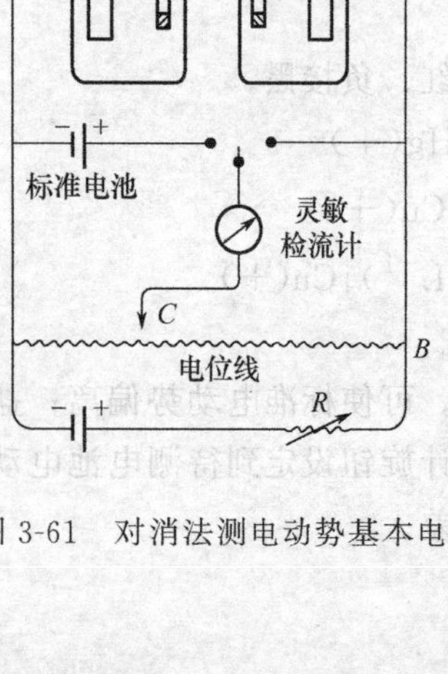

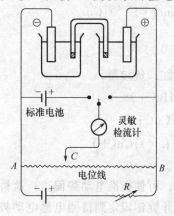


图 3-61 对消法测电动势基本电路

### 一、测量原理

电位差计就是根据对消法原理而设计的。线路如图 3-61 所示。

图中整个 $AB$ 线的电势差可等于标准电池的电势差。这可通过“校准”的步骤来实现，标准电池的负极与 $A$ 相连(即与工作电池是对消状态)，而正极串联一个检流计，通过并联直达 $B$ 端，调节可调电阻，使检流计指针为零，即无电流通过，这时 $AB$ 线上的电势差就等于标准电池的电势差。

测未知电池时，负极与 $A$ 相连接，而正极通过检流计连接到探针 $C$ 上，将探针 $C$ 在电阻线 $AB$ 上来回滑动，找到使检流计指针为零的位置，此时：

$$E_x = AC/AB$$

## 二、UJ-25 型电位差计

直流电位差计是测量电池电动势的仪器，可分为高阻型和低阻型两种，使用时可根据待测系统的不同而加以选择，低阻型用于一般的测量，高阻型用于精确测量。UJ-25 型电位差计是高阻型，与标准电池、检流计等配合使用，可获得较高精确度。图 3-62 所示是其面板示意图。

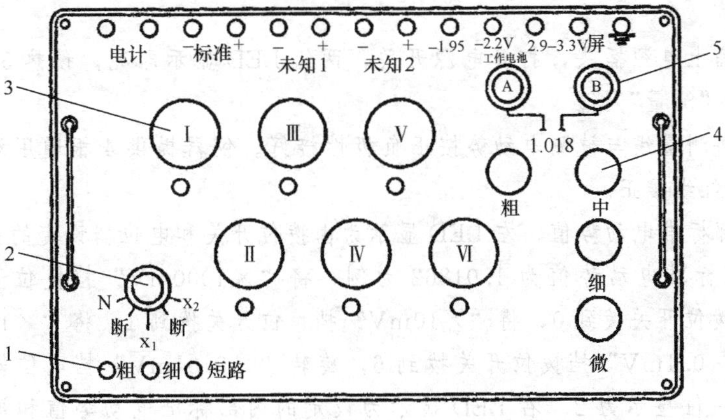


图 3-62　UJ-25 型电位差计面板图

1—电计按钮(共三个)；2—转换开关；3—电势测量旋钮(共六个)；
4—工作电流调节旋钮(共四个)；5—标准电池温度补偿旋钮

### 1. 使用方法

(1)连接线路　首先将转换开关 2 扳到“断”的位置，电计按钮 1 全部松开，然后按图 3-61 所示将标准电池、工作电池、待测电池及检流计分别用导线连接在“标准”、“工作”、“未知 1”或“未知 2”及电计接线柱上，注意正负极不要接反。

(2)标定电位差计　调节工作电流，先读取标准电池上所附温度计的温度值，并按公式计算标准电池的电动势。$E_{MF}/V = E_{MF}(20℃) - 4.05\times10^{-5}(t-20) - 9.5\times10^{-7}(t-20)^2 - 1\times10^{-8}(t-20)^3$。将标准电池温度补偿旋钮 5 调节在该温度下电池电动势处，再将转换开关 2 置于“N”的位置，按下电计按钮 1 的“粗”按钮，调节工作电流调节旋钮 4，使检流计示零，然后按下“细”按钮，再调节工作电流使检流计示零，此时工作电流调节完毕。由于工作电池的电动势会发生变化，所以在测量过程中要经常标定电位差计。

(3)测量未知电动势：松开全部按钮，若待测电动势接在“未知 1”，则将转换开关 2 置于“$x_1$”位置。从左到右依次调节各测量旋钮，先在电计按钮 1 的“粗”按钮按下时，使检流计示零，然后松开“粗”按钮，随即按下“细”按钮，使检流计示零。依次调节各个测量旋钮，至检流计光点示零。六个测量旋钮下的小窗孔内读数总和即为待测电池的电动势。

### 2. 注意事项

(1)测量时，电计按钮按下时间应尽量短，以防止电流通过而改变电极表面的平衡状态。

(2)电池电动势与温度有关，若温度改变，则要经常标定电位差计。

(3)测量时，若发现检流计受到冲击，应迅速按下短路按钮，以保护检流计。

## 三、数字式电位差计

数字式电位差计用于电动势的精密测定，替代 UJ-25 等传统仪器和与之配套的电源，光电检流记、变阻箱等设备，采用对消法测定原电池电动势。用内置的可代替标准电池的高精度参考电压集成块作比较电压，保留了平衡法测量电动势仪器的原理。仪器线路设计采用全集成器件，被测电动势与参考电压经过高精度的仪表放大器比较输出，达到平衡时即可知被测电动势的大小。仪器还设置了外校输入，可接标准电池来校正仪器的测量精度。仪器的数字显示采用两组高亮度 LED，具有字型美、亮度高的特点。

### 1. 使用方法

(1)通电　插上电源插头，打开电源开关，两组 LED 显示即亮，预热 5min。将右侧功能选择开关置于“测量”挡。

(2)接线　将测量线与被测电动势按正负极性接好。仪器提供 4 根通用测量线，一般黑线接负，黄线或红线接正。

(3)设定内部标准电动势值　左 LED 显示为由拨位开关和电位器设定的内部标准电动势值，以设定内部标准电动势值为 1.01862 为例，将“×1000mV”挡拨位开关拨到 1，将“×100mV”挡拨位开关拨到 0，将“×10mV”挡拨位开关拨到 1，将“×1mV”挡拨位开关拨到 8，将“×0.1mV”挡拨位开关拨到 6，旋转“×0.01mV”挡电位器，使电动势指示 LED 的最后一位显示为 2。右 LED 显示为设定的内部标准电动势值和被测电动势的差值。如显示为“OU.L”，则指示被测电动势与设定的内部标准电动势值的差值过大。

### 2. 测量

将右侧功能选择开关置于“测量”挡，观察右边 LED 显示值，调节左边拨位开关和电位器，设定内部标准电动势值直到右边 LED 显示值为“00000”附近，等待电动势指示数码显示稳定下来，此即为被测电动势值。需注意的是：“电动势指示”和“平衡指示”数码显示在小范围内摆动属正常，摆动数值在±1 个字之间。

### 3. 校准

(1)用外部标准电池校准　仪器出厂时均已调校好，为了保证精度，可以由用户校准。打开仪器上面板后上电，接好标准电池，将面板右侧的拨位开关拨至“外标”位置，调节左边拨位开关和电位器，设定内部标准电动势为标准电池的实际数值，观察右边平衡指示 LED 显示值，如果不为零值附近，按校准按钮，放开按钮，平衡指示 LED 显示值应为零，校准完毕。

(2)用内部Ⅳ基准校准　仪器出厂时均已调校好，为了保证精度，可以由用户校准。打开仪器上面板后上电(不需外接标准电池)，将面板右侧的拨位开关拨至“内标”位置，调节左边拨位开关和电位器，设定内部标准电动势值为 1000.00 mV，观察右边平衡指示 LED 显示值，如果不为零值附近，按校准按钮，放开按钮后，平衡指示 LED 显示值应为零，校准完毕。

### 4. 注意事项

(1)仪器不要放置在有强电磁场干扰的区域内。

(2)仪器已校准好，不要随意校准。

(3)如仪器正常加电后无显示，请检查后面板上的保险丝(0.5A)。

(4)若波段开关旋钮松动或旋钮指示错位，可撬开旋钮盖，用备用专用工具对准旋钮内槽口拧紧即可。

# 实验四十一 电导率法测定醋酸的电离常数

## 一、实验目的

(1)了解溶液电导、电导率、摩尔电导率等基本概念。

(2)了解浓度对弱电解质电导的影响，利用电导率法测定弱电解质的电离常数。

(3)了解电导率仪的使用及溶液电导测定方法。

## 二、实验原理

一定温度下，一元弱酸弱碱的电离平衡常数 $K$ 和电离度 $\alpha$ 具有一定的关系。例如醋酸溶液：

$$\mathrm{HAc} \rightleftharpoons \mathrm{H^+} + \mathrm{Ac^-}$$

| | | | |
|---|---|---|---|
| 起始浓度/$\mathrm{mol \cdot L^{-1}}$ | $c$ | 0 | 0 |
| 平衡浓度/$\mathrm{mol \cdot L^{-1}}$ | $c - c\alpha$ | $c\alpha$ | $c\alpha$ |

$$K^{\ominus}=\frac{\{[\mathrm{H^+}]/c^{\ominus}\}\{[\mathrm{Ac^-}]/c^{\ominus}\}}{[\mathrm{HAc}]/c^{\ominus}}=\frac{(c\alpha/c^{\ominus})^2}{(c-c\alpha)/c^{\ominus}}=\frac{(c/c^{\ominus})\alpha^2}{1-\alpha} \tag{3-63}$$

电离度可通过测定溶液的电导求得，从而求得电离常数。

导体导电能力的大小，通常以电阻($R$)或电导($G$)表示，电导为电阻的倒数：

$$G=\frac{1}{R} \quad (\text{电阻的单位为 }\Omega\text{，电导的单位为 }\Omega^{-1}, 1\Omega^{-1}=\mathrm{S})$$

和金属导体一样，电解质溶液的电阻也符合欧姆定律。一定温度下，两极间溶液的电阻与两极间的距离 $l$ 成正比，与电极面积 $A$ 成反比：

$$R=\rho\frac{l}{A} \tag{3-64}$$

式中，$\rho$ 称为电阻率，它的倒数称为电导率，以 $\kappa$ 表示，$\kappa=1/\rho$，单位为 $\Omega^{-1}\cdot\mathrm{cm}^{-1}$。将 $R=\rho\frac{l}{A}$、$\kappa=1/\rho$ 代入 $G=\frac{1}{R}$ 中，则可得：

$$\kappa=G\frac{l}{A} \tag{3-65}$$

电导率 $\kappa$ 表示放在相距 1cm、面积为 $1\mathrm{cm}^2$ 的两个电极之间溶液的电导。

$l/A$ 称为电极常数或电导池常数，因为在电导池中，所用的电极距离和面积是一定的，所以对某一电极来说，$l/A$ 为常数。

在一定温度下，同一电解质不同浓度的溶液的电导与两个变量有关，即溶液的电解质总量和溶液的电离度。如果把含 1mol 电解质的溶液放在相距 1cm 的两平行电极间，这时溶液无论怎样稀释，溶液的电导只与电解质的电离度有关。在这种条件下测得的电导称为该电解质的摩尔电导。如以 $\lambda$ 表示摩尔电导，$V$ 表示 1mol 电解质溶液的体积(mL)，$c$ 表示溶液的浓度($\mathrm{mol\cdot L^{-1}}$)，$\kappa$ 表示溶液的电导率：

则：
$$\lambda=\kappa V=\kappa\frac{1000}{c} \tag{3-66}$$

对于弱电解质来说，在无限稀释时，可看作完全电离，这时溶液的摩尔电导称为极限摩尔电导。$\lambda_\infty$ 在一定温度下，弱电解质的极限摩尔电导是一定的，表 3-26 列出无限稀释时醋酸溶液的极限摩尔电导 。

**表 3-26　无限稀释时醋酸溶液的极限摩尔电导**

| 温度/℃ | 0 | 18 | 25 | 30 |
|---|---|---|---|---|
| $\lambda_\infty/S\cdot m^2\cdot mol^{-1}$ | $2.45\times10^{-2}$ | $3.49\times10^{-2}$ | $3.907\times10^{-2}$ | $4.218\times10^{-2}$ |

对于弱电解质来说，某浓度时的电离度等于该浓度时的摩尔电导与极限摩尔电导之比，即：

$$\alpha=\frac{\lambda_m}{\lambda_m^\infty} \tag{3-67}$$

将式(3-67)代入式(3-63)，得：

$$K_c^\ominus=\frac{(c/c^\ominus)\lambda_m^2}{\lambda_m^\infty(\lambda_m^\infty-\lambda_m)} \tag{3-68}$$

这样，可以从实验测定浓度为 $c$ 的醋酸溶液的电导率 $\kappa$ 后，代入式(3-66)，算出 $\lambda$，将 $\lambda$ 的值代入式(3-68)，即得：

$$\lambda_m=-\frac{1}{K_c^\ominus\lambda_m^\infty c^\ominus}c\lambda_m^2+\lambda_m^\infty c \tag{3-69}$$

以 $\lambda_m$ 对 $c\lambda_m^2$ 作图，可得一条直线，其斜率为$[1/(K_c^\ominus\lambda_m^\infty c^\ominus)]$，截距为 $\lambda_m^\infty c$。

实验时，先测已知电导率的标准 KCl 溶液的电导，由式(3-65)求出电导池常数 $l/A$。再依浓度顺序测出系列未知溶液 $c_i$ 的电导，还由上式求出未知溶液的电导率。

再通过

$$\lambda_m=\frac{\kappa}{c} \tag{3-70}$$

求出 $\lambda_m$、$c\lambda_m$。

由图中斜率、截距求得 $K_c^\ominus$、$\lambda_m^\infty$。

因为标准电离常数只受温度的影响，所以该实验应在恒温条件下进行操作。

## 三、实验仪器与试剂

仪器：DDS-11A 型数字电导率仪；50mL 酸式滴定管 2 支；100mL 烧杯 6 只；玻璃棒；恒温槽；磁力搅拌器。

试剂：HAc（$0.1mol\cdot L^{-1}$，已标定）；铂黑电导电极；蒸馏水；标准 KCl 溶液（$0.01000mol\cdot L^{-1}$）。

## 四、实验步骤

(1)调节恒温槽温度为(25±0.2)℃(或室温大恒温环境下直接测定)。

(2)电导率仪的调试。电导率仪的调试见《电导仪率使用》。

(3)校准电导池常数。用标准 KCl 溶液（$0.01000mol\cdot L^{-1}$）分别润洗恒温小烧杯（或恒温瓶）和铂黑电导电极，然后，用移液管移取 50mL 的标准 KCl 溶液于烧杯中，按 DDS-11A 型电导率仪的使用方法，打开磁力搅拌器，调节温度补偿，将电导仪调节到测量挡，测量标准 KCl 溶液的电导率，等电导率仪读数稳定后，将读数调节到 $1413\mu S\cdot cm^{-1}$。

(4)配制不同浓度的醋酸溶液。将 5 只烘干的 100mL 烧杯编成 1～5 号。在 1 号烧杯中，用滴定管准确加入 48.00mL 已标定的 0.1mol·$L^{-1}$ 醋酸溶液。在 2 号烧杯中，用滴定管准确加入 24.00mL 已标定的 0.1mol·$L^{-1}$ 醋酸溶液，再用另一根滴定管准确加入 24.00mL 蒸馏水。

(5)用同样的方法，按照表 3-27 中的烧杯序号配制不同浓度的醋酸溶液。

**表 3-27 不同浓度 HAc 溶液的电导率的测定**

| 烧杯号数 | HAc 的体积/mL | $H_2O$ 的体积/mL | 配制的 HAc 浓度/mol·$L^{-1}$ | 电导率 $\kappa/\Omega^{-1}\cdot cm^{-1}$ |
|---|---|---|---|---|
| 1 | 48.00 | 0.00 | | |
| 2 | 24.00 | 24.00 | | |
| 3 | 12.00 | 36.00 | | |
| 4 | 6.00 | 42.00 | | |
| 5 | 3.00 | 45.00 | | |
| 蒸馏水 | 0.00 | 48.00 | | |

(6)测定不同浓度 HAc 溶液的电导率：按照下面 DDS-11A 型电导率仪的使用方法，由稀到浓依次测定 5～1 号溶液的电导率，将数据记录在表 3-27 中。注意：每次换不同浓度的溶液时，一定要先用待测溶液洗涤铂黑电导电极 2～3 次，且待电导率仪读数稳定后再记读数。

(7)最后测量蒸馏水的电导率。

(8)实验完毕后，取下电极，用蒸馏水冲洗数次，将铂黑电极浸泡在蒸馏水中保存。关闭各仪器电源及自来水开关，结束实验。

## 五、数据记录与结果处理

将实验结果填入表 3-28 中。

**表 3-28 HAc 电离常数测定数据处理**

电极常数________；室温________℃

| 编号 | 1 | 2 | 3 | 4 | 5 |
|---|---|---|---|---|---|
| $[HAc]=c$ | | | | | |
| $\kappa(S\cdot cm^{-1})$ | | | | | |
| $\lambda=\kappa\dfrac{1000}{c}(S\cdot m^2\cdot mol^{-1})$ | | | | | |
| $\alpha=\dfrac{\lambda_m}{\lambda_m^\infty}$ | | | | | |
| $c\alpha^2$ | | | | | |
| $1-\alpha$ | | | | | |
| $K^\Theta=\dfrac{(c\alpha/c^\Theta)^2}{(c-c\alpha)/c^\Theta}=\dfrac{(c/c^\Theta)\alpha^2}{1-\alpha}$ | | | | | |

在此温度下，查表得 HAc 的极限当量电导率________$\Omega^{-1}\cdot cm^{-1}$·克当量。

## 六、注意事项

(1)铂黑电导电极使用前要放在蒸馏水中活化 24h。

(2)磁力搅拌器的搅拌速度不能太快，以免打碎铂黑电极。

(3)测量前电导率仪预热10min以上。

(4)换测不同浓度的溶液时电极要用待测溶液洗2～3次。

(5)每次测定时，待电导率仪读数稳定后，再记读数。

## 七、思考题

(1)电解质溶液导电的特点是什么？

(2)弱电解质溶液的电离度($\alpha$)与哪些因素有关？

(3)测定HAc溶液的电导时，溶液的浓度为什么要由稀到浓？

(4)实验过程中，搅拌时应该注意什么问题？

(5)简述电导率仪的使用方法。为什么测定溶液电导率要用交流电？

(6)为何要测定电导池常数？如何测定？

(7)公式$K_c^\ominus=\dfrac{\dfrac{c}{c^\ominus}\lambda_m^2}{\lambda_m^\infty(\lambda_m^\infty-\lambda_m)}$的适用条件是什么？

(8)实验过程中，为什么要恒温？

(9)电极不用时怎样放置？为什么？

## 知识扩展：DDS-11A型电导率仪

电化学测量技术在物理化学实验中占有重要地位，常用它来测量电导、电动势等参数，更是热化学中精密温度测量和计量的基础。

电导这个物理化学参数不仅反映出电解质溶液中离子状态及其运动的许多信息，而且由于它在稀溶液中与离子浓度之间的简单线性关系，被广泛用于分析化学和化学动力学过程的测试中。

电导的测量除用交流电桥法外，还可用电导仪进行，目前广泛使用的是DDS型和DDS-11A型电导率仪，下面介绍DDS-11A型电导率仪。

### 一、测量原理

DDS-11A型电导率仪原理图见图3-63。

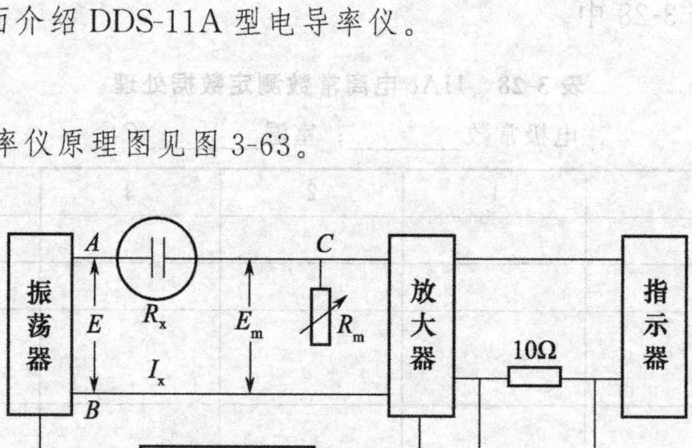


图3-63　DDS-11A型电导率仪原理图

稳压电源输出一个稳定的直流电压，供给振荡器和放大器，使它们工作在稳定状态。振荡器由于采用了电感负载式的多谐振荡电路，具有很低的输出阻抗，其输出电压不随电导池电阻$R_x$的变化而变化，从而为电阻分压回路提供一个稳定的标准电动势$E$，电阻分压回路由电导池$R_x$和电阻箱$R_m$串联组成，$E$加在该回路$AB$两端，产生测量电流$I_x$，根据欧姆定律：

$$I_x=\frac{E}{R_x+R_m}=\frac{E_m}{R_m} \tag{3-71}$$

由于$E$和$R_m$恒定不变，设$R_m \ll R_x$，则：

$$I_x \propto \frac{l}{R_x} \tag{3-72}$$

由式(3-72)可看出，测量电流$I_x$的大小正比于电导池两极间溶液的电导，即：

$$G=\frac{l}{R_x} \tag{3-73}$$

所以：

$$E_m=\frac{ER_m}{\frac{l}{G}+R_m} \tag{3-74}$$

由于$E$和$R_m$不变，所以电导$G$只是$E_m$的函数，$E_m$经放大检波后，在显示仪表上，用换算成的电导值或电导率值显示出来。

## 二、使用方法

DDS-11A型电导率仪的面板图如图3-64所示。

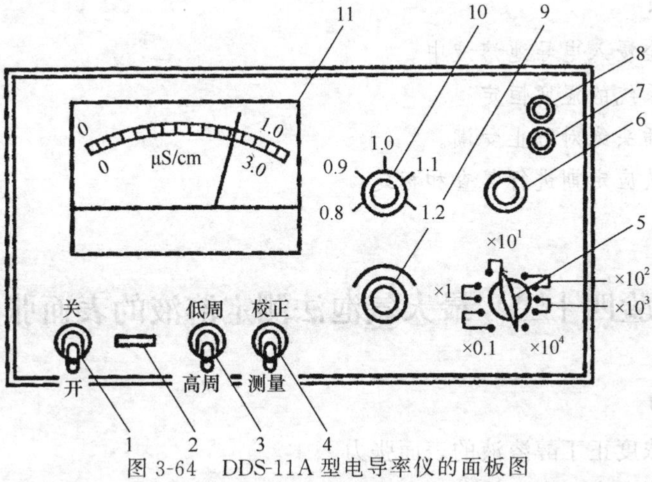


图3-64　DDS-11A型电导率仪的面板图

1—电源开关；2—指示灯；3—高周、低周开关；4—校正、测量开关；
5—量程选择开关；6—电容补偿开关；7—电极插口；8—10mV输出插口；
9—校正调节器；10—电极常数调节器；11—表头

(1)先将铂黑电极放在盛有蒸馏水的小烧杯中数分钟。

(2)开启电源开关前，先检查电导率仪表针是否指在零点；如果表针不指零点，需调节表头上的螺丝至表针指零。

(3)打开电源开关，预热10min后，将校正测量开关4扳到“校正”位置，调节校正调节器9使电表满刻度指示。

(4)若待测液体的电导率低于300 $\mu S \cdot cm^{-1}$时，开关3在“低周”位置，若待测液体的电导率为300～$10^5 \mu S \cdot cm^{-1}$，开关在“高周”位置。

(5)将量程选择开关5扳到所需要的测量范围，若预先不知被测液体电导率的大小，应先扳在最大电导率挡，然后逐挡下降。

(6)根据液体电导率的大小选用不同电极。当待测液体的电导率低于10$\mu S \cdot cm^{-1}$时，使用DJS-1型光亮电极；当待测液体的电导率为10～$10^4$ $\mu S \cdot cm^{-1}$时，使用DJS-1型铂黑电极；当待测液体的电导率大于$10^4$ $\mu S \cdot cm^{-1}$时，可选用DJS-10型铂黑电极。

(7)电极在使用时，用电极夹夹紧其胶帽，并通过电极夹把电极固定在电极杆上，将电插头插入电极插口内，旋紧插口上的紧固螺丝，再将电极浸入待测溶液中。

(8)将校正测量开关4拨向“测量”，这时指针指示读数乘以量程开关的倍率，即为待测液的实际电导率。

(9)将电极常数调节器10调节在所用电极的常数相对应的位置上(这样就相当于把电极常数调整为1，所测得溶液的电导率就是溶液的电导率)。

(10)将电极插头插在电极插口7内，用少量待测溶液将电极冲洗2～3次，将电极浸入待测溶液中。将校正、测量开关4扳到“校正”位置。调节10至满刻度，然后将校正、测量开关4扳到“测量”位置，读得表针的指示数，再乘以量程选择开关5所指的倍率，即为被测溶液的实际电导率。重复测定一次，取其平均值。

(11)将4扳到“校正”位置，取出电极。

(12)实验完毕后，取下电极，用蒸馏水冲洗数次，将铂黑电极浸泡在蒸馏水中保存。关闭各仪器电源、自来水开关，结束实验。

### 三、注意事项

(1)电极应完全浸入电导池溶液中。

(2)保证待测系统的温度恒定。

(3)电导电极插头绝对防止受潮。

(4)电导池常数应定期进行复查和标定。

## 实验四十二 最大气泡法测定溶液的表面张力

### 一、实验目的

(1)测定不同浓度正丁醇溶液的表面张力。

(2)掌握一种测定表面张力的方法——最大气泡法。

### 二、实验原理

溶液表面可以发生吸附作用，当某一液体中溶有其他物质时，其表面张力即发生变化。例如在水中溶入醇、酸、酮、醛等有机物，可使其表面张力减小。

测定表面张力方法很多，本实验采用最大气泡法，装置如图3-65所示。

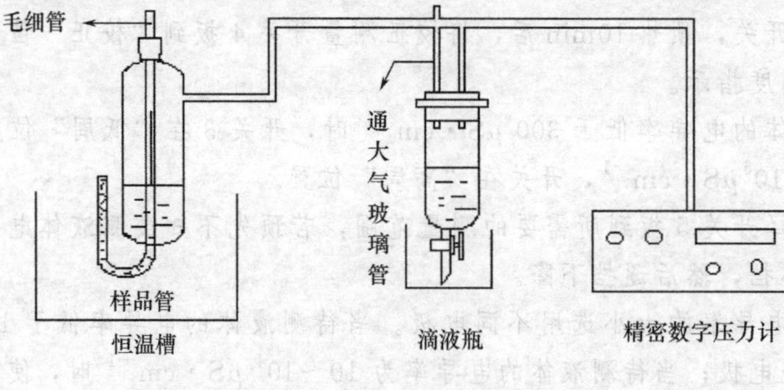


图3-65 最大气泡法测定表面张力装置

将被测液体装于样品管中，使毛细管端面与液面相切，液面即沿毛细管上升。打开滴液瓶活塞缓缓放水(抽气)，毛细管内液面上受到一个比样品管中液面上大的压力，当此压力差——附加压力($\Delta p = p_{大气} - p_{系统}$)在毛细管端面上产生的作用力稍大于毛细管口液体的表面张力时，气泡就从毛细管口脱出，此附加压力与表面张力成正比，与气泡的曲率半径成反比，其关系式为：

$$\Delta p = \frac{2\sigma}{R} \tag{3-75}$$

式中　$\Delta p$——附加压力，Pa；

$\sigma$——表面张力，N/m；

$R$——气泡的曲率半径，m。

如果毛细管半径很小，则形成的气泡基本上是球形的。当气泡开始形成时，表面几乎是平的，这时曲率半径最大；随着气泡的形成，曲率半径逐渐变小，直到形成半球形，这时曲率半径 $R$ 和毛细管半径 $r$ 相等，曲率半径达最小值，根据上式可知这时附加压力达最大值。气泡进一步长大，$R$ 变大，附加压力则变小，直到气泡逸出。

根据上式，$R=r$ 时的最大附加压力为：

$$\Delta p_{最大} = \frac{2\sigma}{r} 或 \sigma = \frac{r}{2}\Delta p_{最大} \tag{3-76}$$

实际测量时，使毛细管端刚与液面接触，则可忽略气泡鼓泡所需克服的静压力，这样就可直接用上式进行计算。

当将$\frac{r}{2}$合并为常数 $K$ 时，则式(3-76)变为：

$$K = \frac{\sigma}{\Delta p_{最大}} \tag{3-77}$$

式中的仪器常数 $K$ 可用已知表面张力的标准物质测得。

## 三、实验仪器与试剂

仪器：最大气泡表面张力测定装置 1 套；100mL 容量瓶 9 只；铁架 2 台；自由夹；恒温槽 1 套。

试剂：正丁醇(分析纯)。

## 四、实验步骤

### 1. 求毛细管常数 K

(1)玻璃仪器必须仔细洗涤干净并干燥。按图 3-65 所示连接实验装置，接通数字压力计电源。接通恒温水浴电源并开机，调节恒温槽温度为 25℃。

(2)仪器检漏：在滴液瓶中盛入水，将毛细管插入样品管中，打开通大气玻璃管，从侧管中加入样品，使毛细管管口刚好与液面相切，接入恒温水恒温 5min，系统采零之后关闭通大气玻璃管。此时，将滴液瓶的滴水开关打开放水，使体系内的压力降低，精密数字压力计显示一定数字时，关闭滴液瓶的开关。若 2～3min 内精密数字压力计数字不变，则说明体系不漏气，可以进行实验。

(3)在样品管中装入适量蒸馏水，使水面与毛细管端面相切。将样品管置于恒温槽中恒温 10min。注意毛细管必须与液面垂直。

(4)松开与通大气玻璃管相连接的橡胶管，使系统与大气相通，按下数字压力计的“采零”键，对数字压力计采零，此时，压力计显示为0(将大气压力参考为0)。再将通大气玻璃管密封。可按数字压力计的“单位”键来选择适合实验的压力单位。旋转滴液瓶活塞，使水缓慢流下，排出毛细管内气体后，调节水滴速度，使毛细管逸出的气泡速度为5～10 s/个，压力计所显示的数值一个字一个字地变化。

(5)观察压力计数值，待每次压力计最大值基本一致后，记录压力计所显示最大读数3次，取平均值，即为$\Delta p_{最大1}$。(若压力计显示最大数值不稳，须检查：毛细管是否洗净干燥；系统密封性能是否良好；真空橡胶管内是否有水汽或污物窜入)

(6)查书得出实验温度下水的表面张力$\sigma$，利用公式$K=\dfrac{\sigma_{水}}{\Delta p_{最大}}$得出毛细管常数$K$。(查表得：25℃下$\sigma_{水}=71.97\times10^{-3}\mathrm{N\cdot m^{-1}}$)

**2. 测量不同浓度正丁醇的表面张力**

(1)分别配制浓度为0.02、0.05、0.10、0.15、0.20、0.25、0.30、0.35mol·L$^{-1}$的正丁醇溶液50mL。

(2)松开通大气玻璃管，在样品管中换入已调好的正丁醇水溶液，重复步骤4、5，得出$\Delta p_{最大2}$。(注意：须从稀到浓依次进行，每次测量前必须用少量被测液洗涤样品管，尤其是毛细管部分，确保毛细管内外溶液的浓度一致)

(3)由公式$\sigma_2=K\Delta p_{最大2}$得出各浓度正丁醇水溶液的表面张力。

**3. 注意事项**

(1)测定用毛细管一定要干净，否则气泡不能连续稳定地逸出，使压力计的显示最大值不稳，影响溶液的表面张力。

(2)毛细管一定要保持垂直，管口端面刚好与液面相切。

(3)读取压差时，应取气泡逸出时的最大值。

## 五、数据记录与结果处理

(1)按表3-29记录实验数据。

**表3-29 实验数据记录**

| 样品 | 最大压力差/Pa | | $\sigma$/N·m$^{-1}$ |
|---|---|---|---|
| | 实验值 | 平均值 | |
| 0 | | | |
| 1 | | | |
| 2 | | | |
| 3 | | | |
| … | | | |

(2)利用公式$K=\dfrac{\sigma_{水}}{\Delta p_{最大}}$计算毛细管常数。

(3)根据公式$\sigma_2=K\Delta p_{最大2}$算出各浓度正丁醇水溶液的表面张力。

## 六、思考题

(1)毛细管尖端为何必须调节得恰与液面相切？否则对实验有何影响？

(2)最大气泡法测定表面张力时为什么要读最大压力差？如果气泡逸出得很快，或几个气泡一齐逸出，对实验结果有无影响？

(3)本实验选用的毛细管尖的半径大小对实验测定有何影响？若毛细管不清洁会不会影响测定结果？

# 实验四十三 黏度法测定高聚物的摩尔质量

## 一、实验目的

(1)了解黏度法测定高聚物相对分子质量的基本原理和公式。

(2)掌握用乌氏黏度计测定高聚物溶液黏度的原理与方法。

(3)学习测定聚丙烯胺的摩尔质量。

## 二、实验原理

高聚物摩尔质量不仅反映了高聚物分子的大小，而且直接关系到它的物理性能，是个重要的基本参数。与一般的无机物或低分子的有机物不同，高聚物多是摩尔质量大小不同的大分子混合物，所以通常所测的高聚物摩尔质量是一个统计平均值。

近年来有文献报道，用脉冲核磁共振仪、红外分光光度计、电子显微镜等实验技术测定大分子化合物的平均摩尔质量。测定高聚物摩尔质量的方法很多，见表 3-30，而不同方法测得的平均摩尔质量也有所不同。比较起来，黏度法设备简单，操作方便，并有很好的实验精度，是常用的方法之一。用该法求得的摩尔质量称为黏均摩尔质量。黏度法是利用大分子化合物溶液的黏度和相对分子质量间的某种经验方程来计算相对分子质量的，适用于各种相对分子质量的范围。局限性在于不同的相对分子质量范围有不同的经验方程。

**表 3-30 不同相对分子质量范围大分子化合物的测定方法**

| 测定方法 | 测定相对分子质量范围 |
|---|---|
| 端基分析 | $M_n < 3\times10^4$ |
| 沸点升高，凝固点降低 | $M_n < 3\times10^4$ |
| 渗透压 | $M_n = 10^4 \sim 10^6$ |
| 光散射 | $M_w = 10^4 \sim 10^7$ |
| 超离心沉降 | $M_n$ 或 $M_w = 10^4 \sim 10^7$ |
| 凝胶渗透色谱法 | $M_n$ 或 $M_w$ 或 $M_z = 10^3 \sim 5\times10^6$ |
| 黏度法 | 一般介于 $M_n$ 与 $M_w$ 之间 |

高聚物稀溶液的黏度是它在流动时内摩擦力大小的反映，这种流动过程中的内摩擦主要有：纯溶剂分子间的内摩擦，记作 $\eta_0$；高聚物分子与溶剂分子间的内摩擦；以及高聚物分子间的内摩擦。这三种内摩擦的总和称为高聚物溶液的黏度，记作 $\eta$。实践证明，在相同温度下 $\eta > \eta_0$，为了比较这两种黏度，引入增比黏度的概念，以 $\eta_{sp}$ 表示：

$$\eta_{sp} = (\eta - \eta_0)/\eta_0 = \eta/\eta_0 - 1 = \eta_r - 1 \tag{3-78}$$

式中，$\eta_r$ 称为相对黏度，反映的仍是整个溶液的黏度行为；$\eta_{sp}$ 则是扣除了溶剂分子间的内摩擦以后纯溶剂与高聚物分子间以及高聚物分子间的内摩擦之和。

高聚物溶液的 $\eta_{sp}$ 往往随质量浓度 $\rho$ 的增加而增加。为了便于比较，定义单位浓度的增比黏度 $\eta_{sp}/\rho$ 为比浓黏度，定义 $\ln\eta_r/\rho$ 为比浓对数黏度。当溶液无限稀释时，高聚物分子彼此相隔甚远，它们的相互作用可以忽略，此时比浓黏度趋近于一个极限值，即：

$$\lim_{c\to 0}\frac{\eta_{sp}}{\rho}=\lim_{c\to 0}\frac{\ln\eta_r}{\rho}=[\eta] \tag{3-79}$$

式中，$[\eta]$ 主要反映无限稀释溶液中高聚物分子与溶剂分子之间的内摩擦作用，称为特性黏度，可以作为高聚物摩尔质量的度量。由于 $\eta_{sp}$ 与 $\eta_r$ 均是无量纲量，所以$[\eta]$的单位是浓度 $\rho$ 单位的倒数。$[\eta]$ 的值取决于溶剂的性质及高聚物分子的大小和形态，可通过实验求得。根据实验，在足够稀的高聚物溶液中有如下经验公式：

$$\frac{\eta_{sp}}{\rho}=[\eta]+\kappa[\eta]^2\rho \tag{3-80}$$

$$\frac{\ln\eta_r}{\rho}=[\eta]+\beta[\eta]^2\rho \tag{3-81}$$

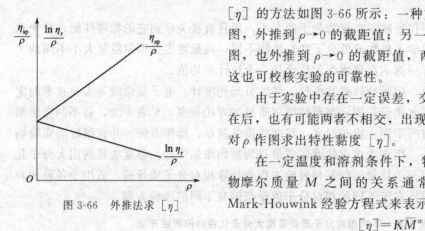

式中，$\kappa$ 和 $\beta$ 分别称为 Huggins 和 Kramer 常数，这是两个直线方程，因此我们获得 $[\eta]$ 的方法如图 3-66 所示：一种方法是以 $\eta_{sp}/\rho$ 对 $\rho$ 作图，外推到 $\rho\to 0$ 的截距值；另一种是以 $\ln\eta_r/\rho$ 对 $\rho$ 作图，也外推到 $\rho\to 0$ 的截距值，两条线应会合于一点，这也可校核实验的可靠性。

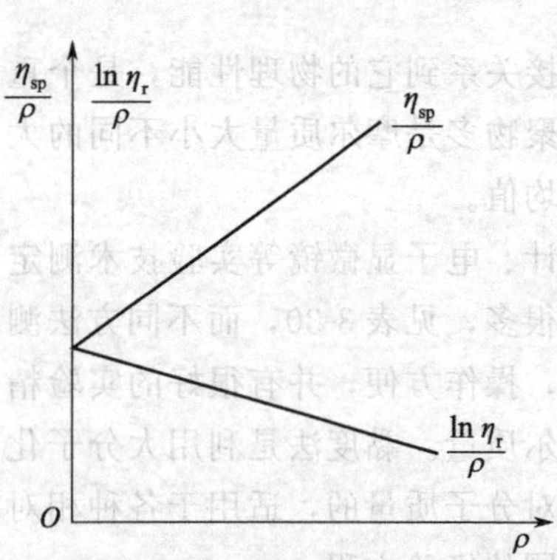

图 3-66　外推法求 $[\eta]$

由于实验中存在一定误差，交点可能在前，也可能在后，也有可能两者不相交，出现这种情况，就以 $\eta_{sp}/\rho$ 对 $\rho$ 作图求出特性黏度 $[\eta]$。

在一定温度和溶剂条件下，特性黏度 $[\eta]$ 和高聚物摩尔质量 $M$ 之间的关系通常用带有两个参数的 Mark-Houwink 经验方程式来表示：

$$[\eta]=K\overline{M}^{\alpha} \tag{3-82}$$

式中，$\overline{M}$ 为黏均分子量；$K$ 为比例常数；$\alpha$ 是与分子形状有关的经验参数。$K$ 和 $\alpha$ 值与温度、聚合物、溶剂性质有关，也和分子量大小有关。$K$ 值受温度的影响较明显，而 $\alpha$ 值主要取决于高分子线团在某温度下、某溶剂中舒展的程度，其数值介于 0.5～1 之间。$K$ 与 $\alpha$ 的数值可通过其他绝对方法确定，例如渗透压法、光散射法等，从黏度法只能测定得$[\eta]$。

由上述可以看出：高聚物摩尔质量的测定最后归结为特性黏度$[\eta]$的测定。本实验采用毛细管法测定黏度，通过测定一定体积的液体流经一定长度和半径的毛细管所需时间而获得。所使用的乌氏黏度计如图 3-67 所示，当液体在重力作用下流经毛细管时，遵守泊肃叶(Poiseuille)定律：

$$\frac{\eta}{\rho}=\frac{\pi hgr^4t}{8VL}-m\frac{V}{8\pi Lt} \tag{3-83}$$

式中　$\eta$——液体的黏度；

$\rho$——液体的密度；

$L$——毛细管的长度；

$r$——毛细管的半径；

$t$——$V$ 体积液体的流出时间；

$h$——流过毛细管液体的平均液柱高度；

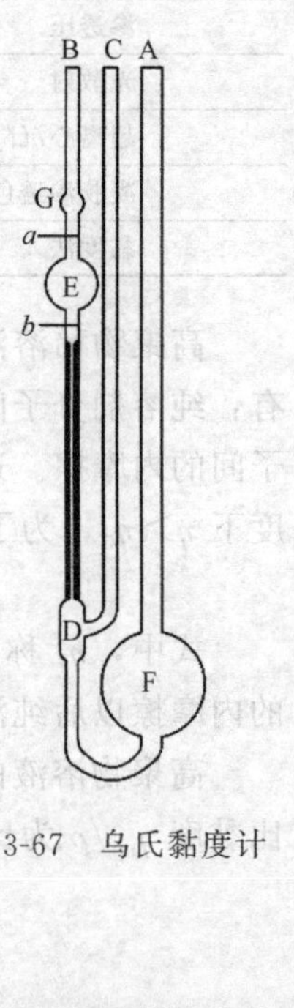

图 3-67　乌氏黏度计

$V$——流经毛细管的液体体积；

$m$——毛细管末端校正的参数(一般在 $r/l \ll 1$ 时，可以取 $m=1$)。

对于某一支指定的黏度计而言，式(3-83)中许多参数是一定的，因此可以改写成：

$$\frac{\eta}{\rho}=At-\frac{B}{t} \tag{3-84}$$

式中，$B<1$，当流出的时间 $t$ 在 2min 左右(大于 100s)，该项(亦称动能校正项)可以忽略，即 $\eta=A\rho t$。

又因通常测定是在稀溶液中进行($\rho<1\times10^{-2}\text{g}\cdot\text{cm}^{-3}$)，溶液的密度和溶剂的密度近似相等，因此可将 $\eta_r$ 写成：

$$\eta_r=\frac{\eta}{\eta_0}=\frac{t}{t_0} \tag{3-85}$$

式中　$t$——测定溶液黏度时液面从 $a$ 刻度流至 $b$ 刻度的时间；

$t_0$——纯溶剂流过的时间。

所以通过测定溶剂和溶液在毛细管中的流出时间，从式(3-85)求得 $\eta_r$，再求得$[\eta]$。

值得注意的是：黏度计毛细管必须粗细适中。如果黏度计毛细管过粗，液体流出时间就会过短，那么使用泊肃叶(P)公式时就无法近似，也就无法用时间的比值来代替黏度；如果黏度计毛细管过细，容易造成堵塞，导致实验无法进行而失败。

黏度计中C管的作用是形成气承悬液柱。如果黏度计的C管损伤，就成了连通器，不断稀释之后会导致黏度计内液体量不一样，这样在测定液体流出时间时就不能处在相同的条件下，因而没有可比性。只有形成了气承悬液柱，使流出液体上下方均处在大气环境下，测定的数据才有可比性。

实验时，用洗耳球(或乳胶管)吸液时应缓慢，防止把溶液吸到乳胶管内，否则会使溶液浓度降低，导致测定的流出时间减少，从而使相对黏度测定值减小，影响实验结果。总之，温度、溶液浓度、搅拌速度、黏度计的垂直度等是影响测定结果的主要因素。

## 三、实验仪器与试剂

仪器：乌式黏度计 1 支(见图 3-67)；玻璃棒 1 支；恒温水浴 1 套；洗耳球 1 只；移液管(10 mL 和 15mL)各 1 支；烧杯(100 mL)1 只；吸瓶 1 只；止水夹 1 个；橡皮管(约 5cm 长)2 根；铁夹台包括铁夹 1 个。

试剂：聚乙烯醇($5\text{g}\cdot\text{L}^{-1}$)(高聚物在溶剂中溶解缓慢，配制溶液时必须保证其完全溶解，否则会影响溶液起始浓度，从而导致结果偏低)。

## 四、实验步骤

(1)黏度计的洗涤。手拿紧黏度计 A 管。先用热洗液(经砂芯漏斗过滤)将黏度计浸泡，再用丙酮、自来水、蒸馏水分别冲洗几次外壁，并且每次都要注意用洗耳球(或乳胶管)反复流洗毛细管部分，洗好后烘干备用(由上一组的同学准备)。

(2)调节恒温槽温度至(25.0± 0.1)℃，在黏度计的 B 管和 C 管上都套上橡皮管，然后将其竖直放入恒温槽，使水面完全浸没 G 球，并用吊锤检查是否竖直。

(3)溶液流出时间的测定。用移液管分别吸取已知浓度的聚丙烯胺溶液 10mL 和蒸馏水 5mL，由 A 管注入黏度计中，在 C 管处用洗耳球(或乳胶管)打气，使溶液混合均匀，浓度记为 $\rho_1$，恒温 15min，进行测定。测定方法如下：将 C 管用夹子夹紧使之不通气，在 B 管处用洗耳球(或乳胶管)将溶液从F球经D球、毛细管、E球抽至G球2/3处，卸去C管夹子，让C管通大气，此时D球内的溶液即回入F球，使毛细管以上的液体悬空。毛细管以上的液体下落，当液面流经$a$刻度时，立即按停表开始记时间，当液面降至$b$刻度时，再按停表，测得刻度$a$、$b$之间的液体流经毛细管所需时间。重复这一操作至少三次，它们间相差不大于0.3s，取三次的平均值为$t_1$。然后依次由A管用移液管加入1mL、5mL、10mL、15mL $NaNO_3$溶液($1mol\cdot L^{-1}$)，将溶液稀释，使溶液浓度分别为$\rho_2$、$\rho_3$、$\rho_4$、$\rho_5$，用同法测定每份溶液流经毛细管的时间$t_2$、$t_3$、$t_4$、$t_5$。应注意每次加入$NaNO_3$溶液后，一定要充分混合均匀，可以用洗耳球(或乳胶管)抽洗黏度计的E球和G球的方法，使黏度计内溶液各处的浓度相等。如果有气泡产生，则加入一滴或几滴正丁醇即可消除。并且实验过程中恒温槽的温度要恒定，溶液每次稀释恒温后才能测量。每次测量都必须保证黏度计竖直放置，实验过程中不要振动黏度计，否则影响结果的准确性。

(4)溶剂流出时间的测定。用蒸馏水洗净黏度计，尤其要用洗耳球(或乳胶管)反复流洗黏度计的毛细管部分。然后由A管加入约15mL $NaNO_3$溶液($1mol\cdot L^{-1}$)。用同法测定溶剂流出的时间$t_0$。

实验完毕后，黏度计一定要洗干净，可先用丙酮洗涤高聚物，再用蒸馏水洗干净，以备下组使用。

## 五、数据记录与结果处理

将所测实验原始数据及计算结果填入表3-31中。

**表3-31　实验数据及结果表**

原始溶液浓度＿＿＿＿＿＿$g\cdot L^{-1}$；恒温温度＿＿＿＿＿＿

| $\rho/g\cdot L^{-1}$ | $t_1/s$ | $t_2/s$ | $t_3/s$ | $t_{平均}/s$ | $\eta_r$ | $\ln\eta_r$ | $\eta_{sp}$ | $\eta_{sp}/\rho$ | $\ln\eta_r/\rho$ |
|---|---|---|---|---|---|---|---|---|---|
| $\rho_1$ | | | | | | | | | |
| $\rho_2$ | | | | | | | | | |
| $\rho_3$ | | | | | | | | | |
| $\rho_4$ | | | | | | | | | |
| $\rho_5$ | | | | | | | | | |

## 六、思考题

(1)黏度计毛细管的粗细对实验结果有何影响？

(2)乌氏黏度计中的C管的作用是什么？能否除去C管改为双管黏度计使用？

(3)若把溶液吸入洗耳球(或乳胶管)内对实验结果有何影响？

(4)影响测定结果的因素主要有哪些？

(5)黏度法测定高聚物的摩尔质量有何局限性？该法适用的高聚物摩尔质量范围是多少？

(6)使用黏度计应注意哪些事项？

# 实验四十四　溶液吸附法测定固体物质的比表面

## 一、实验目的

(1)用亚甲基蓝水溶液吸附法测定颗粒活性炭的比表面。

(2)了解溶液法测定比表面的基本原理。

(3)了解 722 型系列分光光度计的基本原理并熟悉其使用方法。

**二、实验原理**

(1)根据吸收定律，当入射光为一定波长的单色光时，某溶液的吸光度(或称光密度)与溶液中有色物质的浓度和溶液层的厚度成正比。

$$A = \lg I_0/I = KcL \tag{3-86}$$

式中　$A$——吸光度(光密度)；

$I$——透过光强度；

$I_0$——入射光强度；

$K$——消光系数；

$L$——液层厚度；

$c$——溶液浓度。

一般来说，光的吸收定律适用于任何波长的单色光，但对于一种指定的溶液在不同波长中所测得的消光值不同，如果把波长($\lambda$)对吸光度($A$)作图，可得到一条吸收曲线(见图 3-68)，为提高测定灵敏度，工作波长应选择在 $E$ 值最大时所相应的波长，对于亚甲基蓝溶液，本实验选择的工作波长为 665nm。

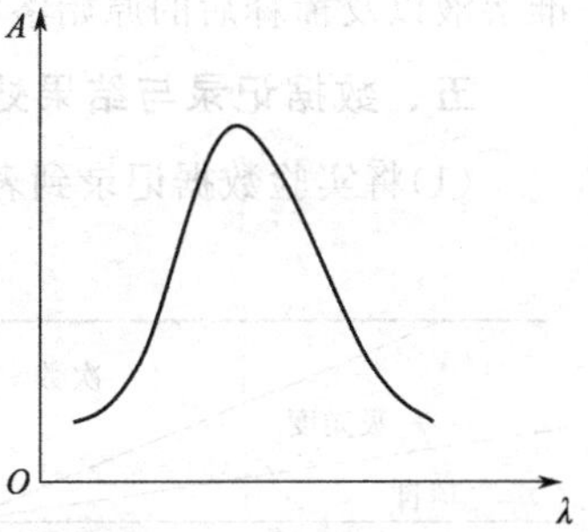

图 3-68　溶液吸收曲线

(2)水溶性染料的吸附已应用于测定固体比表面，在所有染料中，亚甲基蓝具有最大的吸附倾向。研究表明：大多数固体对亚甲基蓝的吸附都是单分子层吸附，而如果平衡后的浓度过低，则吸附又不能达到饱和。因此，原始溶液浓度以及吸附平衡后的浓度应选择在适当范围，本实验原始溶液为 0.2%左右，平衡溶液浓度不小于 0.1%。

(3)阳离子大小为 $17.0 \times 7.6 \times 3.25 \times 10^{-30}\,m^3$，亚甲基蓝的吸附有三种取向，平面吸附投影面积 135Å，对于非石墨性的活性炭，亚甲基蓝可能不是平面吸附，根据实验结果计算在单层吸附的情况下，1mg 亚甲基蓝覆盖的面积可按 $2.45m^2$ 计算。

(4)测定固体比表面的方法很多，常用的有 BET 低温吸附法、电子显微镜法和气相色谱法等，这些方法都需要复杂的装置，或较长的实验时间，而溶液吸附法测定比表面仪器简单，操作方便，还可同时测定许多样品，因此常常被采用，但溶液吸附法测定结果有一定的相对误差，主要原因在于吸附时非球形吸附质在各种吸附剂表面的取向并不都一样，每个吸附层分子的投影面积可以相差甚远，所以溶液吸附法测定的数值应以其他方法校正，然而溶液吸附法可用来测量同类样品的表面积相对值，溶液吸附法的测定误差一般为 10%左右。

**三、实验仪器与试剂**

仪器：722 型系列分光光度计及其附件一套；容量瓶 100mL5 只；带塞锥形瓶 100mL 2 只；25mL 移液管、1mL 移液管、1mL 刻度移液管各 1 支。

试剂：亚甲基蓝 0.2%原始溶液、0.01%标准溶液；颗粒活性炭(非石墨性)若干。

**四、实验步骤**

(1)活化样品：将颗粒活性炭置于坩埚中，放入 300℃马弗炉活化 1h(或在电烘箱 100℃

进行活化)，然后放入干燥器中备用。

(2)溶液吸附：取 2 只 100mL 带磨口塞锥形瓶，分别加入准确称量过的 0.1g 左右活性炭，再分别加入 25g(约 25mL)0.2%的亚甲基蓝溶液，盖上磨口塞，轻轻摇动，放置一夜。

(3)配制亚甲基蓝标准溶液：用 5mL 移液管分别取 2mL、4mL、5mL 0.01%的标准亚甲基蓝溶液于容量瓶中，用蒸馏水稀释至 100mL，即得 $2\times10^{-6}$、$4\times10^{-6}$、$5\times10^{-6}$ 三种浓度的标准溶液。

(4)原始溶液稀释：为了准确测定原始溶液浓度，用 1mL 移液管吸取 0.2mL 0.2%亚甲基蓝溶液，放入 100mL 的容量瓶中稀释至刻度。

(5)平衡溶液处理：将吸附的平衡溶液，用玻璃漏斗过滤去活性炭，滤液用 100mL 干燥的三角锥瓶接收，再用 1mL 的移液管移取 0.5mL 滤液到 100mL 容量瓶中，并用蒸馏水稀释到刻度。

(6)测量吸光度：以蒸馏水为空白溶液，分别测量 $2\times10^{-6}$、$4\times10^{-6}$、$5\times10^{-6}$ 三种标准溶液以及稀释后的原始溶液和稀释后的平衡溶液的吸光度。

## 五、数据记录与结果处理

(1)将实验数据记录到表 3-32 中。

**表 3-32 实验数据表**

| 项目 \ 吸光度 \ 次数 | 1 | 2 | 3 | 平均值 |
|---|---|---|---|---|
| $2\times10^{-6}$ | | | | |
| $4\times10^{-6}$ | | | | |
| $5\times10^{-6}$ | | | | |
| 原始溶液稀释液 | | | | |
| 样品 1 | | | | |
| 样品 2 | | | | |

(2)$2\times10^{-6}$、$4\times10^{-6}$、$5\times10^{-6}$ 三种亚甲基蓝标准溶液的浓度对吸光度作图，得一直线即为工作曲线。

(3)将实验室测得原始溶液及平衡溶液的吸光度从工作曲线上查得对应的稀释浓度，然后用查得的浓度再乘以稀释倍数 500 及 200，即得 $c_0$ 及 $c$。

计算比表面：

$$S=\frac{c_0-c}{W}\times G\times2.45 \tag{3-87}$$

式中 $S$——比表面，$m^2\cdot g^{-1}$；

$c_0$——原始溶液浓度，%；

$c$——平衡溶液浓度，%；

$G$——溶液加入质量，mg；

$W$——样品质量，g；

2.45——1mg 亚甲基蓝可覆盖活性炭样品的面积，$m^2\cdot mg^{-1}$。

## 六、思考题

(1)为什么亚甲基蓝原始溶液浓度要在0.1%左右？若吸附后浓度太低，在实验操作方面应如何改动？

(2)用分光光度计测亚甲基蓝溶液浓度时，为什么还要将溶液稀释到百万分之一级浓度，才进行测量？

## 知识扩展：722型分光光度计

物质的吸光光度法是利用光电效应，测量透过光的强度，以测定物质含量的方法，物质吸光度的测量是用吸光光度计来完成的。吸光光度计在近紫外和可见光谱区域内对样品物质作定性和定量的分析，是理化实验室常用的分析仪器之一。该仪器应安放在干燥的房间内，使用温度为5～35℃。使用时放置在坚固平稳的工作台上，而且避免强烈振动或持续振动。室内照明不宜太强，且避免日光直射。电风扇不宜直接吹向仪器，以免影响仪器的正常使用。尽量远离高强度的磁场、电场及发生高频波的电器设备。供给仪器的电源为(220±10%$U$)V、49.5～50Hz，并须装有良好的接地线。宜使用100W以上的稳压器，以加强仪器的抗干扰性能。避免在有硫化氢等腐蚀性气体的场所使用。

下面介绍722型分光光度计的原理、结构及使用与维护。

### 一、仪器的工作原理

分光光度计的基本原理是溶液中的物质在光的照射激发下，产生了对光吸收的效应，物质对光的吸收是具有选择性的，各种不同的物质都具有其各自的吸收光谱，因此当某单色光通过溶液时，其能量就会被吸收而减弱，光能量减弱的程度和物质的浓度有一定的比例关系，也即符合于比色原理——比耳定律。

$$T=\frac{I}{I_0} \qquad A=\lg\frac{I_0}{I}=Kcl \tag{3-88}$$

式中　$T$——透射比；

$I_0$——入射光强度；

$I$——透射光强度；

$A$——吸光度；

$K$——吸收系数；

$l$——溶液的光径长度；

$c$——溶液的浓度。

从式(3-88)可以看出，当入射光、吸收系数和溶液的光径长度不变时，透过光是根据溶液的浓度而变化的，分光光度计是根据上述物理光学现象而设计的。

### 二、仪器的光学系统

722型光栅分光光度计采用光栅自准式色散系统和单光束结构光路。钨灯发出的连续辐射经滤色片选择聚光镜聚光后投向单色器进狭缝，此狭缝正好处于聚光镜及单色器内准直镜的焦平面上，因此进入单色器的复合光通过平面反射镜反射及准直镜准直变成平行光射向色散元件光栅，光栅将入射的复合光通过衍射作用形成按照一定顺序均匀排列的连续单色光谱，此单色光谱重新回到准直镜上，由于仪器出射狭缝设置在准直镜的焦平面上，这样，从光栅色散出来的光谱经准直镜后利用聚光原理成像在出射狭缝上，出射狭缝选出指定带宽的单色光通过聚光镜落在试样室被测样品中心，样品吸收后透射的光经光门射向光电管阴极面。

## 三、仪器的结构

722型光栅分光光度计由光源室、单色器、试样室、光电管暗盒、电子系统及数字显示器等部件组成。

### 1. 光源室部件

氢灯灯架，钨灯灯架，聚光镜架，截止滤光片组架及氢灯接线架等各通过两个螺丝固定在灯室部件底座上。氢灯及钨灯灯架上装有氢灯与钨灯，分别作为紫外和可见区域的能量辐射源。聚光镜安装在聚光镜架上，通过镜架边缘两个定位螺丝及后背部的拉紧弹簧，角度校正顶针使其定值。当需要改变聚焦光斑在单色器入射狭缝上下位置，可通过角度校正顶针进行调整。聚光镜下有一定位梢，旋转镜架可改变光斑在单色器入射狭缝左、右位置。为了消除光栅光谱中存在着级次之间的光谱重叠问题及当在紫外区域使紫外辐射能量进入单色器，在灯室内安置了截止滤光片组。截止滤光片组通过柱头螺丝固定在一联动轴上，改变滤光片组的前后位置可改变紫外能量辐射传输在聚光镜上的方位。轴的另一端装有一齿轮，用以齿合单色器部件波长传动机构大滑轮上的齿轮，使截止滤光片组的选择与波长值同步。

### 2. 单色器部件

单色器是仪器的心脏部分，布置在光源与试样室之间，用三个螺丝固定在灯室部件上。单色器部板内装有狭缝部件、反光镜组件、准直镜部件、光栅部件波长线性传动机构等。

狭缝部件：仪器入射、出射狭缝均采用宽度为0.9mm的双刀片狭缝，通过狭缝固定螺丝固定在狭缝部件架上，狭缝部件是用两个螺丝安装在单色器架上。安装狭缝时注意狭缝双刀片斜面必须向着光线传播方向，否则会增加仪器的杂散光。

反光镜组件：安装在入射狭缝部件架上，反光镜采用一块方形小反光镜，通过组件架上的调节螺钉可改变入射光的反射角度，使光斑打在准直镜上。

准直镜部件：准直镜是一块凹形玻璃球面镜，装在镜座上，后部装有三套精密的细牙调节螺钉。用来调整出射光聚焦于出射狭缝，以及出射于狭缝时光的波长与波长盘上所指示波长相对应。

光栅部件与波长传动机构：光栅在单色器中主要起色散作用，由于光栅的色散是线性的，因此光栅可采用线性的传动机构。722仪器采用扇形齿轮与波长转动轴上的齿轮相吻合，达到波长刻度盘带动光栅转动，改变仪器出射狭缝的波长值。另外在单色器由转盘、大滑轮、小滑轮及尼龙绳组成了一套波长联动机构，大滑轮上的齿轮与截止滤光片转轴上的齿轮啮合，使波长值与截止滤光片组同步。光栅安装在光栅底座上，通过光栅架后的三个螺钉可改变光栅的色散角度。

### 3. 试样室部件

试样室部件由比色皿座架部件及光门部件组成。

比色皿座架部件：整个比色皿座连滑动座架通过底部三个定位螺丝全部装在试样室内，滑动座架下装有弹性定位装置，拉动拉杆能正确地使滑动座架带动四挡比色皿正确处于光路中心位置。

光门部件：在试样室的右侧通过三个定位螺丝装有一套光门部件，其顶杆露出盒右小孔，光门挡板依靠其本身重量及弹簧作用向下垂落至定位螺母，遮住透光孔，光束被阻挡不能进入光电管阴极面，光路遮断，仪器可以进行零位调节。当关上试样室盖时，顶杆便向下压紧，此时顶住光门挡板下端。在杠杆作用下，使光门挡板上抬，打开光门，可调整100％进行测量工作。

光电管暗盒部件：整个光电管暗盒部件通过四个螺钉固定在仪器底座上。部件内装有光电管、干燥剂筒及微电流放大器电路板。光电管采用插入式G1030型端窗式光电管，其管脚共有14个，其中4、8两脚为光电阴极，1、6、10、12四脚为阳极。

**四、仪器的安装使用**

(1)使用仪器前，使用者应该首先了解本仪器的结构和工作原理，以及各个操作旋钮之功能。在未接通电源前，应该对仪器的安全性进行检查，电源线接线应牢固。接地要良好，各个调节旋钮的起始位置应该正确，然后接通电源开关。在使用仪器前先检查一下，放大器暗盒的硅胶干燥筒(在仪器的左侧)，如受潮变色，应更换干燥的蓝色硅胶或者倒出原硅胶，烘干后再用。

仪器经过运输和搬运等，会影响波长精度，吸光度精度，请根据仪器调校步骤进行调整，然后投入使用。

(2)将灵敏度旋钮调置“1”挡(放大倍率最小)。开启电源，指示灯亮，选择开关置于“T”，波长调置测试用波长，仪器预热20min。

(3)打开试样室盖(光门自动关闭)，调节“0”旋钮，使数字显示为“00.0”，盖上试样室盖，将比色皿架处于蒸馏水校正位置，使光电管受光，调节透过率“100％”旋钮，使数字显示为“100.0”。

(4)如果显示不到“100.0”，则可适当增加微电流放大器的倍率挡数，但尽可能倍率置低挡使用，这样仪器将有更高的稳定性，但改变倍率后必须按(3)重新校正“0”和“100％”。

(5)预热后，按(3)连续几次调整“0”和“100％”，仪器即可进行测定工作。

(6)吸光度$A$的测量：按(3)调整仪器“00.0”和“100％”，将选择开关置于“A”，调节吸光度调节器调零旋钮，使得数字显示为“.000”，然后将被测样品移入光路，显示值即为被测样品的吸光度的值。

(7)浓度$c$的测量：选择开关由“A”旋置“C”，将已标定浓度的样品放入光路，调节浓度旋钮，使得数字显示为标定值，将被测样品放入光路，即可读出被测样品的浓度值。

(8)如果大幅度改变测试波长时，在调整“0”和“100％”后稍等片刻(因光能量变化急剧，光电管受光后响应缓慢，需一段光响应平衡时间)，当稳定后，重新调整“0”和100％即可工作。

(9)每台仪器所配套的变色皿，不能与其他仪器上的比色皿单个调换。

**五、仪器的维护**

(1)为确保仪器稳定工作在电压波动较小的地方，220V电源预先稳压，宜备220V稳压器一只(磁饱和式或电子稳压式)。

(2)当仪器工作不正常时，如数字表无亮光，光源灯不亮，开关指示灯无信号，应检查仪器后盖保险丝是否损坏，然后查电源线是否接通，再查电路。

(3)仪器要接地良好。

(4)仪器左侧下角有一只干燥筒，应保持其干燥，发现变色立即更新或加以烘干再用。

(5)另外有两包硅胶放在样品室内，当仪器停止使用后，也应该定期更新烘干。

(6)当仪器停止工作时，切断电源，电源开关同时关闭。

(7)为了避免仪器积灰和沾污，在停止工作时间内，用塑料套子罩住整个仪器，在套子内应放数袋防潮硅胶，以免灯室受潮、反射镜镜面发霉或沾污，影响仪器能量。

(8)仪器工作数月或搬动后，要检查波长精度和吸光度 $A$ 精度等，以确保仪器的正常使用和测定精度。

## 六、仪器的调校和故障修理

仪器使用较长时间后，与同类型的其他仪器一样，可能发生一些故障，或者仪器的性能指标有所变化，需要进行调校或修理，现分别简单介绍如下，以供使用维护者参考。

### 1. 仪器的调整

(1)钨灯的更换和调整　光源灯是易损件，当损件更换或由于仪器搬运后均可能偏离正常位置，为了使仪器有足够的灵敏度，如何正确地调整光源灯的位置则显得更为重要，用户在更换光源灯时应戴上手套，以防沾污灯壳而影响发光能量。722 仪器的光源灯采用“12V 30W”插入式钨卤素灯，更换钨灯时应先切断电源，然后用附件中的扳手旋松钨灯架上的两个紧固螺丝，取出损坏的钨灯，换上钨灯后，将波长选择在 550mm 左右，开启主机电源开关，移动钨灯上、下、左、右位置，直到成像在入射狭缝上。选择适当的灵敏度开关，观察数字表读数，经过调整至数字表读数为最高即可。最后将两个紧固螺丝旋紧。注意：两个紧固螺丝为钨灯稳压电源的输出电压，当钨灯点亮时，千万不能短路，否则会损坏钨灯稳压电源电路元件。

(2)波长精度检验与校正　采用镨钕滤色片 529nm 及 808nm 两个特征吸收峰，通过逐点测试法来进行波长检定与校正。本仪器的分光系统采用光栅作为色散元件，其色散是线性的，因此波长分度的刻度也是线性的。当通过逐点测试法记录下的刻度波长与镨钕滤色片特征吸收波长值超出误差，则可卸下波长手轮，旋松波长刻度盘上的三个定位螺丝，将刻度指示置特征吸收波长值，误差范围(≤±2nm)，旋紧三个定位螺丝即可。

(3)吸光度精度的调整　选择开关置于“T”，调节透过率“00.0”和“100.0”后，再将选择开关置于“A”，旋动“吸光度调零”旋钮，使得显示值为“.000”。将 0.5 $A$ 左右的滤光片(仪器附)置于光路，测的其吸光度值。选择开关置于“T”，测得其透过率值，根据 $A=\lg 1/T$ 计算出其吸光度值。如果实测值与计算值有误差，则可调节“吸光度斜率电位器”，将实测值调整至计算值，两者允许误差为±0.004$A$。

### 2. 故障分析

(1)初步检查　仪器一旦出现故障，首先关主机电源开关然后按下列步骤逐步检查。

①开启仪器电源，钨灯是否亮？

②波长盘读数指示是否在仪器允许波长范围内？

③仪器灵敏度开关是否选择适当？

④T、A、C 开关是否选择在相应的状态？

⑤试样室盖是否关紧，仪器调零及调 100%时是否选择在相应的旋钮调节？

(2)初步判断　仪器的机械系统、光学系统及电子系统为一整体，工作过程中互有牵制，为了缩小范围及早发现故障所在，按下列试验可以原则上区分故障性质。

(3)光学系统试验　a. 按下灯电源开关，点亮钨灯。b. 仪器波长刻度选择在580nm，打开试样室盖以白纸插入光路聚焦位置，应见到一较亮、完整的长方形光斑。c. 手调波长向长波，白纸上应见到光斑由紫逐渐变红；手调波长向短波，白纸上应见到光斑由红逐渐变紫。d. 波长在330～800nm范围，改变相应的灵敏度挡调节"100%"旋钮，观察数字表读数显示能达到100.0值。上述试验通过，光学系统原则上正常。

(4)机械系统试验　a. 手调波长钮330～800nm往返手感平滑无明显卡住。b. 检查各按钮、旋钮、开关及比色皿选择拉杆手感是否灵活。上述试验通过，机械系统原则上正常。

(5)电子系统试验　a. 按下灯电源按钮，点亮钨灯。b. 打开试样室盖，调节调零旋钮观察数字显示读数应为00.0左右可调。c. 选择波长580nm，灵敏度开关选择T挡，关上试样室盖，此时调节"100%"旋钮观察数字显示读数应为"100.0"左右可调。d. T、A、C转换开关选择T挡，试样室空白，当完成仪器调零及调"100%"后选择A挡，调节消光零旋钮观察数字显示读数应为".000"左右可调。上述试验通过，电子系统原则上正常。

# 实验四十五　胶体的制备与电泳

## 一、实验目的

(1)掌握 $Fe(OH)_3$ 溶胶的制备及纯化。

(2)观察溶胶的电泳现象，了解其电化学性质。

(3)掌握电泳法测定胶粒电泳速率的方法，并计算溶胶的 $\zeta$ 电位。

## 二、实验原理

胶体是一个多相体系，其分散相胶粒的大小在1～1000nm之间。在外电场作用下，胶体粒子在分散介质中依一定的方向移动，这种现象称为电泳。电泳现象表明胶体粒子是带电的，胶粒带电主要是由于分散相粒子选择性地吸附了一定量的离子或本身的电离所致，胶粒表面具有一定量的电荷，胶粒周围的介质分布着反离子，反离子所带电荷与胶粒表观电荷符号相反、数量相等，整个溶胶体系保持电中性。由于静电吸引作用和热扩散运动两种效应的共同影响，使得有一部分反离子紧密地吸附在胶核表面上(约为一两个分子层厚)，称为紧密层。另一部分反离子形成扩散层。扩散层中反离子分布符合玻尔兹曼分布式，扩散层的厚度随外界环境改变而改变，即在两相界面上形成了双电层结构。从紧密层的外界(或滑动面)到溶液本体间的电位差，称为电动电势或 $\zeta$ 电势。如图3-69所示。

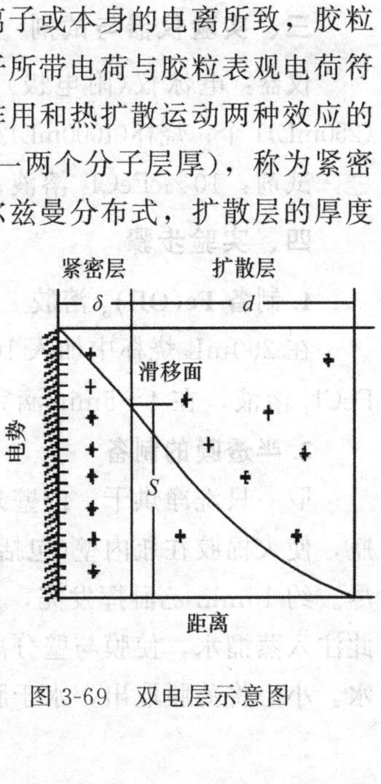

图3-69　双电层示意图

$\zeta$ 电势越大，胶体体系越稳定，因此 $\zeta$ 电势大小是衡量胶体稳定性的重要参数。测定 $\zeta$ 电势，对解决胶体体系的稳定性具有很大的意义。在一般溶胶中，$\zeta$ 电势数值越小，则其稳定性亦越差，此时可观察到聚沉的现象。因此，无论是制备胶体或者是破坏胶体，都需要了解所研究胶体的 $\zeta$ 电势。

原则上，任何一种胶体的电动现象(如电渗、电泳、流动电势、沉降电势)都可用来测定ζ电势，但最方便的则是用电泳现象来进行测定。

电泳法又分为两类，即宏观法和微观法。宏观法原理是观察溶胶与另一不含胶粒的导电液体的界面在电场中的移动速度。微观法是直接观察单个胶粒在电场中的泳动速率。对高分散的溶胶，如 $As_2S_3$ 溶胶或 $Fe(OH)_3$ 溶胶，或过浓的溶胶，不宜观察个别粒子的运动，只能用宏观法。对于颜色太浅或浓度过稀的溶胶，则适宜用微观法。本实验采用宏观法。宏观电泳法的装置如图 3-70 所示。如测定 $Fe(OH)_3$ 溶胶的电泳，则先在 U 形的电泳测定管支管中注入棕红色的 $Fe(OH)_3$ 溶胶；然后在 U 形管中装入无色的辅助液，开启活塞，使 $Fe(OH)_3$ 溶胶缓缓进入 U 形管，并与辅助液之间形成明显的界面；在 U 形管的两端各插入一支电极，通电到一定时间后，即可观察到 $Fe(OH)_3$ 溶胶的棕红色界面向某极上升，而在另一极则界面下降。

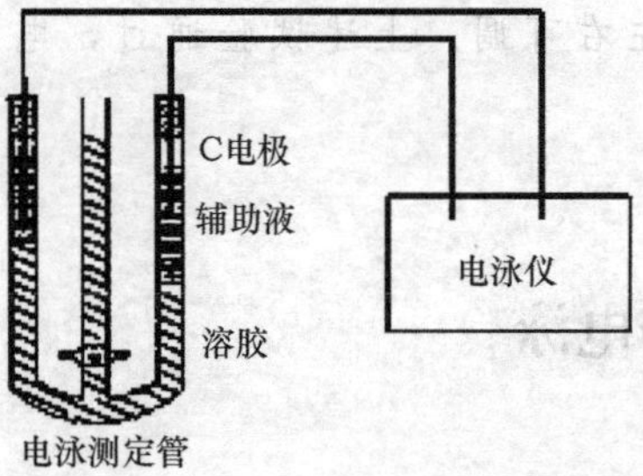

图 3-70　电泳装置示意图

ζ 电势的数值，可根据亥姆霍兹方程式计算：

$$\zeta = \frac{4\pi\eta u}{\varepsilon\left(\frac{E}{L}\right)} \times 300^2, \mathrm{V} \tag{3-89}$$

式中　$\eta$——介质的黏度；

$u$——电泳的速率；

$\varepsilon$——介质的介电常数；

$E$——两电极间的电压；

$L$——两电极间的距离。

本实验是采用界面移动法来测出电泳速率的。即通过观察时间 $t$ 内电泳仪中溶胶与附液的界面在电场的作用下移动距离 $d$ 后，由 $u=\frac{d}{t}$ 求出。本实验的介质为水，水的 $\eta$ 值可由教材附表查得，水的 $\varepsilon$ 值则按式(3-90)计算得到。

$$\varepsilon/\mathrm{F}\cdot\mathrm{m}^{-1} = 80 - 0.4\times(t-20) \tag{3-90}$$

据此可计算出胶粒的ζ电位。

## 三、实验仪器与试剂

仪器：电泳仪(附电极)1 套；直流稳压电源 1 台；电炉 1 台；干燥锥形瓶 2 个；烧杯(250mL)1 个；烧杯(1000mL)2 个；玻璃棒 1 根；秒表 1 只；铜丝 1 条；尺子(精度 0.1cm)1 把。

试剂：10% $FeCl_3$ 溶液；1% $AgNO_3$ 溶液；1% KSCN 溶液。

## 四、实验步骤

**1. 制备 $Fe(OH)_3$ 溶胶**

在 250mL 烧杯中加入 100mL 蒸馏水，加热至沸腾，慢慢滴入 5mL 质量分数为 10% 的 $FeCl_3$ 溶液，在 4～5min 滴完，并不断搅拌，滴完后再煮沸 1～2min，冷却待用。

**2. 半透膜的制备**

取一只洗净烘干、内壁光滑的 250 mL 锥形瓶，加入约 10mL 火棉胶液，小心转动锥形瓶，使火棉胶在瓶内壁(包括瓶颈部分)形成均匀薄膜，将瓶在铁圈上倒立，让剩余火棉胶流尽。约 15min 乙醚挥发完，用手指轻轻触摸薄膜不再黏手，即在瓶口剥开一部分膜，并由此注入蒸馏水，使膜与壁分离，同时在瓶内加满蒸馏水，将膜浸泡几分钟，使膜内乙醇溶于水。小心将薄膜取出，水于膜袋中检查是否有漏洞，若有小洞，可先擦干洞口部分，用玻棒蘸少许火棉胶轻轻接触洞口即可补好。

**3. $Fe(OH)_3$ 溶胶的净化**

小心将 $Fe(OH)_3$ 溶胶注入半透膜袋中，用棉线将袋口扎好，吊在一大烧杯中，杯内加蒸馏水并置于 60～70 ℃的恒温水浴中，以加快渗析速率。每隔 30 min 更换一次蒸馏水，并不断用 $AgNO_3$ 溶液和 KSCN 溶液分别检查 $Cl^-$ 和 $Fe^{3+}$，直到检出来两种离子为止(需要换水 4～5 次)。最后一次渗析液留作电泳辅助液。

**4. 电泳速率 $u$ 的测定**

用铬酸洗液浸泡电泳仪，再用自来水冲洗多次，然后用蒸馏水荡洗。打开旋塞，用少量的 $Fe(OH)_3$ 溶胶润洗电泳仪 2～3 次后，将溶胶自漏斗加入，当溶胶液面上升至高于旋塞少许，关闭旋塞，倒去旋塞上方的溶胶。用辅液荡洗旋塞上方的 U 形管 2、3 次，将电泳仪固定在木架上，从中间的加液口加入 40mL 左右的辅液，插入两电极。缓慢开启旋塞让溶胶缓缓上升，并在溶胶和辅液间形成一清晰的界面。当辅液淹没两电极 1cm 左右，关闭旋塞。连接线路，接通电源，电压调至 40V 左右，不能发生电解(观察电流指示为 0，电极上无气泡冒出)。调好后，开始计时，待稳定 2min 左右后记下一个较清晰的界面的位置，以后每隔 10min 记录一次，共测四次。测完后，关闭电源。用铜丝量出两电极间的距离 $l$(两电平行板电极间 U 形管的长度)，共量 3～5 次，取平均值 $\bar{l}$。实验结束，将溶胶倒入指定瓶内，清洗玻璃仪器，并将电泳仪内注满蒸馏水，整理实验台。

## 五、注意事项

(1)加辅液后，开启旋塞一定要缓慢，保证形成清晰的界面。

(2)加电压不能过大，保证不发生电解。

## 六、数据记录和处理

(1)将实验数据填入表 3-33 中。

**表 3-33　实验数据表**

室温________；大气压________；$\eta$________；$\varepsilon$________；$E$________；$\Gamma$________

| 时间 $t$/s | 界面高度 $h$/m | 界面移动距离 $l'$/m | 电泳速率 $u$/m·s$^{-1}$ | 平均值 $\bar{u}$/m·s$^{-1}$ |
|---|---|---|---|---|
| | | | | |
| | | | | |
| | | | | |
| | | | | |
| | | | | |

(2)计算 $Fe(OH)_3$ 溶胶的电位，并指出胶粒所带电荷的符号。

## 七、思考题

(1)溶胶粒子电泳速率的快慢与哪些因素有关？

(2)本实验中电泳仪为什么要洗干净？

(3)本实验中，溶胶粒子带电的原因是什么？此外，还有哪些方式可使溶胶粒子带电？

(4)溶胶纯化是为了去除什么物质？目的是什么？

(5)配制辅助溶液有何要求？原因是什么？

# 实验四十六 流体流动阻力的测定

## 一、实验目的

(1)掌握测定流体流经直管、管件和阀门时阻力损失的一般实验方法。

(2)测定直管摩擦系数 $\lambda$ 与雷诺准数 $Re$ 的关系，验证在一般湍流区内 $\lambda$ 与 $Re$ 的关系曲线。

(3)测定流体流经管件、阀门时的局部阻力系数 $\xi$。

(4)学会倒 U 形压差计的使用方法。

(5)辨识组成管路的各种管件、阀门，并了解其作用。

## 二、基本原理

流体通过由直管、管件(如三通和弯头等)和阀门等组成的管路系统时，由于黏性剪应力和涡流应力的存在，要损失一定的机械能。流体流经直管时所造成的机械能损失称为直管阻力损失。流体通过管件、阀门时因流体运动方向和速度大小改变所引起的机械能损失称为局部阻力损失。

### 1. 直管阻力摩擦系数 λ 的测定

流体在水平等径直管中稳定流动时，阻力损失为：

$$w_f=\frac{\Delta p_f}{\rho}=\frac{p_1-p_2}{\rho}=\lambda\frac{l}{d}\frac{u^2}{2} \tag{3-91}$$

即

$$\lambda=\frac{2d\Delta p_f}{\rho l u^2} \tag{3-92}$$

式中 $\lambda$——直管阻力摩擦系数，无量纲；

$d$——直管内径，m；

$\Delta p_f$——流体流经长 $l$ 直管的压力降，Pa；

$w_f$——单位质量流体流经长 $l$ 直管的机械能损失，$J\cdot kg^{-1}$；

$\rho$——流体密度，$kg\cdot m^{-3}$；

$l$——直管长度，m；

$u$——流体在管内流动的平均流速，$m\cdot s^{-1}$。

滞流(层流)时：

$$\lambda=\frac{64}{Re} \tag{3-93}$$

$$Re=\frac{du\rho}{\mu} \tag{3-94}$$

式中 $Re$——雷诺准数，无量纲；

$\mu$——流体黏度，$kg\cdot m^{-1}\cdot s^{-1}$。

湍流时 $\lambda$ 是雷诺准数 $Re$ 和相对粗糙度($\varepsilon/d$)的函数，须由实验确定。

由式(3-92)可知，欲测定 $\lambda$，需确定 $l$、$d$，测定 $\Delta p_f$、$u$、$\rho$ 等参数。$l$、$d$ 为装置参数

（装置参数见表 3-33），$\rho$ 通过测定流体温度，再查有关手册而得，$u$ 通过测定流体流量，再由管径计算得到。

本实验采用转子流量计测流量 $V(m^3 \cdot h^{-1})$。

$$u=\frac{4V}{\pi d^2} \tag{3-95}$$

$\Delta p_f$ 可用倒置 U 形管测定，当采用倒置 U 形管液柱压差计时：

$$\Delta p_f=\rho g R \tag{3-96}$$

式中，$R$ 为水柱高差，m。

根据实验装置参数 $l$、$d$，流体温度 $t$（查流体物性 $\rho$、$\mu$），及实验时测定的流量 $V$、液柱压差计的读数 $R$，通过式(3-94)～式(3-96)和式(3-91)求取 $Re$ 和 $\lambda$，再将 $Re$ 和 $\lambda$ 标绘在双对数坐标图上。

**2. 局部阻力系数 $\xi$ 的测定**

局部阻力损失通常有两种表示方法，即当量长度法和阻力系数法。

(1)当量长度法　流体流过某管件或阀门时造成的机械能损失看作与某一长度为 $le$ 的同直径的管道所产生的机械能损失相当，此折合的管道长度称为当量长度，用符号 $le$ 表示。这样，就可以用直管阻力的公式来计算局部阻力损失，而且在管路计算时可将管路中的直管长度与管件、阀门的当量长度合并在一起计算，则流体在管路中流动时的总机械能损失 $\sum w_f$ 为：

$$\sum w_f=\lambda\frac{l+\sum le}{d}\frac{u^2}{2} \tag{3-97}$$

(2)阻力系数法　流体通过某一管件或阀门时的机械能损失表示为流体在直管内流动时平均动能的某一倍数，局部阻力的这种计算方法，称为阻力系数法。即：

$$w_f'=\frac{\Delta p_f'}{\rho}=\xi\frac{u^2}{2} \tag{3-98}$$

故

$$\xi=\frac{2\Delta p_f'}{\rho u^2} \tag{3-99}$$

式中　$\xi$——局部阻力系数，无量纲；

$\Delta p_f'$——局部阻力压强降，Pa（本装置中，所测得的压降应扣除两测压口间直管段的压降，直管段的压降由直管阻力实验结果求取）；

$\rho$——流体密度，$kg \cdot m^{-3}$；

$u$——流体在小截面管中的平均流速，$m \cdot s^{-1}$。

待测的管件和阀门由现场指定。本实验采用阻力系数法表示管件或阀门的局部阻力损失。

根据连接管件或阀门两端直管的直径 $d$、指示液密度 $\rho$、流体温度 $t$（查流体物性 $\rho$、$\mu$），及实验时测定的流量 $V$、液柱压差计的读数 $R$，通过式(3-95)～式(3-98)求取管件或阀门的局部阻力系数 $\xi$。

**三、实验装置与流程**

**1. 实验装置**（见图 3-71）

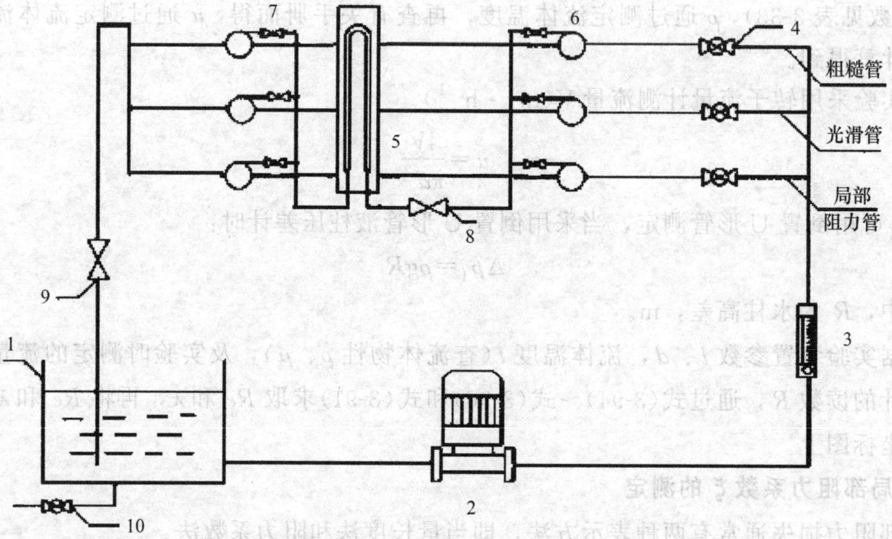


图 3-71　阻力实验装置流程示意图

1—水箱；2—管路泵；3—转子流量计；4—球阀；5—倒 U 形压差计；6—均压环；
7—球阀；8—局部阻力管上的闸阀；9—出水管路闸阀；10—水箱放水阀

**2. 实验流程**

实验对象部分是由储水箱，离心泵，不同管径、材质的水管，各种阀门、管件，流量计和倒 U 形压差计等所组成的。管路部分有三段并联的长直管，分别用于测定局部阻力系数、光滑管直管阻力系数和粗糙管直管阻力系数。测定局部阻力部分使用不锈钢管，其上装有待测管件(闸阀)；光滑管直管阻力的测定同样使用内壁光滑的不锈钢管，而粗糙管直管阻力的测定对象为管道内壁较粗糙的镀锌管。

**3. 装置参数**

装置参数如表 3-34 所示。

**表 3-34　实验装置参数**

| 名称 | 材质 | 管内径/mm | 测量段长度/cm |
|---|---|---|---|
| 局部阻力 | 闸阀 | 20.0 | 95 |
| 光滑管 | 不锈钢管 | 20.0 | 100 |
| 粗糙管 | 镀锌铁管 | 21.0 | 100 |

## 四、实验步骤

**1. 实验准备**

(1)清洗水箱，清除底部杂物，防止损坏泵的叶轮和涡轮流量计。关闭箱底侧排污阀，灌清水至离水箱上缘约 15cm 高度，既可提供足够的实验用水又可防止出口管处水花飞溅。

(2)接通控制柜电源，打开总开关电源及仪表电源，进行仪表自检。打开水箱与泵连接管路间的球阀，关闭泵的回流阀，全开转子流量计下的闸阀。按如上步骤操作后，若泵吸不上水，可能是叶轮反转，首先检查有无缺相，一般可从指示灯判断三相电是否正常。其次检查有无反相，需检查管道离心泵电机部分电源相序，调整三根火线中的任意两线插口即可。

**2. 实验管路选择**

选择实验管路，把对应的进口阀打开，并在出口阀最大开度下，保持全流量流动 5～10min。

**3. 排气**

先进行管路的引压操作。需打开实验管路均压环上的引压阀，对倒 U 形管(结构见图 3-72)进行如下操作：

①排出系统和导压管内的气泡。关闭进气阀门 3 和出水阀门 5 以及平衡阀门 4。打开高压侧阀门 2 和低压侧阀门 1。打开出水管路闸阀 9(见图 3-71)以及各分支管路阀门、引压阀，使系统处于最大流量状态。使实验系统的水经过系统管路、导压管、高压侧阀门 2、倒 U 形管、低压侧阀门 1 排出系统。U 形管内若没有充满水，可适时打开进气阀门 3 或出水阀门 5，将气排出。

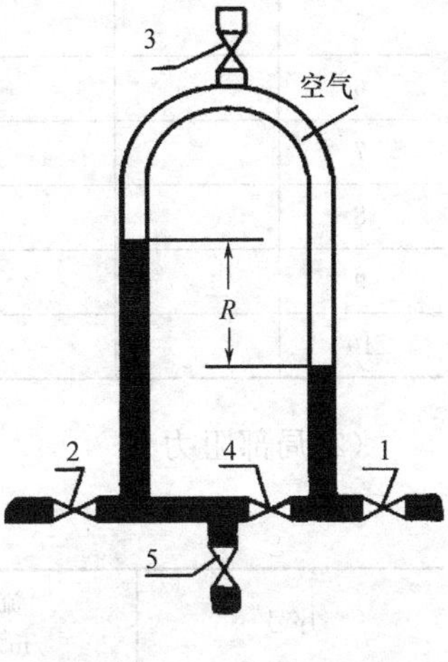


图 3-72 倒 U 形管压差计

1—低压侧阀门；2—高压侧阀门；3—进气阀门；4—平衡阀门；5—出水阀门

②玻璃管吸入空气。排净气体后，关闭泵出口阀，再关闭 1 和 2 两个阀门，打开平衡阀门 4 和出水阀门 5、进气阀门 3，使玻璃管内的水面降到合适位置。

③平衡水位。关闭阀门 4、5、3，然后缓慢打开 1 和 2 两个阀门，此时压差计两端液面应处于同一平面上，否则应按上述步骤重新排气。

被测对象在不同流量下对应的压差，就反映为倒 U 形管压差计的左右水柱之差。

**4. 流量调节**

进行不同流量下的管路压差测定实验。让流量在 0.3～4$m^3 \cdot h^{-1}$ 范围内变化，建议每次实验变化 0.2～0.4$m^3 \cdot h^{-1}$。由小到大或由大到小调节管路总出口阀，每次改变流量，待流动达到稳定后，读取各项数据，共作 8～10 组实验点。主要获取实验参数为：流量 $V$s、压差计水柱高差 $R$ 及流体温度 $t$。

**5. 实验结束**

实验完毕，关闭管路总出口阀，然后关闭泵开关和控制柜电源，将该管路的进口球阀和对应均压环上的引压阀关闭，清理装置(若长期不用，则管路残留水可从排空阀进行排空，水箱的水也通过排水阀排空)。

## 五、实验数据处理

**1. 原始数据表**

(1)直管阻力 将实验数据填入到表 3-35、表 3-36 中。

**表 3-35 直管阻力原始数据**

实验装置：第____套，水温 $t$=____℃，$\rho$=____ $kg \cdot m^{-3}$，$\mu$=____ Pa·s，光滑管测压点间距 $L$=____ m，管内径 $d$=____ mm，粗糙管测压点间距 $L$=____ m，管内径 $d$=____ mm

| 序号 | 流量 $V$ /$m^3 \cdot h^{-1}$ | 光滑管压降/mm 液柱 | | | 流量 $V$ /$m^3 \cdot h^{-1}$ | 粗糙管压降/mm 液柱 | | |
|---|---|---|---|---|---|---|---|---|
| | | 左 | 右 | 高差 | | 左 | 右 | 高差 |
| 1 | | | | | | | | |
| 2 | | | | | | | | |

续表

| 序号 | 流量 V /m³·h⁻¹ | 光滑管压降/mm 液柱 | | | 流量 V /m³·h⁻¹ | 粗糙管压降/mm 液柱 | | |
|---|---|---|---|---|---|---|---|---|
| | | 左 | 右 | 高差 | | 左 | 右 | 高差 |
| 3 | | | | | | | | |
| 4 | | | | | | | | |
| 5 | | | | | | | | |
| 6 | | | | | | | | |
| 7 | | | | | | | | |
| 8 | | | | | | | | |
| 9 | | | | | | | | |
| 10 | | | | | | | | |

(2)局部阻力

**表 3-36　局部阻力原始数据**

| 序号 | 流量 V /m³·h⁻¹ | 截止阀压降/mm 液柱 | | |
|---|---|---|---|---|
| | | 左 | 右 | 高差 |
| 1 | | | | |
| 2 | | | | |
| 3 | | | | |
| 4 | | | | |
| 5 | | | | |

**2. 数据整理表**

将数据处理结果填入到表 3-37、表 3-38 中。

(1)直管阻力

**表 3-37　直管阻力数据处理**

| 序号 | 光滑管阻力 | | | | | 粗糙管阻力 | | | | |
|---|---|---|---|---|---|---|---|---|---|---|
| | $V/m^3 \cdot s^{-1}$ | $u/m \cdot s^{-1}$ | $w_f/J \cdot kg^{-1}$ | $Re$ | $\lambda$ | $V/m^3 \cdot s^{-1}$ | $u/m \cdot s^{-1}$ | $w_f/J \cdot kg^{-1}$ | $Re$ | $\lambda$ |
| 1 | | | | | | | | | | |
| 2 | | | | | | | | | | |
| 3 | | | | | | | | | | |
| 4 | | | | | | | | | | |
| 5 | | | | | | | | | | |
| 6 | | | | | | | | | | |
| 7 | | | | | | | | | | |
| 8 | | | | | | | | | | |
| 9 | | | | | | | | | | |
| 10 | | | | | | | | | | |

(2)局部阻力

**表 3-38　局部阻力数据处理**

| 序号 | $V/m^3 \cdot s^{-1}$ | $u/m \cdot s^{-1}$ | $Re$ | 截止阀局部阻力 | |
|---|---|---|---|---|---|
| | | | | $w_f/J \cdot kg^{-1}$ | $\xi$ |
| 1 | | | | | |
| 2 | | | | | |
| 3 | | | | | |
| 4 | | | | | |
| 5 | | | | | |

截止阀局部阻力系数 $\xi$=________

**3. 计算举例并绘出图形**

## 六、实验报告

(1)根据粗糙管实验结果，在双对数坐标纸上标绘出 $\lambda$-$Re$ 曲线，对照化工原理教材上有关曲线图，即可估算出该管的相对粗糙度和绝对粗糙度。

(2)根据光滑管实验结果，在双对数坐标纸上标绘出 $\lambda$-$Re$ 曲线，对照柏拉修斯方程，计算其误差。

(3)根据局部阻力实验结果，求出闸阀全开时的平均 $\xi$ 值。

(4)对以上的实验结果进行分析讨论。

## 七、思考题

(1)如何检测管路中的空气已经被排除干净？

(2)以水作介质所测得的 $\lambda$-$Re$ 关系能否适用于其他流体？如何应用？

(3)在不同设备上(包括不同管径)，不同水温下测定的 $\lambda$-$Re$ 数据能否关联在同一条曲线上？

(4)如果测压口、孔边缘有毛刺或安装不垂直，对静压的测量有何影响？

(5)为何本实验数据在对数坐标纸上进行标绘？

# 实验四十七　离心泵特性曲线测定

## 一、实验目的

(1)了解离心泵结构与特性，熟悉离心泵的使用。

(2)掌握离心泵特性曲线测定方法。

## 二、实验原理

离心泵的特性曲线是选择和使用离心泵的重要依据之一，其特性曲线是在恒定转速下泵的扬程 $H$、轴功率 $N$ 及效率 $\eta$ 与泵的流量 $Q$ 之间的关系曲线，是流体在泵内流动规律的宏观表现。由于泵内部流动情况复杂，不能用理论方法推导出泵的特性关系曲线，只能依靠实验测定。

**1. 扬程 $H$ 的测定与计算**

取离心泵进口真空表和出口压力表处为 1、2 两截面，列机械能衡算方程：

$$z_1+\frac{p_1}{\rho g}+\frac{u_1^2}{2g}+H=z_2+\frac{p_2}{\rho g}+\frac{u_2^2}{2g}+\sum h_f \tag{3-100}$$

由于两截面间的管长较短，通常可忽略阻力项 $\sum h_f$，速度平方差也很小，故可忽略，则有：

$$H=(z_2-z_1)+\frac{p_2-p_1}{\rho g}=H_0+H_1+H_2 \tag{3-101}$$

式中　$\rho$——流体密度，$kg \cdot m^{-3}$；

$g$——重力加速度，$m \cdot s^{-2}$；

$p_1$、$p_2$——分别为泵进、出口的表压，Pa；

$H_0$——表示泵出口和进口间的位差，$H_0=z_2-z_1$，m；

$H_1$、$H_2$——分别为泵进、出口的真空度和表压对应的压头，m；

$u_1$、$u_2$——分别为泵进、出口的流速，$m \cdot s^{-1}$；

$z_1$、$z_2$——分别为真空表、压力表的安装高度，m。

由式(3-101)可知，只要直接读出真空表和压力表上的数值及两表的安装高度差，就可计算出泵的扬程 $H$。

**2. 轴功率 *N* 的测量与计算**

$$N=N_{电}\ k \tag{3-102}$$

式中　$N_{电}$——电功率表显示值，W；

$k$——电机传动效率，可取 $k=0.95$。

**3. 效率 $\eta$ 的计算**

泵的效率 $\eta$ 是泵的有效功率 $Ne$ 与轴功率 $N$ 的比值。有效功率 $Ne$ 是单位时间内流体经过泵时所获得的实际功，轴功率 $N$ 是单位时间内泵轴从电机得到的功，两者差异反映了水力损失、容积损失和机械损失的大小。

泵的有效功率 $Ne$ 可用下式计算：

$$Ne=HQ\rho g \tag{3-103}$$

故泵效率为：

$$\eta=\frac{HQ\rho g}{N}\times 100\% \tag{3-104}$$

**4. 转速改变时的换算**

泵的特性曲线是在定转速下的实验测定所得。但是，实际上感应电动机在转矩改变时，其转速会有变化，这样随着流量 $Q$ 的变化，多个实验点的转速 $n$ 将有所差异，因此在绘制特性曲线之前，须将实测数据换算为某一定转速 $n'$ 下(可取离心泵的额定转速 2900 $r \cdot min^{-1}$)的数据。换算关系如下：

流量
$$Q'=Q\frac{n'}{n} \tag{3-105}$$

扬程
$$H'=H\left(\frac{n'}{n}\right)^2 \tag{3-106}$$

轴功率
$$N'=N\left(\frac{n'}{n}\right)^3 \tag{3-107}$$

效率
$$\eta'=\frac{Q'H'\rho g}{N'}=\frac{QH\rho g}{N}=\eta \tag{3-108}$$

## 三、实验装置与流程

离心泵特性曲线测定装置流程图如图 3-73 所示。

## 四、实验步骤及注意事项

### 1. 实验步骤

(1)清洗水箱，并加装实验用水。通过灌泵漏斗给离心泵灌水，排出泵内气体。

(2)检查各阀门开度和仪表自检情况，试开状态下检查电机和离心泵是否正常运转。开启离心泵之前先将出口阀关闭，当泵达到额定转速后方可逐步打开出口阀。

(3)实验时，逐渐打开出口流量调节闸阀增大流量，待各仪表读数显示稳定后，读取相应数据。离心泵特性实验主要获取实验数据为：流量 $Q$、泵进口压力 $p_1$、泵出口压力 $p_2$、电机功率 $N_{电}$、泵转速 $n$，及流体温度 $t$ 和两测压点间高度差 $H_0$($H_0=0.21\text{m}$)。

(4)改变出口流量调节闸阀的开度，测取 10 组左右数据后，可以停泵，同时记录下设备的相关数据(如离心泵型号、额定流量、额定转速、扬程和功率等)，停泵前先将出口流量调节闸阀关闭。

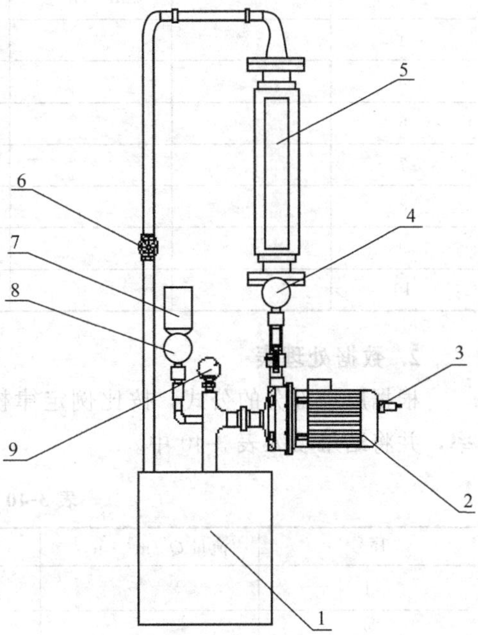


图 3-73　离心泵实验装置流程示意图

1—水箱；2—离心泵；3—转速传感器；4—泵出口压力表；5—玻璃转子流量计；6—出口流量调节闸阀；7—灌泵漏斗；8—泵进口压力表；9—温度计

### 2. 注意事项

(1)一般每次实验前，均需对泵进行灌泵操作，以防止离心泵气缚。同时注意定期对泵进行保养，防止叶轮被固体颗粒损坏。

(2)泵运转过程中，勿触碰泵主轴部分，因其高速转动，可能会缠绕并伤害身体接触部位。

(3)不要在出口流量调节闸阀关闭状态下长时间使泵运转，一般不超过 3min，否则泵中液体循环温度升高，易生气泡，使泵抽空。

## 五、数据记录与结果处理

### 1. 实验原始数据

将实验结果填入表 3-39 中。

**表 3-39　原始数据记录**

实验装置：第____套，水温 $t$ ____℃，$\rho$ ____ $\text{kg}\cdot\text{m}^{-3}$，离心泵型号____，额定流量____，额定扬程____，额定功率____，泵进出口测压点高度差 $\Delta z$ ____

| 序号 | 温度 $t$/℃ | 流量 $Q$ /$\text{m}^3\cdot\text{h}^{-1}$ | 泵进口真空度 $p_1$ /kPa | 泵出口表压 $p_2$ /kPa | 电机功率 $N_{电}$ /kW | 泵转速 $n$ /$\text{r}\cdot\text{min}^{-1}$ |
|---|---|---|---|---|---|---|
| 1 | | | | | | |
| 2 | | | | | | |
| 3 | | | | | | |

续表

| 序号 | 温度 $t$/℃ | 流量 $Q$ /$m^3 \cdot h^{-1}$ | 泵进口真空度 $p_1$ /kPa | 泵出口表压 $p_2$ /kPa | 电机功率 $N_{电}$ /kW | 泵转速 $n$ /$r \cdot min^{-1}$ |
|---|---|---|---|---|---|---|
| 4 | | | | | | |
| 5 | | | | | | |
| 6 | | | | | | |
| 7 | | | | | | |
| 8 | | | | | | |
| 9 | | | | | | |
| 10 | | | | | | |

**2. 数据处理表**

根据原理部分的公式，按比例定律校合转速后，计算各流量下的泵扬程、轴功率和效率，并将结果填入表 3-40 中。

**表 3-40 实验数据处理结果**

| 序号 | 流量 $Q'$/$m^3 \cdot h^{-1}$ | 扬程 $H'$/m | 轴功率 $N'$/kW | 泵效率 $\eta'$/% |
|---|---|---|---|---|
| 1 | | | | |
| 2 | | | | |
| 3 | | | | |
| 4 | | | | |
| 5 | | | | |
| 6 | | | | |
| 7 | | | | |
| 8 | | | | |
| 9 | | | | |
| 10 | | | | |

**3. 计算举例**

## 六、实验报告

(1)分别绘制一定转速下的 $H$-$Q$、$N$-$Q$、$\eta$-$Q$ 曲线。

(2)分析实验结果，判断泵最为适宜的工作范围。

## 七、思考题

(1)试从所测实验数据分析，离心泵在启动时为什么要关闭出口阀门?

(2)启动离心泵之前为什么要引水灌泵? 如果灌泵后依然启动不起来，你认为可能的原因是什么?

(3)为什么用泵的出口阀门调节流量? 这种方法有什么优缺点? 是否还有其他方法调节流量?

(4)为什么在离心泵进口管下安装底阀? 从节能观点上看，底阀的装设是否有利? 你认为应如何改进?

# 实验四十八　恒压过滤常数测定实验

## 一、实验目的

(1)熟悉板框压滤机的构造和操作方法。

(2)通过恒压过滤实验，验证过滤基本理论。

(3)学会测定过滤常数 $K$、$q_e$、$\tau_e$ 及压缩性指数 $s$ 的方法。

(4)了解过滤压力对过滤速率的影响。

## 二、实验原理

过滤是以某种多孔物质为介质来处理悬浮液以达到固、液分离的一种操作过程，即在外力的作用下，悬浮液中的液体通过固体颗粒层(即滤渣层)及多孔介质的孔道而固体颗粒被截留下来形成滤渣层，从而实现固、液分离。因此，过滤操作本质上是流体通过固体颗粒层的流动，而这个固体颗粒层(滤渣层)的厚度随着过滤的进行而不断增加，故在恒压过滤操作中，过滤速率不断降低。

过滤速率 $u$ 定义为单位时间单位过滤面积内通过过滤介质的滤液量。影响过滤速率的主要因素除过滤推动力(压强差)$\Delta p$、滤饼厚度 $L$ 外，还有滤饼和悬浮液的性质、悬浮液温度、过滤介质的阻力等。

过滤时滤液流过滤渣和过滤介质的流动过程基本上处在层流流动范围内，因此，可利用流体通过固定床压降的简化模型，寻求滤液量与时间的关系，可得过滤速率计算式：

$$u=\frac{\mathrm{d}V}{A\,\mathrm{d}\tau}=\frac{\mathrm{d}q}{\mathrm{d}\tau}=\frac{A\Delta p^{(1-s)}}{\mu rC(V+V_e)} \tag{3-109}$$

式中　$u$——过滤速率，$\mathrm{m\cdot s^{-1}}$；

$V$——通过过滤介质的滤液量，$\mathrm{m^3}$；

$A$——过滤面积，$\mathrm{m^2}$；

$\tau$——过滤时间，s；

$q$——通过单位面积过滤介质的滤液量，$\mathrm{m^3\cdot m^{-2}}$；

$\Delta p$——过滤压力(表压)，Pa；

$s$——滤渣压缩性系数；

$\mu$——滤液的黏度，$\mathrm{Pa\cdot s}$；

$r$——滤渣比阻，$\mathrm{m^{-2}}$；

$C$——单位滤液体积的滤渣体积，$\mathrm{m^3\cdot m^{-3}}$；

$V_e$——过滤介质的当量滤液体积，$\mathrm{m^3}$。

对于一定的悬浮液，在恒温和恒压下过滤时，$\mu$、$r$、$C$ 和 $\Delta p$ 都恒定，为此令：

$$K=\frac{2\Delta p^{(1-s)}}{\mu rC} \tag{3-110}$$

于是式(3-109)可改写为：

$$\frac{\mathrm{d}V}{\mathrm{d}\tau}=\frac{KA^2}{2(V+V_e)} \tag{3-111}$$

式中，$K$ 为过滤常数，由物料特性及过滤压差所决定，$\mathrm{m^2\cdot s^{-1}}$。

将式(3-111)分离变量积分，整理得：

$$\int_{V_e}^{V+V_e}(V+V_e)\mathrm{d}(V+V_e)=\frac{1}{2}KA^2\int_0^{\tau}\mathrm{d}\tau \tag{3-112}$$

即

$$V^2+2VV_e=KA^2\tau \tag{3-113}$$

将式(3-112)的积分极限改为从 $0\sim V_e$ 和从 $0\sim\tau_e$ 积分，则：

$$V_e^2=KA^2\tau_e \tag{3-114}$$

将式(3-113)和式(3-114)相加，可得：

$$(V+V_e)^2=KA^2(\tau+\tau_e) \tag{3-115}$$

式中，$\tau_e$ 为虚拟过滤时间，相当于滤出滤液量 $V_e$ 所需的时间，s。

再将式(3-115)微分，得：

$$2(V+V_e)\mathrm{d}V=KA^2\mathrm{d}\tau \tag{3-116}$$

将式(3-116)写成差分形式，则：

$$\frac{\Delta\tau}{\Delta q}=\frac{2}{K}\bar{q}+\frac{2}{K}q_e \tag{3-117}$$

式中　$\Delta q$——每次测定的单位过滤面积滤液体积(在实验中一般等量分配)，$m^3\cdot m^{-2}$；

$\Delta\tau$——每次测定的滤液体积 $\Delta q$ 所对应的时间，s；

$\bar{q}$——相邻两个 $q$ 值的平均值，$m^3\cdot m^{-2}$。

以 $\Delta\tau/\Delta q$ 为纵坐标，$\bar{q}$ 为横坐标，将式(3-117)标绘成一直线，可得该直线的斜率和截距。

斜率

$$s=\frac{2}{K}$$

截距

$$I=\frac{2}{K}q_e$$

则

$$K=\frac{2}{s},m^2\cdot s^{-1}$$

$$q_e=\frac{KI}{2}=\frac{I}{s},m^3$$

$$\tau_e=\frac{q_e^2}{K}=\frac{I^2}{Ks^2},s$$

改变过滤压差 $\Delta p$，可测得不同的 $K$ 值，由 $K$ 的定义式(3-110)两边取对数得：

$$\lg K=(1-s)\lg\Delta p+B \tag{3-118}$$

在实验压差范围内，若 $B$ 为常数，则 $\lg K$-$\lg\Delta p$ 的关系在直角坐标上应是一条直线，斜率为$(1-s)$，可得滤饼压缩性指数 $s$。

## 三、实验装置与流程

本实验装置由空压机、配料槽、压力料槽、板框过滤机等组成，其流程示意如图 3-74 所示。

$CaCO_3$ 的悬浮液在配料桶内配制一定浓度后，利用压差送入压力料槽中，用压缩空气加以搅拌使 $CaCO_3$ 不致沉降，同时利用压缩空气的压力将滤浆送入板框压滤机过滤，滤液流入量筒计量，压缩空气从压力料槽上排空管中排出。

板框压滤机的结构尺寸：框厚度 20mm，每个框过滤面积 $0.038m^2$，框数 2 个。

空气压缩机规格型号：风量 $0.06m^3\cdot min^{-1}$，最大气压 0.8MPa。

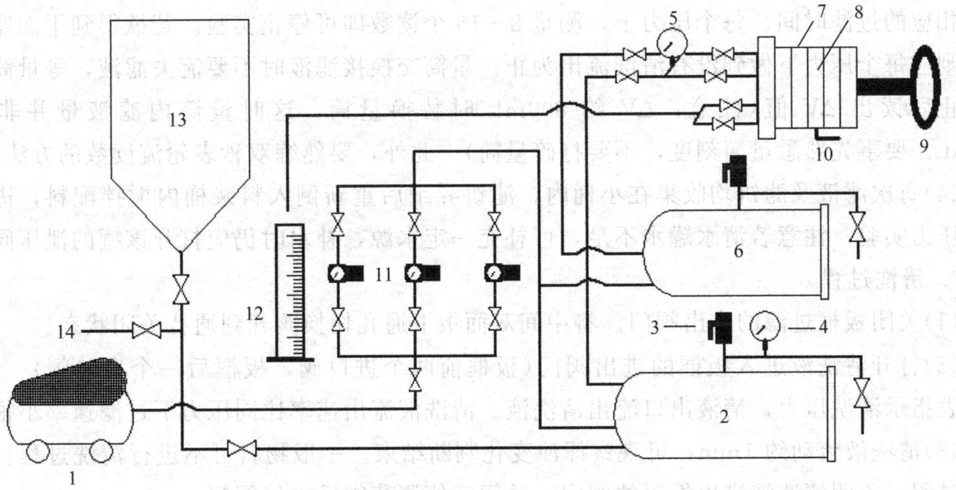


图 3-74　板框压滤机过滤流程

1—空气压缩机；2—压力罐；3—安全阀；4,5—压力表；6—清水罐；7—滤框；8—滤板；9—手轮；10—通孔切换阀；11—调压阀；12—量筒；13—配料罐；14—地沟

## 四、实验步骤

### 1. 实验准备

(1)配料　在配料罐内配制含 $CaCO_3$ 10%～30%(质量)的水悬浮液，$CaCO_3$ 事先由天平称量，水位高度按标尺示意，筒身直径 35mm。配制时，应将配料罐底部阀门关闭。

(2)搅拌　开启空压机，将压缩空气通入配料罐(空压机的出口小球阀保持半开，进入配料罐的两个阀门保持适当开度)，使 $CaCO_3$ 悬浮液搅拌均匀。搅拌时，应将配料罐的顶盖合上。

(3)设定压力　分别打开进压力罐的三路阀门，从空压机过来的压缩空气经各定值调节阀分别设定为 0.1MPa、0.2MPa 和 0.3MPa(出厂已设定，每个间隔压力大于 0.05MPa。若欲作 0.3MPa 以上压力过滤，需调节压力罐安全阀)。设定定值调节阀时，压力罐泄压阀可略开。

(4)装板框　正确装好滤板、滤框及滤布。滤布使用前用水浸湿，滤布要绷紧，不能起皱。滤布紧贴滤板，密封垫贴紧滤布(注意：用螺旋压紧时，千万不要把手指压伤，先慢慢转动手轮使板框合上，然后再压紧)。

(5)灌清水　向清水罐通入自来水，液面达视镜 2/3 高度左右。灌清水时，应将安全阀处的泄压阀打开。

(6)灌料　在压力罐泄压阀打开的情况下，打开配料罐和压力罐间的进料阀门，使料浆自动由配料桶流入压力罐至其视镜 1/3～1/2 处，关闭进料阀门。

### 2. 过滤过程

(1)鼓泡　通压缩空气至压力罐，使容器内料浆不断搅拌。压力料槽的排气阀应不断排气，但又不能喷浆。

(2)过滤　将中间双面板下通孔切换阀开到通孔通路状态。打开进板框前料液进口的两个阀门，打开出板框后清液出口球阀。此时，压力表指示过滤压力，清液出口流出滤液。

(3)每次实验应在滤液从汇集管刚流出的时候作为开始时刻，每次 $\Delta V$ 取 800mL 左右。

记录相应的过滤时间。每个压力下，测量 8～10 个读数即可停止实验。若欲得到干而厚的滤饼，则应每个压力下做到没有清液流出为止。量筒交换接滤液时不要流失滤液，等量筒内滤液静止后读出 $\Delta V$ 值(注意：$\Delta V$ 约 800mL 时替换量筒，这时量筒内滤液量并非正好 800mL。要事先熟悉量筒刻度，不要打碎量筒)。此外，要熟练双秒表轮流读数的方法。

(4)每次滤液及滤饼均收集在小桶内，滤饼弄细后重新倒入料浆桶内搅拌配料，进入下一个压力实验。注意若清水罐水不足，可补充一定水源，补水时仍应打开该罐的泄压阀。

**3. 清洗过程**

(1)关闭板框过滤的进出阀门。将中间双面板下通孔切换阀开到通孔关闭状态。

(2)打开清洗液进入板框的进出阀门(板框前两个进口阀，板框后一个出口阀)。此时，压力表指示清洗压力，清液出口流出清洗液。清洗液流出速率比同压力下过滤速率小很多。

(3)清洗液流动约 1min，可观察浑浊变化判断结束。一般物料可不进行清洗过程。结束清洗过程，关闭清洗液进出板框的阀门，关闭定值调节阀后进气阀门。

**4. 实验结束**

(1)先关闭空压机出口球阀，关闭空压机电源。

(2)打开安全阀处泄压阀，使压力罐和清水罐泄压。

(3)冲洗滤框、滤板，滤布不要折，应当用刷子刷洗。

(4)将压力罐内物料反压到配料罐内以备下次实验使用，或将该两罐物料直接排空后用清水冲洗。

## 五、实验报告

(1)由恒压过滤实验数据求过滤常数 $K$、$q_e$、$\tau_e$。

(2)比较几种压差下的 $K$、$q_e$、$\tau_e$ 值，讨论压差变化对以上参数数值的影响。

(3)在直角坐标纸上绘制 $\lg K$-$\lg \Delta p$ 关系曲线，求出 $s$。

(4)实验结果分析与讨论。

## 六、思考题

(1)板框压滤机的优缺点是什么？适用于什么场合？

(2)板框压滤机的操作分哪几个阶段？

(3)为什么过滤开始时，滤液常常有点浑浊，而过段时间后才变清？

(4)影响过滤速率的主要因素有哪些？当你在某一恒压下测得 $K$、$q_e$、$\tau_e$ 值后，若将过滤压强提高一倍，上述三个值将有何变化？

# 实验四十九　空气-蒸汽对流给热系数测定

## 一、实验目的

(1)掌握给热系数测定的实验方法。

(2)掌握热电阻测温的方法，观察水蒸气在水平管外壁上的冷凝现象。

(3)学会给热系数测定的实验数据处理方法，了解影响给热系数的因素和强化传热的途径。

(4)学习如何运用实验方法求出描述过程规律的经验公式。

## 二、实验原理

在工业生产中，换热器是一种经常使用的换热设备，它由许多个传热元件组成，冷、热流体借助于换热器中的传热元件进行热量交换而达到加热或冷却的目的。由于传热元件的结构形式繁多，由此构成的各种换热器之性能差异颇大。本实验采用套管换热器(见图 3-75)，管间进饱和蒸汽，冷凝放热以加热管内的空气。

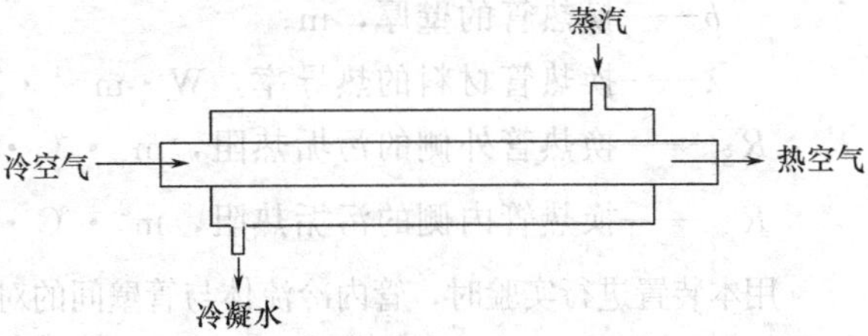

图 3-75　套管换热器示意图

套管换热器是一种间壁式换热器，当达到稳定传热时，若忽略热损失，其热流体放出的热量应等于冷流体吸收的热量，即：

$$Q=m_1c_{p_1}(T_1-T_2)=m_2c_{p_2}(t_2-t_1)=KA\Delta t_m \tag{3-119}$$

式中　$Q$——传热量，$J\cdot s^{-1}$；

$m_1$——热流体的质量流量，$kg\cdot s^{-1}$；

$c_{p_1}$——热流体的比热容，$J\cdot kg^{-1}\cdot ℃^{-1}$；

$T_1$——热流体的进口温度，℃；

$T_2$——热流体的出口温度，℃；

$m_2$——冷流体的质量流量，$kg\cdot s^{-1}$；

$c_{p_2}$——冷流体的比热容，$J\cdot kg^{-1}\cdot ℃^{-1}$；

$t_1$——冷流体的进口温度，℃；

$t_2$——冷流体的出口温度，℃；

$A$——传热面积，$m^2$；

$K$——以传热面积 $A$ 为基准的总给热系数，$W\cdot m^{-2}\cdot ℃^{-1}$；

$\Delta t_m$——冷热流体的对数平均温差，℃。

热、冷流体间的对数平均温差可由式(3-120)计算：

$$\Delta t_m=\frac{(T_1-t_2)-(T_2-t_1)}{\ln\dfrac{T_1-t_2}{T_2-t_1}} \tag{3-120}$$

由式(3-119)得：

$$K=\frac{m_2c_{p_2}(t_2-t_1)}{A\Delta t_m} \tag{3-121}$$

根据实验测定的 $m_2$、$t_1$、$t_2$、$T_1$、$T_2$、换热面积 $A$，并查取 $t_{平均}=\frac{1}{2}(t_1+t_2)$下冷流体对应的 $c_{p_2}$，即可由式(3-121)计算得总给热系数 $K$。

### 1. 近似法求算对流给热系数 $\alpha_2$

以管内壁面积为基准的总给热系数与对流给热系数间的关系为：

$$\frac{1}{K}=\frac{1}{\alpha_2}+R_{S_2}+\frac{bd_2}{\lambda d_m}+R_{S_1}\frac{d_2}{d_1}+\frac{d_2}{\alpha_1 d_1} \tag{3-122}$$

式中　$d_1$——换热管外径，m；

$d_2$——换热管内径，m；

$d_m$——换热管的对数平均直径，m；

$\alpha_1$——热流体与固体壁面的对流给热系数，$W \cdot m^{-2} \cdot ℃^{-1}$；

$\alpha_2$——冷流体与固体壁面的对流传热系数，$W \cdot m^{-2} \cdot ℃^{-1}$；

$b$——换热管的壁厚，m；

$\lambda$——换热管材料的热导率，$W \cdot m^{-1} \cdot ℃^{-1}$；

$R_{S_1}$——换热管外侧的污垢热阻，$m^2 \cdot ℃ \cdot W^{-1}$；

$R_{S_2}$——换热管内侧的污垢热阻，$m^2 \cdot ℃ \cdot W^{-1}$。

用本装置进行实验时，管内冷流体与管壁间的对流给热系数约为几十到几百($W \cdot m^{-2} \cdot ℃^{-1}$)；而管外为蒸汽冷凝，冷凝给热系数 $\alpha_1$ 可达 $10^4 W \cdot m^{-2} \cdot ℃^{-1}$ 左右，因此冷凝传热热阻 $d_2/\alpha_1 d_1$ 可忽略，同时蒸汽冷凝较为清洁，因此换热管外侧的污垢热阻 $R_{S_1} d_2/d_1$ 也可忽略。实验中的传热元件材料采用紫铜，热导率为 383.8$W \cdot m^{-1} \cdot ℃^{-1}$，壁厚为 2.5mm，因此换热管壁的导热热阻 $bd_2/\lambda d_m$ 可忽略。若换热管内侧的污垢热阻 $R_{S_2}$ 也忽略不计，则由式(3-122)得：

$$\alpha_2 \approx K \tag{3-123}$$

由以上讨论可知，被忽略的传热热阻与冷流体侧对流传热热阻相比越小，此法所得的准确性就越高。

**2. 对流给热系数经验公式**

对于流体在圆形直管内作强制湍流对流传热时，若符合：$Re > 10^4$，$Pr = 0.6 \sim 160$，管长与管内径之比 $l/d \geqslant 50$，对流给热系数的特征数关联式可表示为：

$$Nu = CRe^m Pr^n \tag{3-124}$$

式中 $Nu$——努塞尔数，$Nu = \dfrac{\alpha d}{\lambda}$，无量纲；

$Re$——雷诺准数，$Re = \dfrac{du\rho}{\mu}$，无量纲；

$Pr$——普兰特数，$Pr = \dfrac{c_p \mu}{\lambda}$，无量纲。

可通过实验确定 $C$、$m$、$n$ 的数值，可得计算对流给热系数的经验公式。

为简化实验，$n$ 的取值按当流体被加热时取 0.4，流体被冷却时取 0.3。

由于本实验以饱和水蒸气加热换热器中的空气，水蒸气在环隙内流动，空气在加热管内流动被加热，所以取 $n=0.4$，这样式(3-124)可写成：

$$Nu/Pr^{0.4} = CRe^m \tag{3-125}$$

两边取对数

$$\lg \frac{Nu}{Pr^{0.4}} = \lg C + m \lg Re \tag{3-126}$$

因此，实验时测定不同流量所对应的 $t_1$、$t_2$、$T_1$、$T_2$，由公式计算得到 $K$、$\alpha_2$、$Nu$、$Pr$ 和 $Re$，再在坐标纸上以 $\lg Re$ 为横坐标，以 $\lg(Nu/Pr^{0.4})$ 为纵坐标，将 $\lg Re$ 对 $\lg(Nu/Pr^{0.4})$ 作图回归成一直线，该直线的斜率即为 $m$，截距为 $\lg C$。

**3. 空气质量流量的测定**

用转子流量计测定冷空气的流量，还须用式(3-127)换算得到实际的流量：

$$V' = V\sqrt{\frac{\rho(\rho_f - \rho')}{\rho'(\rho_f - \rho)}} \tag{3-127}$$

式中 $V'$——实际被测流体的体积流量，$m^3 \cdot s^{-1}$；

$\rho'$——实际被测流体的密度，$kg \cdot m^{-3}$；可取 $t_{平均}=\frac{1}{2}(t_1+t_2)$ 下对应空气或水的密度，见式(3-129)；

$V$——流量计显示的流体的体积流量，$m^3 \cdot s^{-1}$；

$\rho$——流量计标定用流体的密度，$kg \cdot m^{-3}$，对空气 $\rho=1.205kg \cdot m^{-3}$；

$\rho_f$——转子材料密度，$kg \cdot m^{-3}$。

于是空气的质量流量为：

$$m_2=V'\rho' \tag{3-128}$$

**4. 空气物性与温度的关系式**

在 0～100℃之间，空气的物性与温度的关系可按如下拟合公式：

(1)空气的密度与温度的关系式：

$$\rho=10^{-5}t^2-4.5\times10^{-3}t+1.2916 \tag{3-129}$$

(2)空气的比热容与温度的关系式：

60℃以下，$c_p=1005J \cdot (kg \cdot ℃)^{-1}$，

70℃以上，$c_p=1009J \cdot (kg \cdot ℃)^{-1}$

(3)空气的热导率与温度的关系式：

$$\lambda=-2\times10^{-8}t^2+8\times10^{-5}t+0.0244 \tag{3-130}$$

(4)空气的黏度与温度的关系式：

$$\mu=(-2\times10^{-6}t^2+5\times10^{-3}t+1.7169)\times10^{-5} \tag{3-131}$$

## 三、实验装置与流程

**1. 实验装置**

实验装置如图 3-76 所示，来自蒸汽发生器的水蒸气进入不锈钢套管换热器环隙，与来

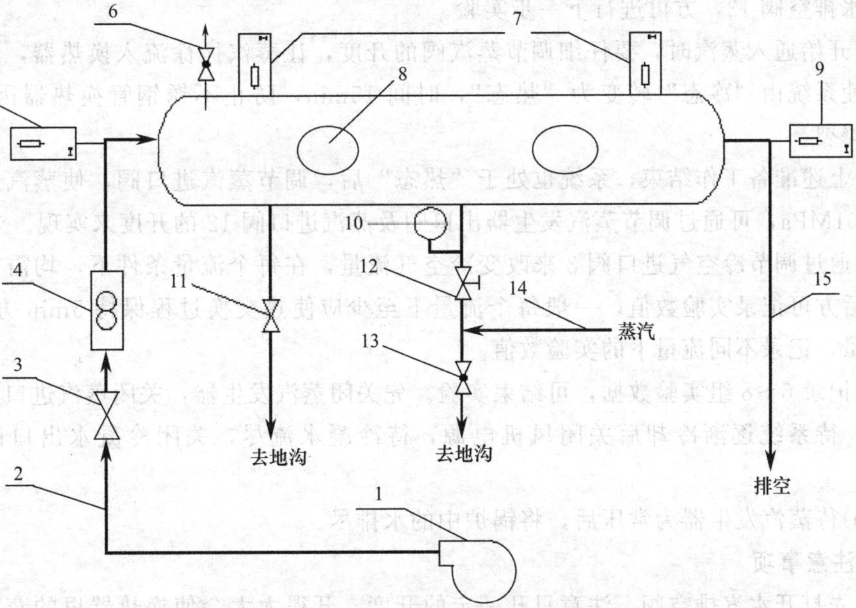


图 3-76　空气-水蒸气换热流程图

1—风机；2—冷流体管路；3—冷流体进口调节阀；4—转子流量计；5—冷流体进口温度；6—不凝性气体排空阀；7—蒸汽温度；8—视镜；9—冷流体出口温度；10—压力表；11—水汽排空阀；12—蒸汽进口阀；13—冷凝水排空阀；14—蒸汽进口管路；15—冷流体出口管路

自风机的空气在套管换热器内进行热交换，冷凝水经阀门排入地沟。冷空气经孔板流量计或转子流量计进入套管换热器内管(紫铜管)，热交换后排出装置外。

**2. 设备与仪表规格**

(1)紫铜管规格：直径 $\phi21mm\times2.5mm$，长度 $L=1000mm$；

(2)外套不锈钢管规格：直径 $\phi100mm\times5mm$，长度 $L=1000mm$；

(3)铂热电阻及无纸记录仪温度显示；

(4)全自动蒸汽发生器及蒸汽压力表。

## 四、实验步骤与注意事项

**1. 实验步骤**

(1)打开控制面板上的总电源开关，打开仪表电源开关，使仪表通电预热，观察仪表显示是否正常。

(2)在蒸汽发生器中灌装清水，开启发生器电源，水泵会自动将水送入锅炉，灌满后会转入加热状态。到达符合条件的蒸汽压力后，系统会自动处于保温状态。

(3)打开控制面板上的风机电源开关，让风机工作，同时打开空气进口阀 3，让套管换热器里充有一定量的空气。

(4)打开水汽排空阀 11，排出上次实验余留的冷凝水，在整个实验过程中也保持一定开度。注意开度适中，开度太大会使换热器中的蒸汽跑掉，开度太小会使换热不锈钢管里的蒸汽压力过大而导致不锈钢管炸裂。

(5)在通水蒸气前，也应将蒸汽发生器到实验装置之间管道中的冷凝水排除，否则夹带冷凝水的蒸汽会损坏压力表及压力变送器。具体排除冷凝水的方法是：关闭蒸汽进口阀 12，打开装置下面的冷凝水排空阀 13，让蒸汽压力把管道中的冷凝水带走，当听到蒸汽响时关闭冷凝水排空阀 13，方可进行下一步实验。

(6)开始通入蒸汽时，要仔细调节蒸汽阀的开度，让蒸汽徐徐流入换热器，逐渐充满系统中，使系统由“冷态”转变为“热态”，时间 15min，防止不锈钢管换热器因突然受热、受压而爆裂。

(7)上述准备工作结束，系统也处于“热态”后，调节蒸汽进口阀，使蒸汽进口压力维持在 0.01MPa，可通过调节蒸汽发生器出口阀及蒸汽进口阀 12 的开度来实现。

(8)通过调节冷空气进口阀 3 来改变冷空气流量，在每个流量条件下，均需待热交换过程稳定后方可记录实验数值，一般每个流量下至少应使热交换过程保持 5min 方视为稳定；改变流量，记录不同流量下的实验数值。

(9)记录 6～8 组实验数据，可结束实验。先关闭蒸汽发生器，关闭蒸汽进口阀，关闭仪表电源，待系统逐渐冷却后关闭风机电源，待冷凝水流尽，关闭冷凝水出口阀，关闭总电源。

(10)待蒸汽发生器为常压后，将锅炉中的水排尽。

**2. 注意事项**

(1)先打开水汽排空阀，注意只开一定的开度，开得太大会使换热器里的蒸汽跑掉，开得太小会使换热不锈钢管里的蒸汽压力增大而使不锈钢管炸裂。

(2)一定要在套管换热器内管输入一定量的空气后，方可开启蒸汽阀门，且必须在排除蒸汽管线上原先积存的凝结水后，方可把蒸汽通入套管换热器中。

(3)刚开始通入蒸汽时，要仔细调节蒸汽进口阀的开度，让蒸汽徐徐流入换热器中，逐渐加热，由“冷态”转变为“热态”，不得少于15min，以防止不锈钢管因突然受热、受压而爆裂。

(4)操作过程中，蒸汽压力一般控制在0.02MPa(表压)以下，否则可能造成不锈钢管爆裂。

(5)确定各参数时，必须是在稳定传热状态下，随时注意蒸汽量的调节和压力表读数的调整。

## 五、数据记录与结果处理

### 1. 原始数据记录

将实验数据填入到表3-41中。

**表3-41　原始数据记录**

实验装置：第____套，管径____mm，管长____m

| 序号 | 热流体 | | | 冷流体 | | |
|---|---|---|---|---|---|---|
| | 蒸汽进口压力/MPa | 温度/℃ | | 流量计读数/$L\cdot h^{-1}$ | 温度/℃ | |
| | | $T_1$ | $T_2$ | | $t_1$ | $t_2$ |
| 1 | | | | | | |
| 2 | | | | | | |
| 3 | | | | | | |
| 4 | | | | | | |
| 5 | | | | | | |

### 2. 实验数据处理

将数据处理结果填入到表3-42、表3-43中。

**表3-42　实验数据处理**

| 序号 | 冷流体 | | | | | | 热流体 | | | | | |
|---|---|---|---|---|---|---|---|---|---|---|---|---|
| | $V$/$m^3\cdot s^{-1}$ | $t_2-t_1$/℃ | $t_{均}$/℃ | $c_p$/$J\cdot kg^{-1}\cdot$℃ | $\mu$/$Pa\cdot s$ | $\lambda$/$W\cdot m^{-1}\cdot$℃ | $T_{均}$/℃ | $u$/$m\cdot s^{-1}$ | $\Delta t_m$/℃ | $K$/$W\cdot m^{-2}\cdot℃^{-1}$ | $Nu$ | $Re$ |
| 1 | | | | | | | | | | | | |
| 2 | | | | | | | | | | | | |
| 3 | | | | | | | | | | | | |
| 4 | | | | | | | | | | | | |
| 5 | | | | | | | | | | | | |

**表3-43　$\lg Re$-$\lg(Nu/Pr^{0.4})$的关系**

| | | | | | | |
|---|---|---|---|---|---|---|
| $\lg Re$ | | | | | | |
| $\lg(Nu/Pr^{0.4})$ | | | | | | |

### 3. 计算举例

## 六、实验报告

(1)以$\lg(Nu/Pr^{0.4})$为纵坐标、$\lg Re$为横坐标，将处理实验数据的结果标绘在坐标纸上，由实验数据作图并拟合直线方程，确定常数$C$及$m$。

(2)确定冷流体给热系数的经验公式。

(3)与教材中的经验式 $Nu/Pr^{0.4}=0.023\,Re^{0.8}$ 比较并讨论。

## 七、思考题

(1)为什么要待空气温度稳定后才读数？

(2)在计算空气质量流量时所用到的密度值与求雷诺准数时的密度值是否一致？它们分别表示什么位置的密度，应在什么条件下进行计算？

(3)实验过程中，冷凝水不及时排走，会产生什么影响？如何及时排走冷凝水？

(4)要提高数据的准确度，在实验操作中要注意哪些问题？

# 实验五十　流化床干燥实验

## 一、实验目的

(1)了解流化床干燥装置的基本结构、工艺流程和操作方法；

(2)学习在恒定干燥条件下测定干燥曲线和干燥速率曲线；

(3)研究干燥条件对干燥过程的影响。

## 二、基本原理

在设计干燥器的尺寸或确定干燥器的生产能力时，被干燥物料在给定干燥条件下的干燥速率、临界湿含量和平衡湿含量等干燥特性数据是最基本的技术参数。由于实际生产中被干燥物料的性质千变万化，因此对于大多数具体的被干燥物料而言，其干燥特性数据常常需要通过实验测定而取得。

按干燥过程中空气状态参数是否变化，可将干燥过程分为恒定干燥条件操作和非恒定干燥条件操作两大类。若用大量空气干燥少量物料，则可以认为湿空气在干燥过程中温度、湿度均不变，再加上气流速率以及气流与物料的接触方式不变，则称这种操作为恒定干燥条件下的干燥操作。

### 1. 干燥速率的定义

干燥速率定义为单位干燥面积(提供湿分汽化的面积)、单位时间内所除去的湿分质量，即：

$$U=\frac{\mathrm{d}W}{A\,\mathrm{d}\tau}=-\frac{G_{\mathrm{C}}\,\mathrm{d}X}{A\,\mathrm{d}\tau},\mathrm{kg\cdot m^{-2}\cdot s^{-1}} \tag{3-132}$$

式中　$U$——干燥速率，又称干燥通量，$\mathrm{kg\cdot m^{-2}\cdot s^{-1}}$；

$A$——干燥表面积，$\mathrm{m^2}$；

$W$——汽化的湿分质量，kg；

$\tau$——干燥时间，s；

$G_{\mathrm{C}}$——绝干物料的质量，kg；

$X$——物料湿含量，kg 湿分/kg 干物料，负号表示 $X$ 随干燥时间的增加而减少。

### 2. 干燥速率的测定方法

将湿物料置于恒定空气流中进行干燥，随着干燥时间的延长，水分不断汽化，湿物料质量减小。若在不同时间取少量物料，称得其初始质量 $G_{\mathrm{i}}$，再将物料烘干后称量得到绝干物

料质量 $G_{iC}$，则物料中瞬间含水率 $X_i$ 为

$$X_i=\frac{G_i-G_{iC}}{G_{iC}} \tag{3-133}$$

计算出每一时刻的瞬间含水率 $X_i$，将 $X_i$ 对干燥时间 $\tau_i$ 作图（见图 3-77），即为干燥曲线。

上述干燥曲线还可以变换得到干燥速率曲线。由已测得的干燥曲线求出不同 $X_i$ 下的斜率 $\frac{dX_i}{d\tau_i}$，再由式(3-132)计算得到干燥速率 $U$，将 $U$ 对 $X$ 作图，得干燥速率曲线，如图 3-78 所示。

将床层的温度对时间作图，可得床层的温度与干燥时间的关系曲线。

**3. 干燥过程分析**

预热段：见图 3-77、图 3-78 中的 $AB$ 段或 $A'B$ 段。物料在预热段中，含水率略有下降，温度则升至湿球温度 $t_w$，干燥速率可能呈上升趋势变化，也可能呈下降趋势变化。预热段经历的时间很短，通常在干燥计算中忽略不计，有些干燥过程甚至没有预热段。

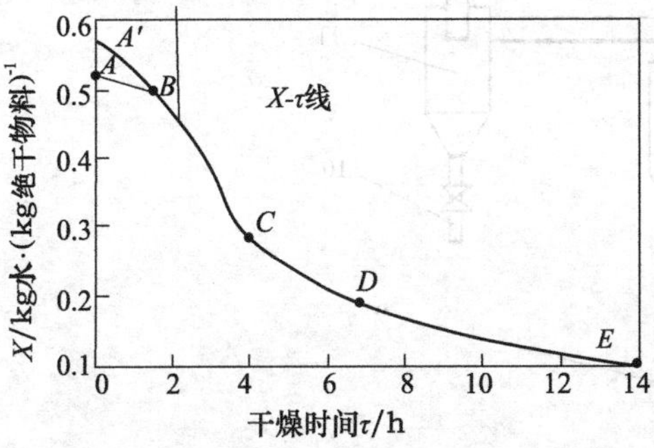


图 3-77　恒定干燥条件下的干燥曲线

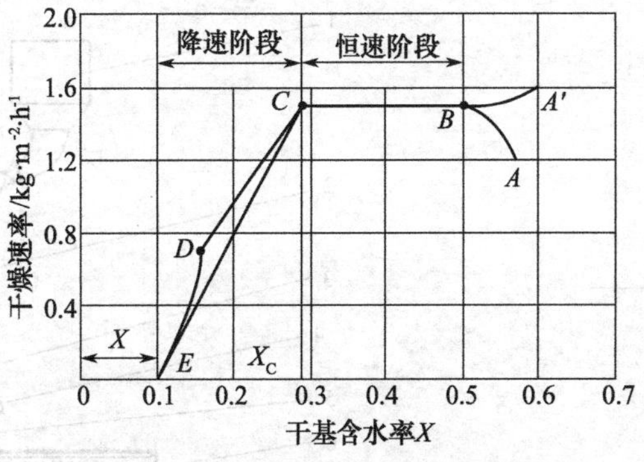


图 3-78　恒定干燥条件下的干燥速率曲线

恒速干燥阶段：见图中的 $BC$ 段。该段物料水分不断汽化，含水率不断下降。但由于这一阶段除去的是物料表面附着的非结合水分，除去水分的机理与纯水的相同，故在恒定干燥条件下，物料表面始终保持为湿球温度 $t_w$，传质推动力保持不变，因而干燥速率也不变。于是，在图中，$BC$ 段为水平线。

只要物料表面保持足够湿润，物料的干燥过程总处于恒速阶段。而该段的干燥速率大小取决于物料表面水分的汽化速率，亦即决定于物料外部的空气干燥条件，故该阶段又称为表面汽化控制阶段。

降速干燥阶段：随着干燥过程的进行，物料内部水分移动到表面的速率赶不上表面水分的汽化速率，物料表面局部出现“干区”，尽管这时物料其余表面的平衡蒸汽压仍与纯水的饱和蒸汽压相同，但以物料全部外表面计算的干燥速率因“干区”的出现而降低，此时物料中的含水率称为临界含水率，用 $X_C$ 表示，对应图 3-78 中的 $C$ 点，称为临界点。过 $C$ 点以后，干燥速率逐渐降低至 $D$ 点，$C$ 至 $D$ 阶段称为降速第一阶段。

干燥到点 $D$ 时，物料全部表面都成为干区，汽化面逐渐向物料内部移动，汽化所需的热量必须通过已被干燥的固体层才能传递到汽化面；从物料中汽化的水分也必须通过这一固体层才能传递到空气主流中。干燥速率因热、质传递的途径加长而下降。此外，在点 $D$ 以

后，物料中的非结合水分已被除尽，接下去所汽化的是各种形式的结合水，因而，平衡蒸汽压将逐渐下降，传质推动力减小，干燥速率也随之较快降低，直至到达点 $E$ 时，速率降为零。这一阶段称为降速第二阶段。

降速阶段干燥速率曲线的形状随物料内部的结构而异，不一定都呈现前面所述的曲线 $CDE$ 形状。对于某些多孔性物料，可能降速两个阶段的界限不是很明显，曲线好像只有 $CD$ 段；对于某些无孔性吸水物料，汽化只在表面进行，干燥速率取决于固体内部水分的扩散速率，故降速阶段只有类似 $DE$ 段的曲线。

与恒速阶段相比，降速阶段从物料中除去的水分量相对少许多，但所需的干燥时间却长得多。总之，降速阶段的干燥速率取决于物料本身的结构、形状和尺寸，而与干燥介质状况关系不大，故降速阶段又称物料内部迁移控制阶段。

## 三、实验装置

### 1. 装置流程

本装置流程如图 3-79 所示。

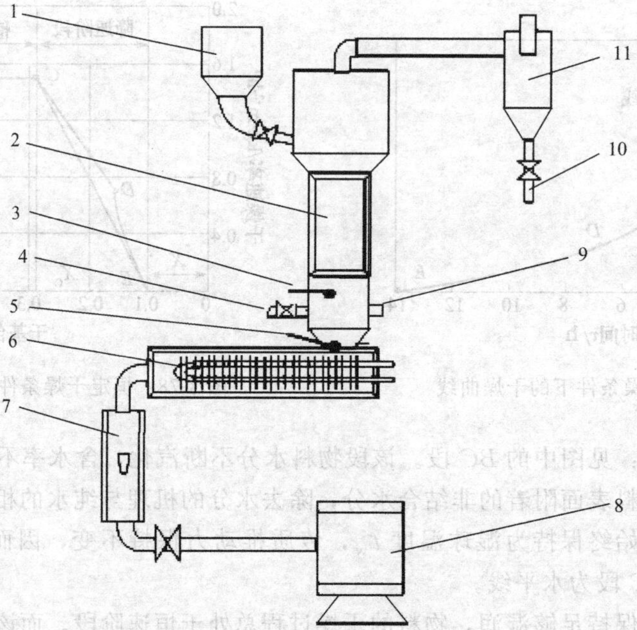


图 3-79　流化床干燥实验装置流程图

1—加料斗；2—床层(可视部分)；3—床层测温点；4—取样口；
5—出加热器热风测温点；6—风加热器；7—转子流量计；8—风机；
9—出风口；10—排灰口；11—旋风分离器

### 2. 主要设备及仪器

(1)鼓风机　220VAC，550W，最大风量 $95m^3 \cdot h^{-1}$；

(2)电加热器　额定功率 2.0kW；

(3)干燥室　$\phi$100mm×750mm；

(4)干燥物料　湿绿豆，比表面积为 $1.23m^2 \cdot kg^{-1}$ 的干物料。

## 四、实验步骤与注意事项

### 1. 实验步骤

(1)将电子天平开启，待用。

(2)将烘箱开启，待用。

(3)取预先准备的湿物料 0.5～1kg，用干毛巾吸干表面水分，待用。

(4)打开仪表控制柜电源开关，开启风机，调节风量至 60～80$m^3 \cdot h^{-1}$，打开加热器加热。待热风温度恒定后(通常可设定在 60～80℃)，将湿物料加入流化床中，开始计时，每过 4min 取出 10g 左右的物料，同时读取床层温度。

(5)待物料恒重时，即为实验结束，关闭仪表电源。

(6)关闭加热电源。

(7)关闭风机，切断总电源，清理实验设备。

### 2. 注意事项

必须先开风机，后开加热器，否则加热管可能会被烧坏，破坏实验装置。

## 五、数据记录与结果处理

### 1. 原始数据记录

将实验数据填入表 3-44 中。

**表 3-44 干燥实验原始数据**

风量________，空气温度________

| 序号 | 时间/min | 床层温度/℃ | 烧杯质量/g | 湿料＋烧杯质量/g | 干料＋烧杯质量/g |
|---|---|---|---|---|---|
| | | | | | |

### 2. 实验数据处理

数据处理结果填入表 3-45 中。

**表 3-45 实验数据处理结果**

| 序号 | 时间 $\tau$ /min | $\Delta\tau$ /min | 湿料质量 $G$ /g | 干料质量 $G_C$ /g | 含水率 $X$/% | $\Delta X$ /% | $X_{均}$ /% | 干燥速率 $U$ /$kg \cdot m^{-2} \cdot s^{-1}$ |
|---|---|---|---|---|---|---|---|---|
| | | | | | | | | |

**3. 实验结果绘图**

(1)干燥曲线;

(2)干燥速率曲线;

(3)床层温度随时间变化的关系曲线;

(4)临界湿含量、平衡湿含量、恒速干燥速率。

## 六、思考题

(1)什么是恒定干燥条件?本实验装置中采用了哪些措施来保持干燥过程在恒定干燥条件下进行?

(2)控制恒速干燥阶段速率的因素是什么?控制降速干燥阶段干燥速率的因素又是什么?

(3)为什么要先启动风机,再启动加热器?实验过程中床层温度是如何变化的?为什么?如何判断实验已经结束?

(4)若加大热空气流量,干燥速率曲线有何变化?恒速干燥速率、临界湿含量又如何变化?为什么?

# 第四篇 综合实验

## 实验一 粗食盐的提纯

### 一、实验目的

(1)通过沉淀反应，了解提纯氯化钠的原理。

(2)练习台秤的使用方法。

(3)掌握溶解、减压过滤、蒸发浓缩、结晶、干燥等基本操作。

### 二、实验原理

粗食盐中含有不溶性杂质(如泥沙等)和可溶性杂质(主要是$Ca^{2+}$、$Mg^{2+}$、$K^{+}$和$SO_4^{2-}$)。

不溶性杂质，可用溶解和过滤的方法除去。

可溶性杂质，可用下列方法除去，在粗食盐中加入稍微过量的$BaCl_2$溶液，即可将$SO_4^{2-}$转化为难溶解的$BaSO_4$沉淀而除去：

$$Ba^{2+} + SO_4^{2-} = BaSO_4\downarrow$$

将溶液过滤，除去$BaSO_4$沉淀，再加入NaOH和$Na_2CO_3$溶液，由于发生下列反应：

$$Mg^{2+} + 2OH^- = Mg(OH)_2\downarrow$$

$$Ca^{2+} + CO_3^{2-} = CaCO_3\downarrow$$

$$Ba^{2+} + CO_3^{2-} = BaCO_3\downarrow$$

食盐溶液中杂质$Mg^{2+}$、$Ca^{2+}$以及沉淀$SO_4^{2-}$时加入的过量$Ba^{2+}$便相应转化为难溶的$Mg(OH)_2$、$CaCO_3$、$BaCO_3$沉淀而通过过滤的方法除去。

过量的NaOH和$Na_2CO_3$可以用盐酸中和除去。

少量可溶性杂质(如KCl)由于含量很少，在蒸发浓缩和结晶过程中仍留在溶液中，不会和NaCl同时结晶出来。

### 三、实验仪器与试剂

仪器：台秤1台；100mL烧杯2只；玻璃棒；50mL量筒1只；布氏漏斗1只；吸滤瓶1只；循环水真空泵；蒸发皿；试管3支。

试剂：HCl溶液($2mol\cdot L^{-1}$)；NaOH溶液($2mol\cdot L^{-1}$)；$BaCl_2$溶液($1mol\cdot L^{-1}$)；$Na_2CO_3$溶液($1mol\cdot L^{-1}$)；$(NH_4)_2C_2O_4$溶液($0.5mol\cdot L^{-1}$)；粗食盐；镁试剂；pH试纸；滤纸。

### 四、实验步骤

**1. 粗食盐的提纯**

(1)在台秤上称取5.0g研细的粗食盐，放入小烧杯中，加约20mL蒸馏水，用玻璃棒搅拌，并加热使其溶解，至溶液沸腾时，在搅拌下逐滴加入$1mol\cdot L^{-1}$ $BaCl_2$溶液至沉淀完全，继续加热使 $BaSO_4$ 颗粒长大而易于沉淀和过滤。为了试验沉淀是否完全，可将烧杯从热源上取下，待沉淀沉降后，在上层清液中加入 1～2 滴 $BaCl_2$ 溶液，观察清液中是否出现浑浊现象，如果无浑浊现象，说明 $SO_4^{2-}$ 已完全沉淀，如果还出现浑浊现象，则需继续滴加 $BaCl_2$，直至上层清液在加入一滴 $BaCl_2$ 后，不再产生浑浊现象为止。沉淀完全后，继续加热至沸，以使沉淀颗粒长大而易于沉降。减压抽滤，滤液移至干净烧杯中。

(2)在滤液中加入 1mL 2mol·$L^{-1}$NaOH 溶液和 3mL 1mol·$L^{-1}$$Na_2CO_3$ 溶液，加热至沸，待沉淀沉降后，在上层清液中滴加 1mol·$L^{-1}$$Na_2CO_3$ 溶液至不再产生沉淀为止，减压抽滤，滤液移至干净的蒸发皿中。

(3)在滤液中逐滴加入 2mol·$L^{-1}$HCl 溶液，并用玻璃棒蘸取滤液在 pH 试纸上试验，直至溶液呈微酸性为止(pH≈6)。

(4)用水浴加热蒸发皿进行蒸发，浓缩至稀粥状的稠液为止，但切不可将溶液蒸发至干(注意防止蒸发皿破裂)。

(5)冷却后，将晶体减压抽滤、吸干，将结晶放在蒸发皿中，在石棉网上用小火加热干燥。

(6)称出产品的质量，并计算其产率。

**2. 产品纯度的检验**

取少量(约 1g)提纯前和提纯后的食盐分别用 5mL 蒸馏水加热溶解，然后各分成 3 份分别盛于 3 支试管中，组成三组，对照检验它们的纯度。

(1)$SO_4^{2-}$ 的检验：在第一组溶液中分别加入 2 滴 1mol·$L^{-1}$$BaCl_2$ 溶液，比较沉淀产生的情况，在提纯的食盐溶液中应该无沉淀产生。

(2)$Ca^{2+}$ 的检验：在第二组溶液中，各加入 2 滴 0.5mol·$L^{-1}$ 草酸铵[$(NH_4)_2C_2O_4$]溶液，在提纯的食盐溶液中应无白色难溶的草酸钙($CaC_2O_4$)沉淀产生。

(3)$Mg^{2+}$ 的检验：在第三组溶液中，各加入 2～3 滴 1mol·$L^{-1}$NaOH 溶液，使溶液呈碱性(用 pH 试纸试验)，再各加入 2～3 滴“镁试剂”，在提纯的食盐中应无天蓝色沉淀产生。

镁试剂是一种有机染料，它在酸性溶液中呈黄色，在碱性溶液中呈红色或紫色，但被 $Mg(OH)_2$ 沉淀吸附后，则呈天蓝色，因此可以用来检验 $Mg^{2+}$ 的存在。

**五、思考题**

(1)怎样除去粗食盐中的不溶性杂质？

(2)在除去过量的沉淀剂 NaOH、$Na_2CO_3$ 时，需用 HCl 溶液调节溶液呈微酸性(pH≈6)为什么？若酸度或碱度过大，有何影响？

(3)怎样检验提纯后食盐的纯度？

## 实验二　硫酸亚铁铵的制备

### 一、实验目的

(1)掌握制备复盐硫酸亚铁铵的方法，了解复盐的特性。

(2)掌握水浴加热、蒸发、浓缩等基本操作。

(3)了解无机物制备的投料、产量、产率的有关计算，以及产品纯度的检验方法。

## 二、实验原理

铁能溶于稀硫酸中生成硫酸亚铁：

$$Fe + H_2SO_4 \xlongequal{} FeSO_4 + H_2\uparrow$$

通常，亚铁盐在空气中易氧化。例如，硫酸亚铁在中性溶液中能被溶于水中的少量氧气氧化并进而与水作用，甚至析出棕黄色的碱式硫酸铁(或氢氧化铁)沉淀：

$$4Fe^{2+}(aq) + 2SO_4^{2-}(aq) + O_2(g) + 6H_2O(l) \xlongequal{} 2[Fe(OH)_2]_2SO_4(s) + 4H^+(aq)$$

若往硫酸亚铁溶液中加入与 $FeSO_4$ 相等的物质的量(mol)的硫酸铵，则生成复盐硫酸亚铁铵。硫酸亚铁铵比较稳定，它的六水合物 $(NH_4)_2SO_4 \cdot FeSO_4 \cdot 6H_2O$ 不易被空气氧化，在定量分析中常用来配制亚铁离子的标准溶液。像所有的复盐那样，硫酸亚铁铵在水中的溶解度比组成它的每一组分 $FeSO_4$ 或 $(NH_4)_2SO_4$ 的溶解度都要小。蒸发浓缩所得溶液，可制得浅绿色的硫酸亚铁铵(六水合物)晶体：

$$Fe^{2+}(aq) + 2NH_4^+(aq) + 2SO_4^{2-}(aq) + 6H_2O(l) \xlongequal{} (NH_4)_2SO_4 \cdot FeSO_4 \cdot 6H_2O(s)$$

如果溶液的酸性减弱，则亚铁盐(或铁盐)中 $Fe^{2+}$ 与水作用的程度将会增大。在制备 $(NH_4)_2SO_4 \cdot FeSO_4 \cdot 6H_2O$ 的过程中，为了使 $Fe^{2+}$ 不与水作用，溶液需要保持足够的酸度。

用比色法可估计产品中所含杂质 $Fe^{3+}$ 的量。$Fe^{3+}$ 由于能与 $SCN^-$ 生成红色的物质 $[Fe(SCN)]^{2+}$，当红色较深时，表明产品中含 $Fe^{3+}$ 较多；当红色较浅时，表明产品中含 $Fe^{3+}$ 较少。所以，只要将所制备的硫酸亚铁铵晶体与 KSCN 溶液在比色管中配制成待测溶液，将它所呈现的红色与含一定量 $Fe^{3+}$ 所配制成的标准 $[Fe(SCN)]^{2+}$ 溶液的红色进行比较，根据红色深浅程度相仿情况，即可知待测溶液中杂质 $Fe^{3+}$ 的含量，从而可确定产品的等级。

三种盐的溶解度(单位为 g/100g)数据如表 4-1 所示。

**表 4-1　几种盐的溶解度**

| 温度 | $FeSO_4 \cdot 6H_2O$ | $(NH_4)_2SO_4$ | $(NH_4)_2SO_4 \cdot FeSO_4 \cdot 6H_2O$ |
|---|---|---|---|
| 10℃ | 20.0 | 73.0 | 17.2 |
| 20℃ | 26.5 | 75.4 | 21.6 |
| 30℃ | 32.9 | 78.0 | 28.1 |

## 三、实验仪器与试剂

仪器：台式天平；水浴锅(可用大烧杯代替)；吸滤瓶；布氏漏斗；真空泵；温度计；比色管。

试剂：盐酸($2mol \cdot L^{-1}$)；硫酸($3mol \cdot L^{-1}$)；标准 $Fe^{3+}$ 溶液($0.0100mg \cdot L^{-1}$)；硫氰酸钾(KSCN，质量分数 0.25)；硫酸铵(s)；碳酸钠(10%)，铁屑；乙醇(95%)；pH 试纸。

## 四、实验步骤

### 1. 铁屑的洗净去油污

用台式天平称取 2.0g 铁屑，放入小烧杯中，加入 15mL 质量分数为 10% 的碳酸钠溶液。小火加热约 10min 后，倾倒去碳酸钠碱性溶液，用自来水冲洗后，再用去离子水把铁屑冲洗洁净。(如何检验铁屑已洗净?)

**2. 硫酸亚铁的制备**

往盛有 2.0g 洁净铁屑的小烧杯中加入 15mL 3mol·$L^{-1}$ $H_2SO_4$ 溶液，盖上表面皿，放在石棉网上用小火加热(由于铁屑中的杂质在反应中会产生一些有毒气体，最好在通风橱中进行)，使铁屑与稀硫酸反应至基本不再冒出气泡为止。在加热过程中应不时加入少量的去离子水，以补充被蒸发的水分，防止 $FeSO_4$ 结晶出来；同时要控制溶液的 pH 值不大于 1(为什么？如何测量和控制?)，趁热用普通漏斗过滤(参见基本操作)，滤液承接于干净的蒸发皿中(为何要趁热过滤，小烧杯及漏斗上的残渣是否要用热的去离子水洗涤，洗涤液是否要弃掉?)。将留在烧杯中及滤纸上的残渣取出，用滤纸吸干后称量。根据已作用的铁屑质量，计算溶液中 $FeSO_4$ 的理论产量。

**3. 硫酸亚铁铵的制备**

根据 $FeSO_4$ 的理论产量，计算并称取所需固体 $(NH_4)_2SO_4$ 的用量。在室温下将称出的 $(NH_4)_2SO_4$ 配制成饱和溶液，然后倒入第二步制得的 $FeSO_4$ 溶液中。混合均匀并调节 pH 值为 1～2，在水浴锅上蒸发浓缩至溶液表面刚出现薄层的结晶时为止(蒸发过程不宜搅动)。自水浴锅上取下蒸发皿，放置，冷却，即有硫酸亚铁铵晶体析出。待冷至室温后，用布氏漏斗抽滤(参见基本操作)。将晶体取出，置于两张干净的滤纸之间，并轻压以吸干母液，称重。计算理论产量和产率。

**4. 产品检验**

(1)标准溶液的配制(老师准备) 往三支 25mL 的比色管中各加入 2mL 2mol·$L^{-1}$ HCl 和 1mL KSCN 溶液。再用移液管分别加入不同体积的标准 0.0100mol·$L^{-1}$ $Fe^{3+}$ 溶液 5mL，最后用去离子水稀释至刻度，制成含 $Fe^{3+}$ 量不同的标准溶液。这三支比色管中所对应的各级硫酸亚铁铵药品规格分别为：

含 $Fe^{3+}$ 0.05mg，符合一级标准；

含 $Fe^{3+}$ 0.10mg，符合二级标准；

含 $Fe^{3+}$ 0.20mg，符合三级标准。

(2)$Fe^{3+}$分析 称取 1.0 g 产品，置于 25mL 比色管中，加入 15mL 不含氧气的去离子水，加入 2mL 2mol·$L^{-1}$ HCl 和 1mL KSCN 溶液，用玻璃棒搅拌均匀，加水到刻度线。将它与配制好的上述标准溶液进行目测比色，确定产品的等级。在进行比色操作时，可在比色管下衬白瓷板；为了消除周围光线的影响，可用白纸包住盛溶液那部分比色管的四周。从上往下观察，对比溶液颜色的深浅程度来确定产品的等级。

**五、思考题**

(1)在制备 $FeSO_4$ 溶液时，为什么要保持足够的酸度？

(2)为什么要把浓缩液放至自然冷却？

## 实验三 化学平衡常数的测定

**一、实验目的**

(1)了解用比色法测定平衡常数的原理和方法。

(2)学习分光光度计的使用方法。

## 二、实验原理

当一束波长一定的单色光通过有色溶液时，其吸收的光量和溶液的浓度、溶液的厚度以及入射光的强度等因素有关。

根据朗伯-比尔定律可知，溶液的吸光度 $A$ 与溶液中有色物质的浓度 $c$ 和液层厚度 $l$ 的乘积成正比：

$$\lg\frac{I_0}{I}=A=\varepsilon cl \tag{4-1}$$

式中　$I_0$——入射光的强度；

$I$——透过溶液后光的强度；

$\varepsilon$——常数，称为吸光系数。

据式(4-1)，可有两种情况：

(1)若同一种有色物质的两种不同浓度的溶液吸光度相同，则可得：

$$c_1l_1=c_2l_2 \tag{4-2}$$

如果已知标准溶液中有色物质的浓度为 $c_1$，并测得标准溶液的厚度为 $l_1$、未知溶液的厚度为 $l_2$，就可由式(4-2)求出未知溶液的浓度 $c_2$。此为目测比色法的依据。

(2)若同一种有色物质的两种不同浓度的溶液厚度相同，则可得：

$$\frac{A_1}{A_2}=\frac{c_1}{c_2} \tag{4-3}$$

如果已知标准溶液中有色物质的浓度为 $c_1$，并测得标准溶液的吸光度为 $A_1$、未知溶液的吸光度为 $A_2$，就可由式(4-3)求出未知溶液的浓度 $c_2$。此为光电比色法的依据。

本实验通过目测比色法或光电比色法测定化学反应的平衡常数：

$$Fe^{3+}(aq)+HSCN \rightleftharpoons [Fe(SCN)]^{2+}+H^+(aq)$$

无色　　无色　　血红色

$$K=\frac{\{c^{eq}([Fe(SCN)]^{2+})/c^{\ominus}\}\{c^{eq}(H^+)/c^{\ominus}\}}{\{c^{eq}(Fe^{3+})/c^{\ominus}\}\{c^{eq}(HSCN)/c^{\ominus}\}} \tag{4-4}$$

待测溶液中 $[Fe(SCN)]^{2+}$ 的平衡浓度可通过与标准溶液比色而测得。$Fe^{3+}$、HSCN 以及 $H^+$ 的平衡浓度与其对应的起始浓度的关系分别为：

$$c^{eq}(Fe^{3+})=c_0(Fe^{3+})-c^{eq}([Fe(SCN)]^{2+}) \tag{4-5}$$

$$c^{eq}(HSCN)=c_0(HSCN)-c^{eq}([Fe(SCN)]^{2+}) \tag{4-6}$$

$$c^{eq}(H^+)\approx c_0(H^+)=\frac{1}{2}c(HNO_3) \tag{4-7}$$

将各物质的平衡浓度代入即可求得 $K$ 值。

本实验中，已知浓度的 $[Fe(SCN)]^{2+}$ 标准溶液可以根据下面的假设配制：当 $c(Fe^{3+})\gg c(HSCN)$时，反应中 HSCN 可以假设全部转化为$[Fe(SCN)]^{2+}$。因此 $[Fe(SCN)]^{2+}$ 的标准浓度就是所用 HSCN 的初始浓度，实验中作为标准溶液的初始浓度为：$c(Fe^{3+})=0.100mol\cdot L^{-1}$，$c(HSCN)=0.000200mol\cdot L^{-1}$。

由于 $Fe^{3+}$ 的水解会产生一系列有色离子，例如棕色的 $[Fe(OH)]^{2+}$，因此溶液必须保持较大的 $c(H^+)$以阻止 $Fe^{3+}$ 的水解。较大的 $c(H^+)$还可以使 HSCN 基本上保持未电离状态。

本实验中的溶液用 $HNO_3$ 保持 $c(H^+)=0.5mol \cdot L^{-1}$。

## 三、目测比色法

### 1. 实验仪器与试剂

仪器：50mL 干燥比色管 6 支；10mL 刻度移液管 4 支；干燥洁净的 50mL 小烧杯 6 只；500mL 烧杯 1 只；米尺 1 把。

试剂：$0.200mol \cdot L^{-1}$ 和 $0.00200mol \cdot L^{-1}$ $Fe^{3+}$ 溶液［用 $Fe(NO_3)_3 \cdot 9H_2O$ 溶解在 $1mol \cdot L^{-1}$ $HNO_3$ 中配成，$HNO_3$ 浓度必须标定］；$0.00200mol \cdot L^{-1}$ KSCN 溶液。

### 2. 实验步骤

(1) $[Fe(SCN)]^{2+}$ 标准溶液的配制　在 1 号干燥小烧杯中加入 10.0mL $0.200mol \cdot L^{-1}$ $Fe^{3+}$ 溶液、2.00mL$0.00200mol \cdot L^{-1}$ KSCN 溶液和 8.00mL$H_2O$，轻轻摇荡，使溶液混合均匀，得 $c^{\ominus}([Fe(SCN)]^{2+})=0.000200mol \cdot L^{-1}$。

(2)配制待测溶液(见表 4-2)

表 4-2　待测溶液的配制

| 烧杯编号 | $0.00200mol \cdot L^{-1}$ $Fe^{3+}$/mL | $0.00200mol \cdot L^{-1}$ KSCN/mL | $H_2O$/mL |
|---|---|---|---|
| 2 | 15.00 | 15.00 | 0.00 |
| 3 | 15.00 | 12.00 | 3.00 |
| 4 | 15.00 | 9.00 | 6.00 |
| 5 | 15.00 | 6.00 | 9.00 |

在 2～5 号干燥洁净的小烧杯中分别按上表中的剂量配制，混合均匀。

(3)比色　将混合均匀的 2～5 号溶液分别倒入 2～5 号干燥比色管中。各比色管中溶液的高度应基本相同。用米尺准确量出各比色管中溶液的高度 $l_n$，分别记录在下面的表格中。

将 1 号标准溶液倒入 1 号干比色管中。将 1 号和 2 号比色管并列在一起，周围用白纸裹住，使光线从底部进入，拿在手中进行比色。比色时从比色管上面垂直向下看。为了使溶液颜色的深浅易于观察和比较，可在比色管下面的桌面上放一张白纸。

比色时，如果 1 号标准溶液的颜色较深，可用标准溶液洗涤过的滴管吸出一部分，再进行比色；如果颜色较浅，可加入部分标准溶液进行比色。如此反复操作，直到 1 号和 2 号试管中未知溶液的颜色相同为止，用米尺量出 1 号比色管的高度 $l_{1-2}$。用同样的方法测出 $l_{1-3}$、$l_{1-4}$、$l_{1-5}$。分别记录在下面的表格中。

### 3. 数据记录与结果处理

将测得的数据和计算得到的平衡浓度值分别记录在表 4-3 中。

表 4-3　实验数据记录

| 试管编号 | 未知溶液高度 $l_n$ | 标准溶液高度 $l_{1-n}$ | 初始浓度 M | | 平衡浓度 M | | | | K |
|---|---|---|---|---|---|---|---|---|---|
| | | | $c(Fe^{3+})_{始}$ | $c(HSCN)_{始}$ | $c^{eq}(H^+)$ | $c^{eq}([Fe(SCN)]^{2+})$ | $c^{eq}(Fe^{3+})$ | $c^{eq}(HSCN)$ | |
| 2 | | | | | | | | | |
| 3 | | | | | | | | | |
| 4 | | | | | | | | | |
| 5 | | | | | | | | | |

根据平衡常数的计算公式算出平衡常数的值。

### 4. 计算方法

(1)求各平衡浓度

$$c^{eq}(H^+)=\frac{1}{2}c(HNO_3)$$

$$c^{eq}([Fe(SCN)]^{2+})=\frac{l_{1\sim n}}{l_n}c^{\ominus}([Fe(SCN)]^{2+})$$

$$c^{eq}(Fe^{3+})=c(Fe^{3+})_{始}-c^{eq}([Fe(SCN)]^{2+})$$

$$c^{eq}(HSCN)=c(HSCN)_{始}-c^{eq}([Fe(SCN)]^{2+})$$

(2)计算 $K_c$ 值　将上面求得的各平衡浓度代入平衡常数公式：

$$K_c=\frac{c([Fe(SCN)]^{2+})c(H^+)}{c(Fe^{3+})c(HSCN)}$$

求 $K_c$ 的平均值。

## 四、光电比色法

### 1. 仪器与试剂

仪器：722 型分光光度计 1 套；10mL 刻度移液管 4 支；干燥洁净的 50mL 小烧杯 5 只；500mL 烧杯 1 只。

试剂：0.200mol・$L^{-1}$ 和 0.00200mol・$L^{-1}$ $Fe^{3+}$ 溶液[用 $Fe(NO_3)_3 \cdot 9H_2O$ 溶解在 1mol・$L^{-1}$ $HNO_3$ 中配成，$HNO_3$ 浓度必须标定]；0.00200mol・$L^{-1}$ KSCN 溶液。

### 2. 实验步骤

(1) $[Fe(SCN)]^{2+}$ 标准溶液的配制　在 1 号干燥小烧杯中加入 10.0mL 0.200mol・$L^{-1}$ $Fe^{3+}$ 溶液、2.00mL 0.00200mol・$L^{-1}$ KSCN 溶液和 8.00mL $H_2O$，轻轻摇荡，使混合均匀，得 $c^{eq}([Fe(SCN)]^{2+})=0.000200$mol・$L^{-1}$。

(2)配制待测溶液　在 2～5 号干燥洁净的小烧杯中分别按表 4-2 中的剂量配制，混合均匀。

### 3. 数据记录与结果处理

利用分光光度计测量溶液的吸光度或透过率，将测得的数据和计算得到的平衡浓度值分别记录在表 4-4 中。

**表 4-4　实验数据记录**

| 试管编号 | 吸光度 $A$ | 初始浓度 $M$ | | 平衡浓度 $M$ | | | | $K$ |
|---|---|---|---|---|---|---|---|---|
| | | $c(Fe^{3+})_{始}$ | $c(HSCN)_{始}$ | $c^{eq}(H^+)_{平}$ | $c^{eq}([Fe(SCN)]^{2+})$ | $c^{eq}(Fe^{3+})$ | $c^{eq}(HSCN)$ | |
| 2 | | | | | | | | |
| 3 | | | | | | | | |
| 4 | | | | | | | | |
| 5 | | | | | | | | |

根据平衡常数的计算公式算出平衡常数的值。

### 4. 计算方法

(1)求各平衡浓度

$$c^{eq}(H^+)=\frac{1}{2}c(HNO_3)$$

$$c^{eq}([Fe(SCN)^{2+}])=\frac{A_n}{A_1}c^{\ominus}(Fe(SCN)^{2+})$$

$$c^{eq}(Fe^{3+})=c(Fe^{3+})_{始}-c^{eq}([Fe(SCN)]^{2+})_{平衡}$$

$$c^{eq}(HSCN)=c(HSCN)_{始}-c^{eq}([Fe(SCN)]^{2+})$$

(2)计算 $K_c$ 值　将上面求得的各平衡浓度代入平衡常数公式：

$$K_c=\frac{c([Fe(SCN)]^{2+})c(H^+)}{c(Fe^{3+})c(HSCN)}$$

求 $K_c$ 的平均值。

## 五、思考题

(1)目测比色法与分光光度比色法是如何测得平衡浓度的？如何利用平衡浓度进一步求得与 HSCN 反应的平衡常数 $K$？

(2)本实验中所用的溶液为何要用 $HNO_3$ 配制？$HNO_3$ 浓度对该平衡常数的测定有何影响？

(3)使用 722 型分光光度计与比色皿时应注意哪些事项？

# 实验四　铅、铋含量的连续测定

## 一、实验目的

(1)了解用调节酸度提高 EDTA 选择性的原理。

(2)掌握用 EDTA 进行连续滴定的方法。

## 二、实验原理

混合离子的滴定常用控制酸度法、掩蔽法进行，可根据有关副反应系数原理进行计算，论证对它们分别滴定的可能性。$Bi^{3+}$、$Pb^{2+}$ 均能与 EDTA 形成稳定的 1∶1 络合物，lg$K$ 分别为 27.94 和 18.04。由于两者的 lg$K$ 相差很大，故可利用酸效应，控制不同的酸度，分别进行滴定。在 pH≈1 时滴定 $Bi^{3+}$，在 pH≈5～6 时滴定 $Pb^{2+}$。

在 $Bi^{3+}$、$Pb^{2+}$ 混合溶液中，首先调节溶液的 pH≈1，以二甲酚橙为指示剂，$Bi^{3+}$ 与指示剂形成紫红色络合物($Pb^{2+}$ 在此条件下不会与二甲酚橙形成有色络合物)，用 EDTA 标准溶液滴定 $Bi^{3+}$，当溶液由紫红色恰变为黄色时，即为滴定 $Bi^{3+}$ 的终点。

$$Bi^{3+}+H_2Y^{2}\!=\!=\!=BiY^{-}+2H^{+}$$

在滴定 $Bi^{3+}$ 后的溶液中，加入六亚甲基四胺溶液，调节溶液 pH=5～6，此时 $Pb^{2+}$ 与二甲酚橙形成紫红色络合物，溶液再次呈现紫红色，然后用 EDTA 标准溶液继续滴定，当溶液由紫红色恰转变为黄色时，即为滴定 $Pb^{2+}$ 的终点。

$$Pb^{2+}+H_2Y^{2-}\!=\!=\!=PbY^{2-}+2H^{+}$$

## 三、实验仪器与试剂

仪器：250mL 锥形瓶；25mL 移液管；50mL 酸式滴定管；200mL 烧杯；100mL 量筒；洗耳球；蝴蝶夹；铁架台；洗瓶。

试剂：0.02mol·$L^{-1}$EDTA 标准溶液；0.10mol·$L^{-1}$ $HNO_3$ 溶液；20%六亚甲基四胺溶液；含 $Bi^{3+}$、$Pb^{2+}$ 各约为 0.010mol·$L^{-1}$ $Bi^{3+}$、$Pb^{2+}$ 混合液；0.15mol·$L^{-1}$ $HNO_3$ 溶液；0.2%二甲酚橙水溶液。

## 四、实验步骤

用移液管移取 25.00mL $Bi^{3+}$、$Pb^{2+}$ 混合液于 250mL 锥形瓶中，以 0.5mol·$L^{-1}$

NaOH 和 0.10mol·L$^{-1}$ $HNO_3$ 溶液调节混合液的 pH 值达到 1，以精密 pH 试纸试之。加入 10mL 0.10mol·L$^{-1}$ $HNO_3$、2 滴二甲酚橙，用 EDTA 标准溶液滴定溶液由紫红色突变为亮黄色，即为终点，记为 $V_1$(mL)，然后加入六亚甲基四胺溶液至溶液出现稳定紫红色后再过量 5mL，此时溶液的 pH≈5～6，继续用 EDTA 标准溶液滴定溶液由紫红色突变为亮黄色，即为终点，记下 $V_2$(mL)。平行测定三份，计算混合液中 $Bi^{3+}$ 和 $Pb^{2+}$ 的含量(mol·L$^{-1}$)及 $V_1/V_2$。

## 五、数据记录及结果处理

将实验数据及结果填入表 4-5 中。

表 4-5　实验数据及处理结果

| EDTA 标准溶液浓度/mol·L$^{-1}$ | | | |
|---|---|---|---|
| 混合液体积/mL | 25.00 | 25.00 | 25.00 |
| 滴定初始读数/mL | | | |
| 第一终点读数/mL | | | |
| 第二终点读数/mL | | | |
| $V_1$/mL | | | |
| $V_2$/mL | | | |
| 平均 $V_1$/mL | | | |
| 平均 $V_2$/mL | | | |
| $c_{Bi}$/mol·L$^{-1}$ | | | |
| $c_{Pb}$/mol·L$^{-1}$ | | | |
| $V_1/V_2$ | | | |

注：1. $Bi^{3+}$ 易水解，开始配制混合液时，所含 $HNO_3$ 浓度较高，临使用前加水样稀释至 0.15mol·L$^{-1}$ 左右。

2. 用量筒加 10mL 水是因为溶液太浓，加水过多会造成 $Bi^{3+}$ 水解，产生白色沉淀，加酸才能溶解。

3. 近终点时要摇动锥形瓶，防止滴过，边滴边摇。

4. 指示剂一定不要加多，否则颜色深，终点判断困难。

5. 第一个终点不易读准。由紫→橙红时先读下体积，然后滴半滴变为黄色(非亮黄色)为 $V_1$。$V_1$ 会影响 $V_2$。

## 六、思考题

(1)描述连续滴定 $Bi^{3+}$、$Pb^{2+}$ 的过程中，锥形瓶中颜色变化的情形，以及颜色变化的原因。

(2)为什么不用 NaOH、NaAc 或 $NH_3·H_2O$，而要用六亚甲基四胺调节 pH 值到 5～6?

(3)本实验中，能否先在 pH＝5～6 的溶液中，测定 $Bi^{3+}$ 和 $Pb^{2+}$ 的含量，然后再调整 pH≈1 时测定 $Bi^{3+}$ 的含量。

# 实验五　多种金属离子溶液中 $Cu^{2+}$ 的测定

## 一、实验目的

(1)了解配位滴定中差减法测定金属离子的原理和方法。

(2)掌握配位滴定中利用掩蔽消除干扰的原理和方法。

## 二、实验原理

许多金属离子在pH<6的条件下，可用二甲酚橙为指示剂，用EDTA直接滴定。例如：$Bi^{3+}$(pH值约为1)、$Th^{4+}$(pH值约为2.5～3.5)、$Pb^{2+}$、$Zn^{2+}$、$Cd^{2+}$、$Hg^{2+}$(pH值为5～6)等，它们与二甲酚橙形成紫红色配合物，用EDTA滴定到终点时，溶液转变为指示剂本身的颜色，颜色变化明显。但是$Al^{3+}$对指示剂有封闭作用；$Fe^{3+}$、$Ni^{2+}$、$Co^{2+}$、$Cu^{2+}$等使指示剂僵化。因此测定这些离子时，常采用返滴定法。例如：测$Cu^{2+}$时，先在被测溶液中加入已知过量的EDTA标准溶液，$Cu^{2+}$与EDTA定量配位。再在pH值为5时，用二甲酚橙为指示剂，以$Pb^{2+}$(或$Zn^{2+}$)标准溶液返滴。由于溶液中$Cu^{2+}$已与EDTA形成配合物，而$Cu^{2+}$、$Pb^{2+}$与EDTA的配合物比它们与指示剂的配合物稳定，所以当滴入$Pb^{2+}$时，先与EDTA(与$Cu^{2+}$反应后剩余的)配位，溶液呈黄绿色，是$CuY^{2-}$和游离态指示剂的混合色。滴定到终点，$Pb^{2+}$和指示剂发生配位反应，溶液从黄绿色突变为蓝色或蓝紫色。根据所加EDTA量和滴定时所消耗的$Pb^{2+}$的溶液量，计算$Cu^{2+}$的含量。

如果溶液中除$Cu^{2+}$外，还有$Ni^{2+}$、$Co^{2+}$等其他离子，在上述条件下，它们也和EDTA反应，测定的是这些离子的总量。因此，当有这些离子存在时，应用差减法测定$Cu^{2+}$。

差减法测定是取同样两份试液，一份加硫脲，一份不加硫脲。分别在pH值为5～6时，用返滴定法测定与EDTA配位的金属离子的总量。在0.2～0.5mol·$L^{-1}$的酸度下，$Cu^{2+}$被硫脲还原为$Cu^{+}$并与硫脲形成无色配合物，而$Ni^{2+}$、$Co^{2+}$不与硫脲配合。试液中加入硫脲后，$Cu^{2+}$被掩蔽($Cu^{2+}$的蓝色消失)，此时，用EDTA滴定的是$Ni^{2+}$、$Co^{2+}$等离子的量。而未加硫脲的试液，用EDTA滴定的是$Cu^{2+}$、$Ni^{2+}$、$Co^{2+}$等离子的总量。二者之差即为$Cu^{2+}$的含量。

另外，若溶液中含有$Al^{3+}$，它与EDTA的配位不完全，所以在加入EDTA之前，两份溶液中均加入酒石酸钾钠掩蔽$Al^{3+}$，以消除干扰。

## 三、实验试剂

EDTA标准溶液：0.02mol·$L^{-1}$(同EDTA标准溶液的配制与标定)。

$Pb(Ac)_2$溶液：在台秤上称取配制300mL 0.02mol·$L^{-1}$ $Pb(Ac)_2$溶液所需的乙酸铅(注意是否含有结晶水)，置于已加有5mL乙酸(1+2)的400mL烧杯中，然后加100mL水，使其溶解，再稀释至300mL，转移至试剂瓶中。

盐酸溶液(1+2)；醋酸溶液(1+3)；10%酒石酸钾钠；10%硫脲；30%六亚甲基四胺；0.2%二甲酚橙指示剂溶液。

## 四、实验步骤

### 1. EDTA的标定

参见实验八中的第四部分。

### 2. $Pb(Ac)_2$溶液的标定

从滴定管中分别放出10.00mL EDTA标准溶液三份，置于250mL锥形瓶中，加约20mL水、1mL HCl溶液(1+2)、5mL 30%六亚甲基四胺溶液和2滴0.2%二甲酚橙指示剂溶液，用待标定的$Pb(Ac)_2$溶液滴定至溶液由黄色突变为紫红色即为终点。根据EDTA标准溶液的浓度和体积以及所消耗的$Pb(Ac)_2$溶液的体积，计算$Pb(Ac)_2$溶液的浓度。

**3. 未知溶液中 $Cu^{2+}$ 含量的测定**

取两份 10.00mL 未知溶液，分别置于 250mL 锥形瓶中，加入 1mL HCl 溶液(1+2)和 4mL 10%酒石酸钾钠。一份加 5mL 10%硫脲，一份不加硫脲。然后再各加 20.00mL EDTA 标准溶液(由滴定管放出)、5mL 30%六亚甲基四胺溶液和 2 滴 0.2%二甲酚橙指示剂溶液，立即用 $Pb(Ac)_2$ 标准溶液滴定至终点。记下所消耗的 $Pb(Ac)_2$ 溶液的体积。平行测定三次。计算试液中 $Cu^{2+}$ 含量，以“$g \cdot L^{-1}$”表示。

## 五、注意事项

(1)加入硫脲后，应立即滴定，否则在调节 pH 值为 5～6 以后，由于硫的析出，使溶液逐渐浑浊，影响准确度。

(2)加硫脲的一份溶液，终点颜色由黄色变为紫红色；不加硫脲的溶液，终点颜色由黄绿色变为蓝色。

## 五、思考题

(1)什么是返滴法？什么情况下使用返滴法进行测定？

(2)在配制 $Pb(Ac)_2$ 溶液时，为什么在烧杯中先加入乙酸溶液？

(3)在滴定中加入六亚甲基四胺的作用是什么？

# 实验六　钙盐中钙的测定($KMnO_4$ 法)

## 一、实验目的

(1)掌握用 $KMnO_4$ 法测定钙的原理、步骤和操作技术。

(2)了解用沉淀分离法消除杂质的干扰。

(3)学会沉淀、过滤、洗涤和消化法处理样品的操作技术。

## 二、实验原理

利用 $KMnO_4$ 法测定钙的含量，只能采用间接法测定。将样品用酸处理成溶液，使 $Ca^{2+}$ 溶解在溶液中。$Ca^{2+}$ 在一定条件下与 $C_2O_4^{2-}$ 作用，形成白色 $CaC_2O_4$ 沉淀。过滤洗涤后再将 $CaC_2O_4$ 沉淀溶于热的稀 $H_2SO_4$ 中。用 $KMnO_4$ 标准溶液滴定与 $Ca^{2+}$ 以 1∶1 结合的 $C_2O_4^{2-}$ 含量。其反应式如下：

$$Ca^{2+} + C_2O_4^{2-} = CaC_2O_4 \downarrow$$

$$CaC_2O_4 + 2H^+ = Ca^{2+} + H_2C_2O_4$$

$$5H_2C_2O_4 + 2MnO_4^- + 6H^+ = 2Mn^{2+} + 10CO_2 \uparrow + 8H_2O$$

沉淀 $Ca^{2+}$ 时，为了得到易于过滤和洗涤的粗晶形沉淀，必须很好地控制沉淀的条件。通常是在含 $Ca^{2+}$ 的酸性溶液中加入足够使 $Ca^{2+}$ 沉淀完全的 $(NH_4)_2C_2O_4$ 沉淀剂。由于酸性溶液中 $C_2O_4^{2-}$ 大部分是以 $HC_2O_4^-$ 形式存在，这样会影响 $CaC_2O_4$ 的生成。所以在加入沉淀剂后必须慢慢滴加氨水，使溶液中 $H^+$ 逐渐被中和，$C_2O_4^{2-}$ 浓度缓慢地增加，这样就易得到 $CaC_2O_4$ 粗晶形沉淀。沉淀完毕，溶液 pH 值还在 3.5～4.5，既可防止其他难溶性钙盐的生成，又不致使 $CaC_2O_4$ 溶解度太大。加热半小时使沉淀陈化(陈化的过程中小颗粒晶体溶解，大颗粒晶体长大）。过滤后，沉淀表面吸附的 $C_2O_4^{2-}$ 必须洗净，否则分析结果偏高。为了减少 $CaC_2O_4$ 在洗涤时的损失，则先用稀 $(NH_4)_2C_2O_4$ 溶液洗涤，然后再用微热的蒸馏水洗到不含 $C_2O_4^{2-}$ 时为止。将洗净的 $CaC_2O_4$ 沉淀溶解于稀 $H_2SO_4$ 中，加热至 75～85℃，用 $KMnO_4$ 标准溶液滴定。

石灰石及其矿石中的钙也可用此法测定，不过要考虑干扰离子的分离或掩蔽。

## 三、实验试剂

草酸铵 $c[1/2(NH_4)_2C_2O_4]=0.5mol\cdot L^{-1}$ 溶液：称取 35.5g$(NH_4)_2C_2O_4$（分析纯）于 250mL 烧杯中，加适量水溶解后转入试剂瓶中，再用水稀释至 1L。

$c(1/5KMnO_4)=0.1mol\cdot L^{-1}$ $KMnO_4$ 标准溶液（同前）。

氨水(1+1，滴瓶装)；HCl 溶液(1+1)；0.1%甲基橙指示剂；0.1%$(NH_4)_2C_2O_4$ 溶液；$0.1mol\cdot L^{-1}$ $AgNO_3$ 溶液(滴瓶装)；$2mol\cdot L^{-1}$ $HNO_3$ 溶液(滴瓶装)；$H_2SO_4$ 溶液(1+5)。

## 四、实验步骤

### 1. 碳酸钙的溶解

准确称取碳酸钙样品 0.15～0.2g 两份于两只 250mL 烧杯中，各以少量水润湿，盖上表面皿，小心沿烧杯壁缓缓加入 6～7mL HCl 溶液(1+1)。轻轻摇动烧杯使样品溶解，注意勿使样品溅出，待样品溶解完全不再产生气泡后，用水冲洗表面皿及烧杯壁上的附着物。

### 2. 草酸钙的沉淀

加热近沸，加 $c[1/2(NH_4)_2C_2O_4]=0.5mol\cdot L^{-1}$ 草酸铵溶液各 15～20mL。若有沉淀生成应滴加 HCl 溶液(1+1)使之溶解(勿加入大量 HCl 溶液)，稀释溶液至 100mL，加热至 70～80℃(有热气冒出，但不沸腾)。再加入甲基橙指示剂 1 滴，趁热在不断搅拌下，以每秒 1～2 滴的速率逐滴加入氨水(1+1)至溶液由红色变为橙黄色。继续以小火温热 30min，并随时搅拌，放置冷却，使溶液澄清。然后滴加 1～2 滴 $c[1/2(NH_4)_2C_2O_4]=0.5mol\cdot L^{-1}$ 草酸铵溶液，以检查沉淀是否完全。如沉淀不完全，继续加入 $(NH_4)_2C_2O_4$ 溶液，至沉淀完全。继续加热 30min 或放置过夜以陈化沉淀使之形成 $Ca_2C_2O_4$ 粗晶形沉淀。

### 3. 沉淀的洗涤

用倾注法过滤及洗涤沉淀，先把沉淀与溶液放置一段时间，再将上层清液倾入漏斗中，让沉淀尽可能地留在烧杯内，以免沉淀堵塞滤纸小孔，清液倾注完毕后进行沉淀的洗涤。沉淀先用 0.1%$(NH_4)_2C_2O_4$ 溶液洗涤三次(每次用洗涤剂 10～15mL，用玻璃棒在烧杯中充分搅动沉淀，放置澄清，再倾泻过滤)，再用冷水洗至溶液中无 $Cl^-$ 为止。

### 4. 测定

将带有沉淀的滤纸贴在原储有沉淀的烧杯内壁(沉淀向杯内)，用 20mL $H_2SO_4$ 溶液(1+5)仔细冲洗沉淀至烧杯底部，再冲洗滤纸，然后把溶液稀释至 100mL。加热至 70～80℃，用 $KMnO_4$ 标准溶液滴定至呈粉红色，这时将滤纸浸入溶液中，用玻璃棒搅拌，如红色消失，继续滴定至呈粉红色，且 30s 不褪色即为终点。记录消耗 $KMnO_4$ 的体积 $V_1$。

### 5. 空白试验

另取滤纸一张，放入 250mL 烧杯中，加入 20mL $H_2SO_4$ 溶液(1+5)，稀释至 100mL，加热溶液到 70～80℃，用 $KMnO_4$ 标准溶液滴定至微红色，30s 内不褪色为终点，记录消耗 $KMnO_4$ 的体积 $V_2$。

### 五、数据记录与结果处理

$$m_{Ca}=\frac{c\left(\frac{1}{5}KMnO_4\right)(V_1-V_2)\times\frac{M\left(\frac{1}{2}Ca\right)}{1000}}{m_{样品}\times\frac{25.00}{250.0}} \tag{4-8}$$

式中，$m$ 为样品质量，g。

### 六、注意事项

(1)过滤时，尽量将沉淀留在器皿中，否则沉淀移到滤纸上会把滤孔堵塞，影响过滤速率。

(2)$KMnO_4$ 标准溶液不稳定，使用时注意浓度变化。

(3)本实验过程长、繁，为使测定结果准确，几份(一般是 2～3 份)沉淀的制作、过滤、洗涤及测定，都应在相同条件下平行操作。

### 六、思考题

(1)以本实验中 $CaC_2O_4$ 沉淀的制作为例，说明晶形沉淀形成的条件是什么？

(2)为什么需先用很稀的$(NH_4)_2C_2O_4$ 溶液来洗草酸钙沉淀，而后又需要用蒸馏水洗草酸钙沉淀？怎样证明草酸钙已洗净？

(3)实验中为何要做空白试验？若不做，对实验结果有何影响？

## 实验七　化学耗氧量的测定

### 一、实验目的

(1)掌握酸性高锰酸钾法和重铬酸钾法测定化学耗氧量的原理及方法。

(2)了解水样化学耗氧量的意义。

### 二、实验原理

水样的耗氧量是水质污染程度的主要指标之一，它分为生物耗氧量(简称 BOD)和化学耗氧量(简称 COD)两种。BOD 是指水中有机物质发生生物过程时所需要氧的量；COD 是指在特定条件下，用强氧化剂处理水样时，水样所消耗的氧化剂的量，常用每升水消耗 $O_2$ 的量来表示。水样中的化学耗氧量与测试条件有关，因此应严格控制反应条件，按规定的操作步骤进行测定。

测定化学耗氧量的方法有重铬酸钾法、酸性高锰酸钾法和碱性高锰酸钾法。重铬酸钾法是指在强酸性条件下，向水样中加入过量的 $K_2Cr_2O_7$，让其与水样中的还原性物质充分反应，剩余的 $K_2Cr_2O_7$ 以邻菲咯啉为指示剂，用硫酸亚铁铵标准溶液返滴定。根据消耗的 $K_2Cr_2O_7$ 溶液的体积和浓度，计算水样的耗氧量。氯离子干扰测定，可在回流前加硫酸银除去。该法适用于工业污水及生活污水等含有较多复杂污染物的水样的测定。其滴定反应式为：

$$Cr_2O_7^{2-}+6Fe^{2+}+14H^+ = 2Cr^{3+}+6Fe^{3+}+7H_2O$$

酸性高锰酸钾法测定水样的化学耗氧量是指在酸性条件下，向水样中加入过量的 $KMnO_4$ 溶液，并加热溶液让其充分反应，然后再向溶液中加入过量的 $Na_2C_2O_4$ 标准溶液还原多余的 $KMnO_4$，剩余的 $Na_2C_2O_4$ 再用 $KMnO_4$ 溶液返滴定。根据 $KMnO_4$ 的浓度和

水样所消耗的 $KMnO_4$ 溶液体积，计算水样的耗氧量。该法适用于污染不十分严重的地面水和河水等的化学耗氧量的测定。若水样中 $Cl^-$ 含量较高，可加入 $Ag_2SO_4$ 消除干扰，也可改用碱性高锰酸钾法进行测定。有关反应如下：

$$4MnO_4^- + 5C + 12H^+ \longrightarrow 4Mn^{2+} + 5CO_2\uparrow + 6H_2O$$

$$2MnO_4^- + 5C_2O_4^{2-} + 16H^+ \longrightarrow 2Mn^{2+} + 10CO_2\uparrow + 8H_2O$$

这里，C 泛指水中的还原性物质或耗氧物质，主要为有机物。

## 三、实验主要试剂

约 $0.002mol\cdot L^{-1}$ $KMnO_4$ 溶液；约 $0.005mol\cdot L^{-1}$ $Na_2C_2O_4$ 标准溶液；$0.040mol\cdot L^{-1}$ $K_2Cr_2O_7$ 溶液；$0.1mol\cdot L^{-1}$ 硫酸亚铁铵；$Ag_2SO_4$；$6mol\cdot L^{-1}$ $H_2SO_4$。

邻菲咯啉指示剂：称取 1.485g 邻菲咯啉和 0.695g $FeSO_4\cdot 7H_2O$，溶于 100mL 水中，摇匀，储于棕色瓶中。

## 四、实验步骤

**1. 水样中化学耗氧量的测定**（酸性高锰酸钾法）

于 250mL 锥形瓶中，加入 100.00mL 水样和 5mL $6mol\cdot L^{-1}$ $H_2SO_4$ 溶液，再用滴定管或移液管准确加入 10.00mL($0.002mol\cdot L^{-1}$) $KMnO_4$ 标准溶液，然后尽快加热溶液至沸，并准确煮沸 10min(紫红色不应褪去，否则应增加 $KMnO_4$ 溶液的用量)。取下锥形瓶，冷却 1min 后，准确加入 10.00mL($0.005mol\cdot L^{-1}$) $Na_2C_2O_4$ 标准溶液，充分摇匀(此时溶液应为无色，否则应增加 $Na_2C_2O_4$ 的用量)。趁热用 $KMnO_4$ 标准溶液滴定至溶液呈微红色，记下 $KMnO_4$ 溶液的体积。如此平行测定三份。另取 100mL 蒸馏水代替水样进行实验，求空白值。计算水样的化学耗氧量。

**2. 水样中化学耗氧量的测定**（重铬酸钾法）

(1)硫酸亚铁铵溶液的标定　准确移取 10.00mL($0.040mol\cdot L^{-1}$) $K_2Cr_2O_7$ 溶液三份分别置于 3 只 250mL 锥形瓶中，加入 30mL 水、20mL 浓 $H_2SO_4$ 溶液(注意应慢慢加入，并随时摇匀)、3 滴指示剂，然后用硫酸亚铁铵溶液滴定，溶液由黄色变为红褐色即为终点，记下硫酸亚铁铵溶液的体积。如此平行测定三份，计算硫酸亚铁铵的浓度。

(2)化学耗氧量的测定　取 50.00mL 水样于 250mL 回流锥形瓶中，准确加入 15.00mL ($0.040mol\cdot L^{-1}$) $K_2Cr_2O_7$ 标准溶液、20mL 浓 $H_2SO_4$ 溶液、1g $Ag_2SO_4$ 固体和数粒玻璃珠，轻轻摇匀后，加热回流 2h。若水样中氯含量较高，则先往水样中加 1g $Hg_2SO_4$ 和 5mL 浓硫酸，待 $Hg_2SO_4$ 溶解后，再加入 25.00mL $K_2Cr_2O_7$ 溶液、20mL 浓 $H_2SO_4$、1g $Ag_2SO_4$，加热回流。冷却后用适量蒸馏水冲洗冷凝管，取下锥形瓶，用水稀释至约 150mL。加 3 滴指示剂，用硫酸亚铁铵标准溶液滴定至溶液呈红褐色即为终点，记下所用硫酸亚铁铵的体积。以 50.00mL 蒸馏水代替水样进行上述实验，测定空白值。计算水样的化学耗氧量。

## 五、思考题

(1)水样中加入 $KMnO_4$ 溶液煮沸后，若紫红色褪去，说明什么？应怎样处理？

(2)用重铬酸钾法测定时，若在加热回流后溶液变绿，是什么原因？应如何处理？

(3)水样中氯离子的含量高时，为什么对测定有干扰？如何消除？

(4)水样的化学耗氧量的测定有何意义？

# 实验八　铝合金中铝含量的测定

## 一、实验目的

(1)了解返滴定法，掌握置换滴定。

(2)接触复杂物质，以提高分析问题、解决问题的能力。

(3)掌握铝合金中铝的测定原理和方法。

## 二、实验原理

采用 NaOH 溶解样品中的铝，通过控制溶液 pH 环境，使 $Al^{3+}$ 与过量的 EDTA 充分反应，用 $Zn^{2+}$ 标准溶液中和过量的 EDTA，再用一定量的 $NH_4F$ 置换出同铝络合的 EDTA，接着用 $Zn^{2+}$ 标准溶液滴定释放出来的 EDTA，计算得出铝合金样品中铝的含量。由于 $Al^{3+}$ 易水解而形成一系列多核氢氧基络合物，且与 EDTA 反应慢，络合比不恒定，常用返滴定法测定铝含量。

加入定量且过量的 EDTA 标准溶液，在 pH≈3.5 环境下加热煮沸几分钟，使络合完全，继续在 pH 值为 5～6 的环境中，以二甲酚橙为指示剂，用 $Zn^{2+}$ 标准溶液滴定过量的 EDTA。然后，加入过量的 $NH_4F$，加热至沸，使 $AlY^-$ 与 $F^-$ 之间发生置换反应，释放出与 $Al^{3+}$ 等物质的量的 EDTA，再用 $Zn^{2+}$ 盐标液滴定释放出来的 EDTA 而得到铝的含量。有关反应如下：

$$pH=3.5\text{ 时}, Al^{3+}(\text{试液}) + Y^{4-}(\text{过量}) = AlY^- + Y^{4-}(\text{剩})$$

pH=5～6 时，加入二甲酚橙指示剂，用 $Zn^{2+}$ 标准溶液滴定剩余的 $Y^{4-}$，加入 $NH_4F$ 后：

置换反应　$AlY^- + 6F^- = AlF_6^{3-} + Y^{4-}(\text{置换})$

滴定反应　$Y^{4-}(\text{置换}) + Zn^{2+} = ZnY^{2-}$

终点反应　$Zn^{2+}(\text{过量}) + XO = Zn-XO(\text{黄色} \rightarrow \text{紫红色})$

## 三、实验主要试剂

NaOH 溶液($200g\cdot L^{-1}$)；HCl 溶液(1∶1)；氨水(1∶1)；$NH_4F$ 溶液($200g\cdot L^{-1}$)；EDTA($0.02mol\cdot L^{-1}$)；六亚甲基四胺溶液($200g\cdot L^{-1}$)；$Zn^{2+}$ 标准溶液($0.02mol\cdot L^{-1}$)；铝合金样品(0.10～0.11g)。

## 四、实验内容

(1)准确称取分析纯 ZnO 试样 0.41g 左右，在 100mL 烧杯中溶解，完全溶解后转入 250mL 容量瓶中，洗涤烧杯，洗液并入容量瓶，定容、摇匀备用。

(2)依据实验要求，分别配制 $200g\cdot L^{-1}$ NaOH 溶液、1∶1 HCl 溶液、1∶1 氨水、$200g\cdot L^{-1}$ $NH_4F$、$200g\cdot L^{-1}$ 六亚甲基四胺及 $0.02mol\cdot L^{-1}$ EDTA 溶液。

(3)准确称取 0.10～0.11g 铝合金于 250mL 烧杯中，加 10mL NaOH 溶液，在沸水浴中使其完全溶解，稍冷后，加 HCl 溶液(1∶1)至有絮状沉淀产生，再多加 10mL HCl 溶液，定容于 250mL 容量瓶中。

(4)准确移取上述配制好的溶液 25.00mL 于 250mL 锥形瓶中，加 30mL EDTA、2 滴二甲酚橙，此时溶液为黄色，加氨水至溶液呈紫红色，再加 HCl 溶液(1∶1)，使之呈黄色，煮沸 3min，冷却。

(5)向上述冷却后的溶液中加 20mL 六亚甲基四胺，此时应为黄色，如果呈红色，还需滴加 HCl 溶液(1∶1)，使其变黄。把 $Zn^{2+}$ 标准溶液滴入锥形瓶中，用来与多余的 EDTA 络合，当溶液恰好由黄色变为紫红色时停止滴定。

(6)于上述溶液中加入 10mL $NH_4F$，加热至微沸，流水冷却，再补加 2 滴二甲酚橙，此时溶液为黄色。再用 $Zn^{2+}$ 标准溶液滴定，当溶液由黄色恰好变为紫红色时即为终点，根据这次所消耗标准溶液的体积，计算铝的质量。

## 五、数据记录与结果处理

将实验结果填入表 4-6 中。

**表 4-6 原始数据记录及处理**

| 项目 \ 次序 | Ⅰ | Ⅱ | Ⅲ |
|---|---|---|---|
| 铝合金质量/g | | | |
| $Zn^{2+}$ 标准溶液体积/mL | | | |
| ZnO 质量/g | | | |
| $Zn^{2+}$ 标准溶液浓度/$mol \cdot L^{-1}$ | | | |
| Al 含量/% | | | |
| Al 平均含量/% | | | |
| 单次测定绝对偏差/% | | | |
| 相对平均偏差/% | | | |

## 六、思考题

(1)在用 EDTA 与铝反应时，怎么确定 EDTA 的加入量？

(2)测定简单试样中的 $Al^{3+}$ 含量时用返滴定法即可，而测定复杂试样中的 $Al^{3+}$ 则需采用置换滴定法。为什么？

(3)实验中若是直接用返滴定法来测定，为什么需要先标定 EDTA 的浓度，再进行测定？

# 实验九 邻二氮菲吸光光度法测定铁

## 一、实验目的

(1)学习如何选择吸光光度分析的实验条件。

(2)掌握用吸光光度法测定铁的原理及方法。

(3)掌握分光光度计的使用方法。

## 二、实验原理

铁的吸光光度法所用的显色剂较多，有邻二氮菲(又称邻菲咯啉、邻菲啰啉)及其衍生物、磺基水杨酸、硫氰酸盐、5-Br-PADAP 等。其中邻二氮菲分光光度法的灵敏度高，稳定性好，干扰容易消除，因而是目前普遍采用的一种方法。

在 pH 值为 2～9 的溶液中，$Fe^{2+}$ 与邻二氮菲(Phen)生成稳定的橘红色络合物：

$$3C_{12}H_8N_2 + Fe^{2+} \longrightarrow [Fe(C_{12}H_8N_2)_3]^{2+}$$

其摩尔吸光系数 $\varepsilon_{508}=1.1\times10^4\ dm^3\cdot mol^{-1}\cdot cm^{-1}$。当铁为 +3 价时，可用盐酸羟胺还原：

$$2Fe^{3+} + 2NH_2OH \cdot HCl = 2Fe^{2+} + N_2\uparrow + 4H^+ + 2H_2O + 2Cl^-$$

$Cu^{2+}$、$Co^{2+}$、$Ni^{2+}$、$Cd^{2+}$、$Hg^{2+}$、$Mn^{2+}$、$Zn^{2+}$ 等离子也能与邻二氮菲生成稳定络合物，在少量情况下，不影响 $Fe^{2+}$ 的测定，量大时可用 EDTA 隐蔽或预先分离。

吸光光度法的实验条件，如测量波长，溶液酸度、显色剂用量、显色时间、温度、溶剂以及共存离子干扰及其消除等，都是通过实验来确定的。本实验在测定试样中铁含量之前，先做部分条件实验，以便初学者掌握确定实验条件的方法。

条件实验的简单方法是：变动某实验条件，固定其余条件，测得一系列吸光度值，绘制吸光度-某实验条件的曲线，根据曲线确定某实验条件的适宜值或适宜范围。

## 三、实验仪器与试剂

仪器：分光光度计；pH 计；50mL 容量瓶 8 个(或比色管 8 支)。

试剂：邻二氮菲溶液($1.5g\cdot L^{-1}$)；盐酸羟胺溶液($100g\cdot L^{-1}$，用时配制)；NaAc 溶液($1mol\cdot L^{-1}$)；NaOH 溶液($1mol\cdot L^{-1}$)；HCl 溶液($6mol\cdot L^{-1}$)。

铁标准溶液($100\mu g\cdot mL^{-1}$)：准确称取 0.8634g $NH_4Fe(SO_4)_2\cdot 12H_2O$ 于 200mL 烧杯中，加入 20mL $6mol\cdot L^{-1}$ HCl 溶液和少量水，溶解后转移至 1L 容量瓶中，稀释至刻度，摇匀。

## 四、实验步骤

### 1. 条件实验

(1)吸收曲线的制作和测量波长的选择　用吸量管吸取 0.0mL 和 1.0mL 铁标准溶液分别注入两个 50mL 容量瓶(或比色管)中，各加入 1mL 盐酸羟胺溶液，摇匀。再加入 2mL 邻二氮菲溶液、5mL NaAc 溶液，用水稀释至刻度，摇匀。放置 10min 后，用 1cm 比色皿，以试剂空白(即 0.0mL 铁标准溶液)为参比溶液，在 440～560nm 之间，每隔 10nm 测一次吸光度，在最大吸收峰附近，每隔 5nm 测量一次吸光度。在坐标纸上，以波长 $\lambda$ 为横坐标，吸光度 $A$ 为纵坐标，绘制 $A$ 与 $\lambda$ 关系的吸收曲线。从吸收曲线上选择测定 Fe 的适宜波长，一般选用最大吸收波长 $\lambda_{max}$。

(2)溶液酸度的选择　取 8 个 50mL 容量瓶(或比色管)，用吸量管分别加入 1mL 铁标准溶液、1mL 盐酸羟胺溶液，摇匀，再加入 2mL 邻二氮菲溶液，摇匀。用 5mL 吸量管分别加入 0.0mL、0.2mL、0.5mL、1.0mL、1.5mL、2.0mL、2.5mL 和 3.0mL $1mol\cdot L^{-1}$ NaOH 溶液，用水稀释至刻度，摇匀。放置 10min。用 1cm 比色皿，以蒸馏水为参比溶液，在选择的波长下测定各溶液的吸光度。同时，用 pH 计测量各溶液的 pH 值。以 pH 值为横坐标，吸光度 $A$ 为纵坐标，绘制 $A$ 与 pH 值关系的酸度影响曲线，得出测定铁的适宜酸度范围。

(3)显色剂用量的选择　取 7 个 50mL 容量瓶(或比色管)，用吸量管各加入 1mL 铁标准溶液、1mL 盐酸羟胺溶液，摇匀，再分别加入 0.1mL、0.3mL、0.5mL、0.8mL、1.0mL、2.0mL、4.0mL 邻二氮菲溶液和 5mL NaAc 溶液，以水稀释至刻度，摇匀，放置 10min。用 1cm 比色皿，以蒸馏水为参比溶液，在选择的波长下测定各溶液的吸光度。以所取邻二氮菲溶液体积 $V$ 为横坐标，吸光度 $A$ 为纵坐标，绘制 $A$ 与 $V$ 关系的显色剂用量影响曲线，得出测定铁时显色剂的最适宜用量。

(4)显色时间　在一个 50mL 容量瓶(或比色管)中，用吸量管加入 1mL 铁标准溶液、1mL 盐酸羟胺溶液，摇匀。再加入 2mL 邻二氮菲溶液、5mL NaAc 溶液，以水稀释至刻度，摇匀。立刻用 1cm 比色皿，以蒸馏水为参比溶液，在选定的波长下测量吸光度。然后依次测量放置 5min、10min、30min、60min、120min……后的吸光度。以时间 $t$ 为横坐标，吸光度 $A$ 为纵坐标，绘制 $A$ 与 $t$ 关系的显色时间影响曲线，得出铁与邻二氮菲显色反应完全所需要的适宜时间。

**2. 铁含量的测定**

(1)标准曲线的制作　用移液管吸取 10mL 100$\mu g \cdot mL^{-1}$ 铁标准溶液于 100mL 容量瓶中，加入 2mL 6mol·$L^{-1}$ HCl 溶液，用水稀释至刻度，摇匀。此溶液 $Fe^{3+}$ 的浓度为 10$\mu g \cdot mL^{-1}$。

在 6 个 50mL 容量瓶(或比色管)中，用吸量管分别加入 0.00mL、2.00mL、4.00mL、6.00mL、8.00mL、10.00mL 10$\mu g \cdot mL^{-1}$ 铁标准溶液，均加入 1mL 盐酸羟胺溶液，摇匀。再加入 2mL 邻二氮菲溶液、5mL NaAc 溶液，摇匀。用水稀释至刻度，摇匀后放置 10min。用 1cm 比色皿，以试剂空白(即 0.00mL 铁标准溶液)为参比溶液，在所选择的波长下，测量各溶液的吸光度。以含铁量为横坐标，吸光度 $A$ 为纵坐标，绘制标准曲线。

由绘制的标准曲线，重新查出某一适中铁浓度相应的吸光度，计算 $Fe^{2+}$-邻二氮菲络合物的摩尔吸光系数 $\varepsilon$。

(2)试样中铁含量的测定　准确吸取适量试液于 50mL 容量瓶(或比色管)中，按标准曲线的制作步骤，加入各种试剂，测量吸光度。从标准曲线上查出和计算试液中铁的含量(单位为 $\mu g \cdot mL^{-1}$)。

## 五、思考题

(1)本实验量取各种试剂时应采用何种量器较为合适？为什么？

(2)试对所做条件实验进行讨论并选择适宜的测量条件。

(3)怎样用吸光光度法测定水样中的全铁(总铁)和亚铁的含量？试拟出一简单步骤。

(4)制作标准曲线和进行其他条件实验时，加入试剂的顺序能否任意改变？为什么？

# 实验十　差示分光光度法测定铁

## 一、实验目的

(1)了解差示分光光度法测定高含量组分的基本原理及方法优点。

(2)进一步掌握分光光度计的使用方法。

## 二、实验原理

一般的分光光度法适用于微量组分的测定，是采用试剂空白溶液作为参比，测量试样溶液的吸光度，从相同条件下所制作的标准曲线求得被测组分的含量。这种方法的相对误差一般在百分之几，因此对于准确度要求在千分之几的高含量组分的测定，普通的分光光度法不适用。因为溶液浓度大，吸光度读数大，即使在比尔定律的线性范围内，由仪器测量误差造成的浓度相对误差仍将大为增加，而差示分光光度法可克服这一缺点。

差示分光光度法是采用一个比被测溶液浓度稍低的标准溶液作为参比溶液，来测量待测溶液的吸光度。具体步骤为：将一个比待测溶液浓度稍稀的标准溶液放入光路，调节吸光度为“0”，然后将待测溶液推入光路，测量其吸光度，此吸光度值(确切地说是两个溶液的吸光度差值)与两溶液的浓度差成正比：

$$A_0=K_bC_0 \tag{4-9}$$

$$A_x=K_bC_x \tag{4-10}$$

由式(4-9)～式(4-10)得：

$$\Delta A=A_x-A_0=K_b(C_x-C_0)=K_b\Delta C \tag{4-11}$$

式中，$C_0$ 为参比溶液的浓度，$mg \cdot mL^{-1}$，是已知的；$C_x$ 为待测试样的浓度，$mg \cdot mL^{-1}$，可由式(4-11)求得。

只要参比溶液的浓度选择合适，可以使测定的吸光度值落在 0.2～0.8 范围内，就可减小测量误差，提高测定的准确度。

为使测定简便，实际操作往往采用含有一定量被测试样的溶液作为参比液，再向含有一定量被测试液的溶液中加入定量的标准溶液，由此即可测定被测试液的浓度。

本实验采用磺基水杨酸为显色剂，在 pH＝4 的醋酸-醋酸钠缓冲溶液中测定，铁-磺基水杨酸配合物的最大吸收波长为 480nm。

## 三、实验仪器与试剂

仪器：分光光度计；pH 计。

试剂：0.25％磺基水杨酸溶液。

铁标准溶液($100\mu g \cdot mL^{-1}$)：准确称取 0.5000g 高纯金属铁于 100mL 烧杯中，加入 5mL 硝酸(1＋1)；低温加热溶解后转移至 1L 容量瓶中，稀释至刻度，摇匀，此溶液每 1mL 含铁 0.5000mg。

缓冲溶液：在 100mL $16mol \cdot L^{-1}$ 的乙酸溶液中，加入 16g 乙酸钠($CH_3COONa \cdot 3H_2O$)，溶解后在 pH 计上调整 pH 值为 4。

## 四、实验步骤

(1)配制溶液：取 4 个 25mL 容量瓶，按表 4-7 加入试液及标准溶液于上述各瓶中加入 5mL 0.25％磺基水杨酸溶液及 2.5mL 缓冲溶液，加水至刻度，混匀。10min 后于 480nm 处，用 1cm 比色皿测定吸光度值及透光率。

**表 4-7　标准溶液的配制**

| 瓶号 | 0 | 1 | 2 | 3 |
|---|---|---|---|---|
| 加入试液/mL | 0 | 1 | 1 | 2 |
| 加入标准液/mL | 0 | 0 | 1 | 0 |

(2)以试剂空白为参比液，测定 1、2、3 号溶液的吸光度值及透光率。

(3)以 1 号瓶为参比液，测定 2、3 号溶液的吸光度值及透光率。

## 五、数据记录与结果处理

(1)计算 2、3 号溶液差示光度法与一般光度法测得的透光率的比值、两方法透光率的差值及两差值之比，了解差示光度法测定中的标尺扩展作用和它能提高准确度的原因。

(2)在差示光度法测定中，2、3 号溶液的吸光度值为 $A_0$、$A_x$。由比尔定律，可得到：

$$A_0=K_bC_0 \tag{4-12}$$

$$A_x=K_bC_x \tag{4-13}$$

将两式加以比较，有：

$$\frac{A_x}{A_0}=\frac{C_x}{C_0} \tag{4-14}$$

$$C_x=\frac{C_0A_x}{A_0} \tag{4-15}$$

由式(4-15)求得铁的含量。

**六、思考题**

(1)差示光度法测定的原理是什么？

(2)为什么差示光度法能提高测定结果的准确度？

(3)若实验采用的试剂纯度不够，杂质在测量波长下的吸收较大，以物质的量比法测定配合物的组成会出现什么结果？

# 实验十一　离子选择性电极法测定水中氟离子

**一、实验目的**

(1)掌握直接电位法的测定原理及实验方法。

(2)学会正确使用氟离子选择性电极和酸度计。

(3)了解氟离子选择性电极的基本性能及其测定方法。

**二、实验原理**

氟离子选择电极是一种以氟化镧($LaF_3$)单晶片为敏感膜的传感器。由于单晶结构对能进入晶格交换的离子有严格的限制，故有良好的选择性。将氟化镧单晶[掺入微量氟化铕以增强导电性]封在塑料管的一端，管内装有 0.1mol·$L^{-1}$NaF 和 0.1mol·$L^{-1}$NaCl 溶液，以 Ag-AgCl 电极为参比电极，构成氟离子选择性电极。用氟离子选择性电极测定水样时，以氟离子选择电极作指示电极，以饱和甘汞电极作参比电极，组成测量电池。

电池的电动势($E$)随溶液中氟离子浓度的变化而改变，即：

$$E(\text{电池})=E(\text{SEC})-E(\text{F})=E(\text{SCE})-K+\frac{RT}{F}\ln\alpha_{\text{F}^-,\text{外}}$$

$$=K+\frac{RT}{F}\ln\alpha_{\text{F}^-,\text{外}}=K+0.059\ln\alpha_{\text{F}^-,\text{外}} \tag{4-16}$$

式中，0.059 为常温下电极的理论响应斜率；$K$ 与内外参比电极、内参比溶液中 $F^-$ 活度有关，当实验条件一定时为常数。

用氟离子选择电极测量 $F^-$ 时，最适宜 pH 值范围为 5.5～6.5。pH 值过低，易形成 HF，影响 $F^-$ 的活度；pH 值过高，易引起单晶膜中 $La^{3+}$ 的水解，形成 $La(OH)_3$，影响电极的响应，故通常用 pH 值约为 6 的柠檬酸盐缓冲溶液来控制溶液的 pH 值。某些高价阳离子(如 $Al^{3+}$、$Fe^{3+}$)及氢离子能与氟离子络合而干扰测定，而柠檬酸盐可以消除 $Al^{3+}$、$Fe^{3+}$ 的干扰。在碱性溶液中，氢氧根离子浓度大于氟离子浓度的 1/10 时也有干扰，而柠檬酸盐可作为总离子强度调节剂，消除标准溶液与被测溶液的离子强度差异，使离子活度系数保持一致。

氟离子选择电极法具有测定简便、快速、灵敏、选择性好、可测定浑浊、有色水样等优点。最低检出浓度为 0.05mg・$L^{-1}$(以 $F^-$ 计)；测定上限可达 1900mg・$L^{-1}$(以 $F^-$ 计)。适用于地表水、地下水和工业废水中氟化物的测定。

## 三、实验仪器与试剂

仪器：PHS-3C pH 计；85-2 型恒温电磁搅拌器；氟离子选择性电极；饱和甘汞电极；1mL、5mL、10mL 吸量管；25mL 移液管；100mL、50mL 烧杯各一个；50mL 容量瓶 7 个。

试剂：氟离子标准溶液(0.100mol・$L^{-1}$)；柠檬酸钠缓冲溶液[0.5mol・$L^{-1}$(用 1∶1 盐酸中和至 pH 值约为 6]；去离子水。

## 四、实验步骤

### 1. 预热及电极安装

将氟离子标准溶液和甘汞电极分别与 pH/mV 计相接，开启仪器开关，预热仪器。

### 2. 清洗电极

取去离子水 50～60mL 置于 100mL 烧杯中，放入搅拌磁子，插入氟电极和饱和甘汞电极。开启搅拌器，2min 后，若读数大于－300V，则更换去离子水，继续清洗，直至读数小于－300V。

### 3. 工作曲线法

(1)标准溶液的配制及测定　分别准确移取氟离子(0.100mol・$L^{-1}$)标准溶液 0.20mL、0.40mL、1.00mL、2.00mL、4.00mL、10.00mL 于 6 个 50mL 容量瓶中，各加入 5.00mL 柠檬酸盐缓冲溶液，用去离子水稀释至刻度，摇匀。得到浓度为 $0.4\times10^{-3}$ mol・$L^{-1}$、$0.8\times10^{-3}$ mol・$L^{-1}$、$2\times10^{-3}$ mol・$L^{-1}$、$4\times10^{-3}$ mol・$L^{-1}$、$8\times10^{-3}$ mol・$L^{-1}$、$20\times10^{-3}$ mol・$L^{-1}$ 的系列标准溶液。

用待测的标准溶液润洗塑料烧杯和搅拌磁子 2 遍。用干净的滤纸轻轻吸附粘在电极上的水珠。将剩余的氟水样全部倒进塑料烧杯中，放入搅拌磁子，插入洗净的电极进行测定。待读数稳定不变后，读取电位值。按顺序从低至高浓度依次测量，每测量一份试样，无需清洗电极，只需用滤纸轻轻吸去电极上的水珠。测量结果列表记录。

(2)水样的测定　取水样 25.00mL 于 50mL 容量瓶中，加入 5.00mL 柠檬酸盐缓冲溶液，用去离子水稀释至刻度，摇匀，待测。用少许水样润洗塑料烧杯和搅拌磁子 2 遍。用干净的滤纸轻轻吸附粘在电极上的水珠。将剩余的水样全部倒进塑料烧杯中，放入搅拌磁子，插入洗净的电极进行测定。待读数稳定不变后，读取电位值。

## 五、数据记录与结果处理

将实验数据填入表 4-8 中。

**表 4-8　原始数据的记录**

| $c(F^-)$/mol・$L^{-1}$ | $0.4\times10^{-3}$ | $0.8\times10^{-3}$ | $2\times10^{-3}$ | $4\times10^{-3}$ | $8\times10^{-3}$ | $2\times10^{-2}$ | 待测样品 |
|---|---|---|---|---|---|---|---|
| $E_i$/mV | | | | | | | |

(1)用系列标准溶液的数据，在坐标纸上绘制 $E$-lg$c(F^-)$曲线。

(2)根据水样测得的电位值 $E_1$，从标准曲线上查到其氟离子浓度，计算水样中氟离子的含量(以 mol・$L^{-1}$ 计)。

(3)分析测定方法中采取的控制和消除各种干扰因素的措施。

## 六、思考题

(1)用氟电极测定氟离子浓度的原理是什么？

(2)氟电极在使用前应怎样处理？

(3)比较标准曲线法和标准加入法的优缺点和应用条件。

# 实验十二　火焰原子吸收光谱法测定水中钙含量

## 一、实验目的

(1)熟悉火焰原子吸收光谱分析法的基本原理。

(2)了解火焰原子吸收光谱分析仪的基本结构及操作技术。

(3)掌握以标准曲线法测定自来水中钙含量的方法。

## 二、实验原理

在使用锐线光源条件下，基态原子蒸气对共振线的吸收，符合朗伯-比尔定律，即：

$$A=\lg(I_0/I)=KLN_0 \tag{4-17}$$

在试样原子化时，火焰温度低于3000K，对大多数元素来讲，原子蒸气中基态原子的数目实际上十分接近原子总数。在一定实验条件下，待测元素的原子总数目与该元素在试样中的浓度呈正比，则：

$$A=\kappa c \tag{4-18}$$

用 $A$-$c$ 标准曲线法或标准加入法，可以求算出元素的含量。

## 三、实验仪器与试剂

仪器：TAS原子吸收分光光度计；钙空心阴极灯；10mL移液管一支；100mL容量瓶六个；2mL移液管一支。

试剂：$1.0\text{g}\cdot\text{L}^{-1}$ 钙标准储备液；$50\text{mg}\cdot\text{L}^{-1}$ 钙标准使用液(老师配制)；配制用水均为二次蒸馏水。

## 四、实验步骤

### 1. 配制钙系列标准溶液

2.0、4.0、6.0、8.0、$10.0\text{mg}\cdot\text{L}^{-1}$(老师完成)。

### 2. 工作条件的设置

老师完成，具体实验过程中可能有变动，注意在实验过程中记录。

吸收线波长：Ca 422.7nm；空心阴极灯电流：4mA；狭缝宽度：0.1mm；原子化器高度：6mm；空气流量：$4\text{L}\cdot\text{min}^{-1}$，乙炔气流量：$1.2\text{L}\cdot\text{min}^{-1}$。

### 3. 钙的测定

(1)样品：移取10.00mL自来水于50mL容量瓶中，用蒸馏水稀释至刻度，摇匀。

(2)加标样品：移取10.00mL自来水样和2.50mL $50\text{mg}\cdot\text{L}^{-1}$ 钙标准使用液于50mL容量瓶中，用蒸馏水稀释至刻度，摇匀。

(3)在最佳工作条件下，以蒸馏水为空白，测定钙系列标准溶液和自来水样、加标的自

来水样的吸光度 $A$。（老师和学生共同完成）

**4. 后处理**

实验结束后，用蒸馏水喷洗原子化系统 2min，按关机程序关机。最后关闭乙炔钢瓶阀门，旋松乙炔稳压阀，关闭空压机和通风机电源。（老师完成）

### 五、数据记录与结果处理

(1)绘制钙 $A$-$c$ 标准曲线，由未知样的吸光度 $A_x$，求算出自来水中钙($mg \cdot L^{-1}$)和钙的加标回收率。

(2)将数据输入计算机，按一元线性回归计算程序，计算钙的含量和钙的加标回收率。

### 六、思考题

(1)火焰原子吸收光谱法具有哪些特点?

(2)原子吸收光谱分析为何要用待测元素的空心阴极灯作光源，能否用氢灯或钨灯代替，为什么?

(3)仪器最佳实验条件的选择对实际测量有什么意义?火焰原子吸收光谱分析如何选择最佳的实验条件?

## 实验十三　气相色谱法测定白酒中甲醇的含量

### 一、实验目的

(1)掌握用外标法进行色谱定量分析的方法。

(2)了解氢火焰离子检测器的性能和操作方法。

### 二、实验原理

外标法是在一定的操作条件下，用纯组分或已知浓度的标准溶液配制一系列不同含量的标准溶液，准确进样，根据色谱图中组分的峰面积(或峰高)对组分含量作标准曲线。在相同操作条件下，依据样品的峰面积(或峰高)，从标准曲线上查出其相应含量。

白酒中甲醇含量的测定，以氢火焰离子化检测器利用醇类物质在氢火焰中的化学电离进行检测，根据甲醇的色谱峰高与标准曲线比较进行定量。

### 三、实验仪器与试剂

仪器：气相色谱仪；1μL 微量注射器 1 支；25mL 容量瓶 7 只。

试剂：甲醇(色谱醇)；60％乙醇水溶液(不含甲醇)。

### 四、实验步骤

(1)色谱柱的准备　将内径为 4mm、长为 2m 的玻璃或不锈钢色谱柱洗净，烘干。采用 GDX-102(60～80 目)作为固定相制备色谱柱。

(2)色谱操作条件　检测器 FID；气化室温度 130℃；检测室温度 110℃；柱温 85℃。

(3)甲醇标准溶液的配制　以 60％乙醇水溶液为溶剂，配制浓度分别为 0.1％、0.3％、0.5％、0.7％的甲醇高标准溶液。

(4)甲醇含量的色谱测定　用微量注射器分别吸取 1μL 各甲醇标准溶液及试样溶液注入

色谱仪，获得色谱图，以保留时间作为对照定性，确定甲醇色谱峰。

## 五、数据记录与结果处理

(1)以色谱峰(或峰高)为纵坐标，甲醇标准溶液浓度为横坐标，绘制标准曲线。

(2)根据试样溶液色谱图中甲醇的峰面积(或峰高)，计算出试样溶液中甲醇的含量。

## 六、思考题

(1)使用氢火焰离子检测器的过程中应注意什么?

(2)外标法进行定量分析的原理是什么?

# 实验十四 环己烯的制备

## 一、实验目的

(1)学习在酸催化下醇脱水制取烯烃的原理和方法。

(2)了解简单蒸馏、分馏、盐析原理，初步掌握简单蒸馏和分馏的装置及操作。

(3)基本掌握使用分液漏斗洗涤液体的基本操作及用干燥剂干燥液体的方法。

(4)学习电加热套的加热操作。

## 二、实验原理

(1)需酸催化：磷酸、硫酸、氧化铝。

(2)可逆反应：为提高反应产率，本实验采用边反应边分馏的方法，将环己烯不断蒸出，从而使平衡向右移动。

主反应：

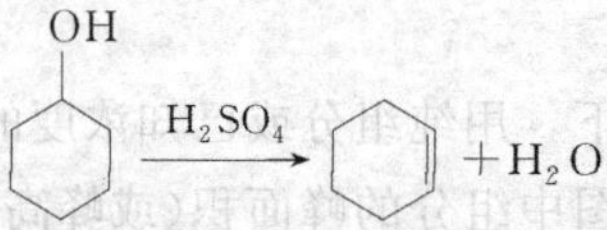


副反应：

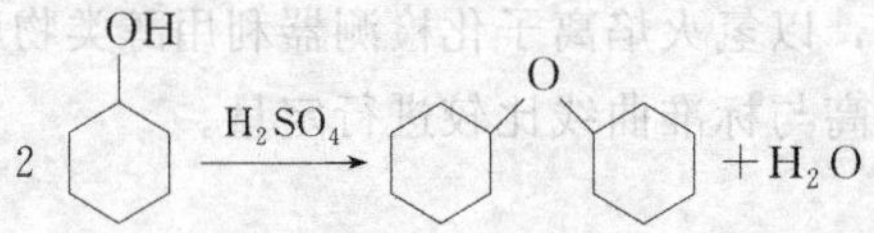


## 三、实验仪器与试剂

仪器：圆底烧瓶(50mL)；韦氏(Vigreux)分馏柱；直形冷凝管；蒸馏头；接引管；锥形瓶；量筒；水银温度计(150℃)。

试剂：环己醇 31.2mL(0.3mol)；浓硫酸 2mL；饱和食盐水；无水氯化钙；5%碳酸钠水溶液；冰水浴。

## 四、实验步骤

### 1.环己烯粗品的制备

在 50mL 干燥的圆底烧瓶中，放入 31.2mL 环己醇及 2mL 浓硫酸，充分振荡使两种液体混合均匀，投入几粒沸石，安装分馏装置，用小锥形瓶作接收器，置于碎冰浴里。用小火慢慢加热混合物至沸腾，以较慢速度进行蒸馏，并控制分馏柱顶部温度不超过90℃，馏液为带水的混合物。当无液体蒸出时，调大火焰，当烧瓶中只剩下很少量的残渣并出现阵阵白雾时，停止加热，蒸出液为环己烯和水的浑浊液。

**2. 分离提纯**

将小锥形瓶中的粗产物，加入等体积的饱和食盐水，摇匀后静止分层，分出有机相(哪一层?)，加入少量的无水氯化钙干燥之。将干燥后的粗制环己烯在水浴上进行蒸馏，收集80～85℃的馏分(待液体完全澄清透明后，才能进行蒸馏，所用的蒸馏装置必须是干燥的)。

纯环己烯为无色透明液体，沸点83℃，$d_4^{20}$ 0.8102，$n_D^{20}$ 1.4465。

## 五、注意事项

(1)环己醇在常温下是黏稠状液体，因而若用量筒量取时应注意转移中的损失。

(2)水层应尽可能分离完全，否则将增加无水氯化钙的用量，使产物更多地被干燥剂吸附而招致损失，这里用无水氯化钙干燥较适合，因为它还可除去少量环己醇。

(3)在蒸馏已干燥的产物时，蒸馏所用仪器都应充分干燥，否则环己醇和环己烯易与水形成二元恒沸物，如表4-9所示。

**表4-9　环己醇和水、环己烯和水二元恒沸物组成**

| 项目 | 沸点/℃ | | 恒沸物的组成/% |
|---|---|---|---|
| | 组分 | 恒沸物 | |
| 环己醇<br>水 | 161.5<br>100.0 | 98.7 | 20.0<br>80.0 |
| 环己烯<br>水 | 83.0<br>100.0 | 70.8 | 90<br>10 |

## 六、思考题

(1)进行分馏操作时应注意什么?

(2)在环己烯制备实验中，为什么要控制分馏柱顶温度不超过90℃?

(3)环己烯的制备过程中，如果实验产率太低，试分析主要在哪些操作步骤中造成损失?

(4)在分离操作之前，为什么要在馏出液中加入盐?其原理是什么?

# 实验十五　1-溴丁烷的制备

## 一、实验目的

(1)学习以溴化钠、浓硫酸和正丁醇制备正溴丁烷的原理与方法。

(2)练习带有吸收有害气体装置的回流加热操作。

## 二、实验原理

本实验中正溴丁烷是由正丁醇与溴化钠、浓硫酸共热而制得：

主反应：

$$NaBr + H_2SO_4 \longrightarrow HBr + NaHSO_4$$

$$n\text{-}C_4H_9OH + HBr \longrightarrow n\text{-}C_4H_9Br + H_2O$$

副反应：

$$2C_4H_9OH \longrightarrow C_4H_9OC_4H_9 + H_2O$$

$$C_4H_9OH \longrightarrow CH_2{=}CHCH_2CH_3 + H_2O$$

$$2HBr + H_2SO_4 \longrightarrow Br_2 + SO_2 + 2H_2O$$

## 三、实验仪器与试剂

仪器：实验装置如图 2-21(c)所示。

试剂：正丁醇 9.2mL(约 7.4g，0.10mol)；无水溴化钠 13g(0.13mol)；浓硫酸；饱和碳酸氢钠水溶液；无水氯化钙。

## 四、实验步骤

(1)以石棉网覆盖电炉为热源，按图 2-21(c)安装回流装置(含气体吸收部分，以 5%的氢氧化钠溶液作吸收剂，可不加干燥剂)。(注意圆底烧瓶底部与石棉网间的距离和防止碱液倒吸)

(2)投料：在 100mL 圆底烧瓶中加入 10mL 水，再慢慢加入 14mL 浓硫酸，混合均匀并冷却至室温后，再依次加入 9.2mL 正丁醇和 13g 溴化钠，充分振荡后加入几粒沸石。(硫酸在反应中与溴化钠作用生成氢溴酸，氢溴酸与正丁醇作用发生取代反应生成正溴丁烷。硫酸用量和浓度过大，会加大副反应进行；若硫酸用量和浓度过小，不利于主反应的发生，即氢溴酸和正溴丁烷的生成)

(3)加热回流：投料后立即加上回流管，在石棉网上小心加热至沸，调整圆底烧瓶底部与石棉网的距离，以保持沸腾而又平稳回流，并时常摇动烧瓶促使反应完成，反应约 30～40min。

(4)分离粗产物：待反应液冷却后，改回流装置为蒸馏装置(用直形冷凝管冷凝)，蒸出粗产物，至冷凝管中无油状物为止，烧瓶中的残液趁热倒入废液回收瓶中。

(5)洗涤粗产物：将馏出液移至分液漏斗中，加入等体积的水洗涤，静置分层后(产物在哪一层?)，将产物转入另一干燥的分液漏斗中，用等体积的浓硫酸洗涤(除去粗产物中少量未反应的正丁醇及副产物正丁醚、1-丁烯、2-丁烯)。尽量分去硫酸层(下层)。有机相依次用等体积的水(除硫酸)、饱和碳酸钠溶液(中和未除尽的硫酸)和水(除残留的碱)洗涤后，转入干燥的锥形瓶中，加入 1～2g 无水氯化钙干燥，间歇摇动锥形瓶，直到液体澄清为止。

(6)收集产物：将干燥好的产物移至圆底烧瓶中，在石棉网上加热蒸馏，收集 99～103℃的馏分。

纯 1-溴丁烷为无色透明液体，沸点 101.6℃；$d_4^{20}$ 1.2760，$n_D^{20}$ 1.4401。

## 五、注意事项

(1)投料时应严格按教材上的顺序；投料后，一定要混合均匀。

(2)反应时，保持回流平稳进行，防止导气管发生倒吸。

(3)粗蒸馏液中除含有 1-溴丁烷外，常含有水、正丁醇、正丁醚，也有一些溶解的丁烯，有时也含有少量的溴而使液体显色。

(4)洗涤粗产物时，注意正确判断产物的上下层关系。

## 六、思考题

(1)加料时先使 NaBr 与浓硫酸混合，然后加正丁醇和水，可以吗？为什么？

(2)反应后的产物可能含有哪些杂质？各步洗涤的目的何在？用浓硫酸洗涤时为什么要用干燥的小锥形瓶？

(3)本实验有哪些副反应？如何减少副反应？

# 实验十六　叔丁基氯的制备

## 一、实验目的

(1)掌握叔醇与卤化氢反应制备卤代烃的原理和方法。

(2)练习分液、洗涤、干燥、蒸馏等基本操作。

## 二、实验原理

$$(CH_3)_3C—OH + HCl \longrightarrow (CH_3)_3C—Cl + H_2O$$

## 三、实验试剂

叔丁醇 13mL(10g，0.135mol)；浓盐酸 34mL；5%碳酸氢钠溶液；无水氯化钙。

## 四、实验步骤

把 250mL 的分液漏斗放在铁圈上，依次加入 13mL 叔丁醇和 34mL 浓盐酸，不盖盖子，轻轻旋摇 1min，然后盖紧盖子，翻转后振摇 2～3min。注意及时打开活塞放气，以免漏斗内压力过大，使反应物喷出。静置分层后分出下层水溶液，上层有机相先用 5%碳酸氢钠溶液洗涤至弱碱性，再用水洗涤至中性，之后转移至干燥干净的锥形瓶中。用适量无水氯化钙干燥。将干燥后的液体有机物转入干燥干净的蒸馏瓶中，进行常压蒸馏，收集 51～52℃馏分。称量，计算产率。

叔丁基氯为无色透明液体，沸点 51.0℃，$d_4^{20}$ 0.8420，$n_D^{30}$ 1.3877。

## 五、思考题

(1)本实验的副反应是什么？

(2)本实验用碳酸氢钠溶液洗涤粗产品，能否改用氢氧化钠溶液洗涤？

# 实验十七　二苯甲醇的制备

## 一、实验目的

(1)学习酮的还原反应。

(2)了解 $NaBH_4$ 还原的原理。

(3)练习回流、振荡、过滤、重结晶等基本操作。

## 二、实验原理

反应式：

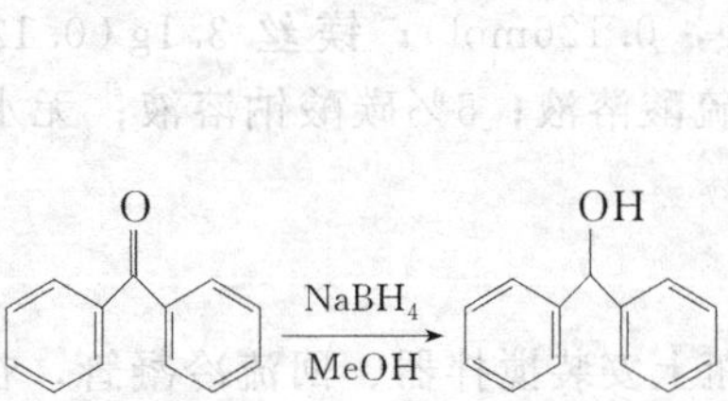

### 三、实验试剂

二苯酮 7.2g(0.040mol)；硼氢化钠 0.9g(0.024mol)；甲醇 30mL；乙醚；石油醚(或环己烷)。

### 四、实验步骤

(1)加料并反应　在 100mL 圆底烧瓶中溶解 7.2g 二苯酮于 30mL 甲醇中，小心加入 0.9g 硼氢化钠，混合物开始放热，升温至溶液沸腾，静置 20min，期间不时振荡。

(2)后处理，分离出粗产品　在水浴上蒸去大部分甲醇，冷却后将残液倒入 40mL 水中，并搅拌使硼酸酯的络合物充分溶于水中。每次用 15mL 乙醚分三次洗烧瓶和萃取水层，合并醚萃取液，用无水硫酸镁干燥。过滤除去硫酸镁，水浴上蒸去乙醚，再用水泵减压抽去残余的乙醚。

(3)产品提纯　残渣用 15mL 石油醚(60～90℃)重结晶，得约 2g 二苯甲醇的针状结晶，其熔点 68～69℃。纯二苯甲醇的熔点为 69℃。

### 五、思考题

(1)反应后为什么加入水，并加热至沸腾？
(2)比较 LiAlH$_4$ 和 NaBH$_4$ 的还原特性有何区别？

## 实验十八　2-甲基-2-己醇的制备

### 一、实验目的

(1)了解 Grignard 试剂(格式试剂)的制备方法及其在有机合成中的应用。
(2)掌握制备格氏试剂的基本操作。
(3)巩固回流、萃取、蒸馏等操作技能。

### 二、实验原理

卤代烷烃与金属镁在无水乙醚中反应生成烃基卤化镁 RMgX，称为 Grignard 试剂。该试剂能与羰基化合物等发生亲核加成反应，产物经水解后可得到醇类化合物。本实验以 1-溴丁烷为原料、乙醚为溶剂制备 Grignard 试剂，而后使之与丙酮发生加成、水解反应，制备 2-甲基-2-己醇。反应必须在无水、无氧、无活泼氢条件下进行，因为水、氧或其他活泼氢的存在都会破坏 Grignard 试剂。

$$n\text{-}C_4H_9Br+Mg \xrightarrow{Et_2O} n\text{-}C_4H_9MgBr \xrightarrow[Et_2O]{CH_3COCH_3} n\text{-}C_4H_9-\overset{\overset{CH_3}{|}}{\underset{\underset{CH_3}{|}}{C}}-OMgBr \xrightarrow{H_3O^+} n\text{-}C_4H_9-\overset{\overset{CH_3}{|}}{\underset{\underset{CH_3}{|}}{C}}-OH$$

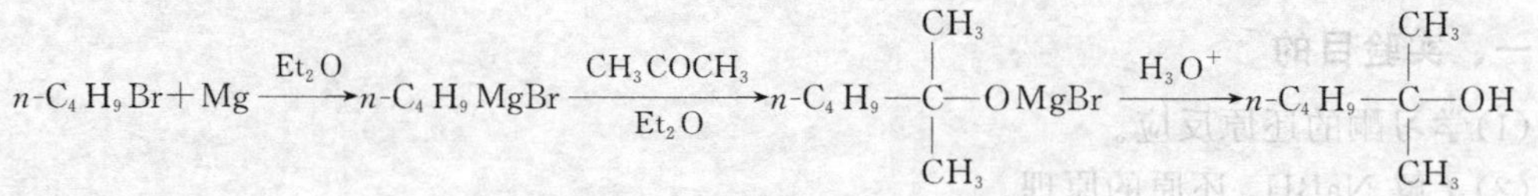

### 三、实验试剂

1-溴丁烷 13.5mL(17.2g, 0.126mol)；镁丝 3.1g(0.129mol)；丙酮 9.5mL(7.5g, 0.129mol)；无水乙醚；10%硫酸溶液；5%碳酸钠溶液；无水氯化钙；无水碳酸钾；无水氯化铝或碘(备用)。

### 四、实验步骤

在干燥的 250mL 三口烧瓶上安装搅拌器、回流冷凝管，在冷凝管和上口分别装上无水氯化钙干燥管，烧瓶中加入 3.1g 镁丝和 15mL 无水乙醚，在向其中加入 13.5mL 1-溴丁烷和 15mL 无水乙醚，混合均匀。向反应瓶中加入 3mL 混合液，反应开始后，维持反应液处于微沸状态，回流。开动搅拌，将剩余的混合液缓慢地滴入反应瓶中，控制滴加速度，维持溶液呈微沸状态。加完后在水浴上回流 15min，至镁丝全部溶解。

在冰水浴冷却下，自稳压漏斗向反应瓶中缓缓滴入 9.5mL 丙酮和 10mL 无水乙醚的混合液。加入速度仍维持乙醚呈微沸状态，加完后室温搅拌 5min，烧瓶中有灰白色黏稠状固体析出。将反应瓶用冰水冷却、搅拌，并自稳压漏斗向反应瓶中分批加入 100mL 10%硫酸溶液分解加成产物(注意开始加入要慢，以后可逐渐加快)。加完后振荡 5min，反应结束。

将反应液转入分液漏斗中，分出有机层，水层用乙醚萃取(25mL×2)，合并提取液。萃取液与有机层合并，用 30mL 5%碳酸钠溶液洗涤一次。有机物经无水碳酸钾干燥后蒸馏。先用水浴蒸出乙醚，然后蒸馏产品，收集 139～143℃馏分。称量，计算产率。

2-甲基-2-己醇为无色液体，沸点 143℃，$d_4^{20}$ 0.8119，$n_D^{20}$ 1.4175。

## 五、注意事项

(1)在 Grignard 试剂的合成中，反应体系应绝对无水，因为即使有痕量的水，也会使产物收率很低。

(2)镁条使用前用砂纸磨光去掉氧化层，剪成细丝状使用。长期存放的镁条，需用 5%的盐酸溶液浸泡数分钟后使用。

(3)若反应不发生，可用 0.5g 左右无水氯化铝或 1 粒碘粒引发。

(4)将乙醚加热沸腾所需热量很少，此过程应严防水汽进入反应瓶。

## 六、思考题

(1)本实验为什么采用滴液漏斗滴加 1-溴丁烷和无水乙醚的混合液?

(2)实验中，在 Grignard 试剂与加成物反应水解前各步中，为什么使用的药品、仪器均需绝对干燥？应采取什么措施?

(3)本实验可能会有哪些副反应？如何避免?

# 实验十九　乙醚的制备

## 一、实验目的

(1)掌握实验制备乙醚的原理和方法。

(2)初步掌握低沸点易燃物蒸馏的操作要点。

(3)学习边滴加边蒸馏操作的基本操作技能。

## 二、实验原理

醚能溶解多数的有机化合物，有些有机反应必须在醚类中进行(例如 Grignard 反应)，因此醚是有机合成中常用的溶剂。

制备乙醚的反应式如下：

$$C_2H_5OH \xrightarrow{\text{浓 } H_2SO_4} C_2H_5OC_2H_5 + H_2O$$

## 三、实验试剂

95%乙醇 90mL(0.980mol)；浓硫酸；10%氢氧化钠溶液；饱和食盐水；饱和氯化钙溶液；无水氯化钙。

## 四、实验步骤

在 250mL 三口烧瓶中加入 30mL 95%乙醇，在小心振荡下慢慢加入 30mL 浓硫酸。三口烧瓶上口分别装有滴液漏斗(底部插入液面内)、温度计和蒸馏弯头，蒸馏弯头与直形冷凝管相连(见图 4-1)。在滴液漏斗中加入 60mL 95%乙醇。

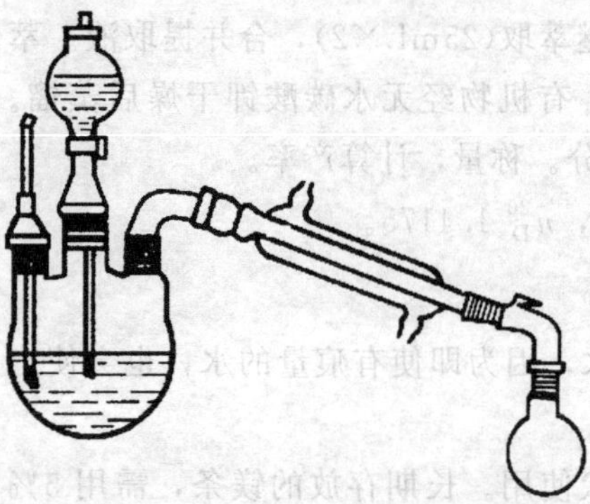

图 4-1　边滴加边反应边蒸馏装置

加热三口烧瓶，当反应瓶内温度达到 140℃时开始慢慢滴加乙醇，保持混合物温度不超过 150℃，并使滴加速率与馏出速率基本一致。经过 40～50min，乙醇滴加完毕后，继续加热 5min，停止加热。

把馏出液转入分液漏斗中，其中除了乙醚，还有乙醇、水、硫酸等。先用 15mL 10%氢氧化钠溶液洗涤，分出水层，醚层用饱和食盐水洗涤(20mL×2)，再用 20mL 饱和氯化钙溶液洗涤一次。将醚层转入干燥的锥形瓶中，用无水氯化钙干燥，过滤。把干燥好的乙醚倒入干燥的烧瓶中，投入几粒沸石，水浴加热蒸馏(为什么?)，接收管的支管接橡皮管导入水槽，收集 33～38℃馏分。称量，计算产率。

乙醚为无色透明的液体，沸点 34.5℃，$d_4^{20}$ 0.7138，$n_D^{20}$ 1.3526。

## 五、注意事项

(1)在实验室使用或蒸馏乙醚时，实验台附近严禁有明火。因为乙醚容易挥发，且易燃烧，与空气混合到一定比例时即发生爆炸。所以蒸馏乙醚时，只能用热水浴加热，蒸馏装置要严密不漏气，接收器支管上接的橡皮管要引入水槽或室外，且接收器外要用冰水冷却。

另外，蒸馏保存时间较久的乙醚时，应事先检验是否含过氧化物。因为乙醚在保存期间与空气接触和受光照射的影响可能产生二乙基过氧化物($C_2H_5OOC_2H_5$)，过氧化物受热容易发生爆炸。

检验方法：取少量乙醚，加等体积的 2% KI 溶液，再加几滴稀盐酸振摇，振摇后的溶液若能使淀粉显蓝色，则表明有过氧化物存在。

除去过氧化物的方法：在分液漏斗中加入乙醚(含过氧化物)，加入相当乙醚体积 1/5 的新配制的硫酸亚铁溶液(55mL 水中加 3mL 浓硫酸，再加 30g 硫酸亚铁)，剧烈振荡后分去水层即可。

(2)反应产物与温度的关系很大，在 90℃以下，醇主要与硫酸发生分子间脱水生成硫酸酯；在较高温度(140℃左右)下，两个醇分子间失水生成醚；在更高温度(≥170℃)下，醇分子内脱水生成烯烃。因而控制反应温度很关键，然而无论何种条件，副产物均不可避免。

**六、思考题**

(1)在制备乙醚时，滴液漏斗的下端若不浸入反应液液面以下会有什么影响？如果滴液漏斗的下端较短不能浸入反应液液面下应怎么办？

(2)在制备乙醚和蒸馏乙醚时，温度计安装的位置是否相同？为什么？

(3)在制备乙醚时，反应温度已高于乙醇的沸点，为何乙醇不易被蒸出？

# 实验二十　苯乙醚的制备

**一、实验目的**

(1)掌握 Williamson 法合成苯乙醚的原理。

(2)巩固分液、蒸馏、回流、洗涤等操作。

**二、实验原理**

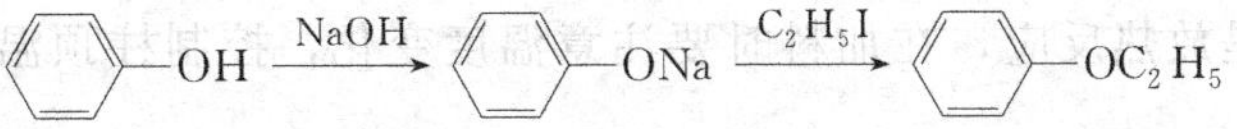

**三、实验试剂**

苯酚 5.9mL(7.5g，0.080mol)；溴乙烷 8.9mL(13g，0.120mol)；氢氧化钠 5.0g (0.125mol)；乙醚；食盐；无水氯化钙。

**四、实验步骤**

在装有搅拌磁子的回流冷凝管和分液漏斗的 50mL 三口烧瓶中，加入 7.5g 苯酚、5g 氢氧化钠和 4mL 水，开动磁力搅拌，水浴加热使固体全部溶解，调节水温在 80～90℃，开始慢慢滴加 8.9mL 溴乙烷和无水乙醇的混合溶液，滴加完毕，继续搅拌 1h 后冷却至室温，加适量水使固体溶解，将液体转入分液漏斗中分出水相，有机相用饱和食盐水洗涤两次，分出有机相，合并两次的洗涤液，用 15mL 乙酸乙酯提取，提取液与有机相合并，用无水氯化钙干燥，蒸出乙酸乙酯，得到无色透明液体即产物。称量，计算产率。

纯苯乙醚为无色油状液体，有芳香气味，沸点 170.6℃，$d_4^{20}$ 0.9666，$n_D^{20}$ 1.5076。

**五、注意事项**

(1)溴乙烷的沸点低，回流时冷却水流量要大，以保证有足够量的溴乙烷参与反应。

(2)若反应过程出现结块现象，则应停止加溴乙烷，待充分搅拌后继续滴加。

(3)为了很好地反应，可在溴乙烷中加入乙醇。溴乙烷的沸点低，回流时冷却水流量要大。

**六、思考题**

加氢氧化钠的目的是什么？

# 实验二十一　正丁醛的制备

**一、实验目的**

(1)掌握醇氧化制备醛的方法。

(2)练习滴液、萃取、干燥、分馏、蒸馏等操作。

## 二、实验原理

$$CH_3(CH_2)_2CH_2OH \xrightarrow[\text{浓 } H_2SO_4]{Na_2CrO_7} CH_3(CH_2)_2CHO + H_2O$$

## 三、实验试剂

正丁醇 28mL(22.2g，0.3mol)；重铬酸钠($Na_2Cr_2O_7 \cdot 2H_2O$)29.8g；浓硫酸 22mL($d$=1.84)；无水硫酸镁或无水硫酸钠。

## 四、实验步骤

在 250mL 烧杯中，溶解 29.8g 重铬酸钠于 165mL 水中。在搅拌和冷却下，缓缓加入 22mL 浓硫酸。将配制好的上述氧化剂溶液倒入滴液漏斗中(可分数次加入)。在 250mL 三口烧瓶里放入 28mL 正丁醇及几粒沸石。

将正丁醇加热至微沸，待蒸气上升刚好达到分馏柱底部时，开始滴加氧化剂溶液，约在 20min 内加完。注意滴加速率，使分馏柱顶部的温度不超过 78℃。同时，生成的正丁醛不断馏出。氧化反应是放热反应，在加料时要注意温度变化，控制柱顶温度不低于 71℃，又不高于 78℃。

当氧化剂全部加完后，继续用小火加热约 15～20min。收集所有在 95℃以下馏出的粗产物。

将此粗产物倒入分液漏斗中，分去水层。把上层的油状物倒入干燥的小锥形瓶中，加入 1～2g 无水硫酸镁或无水硫酸钠干燥。

将澄清透明的粗产物倒入 30mL 蒸馏烧瓶中，投入几粒沸石。安装好蒸馏装置。在石棉网上缓慢地加热蒸馏，收集 70～80℃的馏出液。继续蒸馏，收集 80～120℃的馏分以回收正丁醇。

纯正丁醛为无色透明液体，沸点 75.7℃，$d_4^{20}$ 0.817，$n_D^{20}$ 1.3843。

## 五、注意事项

(1)正丁醛和水一起蒸出。接收瓶要用冰浴冷却。正丁醛和水形成二元恒沸混合物，其沸点为 68℃，恒沸物含正丁醛 90.3%。正丁醇和水也形成二元恒沸混合物，其沸点为 93℃，恒沸物含正丁醇 55.5%。

(2)绝大部分正丁醛应在 73～76℃馏出。正丁醛应保存在棕色的玻璃磨塞瓶内。

## 六、思考题

(1)制备正丁醛有哪些方法?

(2)为什么本实验中正丁醛的产率低?

(3)为什么采用无水硫酸镁或无水硫酸钠作干燥剂?

# 实验二十二 苯乙酮的制备

## 一、实验目的

(1)学习利用 Friedel-Crafts(傅-克)酰基化反应制备芳香酮的原理和方法。

(2)练习无水操作、滴液、气体吸收、萃取、干燥、蒸馏等操作及空气冷凝管的使用。

## 二、实验原理

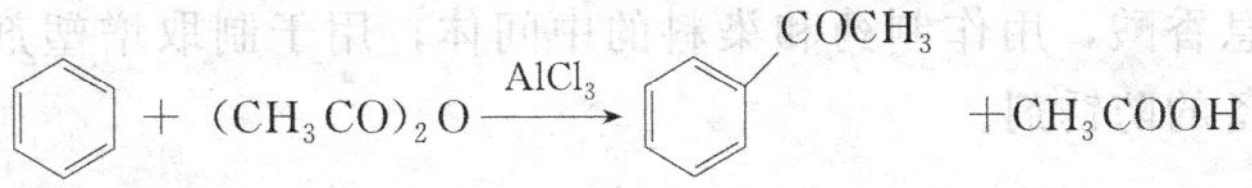


## 三、实验试剂

苯 40mL(35.1g，0.450mol)；乙酸酐 6mL(6.5g，0.064mol)；无水三氯化铝 20g(0.150mol)；浓硫酸；5%氢氧化钠溶液；无水硫酸镁；无水氯化钙。

## 四、实验步骤

在 250mL 三口圆底烧瓶中，安装滴液漏斗及冷凝管。在冷凝管上端装一个无水氯化钙干燥管，后者再接一个氯化氢气体吸收装置。

迅速称取 20g 研碎的无水三氯化铝，放入三口烧瓶中，再加入 30mL 苯，在磁力搅拌下滴入 6mL 乙酸酐及 10mL 苯的混合液(约 20min 加完)。加完后，在水浴上加热 0.5h，至无氯化氢气体逸出为止。然后将三口烧瓶浸入冷水浴中，在搅拌下慢慢滴入 50mL 浓盐酸与 50mL 冰水的混合液。当瓶内固体物完全溶解后，将反应液转入分液漏斗，分出苯层。水层用苯萃取(15mL×2)。合并苯层后，依次用 5%氢氧化钠溶液、水各 20mL 洗涤，苯层用无水硫酸镁干燥。

将干燥后的粗产物先在水浴上蒸出苯，再改大火加热蒸去残留的苯，当温度升至 140℃左右时，停止加热，稍冷后改用空气冷凝管继续蒸馏，收集 198～202℃的馏分，或进行减压蒸馏。

苯乙酮为无色透明液体，沸点 202.6℃，$d_4^{20}$ 1.0281，$n_D^{20}$ 1.5371。

## 五、注意事项

(1)本实验在无水条件下进行，仪器和药品必须充分干燥，否则影响反应顺利进行，装置中凡是与空气相通的地方，均应装置干燥管。

(2)无水三氯化铝的质量是实验成败的关键之一，研细、称量、投料都要迅速，避免长时间暴露在空气中，可在带塞的锥形瓶中称量。

(3)无水苯可由一般级别的苯经脱噻吩、钠丝干燥后新蒸获得。

(4)由于最终产物不多，干燥后的蒸馏应选用较小圆底烧瓶，苯溶液可用漏斗分数次加入圆底烧瓶中。

## 六、思考题

(1)什么是 Friedel-Crafts 反应？为什么 Friedel-Crafts 酰基化反应所用的 Lewis 酸如 $AlCl_3$ 比 Friedel-Crafts 烷基化反应中的用量大？

(2)制备苯乙酮实验的关键因素是什么？为什么？

# 实验二十三　苯甲酸的制备

## 一、实验目的

(1)学习用甲苯、高锰酸钾和盐酸制备苯甲酸的原理和方法。

(2)熟练掌握回流、减压过滤、重结晶等操作。

## 二、实验原理

苯甲酸又名安息香酸，用作制药和染料的中间体，用于制取增塑剂和香料、食品防腐剂，也作为钢铁设备的防锈剂。

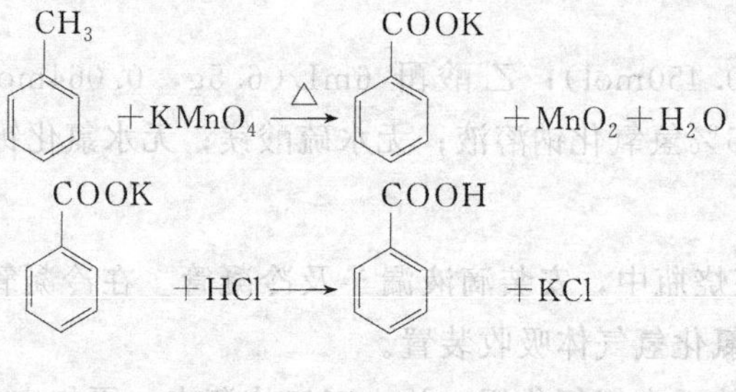


## 三、实验试剂

甲苯 3.45g(4.05mL，0.0375mol)；浓盐酸(25%)；水；高锰酸钾 12g(0.076mol)；亚硫酸氢钠。

## 四、实验步骤

在 250mL 圆底烧瓶中放入 3.45g 甲苯和 150mL 水，投入几粒沸石，瓶口装上回流冷凝管，打开冷凝水，在石棉网上加热至沸。从冷凝管上口分数次加入高锰酸钾 12g，黏附在冷凝管内壁上的高锰酸钾用 25mL 水洗入反应瓶内。继续回流并时常摇动烧瓶，当甲苯层近乎消失，回流不再出现油珠时，停止加热。(此过程约需 2h)

将反应混合物趁热用水泵减压过滤，用少量热水洗涤滤渣二氧化锰，洗涤的过程是将抽气暂时停止，在滤渣上加少量水，用玻璃棒小心搅动(不要使滤纸松动)使滤渣润湿，静置一会儿再行抽气。如果滤液呈紫色，可加入少量的亚硫酸氢钠溶液使紫色褪去，并重新抽滤。将滤液倒入 400mL 烧杯中，烧杯放在冷水浴中冷却，然后用浓盐酸酸化，直到苯甲酸全部析出为止。将析出的苯甲酸减压过滤，用少量冷水洗涤，挤压去水分后，得到苯甲酸粗品。将粗产品在水中重结晶，抽滤，干燥，称量，计算产率。

纯苯甲酸为无色针状晶体，熔点 121.7℃。

## 五、注意事项

(1)高锰酸钾要分批加入，并用少量蒸馏水冲洗管壁上的粉末。

(2)控制氧化反应速率，防止发生暴沸冲出现象。

(3)酸化要彻底，使苯甲酸充分结晶析出。

## 六、思考题

反应完毕后，若滤液呈紫色，加入亚硫酸氢钠的作用是什么？

# 实验二十四 乙酸乙酯的制备

## 一、实验目的

(1)掌握用醇和羧酸制备酯的方法。

(2)练习分液漏斗的使用及蒸馏操作。

## 二、实验原理

$$CH_3CH_2OH + CH_3COOH \longrightarrow CH_3COOCH_2CH_3 + H_2O$$

## 三、实验试剂

乙醇 23mL(18.4g，0.37mol)；冰醋酸 14.3mL(15g，0.25mol)；硫酸氢钠 2.0g；饱和碳酸钠水溶液(约 10mL)；饱和食盐水(10mL)；无水硫酸镁(或无水硫酸钠)(2～3g)。

## 四、实验步骤

(1)粗乙酸乙酯的制备　在 100mL 圆底烧瓶中加入 23mL 乙醇和 14.3mL 冰醋酸，在摇动下慢慢加入 1.9～2.0g 硫酸氢钠，混合均匀后加入几粒沸石，装上回流冷凝管。在水浴上回流 0.5h，稍冷后，改为蒸馏装置，在水浴上加热蒸馏，直至在沸水浴下不再有馏出物，得到粗制乙酸乙酯。

(2)纯化　在摇动下慢慢向粗产品中加入饱和 $Na_2CO_3$ 水溶液，直至不再有二氧化碳气体逸出。将液体转入分液漏斗中，振摇后静置，分去水相，有机相用饱和 NaCl 水溶液洗至中性(约 10mL)，用饱和氯化钙水溶液洗涤(5mL×2 次)最后用蒸馏水洗涤(5mL×2 次)。有机相转入干燥的锥形瓶中，用无水硫酸镁(无水硫酸钠)干燥。

(3)蒸馏　①过滤；②水浴蒸馏，收集 70～75℃馏分。

## 五、注意事项

(1)酯化反应所用仪器必须无水，包括量取乙醇和冰醋酸的量筒也要干燥。

(2)加热之前一定将反应混合物混合均匀，否则容易炭化。

(3)分液漏斗的正确使用和维护。

(4)正确进行蒸馏操作，温度计水银球的上沿与蒸馏头下沿相平。

(5)有机相干燥要彻底，不要把干燥剂转移到蒸馏烧瓶中。

(6)反应和蒸馏时不要忘记加沸石。

## 六、思考题

(1)在乙酸乙酯的制备中为什么要用浓硫酸？

(2)采用什么样的方法可以提高乙酸乙酯的产量？

(3)在中和粗乙酸乙酯中的酸性物质时，为什么要用饱和碳酸钠溶液？能否用氢氧化钠溶液代替？为什么？

# 实验二十五　乙酸异戊酯的制备

## 一、实验目的

(1)熟悉酯化反应原理，掌握乙酸异戊酯的制备方法。

(2)掌握带分水器的回流装置的安装与操作。

(3)掌握回流、洗涤、干燥、蒸馏基本操作技能。

## 二、实验原理

乙酸异戊酯为无色透明液体，不溶于水，易溶于乙醇、乙醚等有机溶剂。它是一种香精，因具有香蕉气味，又称为香蕉油。实验室通常采用冰醋酸和异戊醇在浓硫酸的催化下发生酯化反应来制取。酯化反应是可逆的，本实验通过加入过量冰醋酸，并除去反应中生成的水，使反应不断向右进行，提高酯的产率。

$$(CH_3)_2CHCH_2CH_2OH + CH_3COOH \xrightarrow{H^+} CH_3COOCH_2CH_2CH(CH_3)_2$$

## 三、实验试剂

异戊醇 18mL(14.6g，0.165mol)；冰醋酸 12mL(12.6g，0.210mol)；浓硫酸(98%)；碳酸钠溶液(10%)；饱和食盐水；无水硫酸镁。

## 四、实验步骤

(1)酯化　在干燥的三口烧瓶中加入 18mL 异戊醇和 12mL 冰醋酸，在振摇与冷却下加入 1.5mL 浓硫酸，混匀后放入 1～2 粒沸石。安装带分水器的回流装置，三口烧瓶中口安装分水器，分水器中事先充水至支管口处，然后放出 3.2mL 水。一侧口安装温度计(温度计应浸入液面以下)，另一侧口用磨口塞塞住。检查装置气密性后，用电热套(或甘油浴)缓缓加热，当温度升至约 108℃时，三口烧瓶中的液体开始沸腾。继续升温，控制回流速率，使蒸气浸润面不超过冷凝管下端的第一个球，当分水器充满水，反应温度达到 130℃时，反应基本完成，大约需要 1.5h。

(2)洗涤　停止加热，稍冷后拆除回流装置。将烧瓶中的反应液倒入分液漏斗中，用 15mL 冷水淋洗烧瓶内壁，洗涤液并入分液漏斗。充分振摇，接通大气，静置，待分界面清晰后，分去水层。再用 15mL 冷水重复操作一次。然后酯层用 20mL 10%碳酸钠溶液分两次洗涤。最后用 15mL 饱和食盐水洗涤一次。

(3)干燥　经过水洗、碱洗和食盐水洗涤后的酯层由分液漏斗上口倒入干燥的锥形瓶中，加入 2g 无水硫酸镁，配上塞子，充分振摇后，放置 30min。

(4)蒸馏　将干燥好的粗酯小心滤入干燥的蒸馏烧瓶中，放入 1～2 粒沸石，加热蒸馏。收集 138～142℃馏分，量取体积并计算产率。

乙酸异戊酯是无色透明液体，且有香蕉香味，沸点 142℃，$d_4^{20}$ 0.8760，$n_D^{20}$ 1.4003。

## 五、注意事项

(1)加浓硫酸时，要分批加入，并在冷却下充分振摇，以防止异戊醇被氧化。

(2)回流酯化时，要缓慢均匀加热，以防止炭化并确保完全反应。

(3)分液漏斗使用前要涂凡士林试漏，防止洗涤时漏液，造成产品损失。

(4)碱洗时放出大量热并有二氧化碳产生，因此洗涤时要不断放气，防止分液漏斗内的液体冲出来。

(5)最后蒸馏时仪器要干燥，不得将干燥剂倒入蒸馏瓶内。

## 六、思考题

(1)制备乙酸异戊酯时，使用的哪些仪器必须是干燥的，为什么？

(2)分水器内为什么事先要充有一定量水？

(3)酯可用哪些干燥剂干燥？为什么不能使用无水氯化钙进行干燥？

# 实验二十六　硝基苯的制备

## 一、实验目的

(1)了解硝化反应中混酸的浓度、反应温度和反应时间与硝化产物的关系。

(2)掌握硝基苯的制备原理和方法。

(3)掌握水浴加热、回流、滴液、干燥、蒸馏等基本操作。

## 二、实验原理

硝化反应中，因被硝化物结构的不同，所需的混酸浓度和反应温度也各不相同，硝化反应是不可逆反应，混酸中浓硫酸的作用不仅是脱水，更重要的是有利于 $NO_2^+$ 的生成，增大 $NO_2{}^+$ 的浓度，加快反应速率，进而提高硝化能力。硝化反应是强放热反应，进行硝化反应时，必须严格控制升温和加料速率，同时进行充分的搅拌。

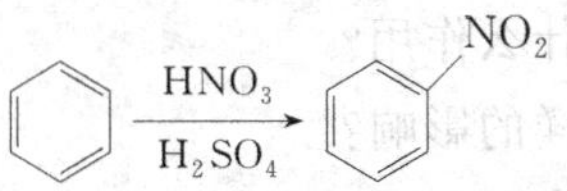


副反应

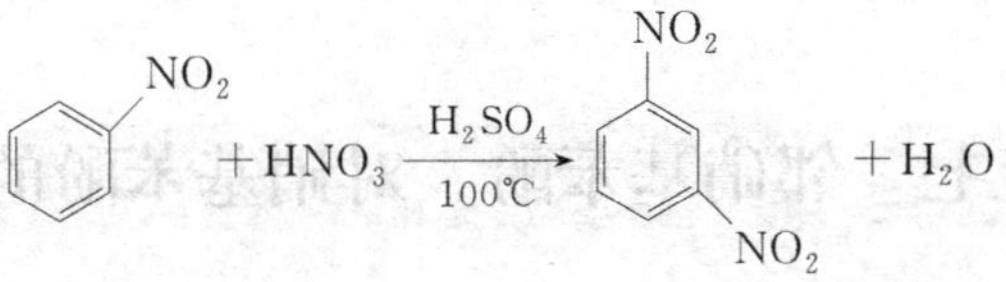


## 三、实验试剂

苯 17.8mL(15.8g，0.200mol)；混酸 34.6mL(混酸配法：在 50mL 锥形瓶中加入 20.0mL 浓硫酸，把锥形瓶放入冷水浴中，在摇动条件下将 14.6mL 63%浓硝酸慢慢加入浓硫酸中，混匀)；10%碳酸钠溶液；无水氯化钙。

## 四、实验步骤

在装有球形冷凝管、搅拌器和温度计的 250mL 三口圆底烧瓶中，加入 17.8mL 苯，开动搅拌器，从冷凝管上口将已冷却的混酸分数次加入烧瓶中，每加一次后，必须充分振荡烧瓶，使苯和混酸充分接触，此时反应液温度升高，待反应液温度不再上升，且趋于下降时，再继续加混酸，控制反应温度在 40～50℃，若温度高于 50℃可用冷水冷却。

加料完毕后，将烧瓶放在 50℃的水浴中，加热使烧瓶中反应液的温度控制在 60～65℃，并保持 30 min。在此期间应间歇地振荡烧瓶。

反应结束后，将烧瓶移出水浴，待反应液冷却后，将其倒入分液漏斗中，静置，分层，分出酸层(哪一层是酸层，怎样判断和检验?)。将酸液倒入指定的回收瓶中，粗硝基苯用等体积的冷水洗涤，再用 10%的碳酸钠溶液洗涤多次，直到洗涤液呈淡黄色为止(除去多硝基苯酚类杂质)，最后用去离子水洗至中性(如何检验)，将粗硝基苯从分液漏斗中放入干燥的小锥形瓶中，加入无水氯化钙干燥，并间歇地振荡锥形瓶。

把澄清的硝基苯倒入 50mL 圆底烧瓶中，装上水银温度计(0～250℃)和空气冷凝管，用电热套加热蒸馏，收集 204～210℃的馏分，为了避免残留在烧瓶中的二硝基苯在高温下分解而引起爆炸，注意切勿将产物蒸干，称量，并计算产率。

纯硝基苯为浅黄色液体，有苦杏仁味，沸点 210.8℃，$d_4^{20}$ 1.2037。

## 五、注意事项

(1)混酸与苯不互溶，所以宜用搅拌器搅拌，或连续不断地振荡烧瓶，使反应顺利进行，从而提高产率。

(2)苯的硝化是一个放热反应，在开始加入混酸时，硝化反应速率较快，每次加入的混酸量宜为 0.5～1.0mL。随着混酸的加入，硝基苯逐渐生成，反应混合物中苯的浓度逐渐降低，硝化反应的速率也随之减慢，所以在加后一半混酸时，每次混酸可加入 1.0～1.5mL 。

(3)用吸管吸取少量上层反应液，滴到饱和食盐水中，当观察到油珠下沉时，则表示硝化反应已经完成。

(4)硝基苯有毒，处理时需多加小心，如果溅到皮肤上，可先用少量酒精擦洗，再用肥皂水洗净。

## 六、思考题

(1)硫酸和硝酸在硝化时各起什么作用？

(2)反应温度对硝化反应有怎样的影响？

(3)如何判断硝化反应已经结束？

# 实验二十七　邻硝基苯酚、对硝基苯酚的制备

## 一、实验目的

(1)了解邻硝基苯酚、对硝基苯酚的制备原理及方法。

(2)掌握水蒸气蒸馏的基本操作。

## 二、实验原理

芳香族硝基化合物一般是由芳香族化合物直接硝化制得的。根据被硝化物的活性，可以利用稀硝酸、浓硝酸和浓硫酸的混合酸来进行硝化。

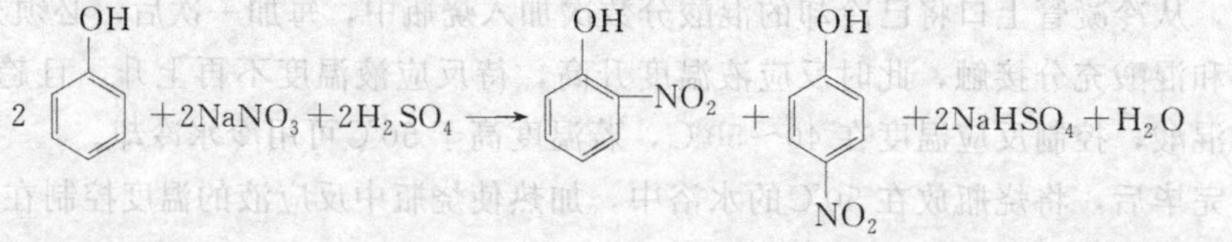


邻硝基苯酚中—$NO_2$ 与—OH 易形成分子内氢键形成稳定六元环，故沸点比对硝基苯酚低，水溶性小，挥发性大，能随水蒸气挥发，故可用水蒸气蒸馏分离。

## 三、实验试剂

苯酚 8g(0.085mol)；硝酸钠 12g(0.14mol)；浓硫酸 11g(12mL，0.22mol)；乙醇；2%浓盐酸；活性炭。

## 四、实验步骤

在 250mL 三口烧瓶上安装搅拌器、温度计和滴液漏斗，先加入 30mL 水，在搅

拌下慢慢加入 12mL 浓硫酸(只可将浓硫酸沿容器壁往水中慢慢倾倒，切不可颠倒次序!)，趁酸液尚在温热之时，自反应瓶侧口滴液漏斗加入 12g 硝酸钠，开启搅拌器，使其溶解于稀硫酸中，将反应瓶置入冰水浴中，使混合物冷却至 20℃。称取 8g 苯酚(苯酚有腐蚀性，若不慎触及皮肤，应立刻用肥皂和水冲洗，再用酒精棉擦洗)与 3mL 水混合，搅拌溶解，冷却至室温后装入滴液漏斗，在搅拌下，将苯酚水溶液慢慢滴入反应瓶中，用冰水浴将反应温度维持在 20℃左右，滴加完毕后，在此温度下放置 30min，间歇搅拌，使反应完全，有黑色油状物生成，用冰水冷却，使黑色油状物固化，小心倾出酸层，然后向油状物中加入 30mL 水并振摇，水洗三次，以除净残存的酸(硝基酚产物有毒，洗涤操作时要小心!)。

对油状混合物作水蒸气蒸馏，直到冷凝管中无黄色油滴馏出为止。在水蒸气蒸馏过程中，黄色的邻硝基苯酚晶体会附着在冷凝管内壁上，可以通过关闭冷却水龙头，使热蒸汽将其熔化而流出，将馏出液冷却过滤，收集浅黄色晶体，即得邻硝基苯酚产物，用乙醇和水重结晶(先将邻硝基苯酚溶于 40℃左右的乙醇中，热滤后逐滴加入温水至有浑浊出现，然后在 40～50℃的温水浴中滴入少许乙醇至澄清，冷却后即析出亮黄色针状晶体)。抽滤、干燥后称量并计算产率。邻硝基苯酚容易挥发，应保存在密闭的棕色瓶中，邻硝基苯酚熔点 45℃，有特殊的芳香气味。

向水蒸气蒸馏后的残余物中加水至总体积为 100mL，并加入 5mL 浓盐酸和 0.5g 活性炭，煮沸 10min，趁热过滤，滤液冷却后即析出对硝基苯酚粗产品，抽滤、干燥后称量并计算产率。对硝基苯酚为淡黄或无色针状晶体，无气味，熔点 112～113℃。

## 五、注意事项

(1)苯酚的熔点为 41℃，室温下呈固态，量取时可用温水浴使其熔化。苯酚中加入少许水可降低熔点，使其在室温下即呈液态，有利于滴加和反应。

(2)反应温度对苯酚的硝化影响很大。当温度过高时，一元硝基酚有可能发生进一步硝化，或因发生氧化反应而降低一元硝基酚的产量，当温度偏低时，又将减小反应速率。

(3)硝基酚在残余混酸中进行水蒸气蒸馏时，会因长时间高温受热而发生进一步硝化或氧化。因此，一定要洗净粗产物中的残酸。

(4)由于邻硝基苯酚有很大的挥发性，所以不能在干燥箱中干燥，应该保存在密闭容器中。

## 六、思考题

(1)本实验有哪些可能的副反应？如何减少这些副反应的发生？

(2)苯酚在进行硝化反应时，为何要严格控制反应温度？

(3)试比较苯、硝基苯、苯酚硝化的难易，并解释其原因。

# 实验二十八　乙酰苯胺的制备

## 一、实验目的

(1)掌握苯胺乙酰化反应的原理和实验操作。

(2)进一步熟悉固体有机物提纯的方法——重结晶。

(3)掌握氨基的保护方法。

**二、实验原理**

苯胺与冰醋酸、醋酸酐、乙酰氯等作用可制备苯胺。其活性顺序为：乙酰氯>醋酸酐>冰醋酸。

本实验采用冰醋酸为原料制备乙酰苯胺：

$$C_6H_5NH_2 + CH_3COOH \longrightarrow C_6H_5NHCOCH_3 + H_2O$$

**三、实验试剂**

苯胺 5mL；冰醋酸 8mL；锌粉；乙酰化试剂。

**四、实验步骤**

(1)酰化：在 100mL 圆底烧瓶中，加入 5mL 苯胺、8mL 冰醋酸和 0.1g 锌粉。立即装上刺形分馏柱、蒸馏头、温度计、直形冷凝管和尾接管，然后缓慢加热至反应物沸腾，保持微沸约 15min，然后逐渐升高温度，当温度及读数达到约 100℃时开始有馏分馏出。维持温度在 100～110℃约 1.5h，这时冰醋酸和反应所生成的水基本蒸出。此时温度计的读数不断下降，反应达到终点，即可停止加热。

(2)结晶抽滤：在烧杯中加入 100mL 冷水，将反应液趁热以细流倒入水中，边倒边不断搅拌，此时有细粒状固体析出。冷却后抽滤，并用少量冷水洗涤固体，得到白色或带黄色的乙酰苯胺粗品。

(3)重结晶：参照重结晶实验。

**五、注意事项**

(1)反应所用玻璃仪器必须干燥。

(2)锌粉的作用是防止苯胺氧化，只要少量即可。加得过多，会出现不溶于水的氢氧化锌。

(3)反应时分馏温度不能太高，以免大量醋酸蒸出而降低产率。

(4)冰醋酸具有强烈刺激性，要在通风橱内取用。

(5)久置的苯胺因为氧化而颜色较深，使用前要重新蒸馏。因为苯胺的沸点较高，蒸馏时选用空气冷凝管冷凝，或采用减压蒸馏。

(6)若让反应液冷却，则乙酰苯胺固体析出，附在烧瓶壁上不易倒出。

**六、思考题**

(1)用醋酸酰化制备乙酰苯胺如何提高产率？

(2)反应温度为什么控制在 100～110℃？过高过低对实验有什么影响？

(3)根据反应式计算，理论上能产生多少毫升水？为什么实际收集的液体量多于理论量？

(4)反应终点时，温度计的温度为何下降？

## 实验二十九　甲基橙的制备

**一、实验目的**

(1)熟悉重氮化反应和偶合反应的原理。

(2)掌握甲基橙的制备方法。

(3)巩固重结晶操作。

## 二、实验原理

重氮化反应；偶合反应。

$$H_2N-\!\!\!\!\bigcirc\!\!\!\!-SO_3H \xrightarrow{NaOH} H_2N-\!\!\!\!\bigcirc\!\!\!\!-SO_3Na + H_2O$$

$$H_2N-\!\!\!\!\bigcirc\!\!\!\!-SO_3Na \xrightarrow[HCl]{NaNO_2} [HO_3S-\!\!\!\!\bigcirc\!\!\!\!-\overset{+}{N}=\!\!N]Cl^- \xrightarrow[HOAc]{\underset{}{N(CH_3)_2-\bigcirc}}$$

$$[HO_3S-\!\!\!\!\bigcirc\!\!\!\!-\overset{+}{\underset{H}{N}}=\!\!N-\!\!\!\!\bigcirc\!\!\!\!-N\overset{CH_3}{\underset{CH_3}{<}}]OAc^- \xrightarrow{NaOH} HO_3S-\!\!\!\!\bigcirc\!\!\!\!-N=\!\!N-\!\!\!\!\bigcirc\!\!\!\!-N\overset{CH_3}{\underset{CH_3}{<}}$$

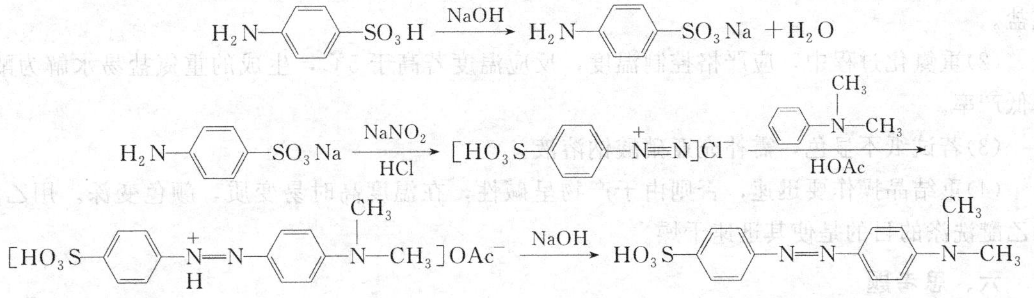

　　　酸性黄（红色）　　　　　　　　　　　　　　　　　　　　　甲基橙

## 三、实验试剂

对氨基苯磺酸 4.2g(0.024mol)；$1.0mol \cdot L^{-1}$ 氢氧化钠 6mL；亚硝酸钠 1.6g(0.023mol)；$N,N$-二甲基苯胺 2.6mL(0.021mol)；浓盐酸；冰醋酸；乙醇；乙醚；淀粉-碘化钾试纸。

## 四、实验操作

（一）方法一

**1. 重氮盐的制备**

在 50mL 烧杯中加入 1g 对氨基苯磺酸结晶和 5mL 5％氢氧化钠溶液，温热使结晶溶解，用冰盐浴冷却至 0℃以下。另在一试管中配制 0.4g 亚硝酸钠和 3mL 水的溶液。将此配制液也转入上述烧杯中。维持温度 0～5℃，在搅拌下，慢慢用滴管滴入 1.5mL 浓盐酸和 5mL 水配成的溶液，直至用淀粉-碘化钾试纸检测呈现蓝色为止，继续在冰盐浴中放置 15min，使反应完全，这时往往有白色细小晶体析出。

**2. 偶合反应**

在试管中加入 0.7mL $N,N$-二甲基苯胺和 0.5mL 冰醋酸，并混匀，在搅拌下将此混合液缓慢加到上述冷却的重氮盐溶液中。加完后继续搅拌 10min，缓缓加入约 15mL 5％氢氧化钠溶液，直至反应物变为橙色（此时反应液为碱性）。甲基橙粗品呈细粒状沉淀析出。将反应物置沸水浴中加热 5min，冷却后，再放置冰浴中冷却，使甲基橙晶体完全析出。抽滤，依次用少量水、乙醇和乙醚洗涤，压紧抽干。干燥后得粗品。粗产品用 1％ 氢氧化钠溶液进行重结晶。待结晶析出完全，抽滤，依次用少量水、乙醇和乙醚洗涤，压紧抽干，得片状结晶。将少许甲基橙溶于水中，加几滴稀盐酸，然后再用稀碱中和，观察颜色变化。

（二）方法二

在 250mL 三口烧瓶中加入 4.2g 对氨基苯磺酸、1.6g 亚硝酸钠和 60mL 水，三口烧瓶中口装电动搅拌器，两侧口分别装滴液漏斗和回流冷凝管，开动搅拌至固体完全溶解。用量筒量取 2.6mL $N,N$-二甲基苯胺，并用其两倍体积的乙醇洗涤量筒后一并加入滴液漏斗。边搅拌边慢慢滴加 $N,N$-二甲基苯胺。滴加完毕继续搅拌 20min，再滴入 6mL $1.0mol \cdot L^{-1}$ 的 NaOH 溶液，搅拌 5min 后将反应体系倒入烧杯，并加热溶解，静置冷却，待生成片状晶体后，抽滤得粗产物。粗产物用水重结晶后抽滤，并用 10mL 乙醇洗涤产物（容易烘干），得橙红色片状晶体。干燥称量。

**五、注意事项**

(1)对氨基苯磺酸为两性化合物，酸性强于碱性，它能与碱作用成盐而不能与酸作用成盐。

(2)重氮化过程中，应严格控制温度，反应温度若高于5℃，生成的重氮盐易水解为酚，降低产率。

(3)若试纸不显色，需补充亚硝酸钠溶液。

(4)重结晶操作要迅速，否则由于产物呈碱性，在温度高时易变质，颜色变深。用乙醇和乙醚洗涤的目的是使其迅速干燥。

**六、思考题**

(1)在制备重氮盐前为什么还要加入氢氧化钠溶液？如果直接将对氨基苯磺酸与盐酸混合后，再加入亚硝酸钠溶液进行重氮化操作行吗？为什么？

(2)制备重氮盐为什么要维持0～5℃的低温，温度高有何不良影响？

(3)重氮化为什么要在强酸条件下进行？偶合反应为什么要在弱酸条件下进行？

# 实验三十　苯甲酸和苯甲醇的制备

**一、实验目的**

(1)学习苯甲醛在浓碱条件下进行Cannizarro反应得相应醇和酸的原理和方法。

(2)复习分液漏斗的使用及重结晶、抽滤等操作。

**二、实验原理**

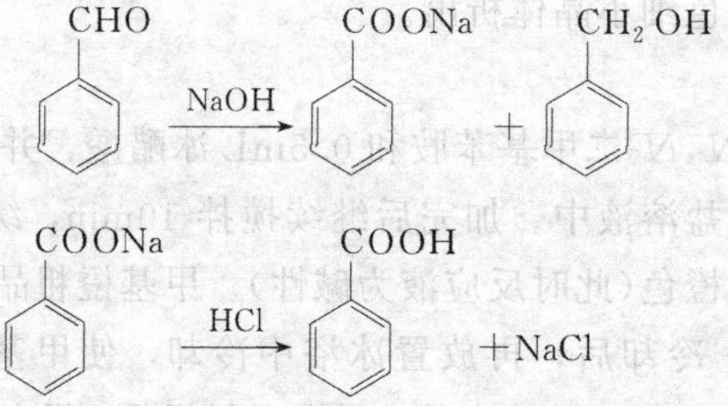


**三、实验试剂**

苯甲醛(Ph-CHO) 10mL (0.118mol)；NaOH 9g (0.225mol)；乙醚 30mL；10% $Na_2CO_3$ 溶液；浓盐酸；饱和 $NaHSO_3$ 溶液；无水 $MgSO_4$。

**四、实验步骤**

(1)加料反应：向125mL锥形瓶中加入9g NaOH、9mL $H_2O$ 和10mL Ph-CHO，该反应是两相反应，不断振摇是关键，得白色糊状物。

(2)萃取分离：加水溶解，置于分液漏斗中。每次用10mL乙醚萃取，共萃取水层3次(萃取苯甲醇)，水层保留。

(3)洗涤醚层：依次用饱和 $NaHSO_3$ 溶液、10% $Na_2CO_3$ 溶液、$H_2O$ 各5mL洗涤醚层。

(4)干燥、蒸馏：用无水 $MgSO_4$ 干燥 0.5h，水浴回收乙醚。用空气冷凝管收集 200～204℃的馏分 $Ph\text{-}CH_2OH$。

(5)酸化、重结晶：浓盐酸酸化第二步水溶液至 pH 值为 2～3，冷却析出 Ph-COOH。必要时用水重结晶。Ph-COOH 熔点为 121～122℃。

**五、注意事项**

苯甲醛在空气中放置极易被氧化成苯甲酸，所以应用新蒸馏的苯甲醛。

**六、思考题**

(1)试比较 Cannizarro 反应与羟醛缩合反应在醛的结构上有何不同？

(2)本实验中两种产物是根据什么原理分离提纯的？用饱和亚硫酸氢钠及 10%的碳酸钠溶液洗涤的目的是什么？

(3)乙醚萃取后的水溶液，用浓盐酸酸化到中性是否最合适？为什么？不用试纸，怎样知道酸化已恰当？

# 实验三十一　乙酰乙酸乙酯的制备

**一、实验目的**

(1)了解 Claisen 酯缩合反应的机理和应用。

(2)复习液体干燥和减压蒸馏操作。

**二、实验原理**

$$CH_3-\overset{O}{\overset{\|}{C}}-OC_2H_5+CH_3\overset{O}{\overset{\|}{C}}-OC_2H_5+CH_3CH_2ONa\longrightarrow\left[H_3C-\overset{O}{\overset{\|}{C}}-CH-\overset{O}{\overset{\|}{C}}-OC_2H_5\right]^-Na^+ +2CH_3CH_2OH$$

$$\left[H_3C-\overset{O}{\overset{\|}{C}}-CH-\overset{O}{\overset{\|}{C}}-OC_2H_5\right]Na^+ +CH_3COOH\longrightarrow H_3C-\overset{O}{\overset{\|}{C}}-CH_2-\overset{O}{\overset{\|}{C}}-OC_2H_5\ +CH_3COONa$$

**三、实验试剂**

乙酸乙酯 27.5mL( 25g，0.380mol)；金属钠丝 2.5g(0.110mol)；50%乙酸；无水碳酸钾；饱和食盐水。

**四、实验步骤**

在干燥的 100mL 单口圆底烧瓶中，快速放入 27.5mL 乙酸乙酯和 2.5g 金属钠丝。迅速装上回流冷凝管，其上口连接一个氯化钙干燥管。反应开始，会有氢气放出。如反应很慢，用水浴稍微加热，促使反应开始。若反应过于剧烈，可移去热水浴。待剧烈反应过后，在水浴上加热(或在石棉网上小心加热)，以保持微沸状态，直至金属钠全部作用完为止。此时生成的乙酰乙酸乙酯的酮式钠盐为橘红色透明溶液(有时可能会析出黄白色沉淀)。冷至室温后，在摇振下从冷凝管上口慢慢加入 50%乙酸水溶液，使溶液呈弱酸性。这时候，所有固体物质已全部溶解。将反应液移入分液漏斗中，加入等体积的饱和食盐水溶液，用力振摇后，静置，分出的酯层用无水碳酸钾干燥。将干燥后的有机物转移至100mL圆底烧瓶，先在水浴上蒸去未反应的乙酸乙酯，然后进行减压蒸馏，收集乙酰乙酸乙酯馏分，记录沸程。本实验以钠的用量为基准计算理论产量(为什么?)。

纯乙酰乙酸乙酯为无色透明液体，沸点180.4℃，$d_4^{20}$ 1.0282，$n_D^{20}$ 1.4194。

### 五、注意事项

(1)反应也可以在三口圆底烧瓶中进行，中间口装搅拌器，两侧口分别装上回流冷凝管和温度计。应注意：在反应的前半程不能搅拌。

(2)乙酸乙酯的纯度应在96%以上，允许含4%以下的乙醇，与金属钠生成乙醇钠，但必须不含水和酸。为此，开始实验前要将乙酸乙酯用等体积的水洗涤，再用无水硫酸钠干燥，蒸馏收集75℃以上的馏分。

(3)金属钠遇水即燃烧、爆炸，故使用时应严格禁止与水接触。在称量或切片过程中应当迅速，以免受空气中水分侵蚀或被空气氧化。正确操作方法是：用镊子从瓶中取出金属钠，用双层滤纸吸去溶剂油，用小刀切去其表面的氧化层，立即用压钠机将钠压入反应瓶中。若无压钠机，可将金属钠切成细条，立即转移到反应瓶中，不可使其与空气接触太长时间。

(4)乙酸的加入量以钠的用量来计算，加到溶液刚呈弱酸性即可，若酸过量，会增大酯的水溶性，降低产量。用乙酸中和时，开始会有固体析出，继续加入乙酸并不断摇振，固体会逐渐溶解，得到澄清的液体。

### 六、思考题

(1)实验所用仪器为什么必须彻底干燥?

(2)乙酰乙酸乙酯为什么会有酮式和烯醇式互变异构体?用什么方法可以证明?请用你所得的产品验证。

## 实验三十二　肉桂酸的合成

### 一、实验目的

(1)通过肉桂酸的制备学习并掌握Perkin反应及其基本操作。

(2)掌握水蒸气蒸馏的原理和操作。

(3)掌握固体有机化合物的提纯方法：脱色、重结晶。

### 二、实验原理

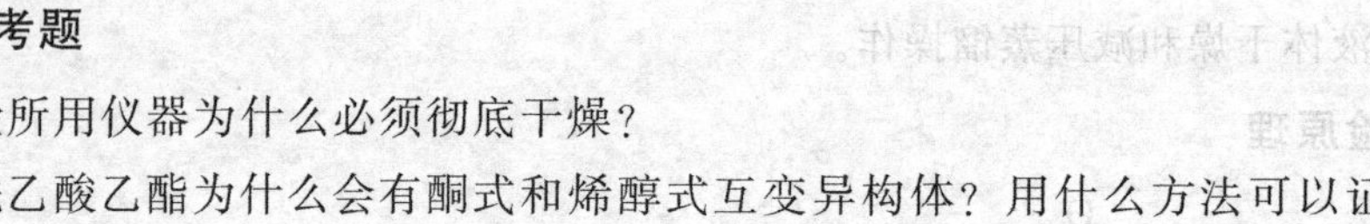


### 三、实验试剂

苯甲醛5.0mL(5.3g，0.05mol)；醋酸酐14mL(15.1g，0.15mol)；无水碳酸钾(醋酸钾)7.0g；无水碳酸钠；10%氢氧化钠；浓盐酸；活性炭。

## 四、实验步骤

**1. 加料，反应**

在 250mL 三口烧瓶中加入 7.0g 研细的无水碳酸钾、5.0mL 新蒸馏的苯甲醛、14mL 醋酸酐，振荡使其混合均匀。在石棉网上用小火加热回流 1h，反应完毕冷却后，取下三口烧瓶，向其中加入 40mL 水浸泡几分钟，摇动烧瓶使固体尽量溶解。然后进行水蒸气蒸馏(装置如图 3-6 所示，蒸去什么?)，至馏出液无油珠为止。

**2. 产品的分离提纯**

卸下水蒸气蒸馏装置，冷却后加入 40mL 10%氢氧化钠水溶液、80mL 水和少许活性炭脱色，加热沸腾 2～3min，然后进行热过滤。将滤液转移至干净的 200mL 烧杯中，慢慢地用浓盐酸进行酸化至明显的酸性。然后冷却至肉桂酸充分结晶，之后进行减压抽滤。晶体用少量冷水洗涤，干燥即可得较纯产品。

## 五、注意事项

(1)Perkin 反应所用仪器必须彻底干燥(包括量取苯甲醛和醋酸酐的量筒)。可以用无水碳酸钾和无水醋酸钾作为缩合剂，但是不能用无水碳酸钠。回流时加热强度不能太大，否则会把醋酸酐蒸出。

(2)若用醋酸钾代替碳酸钾作缩合剂，在水蒸气蒸馏前应向体系中加入适量碳酸钠，使体系呈弱碱性，但不能用氢氧化钠。

(3)进行脱色操作时一定取下烧瓶，稍冷之后再加热活性炭。热过滤时必须是真正热过滤，布氏漏斗要事先从沸水中取出，动作要快。进行酸化时要慢慢加入浓盐酸，一定不要加入太快，以免产品冲出。

## 六、思考题

(1)用无水醋酸钾作缩合剂，回流结束后加入固体碳酸钠使溶液呈碱性，此时溶液中有哪几种化合物？各以什么形式存在？若用氢氧化钠代替碳酸钠碱化，有什么不好？

(2)用丙酸酐和无水丙酸钾与苯甲醛反应，得到什么产物？写出反应式。

(3)在 Perkin 反应中，如使用与酸酐不同的羧酸盐，会得到两种不同的芳基丙烯酸，为什么？

# 实验三十三　乙酰水杨酸的合成

## 一、实验目的

(1)掌握酰化反应原理和乙酰水杨酸的合成。

(2)熟悉固体有机化合物重结晶的方法和减压过滤等基本操作。

## 二、实验原理

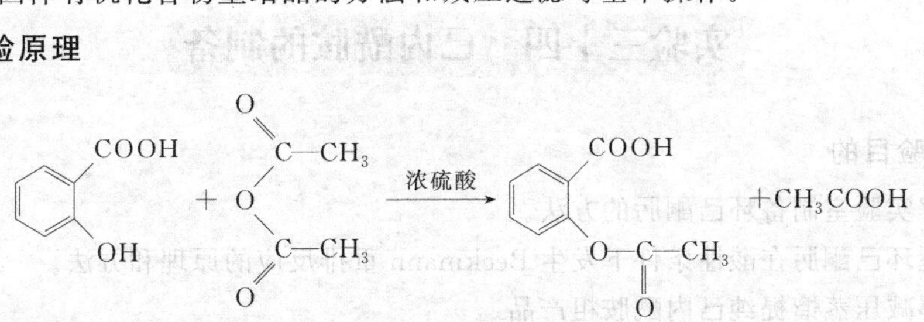

### 三、实验试剂

水杨酸 1.38g(0.01mol)；醋酸酐(4mL，0.01mol)；浓硫酸；10%碳酸氢钠溶液；20%盐酸；1%三氯化铁溶液。

### 四、实验步骤

(1)乙酰水杨酸粗品的制备　在100mL锥形瓶中依次加入1.38g水杨酸(0.01mol)、4mL醋酸酐(0.04mol)和4滴浓硫酸摇匀，使水杨酸溶解。将锥形瓶置于70～80℃的热水浴中，加热20min，并不时地振摇。然后，停止加热，待反应混合物冷却至室温后，缓缓加入50mL水，边加水边振摇(注意：反应放热，操作应小心)。将锥形瓶放在冷水浴中冷却15min，有晶体析出，抽滤，并用少量冰水洗涤2次，抽干，得乙酰水杨酸粗产品。

(2)提纯　将粗产品转入到100mL烧杯中，加入10%碳酸氢钠溶液，边加边搅拌，直到不再有二氧化碳产生为止。抽滤，除去不溶性聚合物(水杨酸自身聚合)。再将滤液倒入100mL烧杯中，缓缓加入10mL 20%盐酸，边加边搅拌，这时会逐渐有晶体析出。将烧杯置于冰水浴中，使晶体尽量析出。抽滤，用少量冰水洗涤2～3次，然后抽干，将结晶移至表面皿上，干燥。

(3)产品的检验　取少量乙酰水杨酸，溶入少量的乙醇中(在50～60℃水浴中使其溶解，加热时间应尽量短一些，如不溶，则酌加少许乙醇)，并滴加1～2滴1%三氯化铁溶液，如果发生显色反应，说明什么？应如何处理？(用乙醇-水混合溶剂重结晶)

### 五、注意事项

(1)醋酸酐和浓硫酸均具有腐蚀性，取用时应小心。

(2)反应结束后，多余的醋酸酐发生水解，这是放热反应，操作应小心。

(3)在重结晶时，溶液不宜加热过久，也不宜用高沸点溶剂，因为在高温下乙酰水杨酸易发生分解。

### 六、思考题

(1)水杨酸与醋酸酐的反应过程中浓硫酸起什么作用？

(2)纯的乙酰水杨酸不会与三氯化铁溶液发生显色反应。然而，在乙醇-水混合溶剂中经重结晶的乙酰水杨酸，有时反而会与三氯化铁溶液发生显色反应，这是为什么？

(3)水杨酸与醋酸酐反应结束后，如果不采用碳酸氢钠成盐、盐酸酸化的方法分离聚合物杂质，可否再拟定一个分离的方案？

(4)在硫酸存在下，水杨酸与乙醇作用会得到什么产品？

## 实验三十四　己内酰胺的制备

### 一、实验目的

(1)了解实验室制备环己酮肟的方法。

(2)掌握环己酮肟在酸性条件下发生Beckmann重排反应的原理和方法。

(3)掌握减压蒸馏提纯己内酰胺粗产品。

## 二、实验原理

环己酮与羟胺反应生成环己酮肟。肟是一类具有一定熔点的结晶形化合物，易于分离和提纯。常常利用醛、酮所生成的肟来鉴别它们。环己酮肟在酸(如硫酸)作用下，发生分子内重排(Beckmann 重排)生成己内酰胺，其机理为：

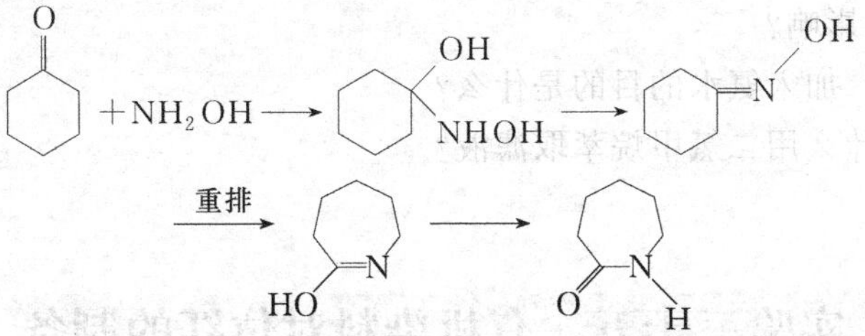


## 三、实验试剂

环己酮 7.8mL(0.075mol)；羟胺盐酸盐 7g(0.100mol)；无水醋酸钠 10g；浓硫酸 8mL；浓氨水 25mL；二氯甲烷；无水硫酸钠；石蕊试纸。

## 四、实验步骤

### 1. 环己酮肟的制备

在 250mL 锥形瓶中，放入 50mL 水和 7g 羟胺盐酸盐，摇动使其溶解。分批加入 7.8mL 环己酮，摇动，使其完全溶解。在一烧杯中，把 10g 无水醋酸钠溶于 20mL 水中，将此醋酸钠溶液滴加到上述溶液中，边加边摇动锥形瓶，很快有固体析出。加完后用橡皮塞塞住瓶口，用力振荡 5～10 min。把锥形瓶放入冰水浴中冷却。环己酮肟呈白色粉状固体析出。将粗产物抽滤，用少量水洗涤，尽量挤出水分。取出滤饼，放在空气中晾干。产量：7～8g。

纯环己酮肟为无色棱柱状晶体，熔点 90℃。

### 2. 环己酮肟重排制备己内酰胺

在 500mL 烧杯中加入环己酮肟和 20mL 85%的硫酸，搅拌使其充分混合。在石棉网上用小火加热烧杯，当开始出现气泡时(约在 120℃)，立即停止加热。此时发生强烈的放热反应。待冷却后将此溶液转入到 250mL 装配有机械搅拌器、温度计和恒压滴液漏斗的三口烧瓶中，用冰盐浴冷却，当液体温度下降到 0～5℃时，由滴液漏斗缓慢地滴加 20%氨水，直至溶液对石蕊试纸呈碱性(pH 值约为 8)。

将反应混合物过滤，滤液用二氯甲烷萃取(20mL×5)。合并二氯甲烷萃取液，用 5mL 水洗涤，分去水层。在热水浴上蒸出二氯甲烷后，用油浴加热，减压蒸馏。为了防止己内酰胺在冷凝管内凝结，可将接收瓶与克氏蒸馏头直接相连。收集 137～140℃/1.6kPa(12 mmHg)的馏分。产量约 5g。

己内酰胺为白色小叶状结晶。熔点 69～71℃。

## 五、注意事项

(1)氨水开始要缓慢滴加。中和反应温度控制在 10℃以下，避免在较高温度下己内酰胺发生水解。

(2)Beckmann 重排反应在几秒钟内即完成，形成棕色略稠液体。

(3)二氯甲烷可以换成氯仿。

## 六、思考题

(1)制备环己酮肟时，为什么要在反应中加入醋酸钠？

(2)制备环己酮肟时，为什么要把反应混合物先放到冰水浴中冷却后再过滤？

(3)制备环己酮肟时，将粗产物抽滤后，用少量水洗涤除去的是什么杂质？用水量的多少对实验结果有什么影响？

(4)重排实验中，加入氨水的目的是什么？

(5)重排实验为什么用二氯甲烷萃取滤液？

# 实验三十五　有机染料对位红的制备

## 一、实验目的

(1)掌握硝化、水解、分离、重氮化等反应的一般实验方法。

(2)掌握官能团保护在有机合成中的实际应用。

(3)学习根据产物的不同性质分离邻、对位异构体的方法。

## 二、实验原理

对位红亦称对硝苯胺红，常温下呈固态，是最早的不溶性氮染料，因此合成对位红有其特殊的意义。本实验以乙酰苯胺为原料，经过硝化、水解、重氮化后与 $\beta$-萘酚偶合成染料对位红。

### 1.硝化和水解

由于苯胺很容易被氧化，中间体对硝基苯胺不能由苯胺直接硝化，需以乙酰苯胺为原料，先硝化再水解而制得。硝化反应除生成主产物对硝基乙酰苯胺外，还生成副产物邻硝基乙酰苯胺。

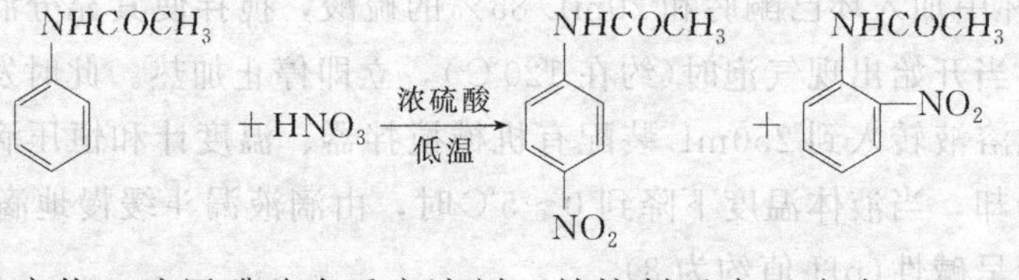


为了减少邻位产物，选用醋酸为反应溶剂，并控制反应温度在5℃以下。为了除去邻位副产物，利用邻硝基乙酰苯胺在碱性条件易水解而对硝基乙酰苯胺不水解，将邻位产物除去。

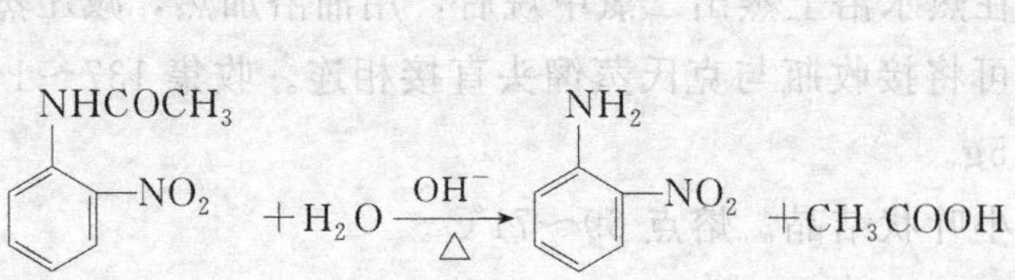


得到的对硝基乙酰苯胺，再在强酸性条件下水解得到对硝基苯胺。

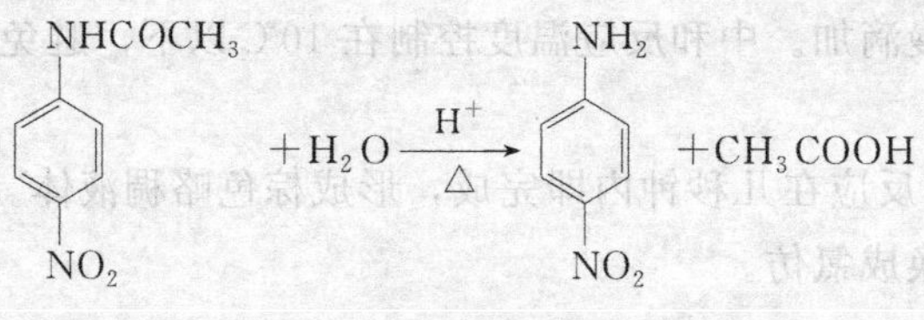

**2. 重氮化和偶合**

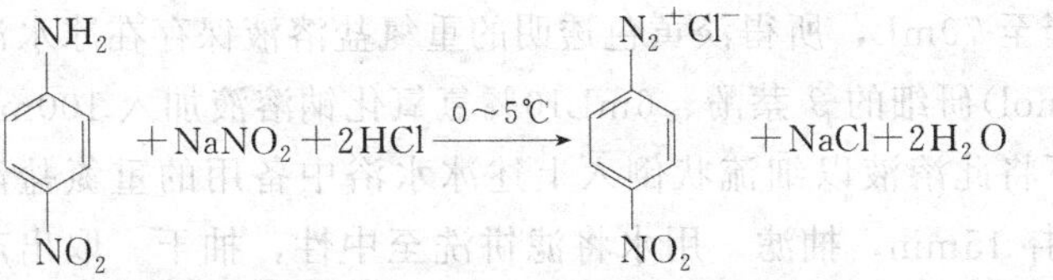

对硝基苯胺与亚硝酸钠在酸性条件下，生成相应的重氮盐，由于重氮盐极不稳定，一般反应在 0～5℃进行。

生成的重氮盐立即与 β-萘酚在碱性介质中偶合生成对位红：

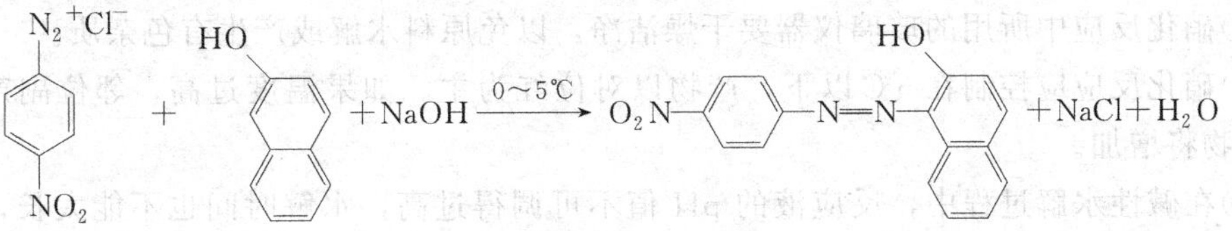

## 三、实验试剂

乙酰苯胺 5g(0.037mol)；冰醋酸 5mL；浓硝酸 2.2mL(0.032mol)；浓硫酸 23.4mL；碳酸钠；20％氢氧化钠溶液；β-萘酚；亚硝酸钠 0.6g；淀粉-碘化钾试纸。

## 四、实验步骤

**1. 硝化和水解**

在干燥的 50mL 锥形瓶中，加入 5g(0.037mol)乙酰苯胺和 5mL 冰醋酸，振荡，混合均匀，边摇动锥形瓶，边分批慢慢加入 10mL 浓硫酸，将得到的透明溶液放于冰水浴中冷却至 0～2℃。

在冰水浴中，将 2.2mL(0.032mol)浓硝酸和 1.4mL 浓硫酸配制成混酸，并置于冰水浴中冷却。用吸管慢慢滴加到乙酰苯胺的酸溶液中，其间保持反应温度不超过 5℃，得淡黄色黏稠液体。滴加完毕，取出锥形瓶于室温下放置 20～30min，间歇振荡，得到橙黄色液体。在 250mL 烧杯中加入 20mL 水和 20g 碎冰，将反应液以细流慢慢倒入冰水中，边倒边搅拌，有固体析出，继续搅拌 5min，冷却后抽滤。用 10mL 水重复洗涤固体三次，抽干得黄色固体。

将粗产品加到盛有 20mL 水的 250mL 锥形瓶中，在不断搅拌下慢慢加入碳酸钠粉末至混合物呈碱性(使酚酞变红)。混合物加热至沸腾 5min 后，冷却至 50℃，迅速抽滤，放在表面皿上晾干，得到淡黄色固体。产量约 4g。

将制得的粗对硝基乙酰苯胺放入 100mL 圆底烧瓶中。另取一锥形瓶，在振荡和冷却下，把 12mL 浓硫酸小心地以细流加到 9mL 冷水中，得到 20mL 70％硫酸，将此硫酸溶液加到上述烧瓶中，投入沸石，装上回流冷凝管，在石棉网上加热回流 15min，得到一透明溶液。将反应液倒入盛有 100mL 冷水的 500mL 烧杯中，搅拌，慢慢加入 20％氢氧化钠至溶液呈碱性，有沉淀析出，对硝基苯胺完全析出后，冷却抽滤，固体滤饼用少量水洗涤三次至中性，取出，在水中进行重结晶。得到黄色针状晶体，约 2.5g。

纯对硝基苯胺为黄色针状晶体，熔点 147.5℃。

**2. 重氮化和偶合**

将制得的 1g(0.007mol)对硝基苯胺和 6mL 20％盐酸加入 250mL 烧杯中，水浴加热使之溶解，冷却后加入 7g 碎冰，将所得溶液置于冰水浴中冷至 0～5℃。取 10％亚硝酸钠溶液倒入对硝基苯胺的稀盐酸溶液中(在冰水浴中进行)，用 pH 试纸检验溶液是否呈酸性，并充分搅拌至淀粉-碘化钾试纸显色。将反应物在冰水浴中放置15min后，抽滤以除去沉淀物。将滤液用冰水稀释至70mL，所得淡黄色透明的重氮盐溶液保存在冰水浴中。

将1g(0.007mol)研细的β-萘酚、6mL10%氢氧化钠溶液加入100mL烧杯中，充分振荡使之溶解，搅拌下将此溶液以细流状倒入上述冰水浴中备用的重氮盐溶液中，保持温度在5℃以下，继续搅拌15min，抽滤。用水将滤饼洗至中性，抽干。取出产物放在干净的表面皿中晾干，得到红色的对位红粒状晶体。

### 五、注意事项

(1)加入冰醋酸的目的是帮助乙酰苯胺溶解。

(2)硝化反应中所用的玻璃仪器要干燥洁净，以免原料水解或产生有色杂质。

(3)硝化反应应控制在5℃以下，产物以对位红为主。如果温度过高，邻位副产物和多取代产物将增加。

(4)在碱性水解过程中，反应液的pH值不可调得过高，水解时间也不能太长，否则对硝基乙酰苯胺也会部分水解。

(5)如果第一步硝化产物较少，以后各步的使用量均需相应减少。

(6)重氮化和偶合反应均需在0～5℃的低温下进行，各试剂的浓度和用量必须准确。

(7)对硝基苯胺的碱性较弱，不易与无机酸成盐，生成的盐却易水解为芳胺，这样溶液中芳胺的浓度较大，因此重氮化的速率也会较大，可采取将亚硝酸钠一次迅速倒入的重氮化方法。

(8)重氮化反应中反应液呈酸性，亚硝酸钠不得过量，以减少副反应。

(9)用淀粉-碘化钾试纸检验时，若在15～20s内试纸变蓝，说明亚硝酸钠用量已够。

### 六、思考题

(1)实验中，为什么不能用苯胺直接硝化生成对硝基苯胺？

(2)分离邻、对位硝化异构体还可以用什么办法？

(3)为什么对硝基苯胺制取要采取快速重氮化法？

(4)本实验中的偶合反应为何要在碱性介质中进行？

(5)如果在重氮化反应中，亚硝酸钠过量该怎么办？

## 实验三十六　己二酸的制备

### 一、实验目的

(1)掌握用环己醇氧化制备己二酸的基本原理和方法。

(2)学会电动搅拌器的安装及使用。

(3)巩固浓缩、减压过滤、重结晶等基本操作。

### 二、实验原理

己二酸是一种重要的有机二元酸，主要用于制造尼龙-66纤维和聚氨酯泡沫塑料。在有机合成工业中，是己二腈、己二胺的基础原料，同时还可用于生产润滑剂、增塑剂己二酸二辛酯，也可用于医药等方面，用途十分广泛。

制备羧酸最常用的方法是烯、醇、醛等的氧化法。常用的氧化剂有硝酸、重铬酸钾(钠)的硫酸溶液、高锰酸钾、过氧化氢及过氧乙酸等。但用硝酸为氧化剂时反应非常剧烈，伴有大量二氧化氮毒气放出，既危害健康又污染环境，故本实验采用环已醇在高锰酸钾的酸性条件发生氧化反应，然后酸化得到已二酸。

主要反应：

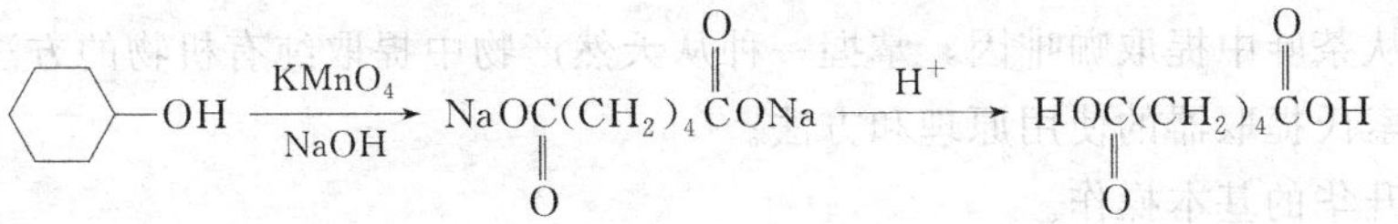


## 三、实验试剂

环已醇 3g(3.21mL，约 0.033mol)；高锰酸钾 9g(0.057mol)；10%氢氧化钠溶液 7.5mL；浓盐酸 4mL；固体亚硫酸氢钠；滤纸。

## 四、实验步骤

在装有搅拌装置、温度计和滴液漏斗的 250mL 三口烧瓶中加入 7.5mL 10%氢氧化钠溶液和 70mL 水，搅拌使其溶解，然后加入 9g 研细的高锰酸钾，使其溶解，再慢慢滴加 3.2mL 环已醇，反应随即开始放热。控制滴速，使反应温度维持在 45℃左右(开始反应时要在 30℃左右，防止温度过高，使副产物增多)，滴加完毕后，反应温度开始下降时将滴液漏斗取下，装上回流冷凝管，在沸水浴上加热 5min，促使反应完全并使 $MnO_2$ 沉淀凝聚。

用玻璃棒蘸一滴反应混合物点到滤纸上做点滴实验。如有高锰酸盐存在则在棕色二氧化锰点的周围出现紫色的环，可加入少量(0.1g 左右)固体亚硫酸氢钠直到点滴实验不出现紫色的环为止。

趁热抽滤混合物，用少量热水洗涤滤渣 $MnO_2$ 3 次，将洗涤液与滤液合并置于烧杯中，用 4mL 浓盐酸酸化(酸度要适当，防止加入的酸过多，酸度太大也使已二酸的溶解度增大)，若溶液带黄色，加入少许活性炭，煮沸过滤，可得无色滤液。加热浓缩使溶液体积减少至 10mL 左右，冷却后析出已二酸晶体，抽滤，干燥，称量，产物也可用水重结晶。

纯已二酸为无色棱状晶体，熔点 153℃。

## 五、注意事项

(1)此反应属强烈放热反应，要控制好滴加速率和搅拌速率，以免反应过于剧烈，引起飞溅或爆炸。

(2)$KMnO_4$ 要研细，以利于其充分反应。

(3)二氧化锰胶体受热后产生胶凝作用而沉淀下来，便于过滤分离。

(4)用热水洗涤 $MnO_2$ 滤饼时，每次加水量 5～10mL，不可多，否则后面结晶困难。

## 六、思考题

(1)量取过环已醇的量筒为何要加少量温水洗涤？且要将此洗液倒入加料用的滴液漏斗中？

(2)制备已二酸实验的操作关键是什么？说明其原因。

# 实验三十七 茶叶中提取咖啡因

## 一、实验目的

(1)通过从茶叶中提取咖啡因，掌握一种从天然产物中提取纯有机物的方法。

(2)学习索氏提取器的使用原理和方法。

(3)学习升华的基本操作。

## 二、实验原理

咖啡因又叫咖啡碱，是一种生物碱，存在于茶叶、咖啡、可可等植物中。例如茶叶中含有1%～5%的咖啡因，同时还含有单宁酸、色素、纤维素等物质。

咖啡因是弱碱性化合物，可溶于氯仿、丙醇、乙醇和热水中，难溶于乙醚和苯(冷)中。纯品熔点235～236℃，含结晶水的咖啡因为无色针状晶体，在100℃时失去结晶水，并开始升华，120℃时显著升华，178℃时迅速升华。利用这一性质可纯化咖啡因。咖啡因易溶于氯仿(12.5%)、水(2%)及乙醇(2%)等。咖啡因又称咖啡碱，是杂环化合物嘌呤的衍生物，其化学名称为1,3,7-三甲基-2,6-二氧嘌呤，它是一种温和的兴奋剂，具有刺激心脏、兴奋中枢神经和利尿等作用。咖啡因的结构式为：

嘌呤

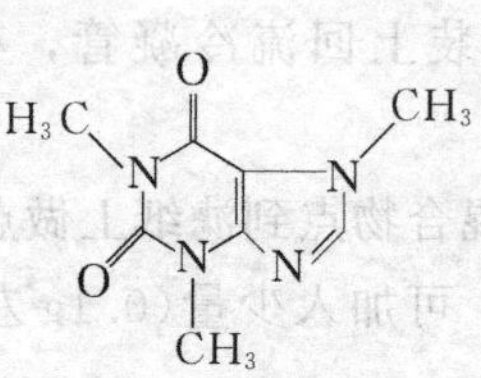
咖啡因

提取咖啡因的方法有碱液提取法和索氏提取器提取法。本实验以乙醇为溶剂，用索氏提取器提取，再经浓缩、中和、升华，得到含结晶水的咖啡因。

提取通常是将固体混合物用研钵研碎，加入适量溶剂，适当加热搅拌或振荡一定时间，用倾析法倒出或过滤出提取液。

工业上从油料种子或榨油饼粕中浸出油品，家庭中泡茶、煎制中药等，都属于提取。

若被提取物极易溶解，可将固体混合物置于有滤纸的普通漏斗上，以溶剂淋浇，使所需物质滤出。

若被提取物质溶解度小，浸提和淋洗均很费溶剂，效果不佳。这时应使用索氏(Soxhlet)提取器来提取。索氏(Soxhlet)提取器由烧瓶、提取筒、回流冷凝管三部分组成，如图4-2所示。索氏提取器是利用溶剂的回流及虹吸原理，使固体物质每次都被纯的热溶剂所萃取，减少了溶剂用量，缩短了提取时间，因而效率较高。萃取前应先将固体物质研细，以增加溶剂浸溶面积，将固体混合物样品放在滤纸卷成的筒套中，筒套下端封闭，上端敞口，置于提取器中，烧瓶中的低沸点溶剂受热，蒸气经回流冷凝滴入筒套，浸提样品，当液面超过虹吸管最高处时，经虹吸管流入烧瓶，溶剂经这样多次循环，损失很少，而所需物质在不高的温度下集中到下面的烧瓶中。提取液经浓缩除去溶剂后，即得产物，必要时可用其他方法进一步纯化。

测定粮油、油料、食品中脂肪含量时，常用此法，很多天然产物中有效成分的提取，也用到索氏提取器。

工业上咖啡因主要是通过人工合成制得，它具有刺激心脏、兴奋大脑神经和利尿等作用，故可以作为中枢神经兴奋药，它也是复方阿司匹林(APC)等药物的组分之一。

### 三、实验试剂

茶叶；乙醇；生石灰。

### 四、实验步骤

(1)粗提　称取干茶叶 10g 装入滤纸筒中，轻轻压实，将其放入索氏提取器中。由提取管上口加入两次虹吸量 95%的乙醇，放入几粒沸石，按图 4-2 安装好索氏提取装置。水浴加热至沸腾，连续提取 2～3h，此时提取液的颜色变得很淡，待提取器中的液体刚虹吸下去时，立即停止加热。

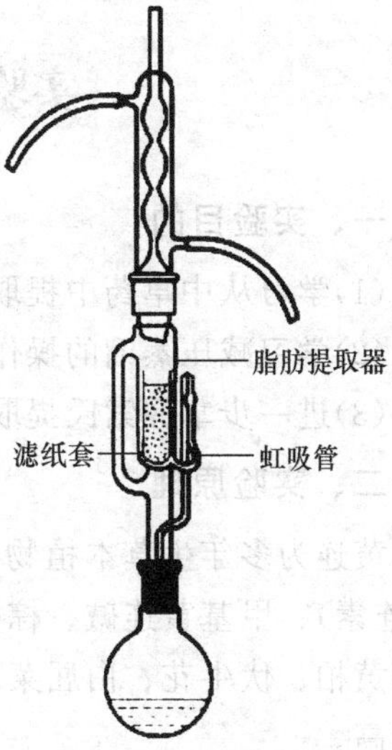


图 4-2　索氏提取器

(2)纯化　稍冷后，改成蒸馏装置，回收提取液中的大部分乙醇，然后将残留液(8～10mL)倾入蒸发皿中，烧瓶用少量乙醇洗涤，洗涤液也倒入蒸发皿中，拌入 3～4g 生石灰，使呈糊状，在蒸气浴上蒸干，期间应不断搅拌，并压碎块状物，务必使水分全部除去。冷却后，擦去粘在边上的粉末，以免在升华时污染产物。将一张刺有许多小孔的圆形滤纸盖在蒸发皿上，取一只大小合适的玻璃漏斗罩于其上，漏斗颈部疏松地塞一团棉花，用沙浴小心加热(也可使用电热套或酒精灯小心加热)，控制沙浴温度在 220℃左右。当滤纸上出现许多白色毛状结晶时，暂停加热，让其自然冷却至 100℃左右。小心取下漏斗，揭开滤纸，用刀片将滤纸和器皿周围的咖啡因刮下，将蒸发皿内的残渣加以搅拌，重新放好滤纸和漏斗，用较高的温度再加热升华一次。此时，温度也不宜太高，否则蒸发皿内大量冒烟，产品既受污染又遭损失。合并两次升华所收集的咖啡因，称量，计算提取率。

纯净咖啡因熔点为 234.5℃。

### 五、注意事项

(1)用滤纸包茶叶末时要严实，防止茶叶末漏出堵塞虹吸管；滤纸包大小要合适，既能紧贴套管内壁，又能方便取放，且其高度不能超出虹吸管高度。

(2)若套筒内萃取液颜色浅，即可停止萃取。

(3)浓缩萃取液时不可蒸得太干，以防转移损失。否则因残液很黏而难以转移，造成损失。

(4)拌入生石灰要均匀，生石灰的作用除吸水外，还可中和除去部分酸性杂质(如鞣酸)。

(5)升华过程中要控制好温度。若温度太低，升华速率较慢，若温度太高，会使产物发黄(分解)。

(6)刮下咖啡因时要小心操作，防止混入杂质。

### 六、思考题

(1)本实验中使用生石灰的作用有哪些？

(2)除用乙醇萃取咖啡因外，还可采用哪些溶剂萃取？

# 实验三十八　从黄连中提取黄连素

## 一、实验目的

(1)学习从中草药中提取生物碱的原理和方法。

(2)学习减压蒸馏的操作技术。

(3)进一步掌握索氏提取器的使用方法，巩固减压过滤操作。

## 二、实验原理

黄连为多年生草本植物，为我国名产药材之一。其根茎中含有多种生物碱，如小檗碱(黄连素)、甲基黄连碱、棕榈碱、非洲防己碱等。黄连中黄连素的含量约在4%～10%。其他如黄柏、伏牛花、白屈菜、南天竹等植物也可作为提取黄连素的原料，但以黄连与黄柏含量最高。

黄连素是一种抗菌药物，用于治疗细菌性痢疾、肠炎、上呼吸道感染和抗疟疾等。我国现用合成法生产医用黄连素药物。

黄连素是黄色针状体，熔点145℃ 。可溶于乙醇；难溶于乙醚、苯；可溶于热水，其水溶液具有黄绿色荧光。黄连素存在三种互变异构体，但自然界多以季铵碱的形式存在。黄连素的盐酸盐、氢碘酸盐、硫酸盐、硝酸盐均难溶于冷水，易溶于热水，其各种盐的纯化都比较容易。

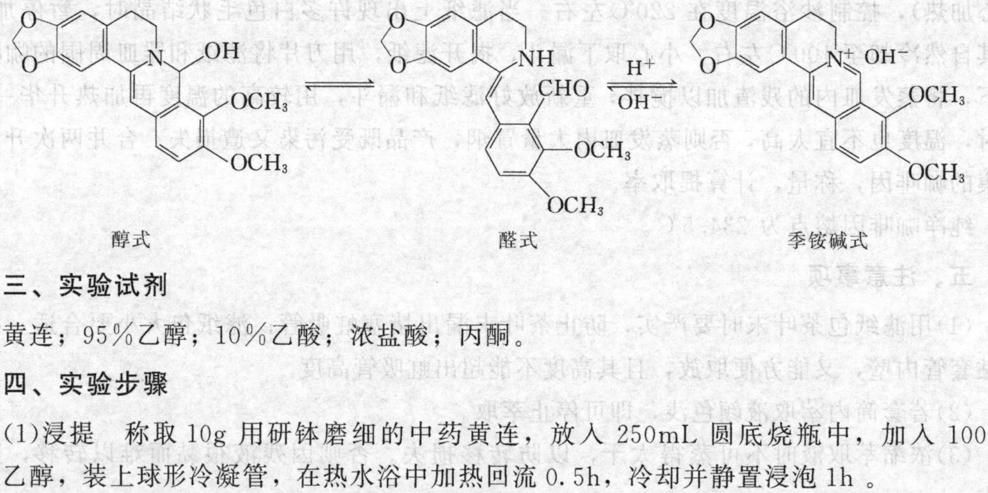

醇式　　　　醛式　　　　季铵碱式

## 三、实验试剂

黄连；95%乙醇；10%乙酸；浓盐酸；丙酮。

## 四、实验步骤

(1)浸提　称取10g用研钵磨细的中药黄连，放入250mL圆底烧瓶中，加入100mL 95%乙醇，装上球形冷凝管，在热水浴中加热回流0.5h，冷却并静置浸泡1h 。

(2)过滤　减压过滤，滤渣用少量95%乙醇洗涤两次。

(3)蒸馏　将滤液倒入250mL圆底烧瓶中，安装普通蒸馏装置。用水浴加热蒸馏，回收乙醇。当烧瓶内残留液呈棕红色糖浆状时，停止蒸馏(不可蒸干)。

(4)溶解、过滤　向烧瓶内加入30mL 10%乙酸溶液，加热溶解，趁热抽滤，除去不溶物。将滤液倒入200mL烧杯中，滴加浓盐酸至溶液出现浑浊为止(约需10mL)。将烧杯置于冰水浴中充分冷却后，黄连素盐酸盐呈黄色晶体析出，减压过滤。

(5)重结晶　将滤饼放入200mL烧杯中，先加少量水，隔石棉网小火加热，边搅拌边补加水至晶体在受热情况下恰好溶解。停止加热，稍冷后，将烧杯放入冰水浴中充分冷却，抽滤结晶，并用冰水洗涤两次，再用少量丙酮洗涤一次，压紧抽干，称量，计算提取率。

黄连素为黄色针状晶体，熔点145℃。

**五、注意事项**

(1)本实验也可用索氏提取器连续提取。

(2)得到纯净的黄连素晶体比较困难。将黄连素盐酸盐加热水至刚好溶解，煮沸，用石灰乳调节 pH 值为8.5～9.8，冷却后滤去杂质，滤液继续冷却到室温以下，即有针状体的黄连素析出，抽滤，将结晶在50～60℃下干燥。

(3)如果得到的黄连素晶形不好，可再用水重结晶一次。

**六、思考题**

(1)黄连素为何种生物碱类的化合物？

(2)为何要用石灰乳来调节 pH 值，用强碱氢氧化钾或氢氧化钠行不行？为什么？

# 实验三十九　水蒸气蒸馏法提取花椒挥发油

**一、实验目的**

(1)学习从天然产物中提取挥发油的原理和方法。

(2)巩固水蒸气蒸馏的操作技术。

**二、实验原理**

花椒为芸香科灌木，果实带红色，含挥发油，性热，味辛，具有温中止痛和杀虫的功效，常用作调味料或杀虫剂。花椒中挥发油主要成分为萜类化合物，根据花椒的品种、产地和新鲜程度不同，花椒挥发油的提取率相差很大，一般为1%～4%，能随水蒸气挥发，对粮食害虫具有较强的驱避和毒杀作用，其中杀虫活性最强的是$\beta$-水芹烯和里那醇，$\beta$-水芹烯的含量最高，其结构式为：

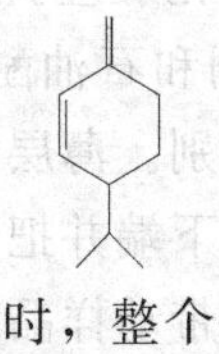

当水和不溶或难溶于水的化合物共存时，整个体系的总蒸气压应为水的蒸汽压和化合物的蒸气压之和。在水蒸气蒸馏时，当混合物的总蒸气压与外界大气压相等时，混合物开始沸腾，此时温度即为混合物的沸点，其沸点比其中任何一个组分的沸点都要低，因此可在低于100℃的温度下将高沸点组分和水一起蒸馏出来，从而可使化合物在较低温度下得到初步分离。由于花椒挥发油中的活性物质$\beta$-水芹烯和里那醇的结构特殊，易在高温下氧化和聚合，且含量低、并有大量固形物包裹，因此本实验利用花椒中的挥发油难溶于水的性质，通过水蒸气蒸馏，使挥发油在低于100℃的温度下蒸馏出来。

**三、实验试剂**

花椒粉 20 g；乙醚 105mL；无水硫酸钠。

**四、实验步骤**

安装水蒸气发生器，并将蒸气导管与 T 形管连接，打开止水夹，加热水蒸气发生器至水沸腾。

以250mL三口圆底烧瓶作为蒸馏瓶，称取20g花椒粉置于蒸馏瓶中，加入100mL热水，摇匀。待水蒸气发生器的导管中有大量蒸气时，关闭止水夹，将水蒸气导管插入蒸馏瓶底部，导入水蒸气进行水蒸气蒸馏，至无油状物馏出时停止蒸馏(约蒸出200mL馏分)。

将馏出液移入分液漏斗中，用105mL乙醚萃取(35mL×3)。萃取完毕，合并醚液，用无水硫酸钠干燥，过滤后将干燥过的乙醚溶液转入蒸馏烧瓶中，水浴蒸出乙醚(尽量将乙醚蒸馏完全)，残留物即为花椒挥发油。花椒挥发油为无色或淡黄色油状物，有花椒气味。

称量提取物，计算提取率。

## 五、注意事项

水蒸气蒸馏结束时，冷凝管的管壁尾端可能有白色固体物质，此物质为挥发物中的胡椒酮。

## 六、思考题

(1)水蒸气蒸馏中需要注意哪些问题?

(2)水蒸气蒸馏的适用范围是什么?

# 实验四十　绿色植物中叶绿素的提取与分离

## 一、实验目的

(1)学会叶绿体色素提取和分离的方法。

(2)掌握薄层色谱的操作方法。

## 二、实验原理

叶绿素是植物光合作用色素，叶绿素是叶绿酸的酯，叶绿酸是双羧酸，其中一个羧基被甲醇酯化，另一个被叶醇酯化，能发生皂化反应。叶绿体中的叶绿素a、叶绿素b、胡萝卜素和叶黄素不溶于水，可溶于酒精、丙酮和石油醚等有机溶剂，故可用乙醇等有机溶剂提取。提取液可用薄层色谱法加以分离和鉴别。薄层色谱法是将吸附剂均匀涂在玻璃板上呈一薄层，把待分离的样品溶液点在薄层板的下端并把薄层板下端浸入展开剂中后，展开剂通过毛细管作用由下而上逐渐浸润薄层板，并带动样品在板上也向上移动，样品在吸附剂和展开剂之间不断地吸附、脱附。由于吸附剂对样品中不同成分的吸附能力不同，从而使各成分有不同的移动速率而彼此分离。

## 三、实验试剂

新鲜绿色植物叶5.0g；石油醚(60～90℃)；95%乙醇；正丁醇；丙酮；苯；中性氧化铝；无水硫酸钠；研钵；色谱柱；硅胶G板。

## 四、实验步骤

称取5.0g新鲜的绿色植物叶子洗净，擦干，去掉中脉，剪碎，放入研钵中，研钵中加入少量石英砂及碳酸钙粉，再加2～3mL 95%乙醇，研磨至糊状，用30mL石油醚-乙醇混合溶剂(体积比为2∶1)分数次浸取。将浸取液过滤，滤液转移到分液漏斗中，加等体积的水洗涤一次。洗涤时要轻轻振荡，防止乳化。弃去水-乙醇层，石油醚层再用等体积的水洗涤两次，以除去乙醇和其他水溶性物质。有机层用无水硫酸钠干燥后转移到另一锥形瓶中保存，分别做柱色谱分离和薄层色谱分析。

**1. 柱色谱分离**

将 10g 中性氧化铝与 10mL 石油醚搅拌成糊状，并将其慢慢加入预先加有一定石油醚的色谱柱中，同时打开活塞，让石油醚流入锥形瓶中。以稳定的速率装柱，不时用橡胶棒敲打色谱柱，使柱体均匀，避免出现裂缝和气泡，在装好的柱子上放 0.5cm 厚的石英砂或滤纸，并不断用石油醚进行洗脱，使色谱柱流实。然后放掉过剩的石油醚，至液面刚刚达到石英砂或滤纸的顶部，关闭活塞。

洗脱：将已干燥的萃取液水浴加热，蒸去大部分石油醚(剩余体积约为 10mL 左右)，将此浓缩液用滴管小心地加到色谱柱顶。加完后，打开活塞，让液面刚刚达到色谱柱顶端，关闭活塞，再用滴管加数滴石油醚，打开活塞，使液面下降。如此反复几次，使色素全部进入柱体。待色素全部进入柱体后，在柱顶小心加入石油醚-丙酮(体积比为 2∶1)洗脱剂约 1.5cm 高。然后在色谱柱上面装一个滴液漏斗，内装 20mL 洗脱剂，打开上、下两个活塞，让洗脱剂逐滴放出，分离即开始进行。当第一个橙黄色色带即将流出时，需换一个锥形瓶接收，此为胡萝卜素，约用洗脱剂 50mL(若流速慢，可用水泵稍减压)。再用石油醚-丙酮(体积比为 7∶3)洗脱剂洗脱，当第二个棕黄色色带即将流出时，再换一个锥形瓶接收，此为叶黄素。再换用正丁醇-乙醇-水溶液(体积比为 3∶1∶1)洗脱，分别接收叶绿素 a(蓝绿色)和叶绿素 b(黄绿色)。

大约在 45～90 min 内洗脱全部物质较为合适。

**2. 薄层色谱分析**

在 10cm×2.5cm 的硅胶 G 板上，用分离后的胡萝卜素点样，用石油醚-丙酮(体积比为 7∶3)展开，可出现 1～3 个黄色斑点。用分离后的叶黄素点样，用石油醚-丙酮(体积比为 7∶3)展开，一般可呈现 1～4 个点。取 4 块硅胶 G 板，一边点有机层提取液样点，另一边分别点柱色谱分离后的 4 个试液，用苯-丙酮(体积比为 8∶2)展开，或用石油醚展开，观察斑点的位置，并依 $R_f$ 由大到小的次序将胡萝卜素、叶黄素和叶绿素排列出来。

## 五、注意事项

(1)本实验也可先用纸色谱分离。

(2)叶黄素易溶于醇而在石油醚中溶解度较小，从嫩绿植物叶中得到的提取液，叶黄素含量少，柱色谱不容易分出黄色带。

## 六、思考题

(1)试比较胡萝卜素、叶绿素和叶黄素的极性大小，为什么胡萝卜素在色谱中移动最快？

(2)装填柱子时需要注意哪些问题？

# 实验四十一　肥皂的制备

## 一、实验目的

(1)了解肥皂的制取过程。

(2)认识油脂的重要性质——皂化反应。

## 二、实验原理

肥皂的主要成分是高级脂肪酸的钠盐或钾盐，其中的烃基是非极性的憎水部分，而羧酸根是极性的亲水部分。在水中，其亲水部分插入水中，憎水部分被排出水面外，从而降低了水分子之间的引力，亦即降低了水的表面张力；同时，在水面外的憎水烃基靠范德华引力靠在一起，而亲水基团则包在外面与水相连接，形成一粒一粒的胶束。如遇到油污，其憎水部分就进入油滴内，而亲水部分伸在油滴外面的水中，形成稳定的乳浊液。由于水表面张力的降低，使油质较易被润湿，并使油污与它的附着物(纤维)逐渐分开，从而达到清洁的目的。

制皂的基本化学反应是油脂和碱相互作用生成肥皂和甘油。

$$\begin{array}{l} R^1COOCH_2 \\ \quad\ \ | \\ R^2COOCH \\ \quad\ \ | \\ R^3COOCH_2 \end{array} + 3NaOH \longrightarrow \begin{array}{l} R^1COONa \\ \\ R^2COONa \\ \\ R^3COONa \end{array} + \begin{array}{l} CH_2OH \\ | \\ CHOH \\ | \\ CH_2OH \end{array}$$

## 三、实验试剂

植物油(或动物油)；乙醇；氢氧化钠；氯化钠饱和溶液；蒸馏水。

## 四、实验步骤

(1)原料准备　在100mL烧杯中，加入氢氧化钠10g、水18mL和95%乙醇18mL，搅拌溶解。

(2)原料加热　另取一只250mL烧杯，加入10g猪油或其他油脂，加入上述制备的溶液，充分皂化，要用玻璃棒不断搅拌，加热过程中不断添加乙醇与水混合液(体积比为1∶1)，直至混合物变稠。

(3)盐析　将油脂和碱经过皂化反应后形成的稠状物，一边用玻璃棒搅拌，一边加入饱和的氯化钠溶液50mL，看到溶液分上、下两层，有肥皂析出，最后肥皂成为糊状浮在液体上面，下层为黄色或黄褐色的水液层。[加入氯化钠饱和溶液的作用是使肥皂析出(盐析)，因为氯化钠的加入降低了高级脂肪酸钠的溶解度。玻璃棒搅拌的目的是使氯化钠溶液与蒸发皿中液体混合均匀]

(4)过滤　冷却至室温，减压过滤，固体用冷水洗涤数次，晾干，称量，计算产率。

## 五、注意事项

(1)油脂不易溶于碱水，加入乙醇是为增大油脂在碱液中的溶解度，乙醇的高挥发性将水分快速带出，从而加快皂化反应。

(2)用小火或热水浴加热。

(3)皂化反应时，保持混合液体积不变，不能让蒸发皿里的混合液蒸干或溅到外面。

## 六、思考题

(1)在原料的准备中，加入乙醇的目的是什么？加入氢氧化钠的作用是什么？

(2)植物油的成分是什么？肥皂的成分是什么？

(3)在实验步骤(3)中加入饱和氯化钠溶液的作用是什么？原因是什么？玻璃棒搅拌的作用是什么？

(4)肥皂去污的原理是什么？

# 实验四十二　差热分析

## 一、实验目的

(1)掌握差热分析的基本原理、测量技术以及影响测量准确性的因素。

(2)学会差热分析仪的操作，并测定 $KNO_3$ 的差热曲线。

(3)掌握差热曲线的定量和定性处理方法，对实验结果作出解释。

## 二、实验原理

### 1. 差热分析的原理

在物质匀速加热或冷却的过程中，当达到特定温度时会发生物理或化学变化。在变化过程中，往往伴随有吸热或放热现象，这样就改变了物质原有的升温或降温速率。差热分析就是利用这一特点，通过测定样品与一对热稳定的参比物之间的温度差与时间的关系，来获得有关热力学或热动力学的信息。

目前常用的差热分析仪一般是将试样与具有较高热稳定性的差比物(如 $\alpha$-$Al_2O_3$)分别放入两个小的坩埚，置于加热炉中升温。如在升温过程中试样没有热效应，则试样与差比物之间的温度差$\Delta T$ 为零；而如果试样在某温度下有热效应，则试样温度上升的速率会发生变化，与参比物相比会产生温度差$\Delta T$。把 $T$ 和$\Delta T$ 转变为电信号，放大后用双笔记录仪记录下来，分别对时间作图，得$\Delta T$-$t$ 和 $T$-$t$ 两条曲线。

图 4-3 所示的是理想状况下的差热曲线。图中 $ab$、$de$、$gh$ 分别对应于试样与参比物没有温度差时的情况，称为基线，而 $bcd$ 和 $efg$ 分别为差热峰。差热曲线中峰的数目、位置、方向、高度、宽度和面积等均具有一定的意义。比如，峰的数目表示在测温范围内试样发生变化的次数；峰的位置对应于试样发生变化的温度；峰的方向则指示变化是吸热还是放热；峰的面积表示热效应的大小，等等。因此，根据差热曲线的情况就可以对试样进行具体分析，得出有关信息。

在峰面积的测量中，峰前后基线在一条直线上时，可以按照三角形的方法求算面积。但是更多的时候，基线并不一定和时间轴平行，峰前后的基线也不一定在同一直线上(见图 4-4)。此时可以按照作切线的方法确定峰的起点、终点和峰面积。另外，还可以采取剪下峰称量，以质量代替面积(即剪纸称量法)。

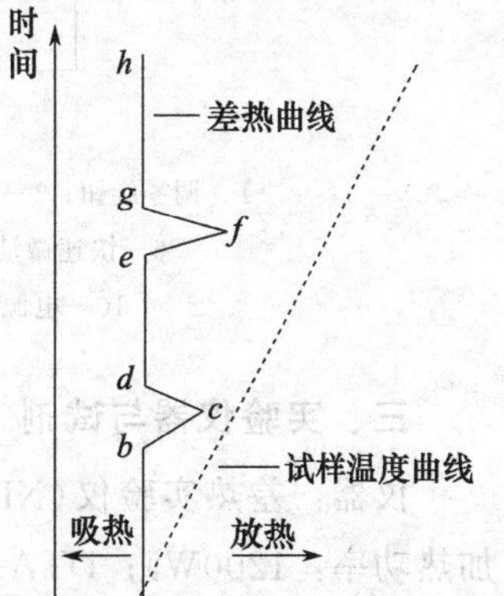

图 4-3　差热曲线和试样

### 2. 影响差热分析的因素

差热分析是一种动态分析技术，影响差热分析结果的因素较多，主要有以下因素。

(1)升温速率　升温速率对差热曲线有重大影响，常常影响峰的形状、分辨率和峰所对应的温度值。比如：当升温速率较低时基线漂移较小，分辨率较高，可分辨距离很近的峰，但测定时间相对较长；而升温速率高时，基线漂移严重，分辨率较低，但测试时间较短。

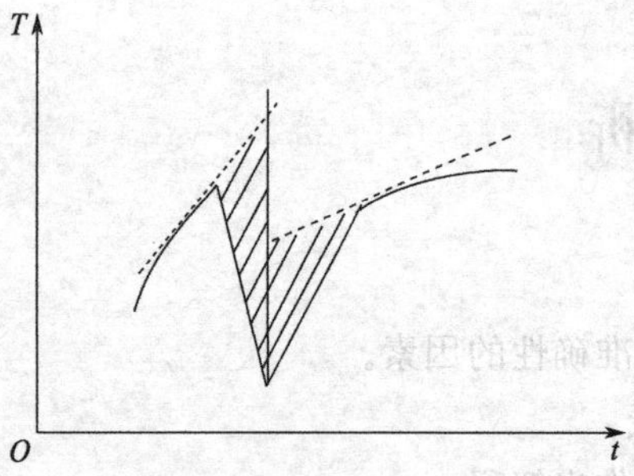


图 4-4　测定峰面积的方法

(2)试样　样品的颗粒一般大约在 200 目左右，用量则与热效应和峰间距有关。样品粒度的大小、用量的多少都对分析有着很大的影响，甚至连装样的均匀性也会影响到实验的结果。

(3)稀释剂的影响　稀释剂是指在试样中加入一种与试样不发生任何反应的惰性物质，常常是参比物质。稀释剂的加入使样品与参比物的热容相近，有助于改善基线的稳定性，提高检出灵敏度，但同时也会减小峰的面积。

(4)气氛与压力　许多测定受加热炉中气氛及压力的影响较大，如 $CaC_2O_4 \cdot H_2O$ 在氮气和空气气氛下分解时曲线是不同的。在氮气气氛下 $CaC_2O_4 \cdot H_2O$ 第二步热解时会分解出 CO，产生吸热峰，而在空气气氛下热解时放出的 CO 会被氧化，同时放出热量呈现放热峰。

除了以上因素外，走纸速率、差热量程等也对差热曲线有一定的影响。因此，在运用差热分析方法研究体系时，必须认真查阅文献，审阅体系，找出合适的实验条件方可进行测试。

本实验使用的 NDTA-Ⅲ型差热仪属于中温、微量型差热仪，主要有温控系统、差热系统、试样测温系统和记录系统四部分，其控制面板如图 4-5 所示。

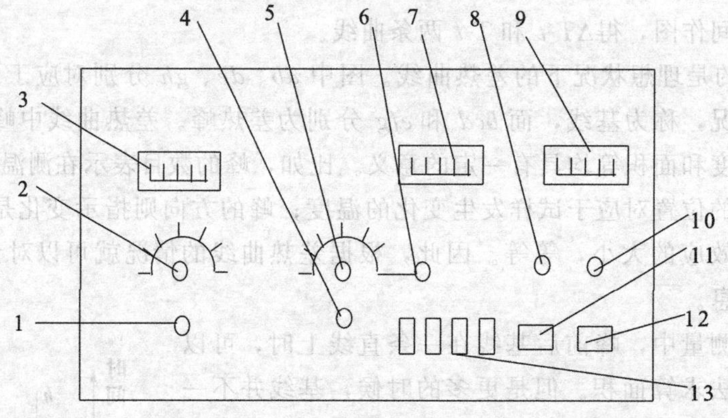


图 4-5　NDTA-Ⅲ型差热仪面板图

1—调零旋钮；2—量程开关；3—差热指示表头；4—偏差调零旋钮；5—升温选择开关；
6—快速微动开关；7—偏差指示表头；8—加热指示灯；9—输出电压表头；
10—电源指示灯；11—加热开关；12—电源开关；13—程序功能开关

## 三、实验仪器与试剂

仪器：差热实验仪(NDTA-Ⅲ)1 台(控温范围：室温～1200℃；分辨率：0.1℃；最大加热功率：1200W)；DTA-Ⅲ型差热实验炉；镊子 1 把；铝坩埚 8 个；台式自动平衡记录仪 1 台。

试剂：氧化铝(分析纯)；Sn(分析纯)；$KNO_3$(分析纯)。

## 四、实验步骤

(1)打开差热分析仪(NDTA-Ⅲ)电源，预热 20min。先在两个小坩埚内分别准确称取纯

锡和 $\alpha$-$Al_2O_3$ 各 5mg。升起加热炉，逆时针方向旋转到左侧。用热源靠近差热电偶的任意一热偶板，若差热笔向右移动，则该端为参比热电偶板，反之，为试样板。用镊子小心将样品放在样品托盘上，参比放在参比托盘上，降下加热炉(注意在欲放下加热炉的时候，务必先把炉体转回原处，然后才能放下炉子，否则会弄断样品架)。

(2)打开差热分析仪主机开关，接通冷却水，控制水的流量在 300mL·min$^{-1}$ 左右。

(3)打开平衡记录仪开关，分别将差热笔和温度笔量程置于 20mV 和 10mV 上，走纸速率置于 30mm·min$^{-1}$ 量程。调节差热仪主机上差热量程为 250℃。

(4)将升温速率旋在零刻度，用调零旋钮将温度笔置于差热图纸的最右端，差热笔置于中间，将升温速率旋至 10℃·min$^{-1}$，放下绘图笔转换开关。

(5)按下加热开关，同时注意升温速率指零旋钮左偏(不左偏时不能进行升温，需停机检查)。按下电炉开关，进行加热，仪器自动记录。

(6)等到绘图纸上出现一个完整的差热峰时，关闭电炉开关。按下程序零旋钮和电位差计的开关，旋起加热炉，用镊子取下坩埚。将加热炉冷却降温至 70℃以下，将预先称好的 $\alpha$-$Al_2O_3$ 和 $KNO_3$ 试样分别放在样品保持架的两个小托盘上，在与锡相同的条件下升温加热，直至出现两个差热峰为止。

(7)按照上述步骤，每个样品测定差热曲线两次。

(8)实验结束后，抬起记录笔，关闭记录仪电源开关、加热开关，按下程序功能“0”键，关闭电源开关，升起炉子，取出样品，关闭水源和电源。

## 五、数据记录与结果处理

(1)在本实验条件下，差热测量温度范围为 0～280.5℃(实验所用为镍镉热电偶)，根据差热曲线，定性说明锡和 $KNO_3$ 的差热图，指出峰的位置、数目、指示温度及所表示的意义。

(2)计算 $KNO_3$ 的热效应，计算公式：

$$\Delta H = \frac{C}{m}\int_a^b \Delta T \mathrm{d}t \tag{4-19}$$

式中，$C$ 为常数，与仪器特性及测量条件有关；$m$ 为样品质量；$\int_a^b \Delta T dt$ 为差热峰面积，可利用三角形法、剪纸称量法计算。本实验中采取测量质量一定且已知热效应的物质(锡)作为参比，根据锡差热峰的面积求出常数 $C$，然后再计算 $KNO_3$ 的热效应。

## 六、思考题

(1)影响本实验差热分析的主要因素有哪些?

(2)为什么差热峰的指示温度往往不恰巧等于物质能发生相变的温度?

(3)本实验中为什么差热笔要放在绘图纸的中间?

## 七、参考数据

锡的熔点：231.928℃；锡的熔化热：59.36J·g$^{-1}$。

$KNO_3$ 相变点为 128～129℃，转化热为 55.2～ 57.48J·g$^{-1}$，熔点为 336～338℃，熔化热为 105.75～115.79J·g$^{-1}$。

数据摘自 1985 年科学出版社出版的《热分析及其应用》。

# 实验四十三　二组分金属相图的绘制

## 一、实验目的

(1)用热分析法测绘 Sn-Bi 二组分金属相图。

(2)掌握热分析法的测量技术与热电偶测量温度的方法。

(3)学会可升降温电炉及数字控温仪的使用方法。

## 二、实验原理

相图是用以研究体系的状态随浓度、温度、压力等变量的改变而发生变化的图形，它可以表示出指定条件下体系存在的相数和各相的组成，对蒸气压较小的二组分凝聚体系，常以温度-组成($T$-$x$)图来描述。

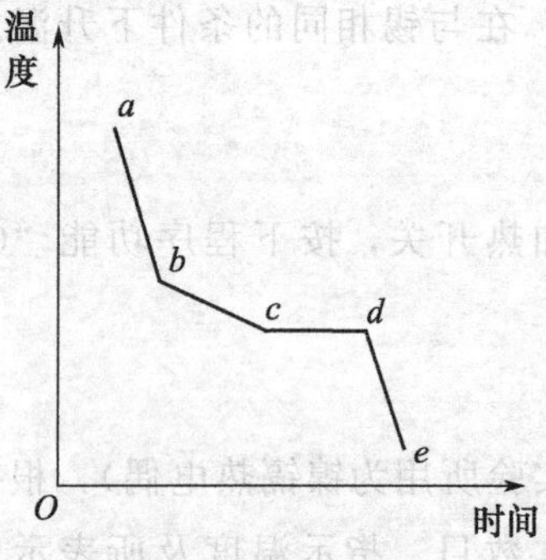


图 4-6　步冷曲线

热分析法是绘制相图常用的基本方法之一。这种方法通过观察体系在冷却(或加热)时温度随时间的变化关系，来判断有无相变的发生。通常的做法是先将体系全部熔化，然后让其在一定环境中自行冷却，并每隔一定的时间记录一次温度，以温度($T$)为纵坐标，时间($t$)为横坐标，画出称为步冷曲线的温度-时间($T$-$t$)图。如图 4-6 所示是二组分金属体系的一种常见类型的步冷曲线。

当体系均匀冷却时，如果体系不发生相变，则体系的温度随时间的变化将是均匀的，冷却也较快(如图中 $ab$ 段)。若在冷却过程中发生了相变，由于在相变过程中伴随着热效应，所以体系温度随时间的变化速率将发生改变，体系的冷却速率减慢，步冷曲线就出现转折(如图中 $b$ 点所示)。当熔液继续冷却到某一点时(如图中 $c$ 点)，由于此时熔液的组成已达到最低共熔混合物的组成，故有最低共熔混合物析出，在最低共熔混合物完全凝固以前，体系温度保持不变，因此步冷曲线出现平台(如图中 $cd$ 线段)。当熔液完全凝固后，温度才迅速下降(如图中 $de$ 线段)。由步冷曲线中出现的平台或转折点即可以绘制出二组分金属相图，如图 4-7 所示。

用热分析法测绘相图时，被测体系必须时时处于或接近相平衡状态，因此必须保证冷却

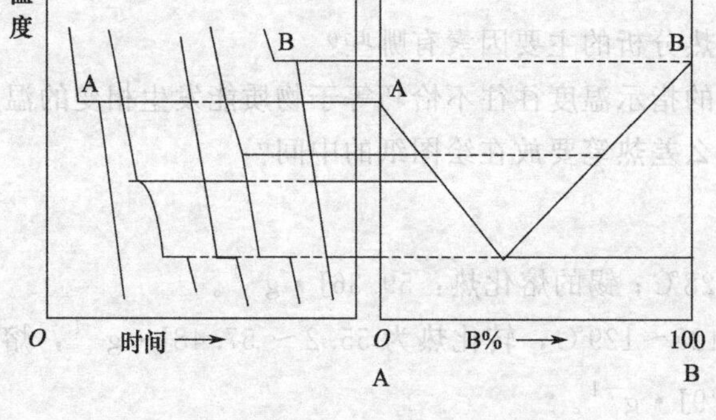


图 4-7　根据步冷曲线绘制相图

速率足够慢才能得到较好的效果。此外，在冷却过程中，一个新的固相出现以前，常常发生过冷现象，轻微过冷有利于测量相变温度，但严重过冷会使折点发生起伏，使相变温度的确定产生困难，如图 4-8 所示。遇此情况，可延长 $dc$ 线与 $ab$ 线相交，交点 $e$ 即为转折点。

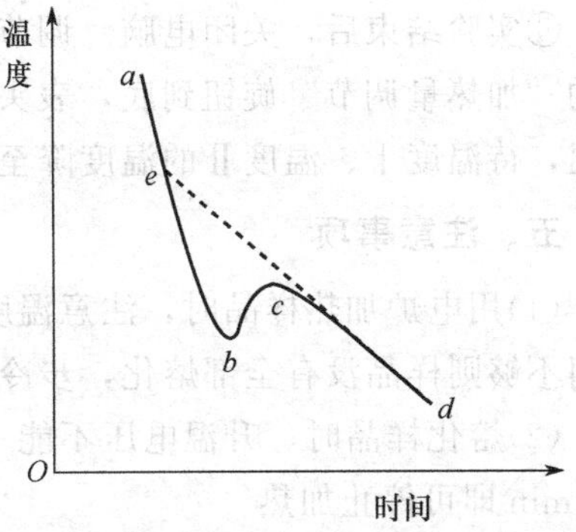


图 4-8　有过冷现象出现的步冷曲线

## 三、实验仪器与试剂

仪器：KWL09 可控升降温电炉 1 台；电脑 1 台；SWKY-Ⅰ数字控温仪 1 台；金属套管 6 只；钳子 1 只。

试剂：Sn(化学纯)；Bi(化学纯)；石蜡油；石墨粉。

## 四、实验步骤

(1)将数字控温仪与可控升降温电炉及计算机连接好，检查仪器装置与试剂。

(2)测量样品的步冷曲线。

①打开计算机，双击桌面图标(金属相图)。

②将盛有 $w$(Bi)为 58%样品的金属管放入控温区电炉内加热，温度传感器Ⅰ插入指定温度传感器插孔，温度传感器Ⅱ插入测试区电炉炉膛内。

③设置控制温度，58% Bi 样品对应的控温区电炉温度Ⅰ设为 170℃，测试区电炉温度Ⅱ设为 160℃，其他样品设置温度参考表 4-10。

④当温度Ⅰ达到所设定的温度并稳定一段时间，试管内样品全熔化后，用钳子取出试管放入测试区电炉膛内并把温度传感器放入试管内。打开电炉电源开关，调节“加热量调节”进行加热至所需温度。

**表 4-10　样品温度设置**

| 组成［$w$(Bi)］ | | 熔点/℃ | 温度Ⅰ/℃ | 温度Ⅱ/℃ |
|---|---|---|---|---|
| 纯 Bi | 100% | 271（平台） | 300 | 290 |
| 1 | 30% | 192（拐点） | 220 | 210 |
| 2 | 58% | 139（平台） | 170 | 160 |
| 3 | 80% | 184（拐点） | 215 | 210 |
| 纯 Sn | 0 | 232（平台） | 260 | 250 |

⑤当测试电炉炉膛温度加热至所需温度后，耐心调节“加热量调节”旋钮和“冷风量调节”旋钮，使之匀速降温，降温速率控制在 5～8℃·$min^{-1}$。

⑥电脑界面上先设定好横坐标和纵坐标，单击开始，绘制步冷曲线。根据参考数据，快至转折点时，轻微搅拌样品以防止过冷现象出现，保证实验精度。继续绘制步冷曲线，直至水平线段以下为止。单击完成，并命名存盘。

⑦用钳子将已测的样品从测试区炉膛内取出，放到样品管摆放区进行冷却。

⑧用上述方法按照温度由低到高的顺序绘制 80%Bi、30%Bi、纯锡和纯铋样品的步冷曲线。合金有两个转折点，必须待第二个转折点测完后方可停止实验。单击完成，并分别命名存盘。

⑨实验结束后，关闭电脑。调节数字控温仪处于置数状态，使温度下降。逆时针调节电炉的“加热量调节”旋钮到底，表头指示为0，顺时针调节“冷风量调节”旋钮到底，进行降温，待温度Ⅰ、温度Ⅱ的温度降至接近室温(至少100℃以下)，最后关闭电源。

## 五、注意事项

(1)用电炉加热样品时，注意温度要适当，温度过高样品易氧化变质；温度过低或加热时间不够则样品没有全部熔化，步冷曲线转折点测不出。

(2)熔化样品时，升温电压不能一下加得太快，要缓慢升温。一般金属熔化后，继续加热2min即可停止加热。

(3)为使步冷曲线上有明显的相变点，必须将热电偶结点放在熔融体的中间偏下处，同时将熔体搅匀。冷却时，将金属样品管放在冷却炉中，控制温度下降打开风扇。

(4)实验过程中，样品管要小心轻放，插换热电偶时，要格外小心，防止戳破样品管。

(5)不要用手触摸被加热的样品管底部，更换热电偶时不要碰到手臂，以免烫伤。

## 六、数据记录与结果处理

(1)找出各步冷曲线的拐点和平台对应的温度值，查出$w$(Bi)为30%、58%、80%的铋合金的熔点温度，以及纯Sn和纯Bi的熔点温度。

(2)以横坐标表示质量分数，纵坐标表示温度，绘出Sn-Bi二组分合金相图。

## 七、思考题

(1)不同成分混合物步冷曲线的水平段有什么不同?

(2)作相图还有哪些方法?

(3)通常认为，体系发生相变时的热效应很小，则用热分析法很难测得准确相图，为什么?在$w$(Bi)为30%和80%的两个样品的步冷曲线中第一个转折点哪个明显?为什么?

(4)有时在出现固相的冷却记录曲线转折处出现凹陷的小弯，是什么原因造成的?此时应如何读相图转折温度?

(5)金属熔融系统冷却时，冷却曲线为什么出现折点?纯金属、低共熔金属及合金等转折点各有几个?曲线形状为何不同?

# 实验四十四　电导法测定表面活性剂的临界胶束浓度

## 一、实验目的

(1)用电导法测定十二烷基硫酸钠的临界胶束浓度。

(2)了解表面活性剂的特性及胶束形成原理。

(3)掌握电导率仪的使用方法。

## 二、实验原理

具有明显“双亲”性质的分子，既含有亲油的足够长碳链的(大于10个碳原子)烃基，又含有亲水的极性基团(通常是离子化的)，由这一类分子组成的物质称为表面活性剂，如肥皂和各种合成洗涤剂等。表面活性剂分子都是由极性部分和非极性部分组成的，若按离子的类型分类，可分为三大类：①阴离子型表面活性剂，如羧酸盐(肥皂)、烷基硫酸盐(十二烷基硫酸钠)、烷基磺酸盐(十二烷基苯磺酸钠)等；②阳离子型表面活性剂，主要是胺盐，如十二烷基二甲基叔胺和十二烷基二甲基氯化铵；③非离子型表面活性剂，如聚氧乙烯类。

表面活性剂进入水中，在低浓度时呈分子状态，并且三三两两地把亲油基团靠拢而分散在水中。当溶液浓度加大到一定程度时，许多表面活性物质的分子立刻结合成很大的基团，形成"胶束"。以胶束形式存在于水中的表面活性物质是比较稳定的。表面活性物质在水中形成胶束所需的最低浓度称为临界胶束浓度(critical micelle concentration)，简称 CMC。CMC 可看作是表面活性剂溶液的表面活性的一种量度。因为 CMC 越小，则表示此种表面活性剂形成胶束所需浓度越低，达到表面饱和吸附的浓度越低。也就是说只要很少的表面活性剂就可起到润湿、乳化、加溶、起泡等作用。在 CMC 点上，由于溶液的结构改变导致其物理及化学性质(如表面张力、电导、渗透压、浊度、光学性质等)同浓度的关系曲线出现明显的转折，如图 4-9 所示。因此，通过测定溶液的某些物理性质的变化，可以测定 CMC。

这个特征行为可用生成分子聚集体或胶束来说明，当表面活性剂溶于水中后，不但定向地吸附在溶液表面，而且达到一定浓度时还会在溶液中发生定向排列而形成胶束。表面活性剂为了使自己成为溶液中的稳定分子，有可能采取的两种途径：一是把亲水基留在水中，亲油基伸向油相或空气；二是让表面活性剂的亲油基团相互靠在一起，以减少亲油基与水的接触面积。前者就是表面活性剂分子吸附在界面上，其结果是降低界面张力，形成定向排列的单分子膜，后者就形成了胶束。由于胶束的亲水基方向朝外，与水分子相互吸引，使表面活性剂能稳定溶于水中。

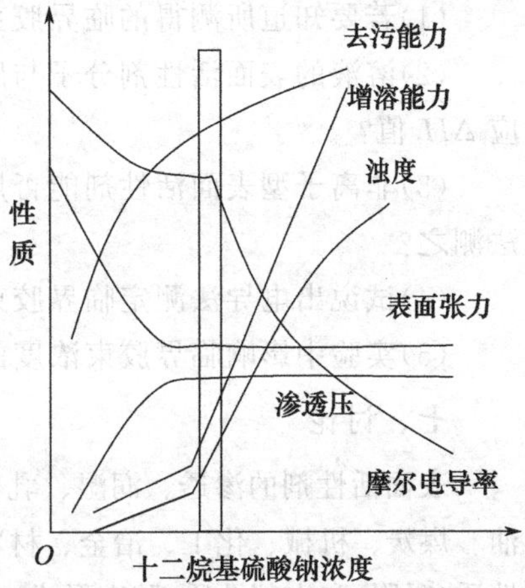


图 4-9　十二烷基硫酸钠水溶液的物理性质和浓度的关系

随着表面活性剂在溶液中浓度的增大，球形胶束可能转变成棒形胶束，甚至层状胶束。后者可用来制作液晶，它具有各向异性的性质。

本实验利用 DDSJ-11A 型电导率仪测定不同浓度的十二烷基硫酸钠水溶液的电导值(也可换算成摩尔电导率)，并作电导值(或摩尔电导率)与浓度的关系图，从图中的转折点求得临界胶束浓度。

## 三、实验仪器与试剂

仪器：DDSJ-11A 型电导率仪 1 台(附带电导电极 1 支)；容量瓶(100mL)12 只。

试剂：氯化钾(分析纯)；恒温水浴 1 套；十二烷基硫酸钠(分析纯)；容量瓶(1000mL)1 只；电导水。

## 四、实验步骤

(1)用电导水或重蒸馏水准确配制 0.01mol·L$^{-1}$ 的 KCl 标准溶液。

(2)取十二烷基硫酸钠在 80℃ 烘干 3h，用电导水或重蒸馏水准确配制 0.002、0.004、0.006、0.007、0.008、0.009、0.010、0.012、0.014、0.016、0.018、0.020mol·L$^{-1}$ 的十二烷基硫酸钠溶液各 100mL。配制溶液时，应缓慢搅拌，避免产生大量泡沫，必须保证表面活性剂完全溶解，否则影响测得浓度的准确性。

(3)打开恒温水浴调节温度至 25℃ 或其他合适温度，开通电导率仪(参见使用方法)。

(4)用 $0.01mol \cdot L^{-1}$ KCl 标准溶液标定电导常数。

(5)用 DDSJ-11A 型电导率仪从稀到浓分别测定上述各溶液的电导率。每次用后一种溶液荡洗盛前一种溶液的电导池、电极 3 次以上，测定各溶液浓度时必须恒温 10min，每种溶液的电导率读数 3 次，取平均值。列表记录各溶液对应的电导率，换算成摩尔电导率。

(6)实验结束后洗净电导池和电极，并测量水的电导率。实验结束将电极浸入蒸馏水保存。再次使用时用滤纸轻轻吸干水分，不可用纸擦拭电极上的铂黑。

## 五、数据记录与结果处理

(1)计算各浓度十二烷基硫酸钠水溶液的电导率和摩尔电导率。

(2)将数据列表，作 $\kappa$-$c$ 图与 $\lambda_m$-$c$ 图，由曲线转折点确定临界胶束浓度 CMC 值。

## 六、思考题

(1)若要知道所测得的临界胶束浓度是否准确，可用什么实验方法验证之？

(2)溶液的表面活性剂分子与胶束之间的平衡同浓度和温度有关，试问如何测出其热效应 $\Delta H$ 值？

(3)非离子型表面活性剂能否用本实验方法测定临界胶束浓度？若不能，则可用何种方法测之？

(4)试说出电导法测定临界胶束浓度的原理。

(5)实验中影响临界胶束浓度的因素有哪些？

## 七、讨论

表面活性剂的渗透、润湿、乳化、去污、分散、增溶和起泡作用等基本原理广泛应用于石油、煤炭、机械、化工、冶金、材料及轻工业、农业生产中，研究表面活性剂溶液的物理化学性质(吸附)和内部性质(胶束形成)有着重要意义。而临界胶束浓度(CMC)可以作为表面活性剂的表面活性的一种量度。因为 CMC 越小，则表示这种表面活性剂形成胶束所需浓度越低，达到表面(界面)饱和吸附的浓度越低，因而改变表面性质起到润湿、乳化、增溶和起泡等作用所需的浓度越低。另外，临界胶束浓度又是表面活性剂溶液性质发生显著变化的一个“分水岭”，因此，表面活性剂的大量研究工作都与各种体系中的 CMC 测定有关。

测定 CMC 的方法很多，常用的有表面张力法、电导法、染料法、增溶作用法、光散射法等。这些方法的原理都是从溶液的物理化学性质随浓度变化关系出发求得。其中表面张力和电导法比较简便准确。表面张力法除了可求得 CMC 之外，还可以求出表面吸附等温线，此外还有一个优点，就是无论对于高表面活性还是低表面活性的表面活性剂，其 CMC 的测定都具有相似的灵敏度，此法不受无机盐的干扰，也适合非离子表面活性剂。电导法是经典方法，简便可靠，只限于离子型表面活性剂，此法对于有较高活性的表面活性剂准确性高，但过量无机盐存在会降低测定灵敏度，因此配制溶液应该用电导水。

# 实验四十五 乙酸乙酯皂化反应速率常数的测定

## 一、实验目的

(1)用电导率仪测定乙酸乙酯皂化反应进程中的电导率。

(2)学会用图解法求二级反应的速率常数，并计算该反应的活化能。

(3)学会使用电导率仪和恒温水浴。

## 二、实验原理

乙酸乙酯皂化反应是个二级反应，其反应方程式为：

$$CH_3COOC_2H_5 + Na^+ + OH^- \longrightarrow CH_3COO^- + Na^+ + C_2H_5OH$$

当乙酸乙酯与氢氧化钠溶液的起始浓度相同时(可使二级反应的数学公式简单化)，如均为 $a$，则反应速率表示为：

$$\frac{dx}{dt} = k(a-x)^2 \tag{4-20}$$

式中，$x$ 为时间 $t$ 时反应物消耗掉的浓度；$k$ 为反应速率常数。将上式积分得：

$$\frac{x}{a(a-x)} = kt \tag{4-21}$$

起始浓度 $a$ 为已知，因此只要由实验测得不同时间 $t$ 时的 $x$ 值，以 $x/(a-x)$ 对 $t$ 作图，若所得为一直线，证明是二级反应，并可以从直线的斜率求出 $k$ 值。

乙酸乙酯皂化反应中，参加导电的离子有 $OH^-$、$Na^+$ 和 $CH_3COO^-$，由于反应体系是很稀的水溶液，可认为 $CH_3COONa$ 是全部电离的，因此，反应前后 $Na^+$ 的浓度不变，$OH^-$ 的浓度不断减小，随着反应的进行，仅仅是导电能力很强的 $OH^-$ 逐渐被导电能力弱的 $CH_3COO^-$ 所取代。$OH^-$ 的迁移率比大约是 $CH_3COO^-$ 的 5 倍，致使溶液的电导逐渐减小，因此可用电导率仪测量皂化反应进程中电导率随时间的变化，从而达到跟踪反应物浓度随时间变化的目的。

令 $G_0$ 为 $t=0$ 时溶液的电导，$G_t$ 为时间 $t$ 时混合溶液的电导，$G_\infty$ 为 $t=\infty$(反应完毕)时溶液的电导。则稀溶液中，电导值的减小量与 $CH_3COO^-$ 浓度成正比，设 $K$ 为比例常数，则：

$$t=t\text{ 时}, x=x, x=K(G_0-G_t) \tag{4-22}$$

$$t=\infty\text{ 时}, x\to a, a=K(G_0-G_\infty) \tag{4-23}$$

由此可得：

$$a-x=K(G_t-G_\infty)$$

所以 $a-x$ 和 $x$ 可以用溶液相应的电导表示，将其代入式(4-21)得：

$$\frac{1}{a}\times\frac{G_0-G_t}{G_t-G_\infty}=kt \tag{4-24}$$

重新排列得：

$$G_t=\frac{1}{ak}\times\frac{G_0-G_t}{t}+G_\infty \tag{4-25}$$

因此，只要测不同时间溶液的电导值 $G_t$ 和起始溶液的电导值 $G_0$，然后以 $G_t$ 对 $\frac{G_0-G_t}{t}$ 作图应得一直线，直线的斜率为 $\frac{1}{ak}$，由此便求出某温度下的反应速率常数 $k$ 值。将电导与电导率 $\kappa$ 的关系式 $G=\kappa\frac{A}{l}$ 代入式(4-25)得：

$$\kappa_t=\frac{1}{ak}\times\frac{\kappa_0-\kappa_t}{t}+\kappa_\infty \tag{4-26}$$

通过实验测定不同时间溶液的电导率 $\kappa_t$ 和起始溶液的电导率 $\kappa_0$，以 $\kappa_t$ 对 $\frac{\kappa_0-\kappa_t}{t}$ 作图，也得一直线，从直线的斜率也可求出反应速率数 $k$ 值。

值得注意的是，乙酸乙酯皂化反应是吸热反应，刚混合后体系温度降低，所以在混合后的几分钟内所测溶液的电导率偏低，为防止此现象发生，最好在混合前先分别预热恒温乙酸乙酯和氢氧化钠溶液；或者在反应 4～6min 后开始测定电导率，否则由 $\kappa_t$-$(\kappa_0-\kappa_t)/t$ 作图所得是一抛物线，而非直线。但计时应该从混合时开始。

如果知道不同温度下的反应速率常数 $k(T_2)$ 和 $k(T_1)$，根据 Arrhenius 公式，可计算出该反应的活化能 $E$：

$$\ln\frac{k(T_2)}{k(T_1)}=\frac{E}{R}\left(\frac{1}{T_1}-\frac{1}{T_2}\right) \tag{4-27}$$

## 三、实验仪器与试剂

仪器：电导率仪 1 台；电导池 1 只；恒温水浴套 1 套；停表 1 支；移液管(50mL)3 支；移液管(1mL)1 支；容量瓶(250mL)1 个；磨口三角瓶(200mL)5 只。

试剂：NaOH 水溶液($0.0200\text{mol}\cdot\text{L}^{-1}$)；乙酸乙酯(分析纯)；电导水。

## 四、实验步骤

### 1. 配制乙酸乙酯溶液

准确配制与 NaOH 浓度(约 $0.0200\text{mol}\cdot\text{L}^{-1}$)相等的乙酸乙酯溶液。其方法是：根据室温下乙酸乙酯的密度，计算出配制 250mL $0.0200\text{mol}\cdot\text{L}^{-1}$ 的乙酸乙酯水溶液所需的乙酸乙酯的体积 $V$(mL)，然后用 1mL 移液管吸取 $V$(mL) 体积乙酸乙酯注入 250mL 容量瓶中，稀释至刻度即可。由于氢氧化钠溶液容易吸收空气中的二氧化碳而变质，而乙酸乙酯容易挥发和发生水解反应而使浓度改变，所以新配制的两种溶液的准确性和存放非常关键。

### 2. 调节恒温槽

将恒温槽的温度调至(25.0±0.1)℃[或(30.0±0.1)℃]。

### 3. 调节电导率仪

电导率仪的使用参见实验四十一。

### 4. 溶液起始电导率 $\kappa_0$ 的测定

在干燥的 200mL 磨口三角瓶中，用移液管加入 50mL $0.0200\text{mol}\cdot\text{L}^{-1}$ 的 NaOH 溶液和等体积的电导水，混合均匀后，倒出少量溶液洗涤电导池和电极，然后将剩余溶液倒入电导池(盖过电极上沿约 2cm)，恒温约 15min，并轻轻摇动数次，然后将电极插入溶液，测定溶液电导率，直至不变为止，此数值即为 $\kappa_0$。

### 5. 反应时电导率 $\kappa_t$ 的测定

用移液管移取 50mL $0.0200\text{mol}\cdot\text{L}^{-1}$ 的乙酸乙酯溶液，加入干燥的 200mL 磨口三角瓶中，用另一只移液管取 50mL $0.0200\text{mol}\cdot\text{L}^{-1}$ 的 NaOH 溶液，加入另一干燥的 200mL 磨口三角瓶中。将两个三角瓶置于恒温槽中恒温 15min，并摇动数次。同时，将电导池从恒温槽中取出，弃去上次溶液，用电导水洗净。将恒温好的 NaOH 溶液迅速倒入盛有乙酸乙酯溶液的三角瓶中，同时开动停表，作为反应的开始时间，迅速将溶液混合均匀，并用少量溶液洗涤电导池和电极，然后将溶液倒入电导池(溶液高度同前)，测定溶液的电导率 $\kappa_t$，在 4min、6min、8min、10min、12min、15min、20min、25min、30min、35min、40min 各测电导率一次，记下 $\kappa_t$ 和对应的时间 $t$。

**6. 另一温度下 $\kappa_0$ 和 $\kappa_t$ 的测定**

调节恒温槽温度为(35.0±0.1)℃[或(40.0±0.1)℃]。重复上述 4、5 步骤，测定另一温度下的 $\kappa_0$ 和 $\kappa_t$。但在测定 $\kappa_t$ 时，按反应进行 4min、6min、8min、10min、12min、15min、18min、21min、24min、27min、30min 各测其电导率一次。实验结束后，关闭电源，取出电极，用电导水洗净并置于电导水中保存待用。

**7. 注意事项**

(1)本实验需用电导水，并避免接触空气及灰尘杂质落入。

(2)配好的 NaOH 溶液要防止空气中的 $CO_2$ 气体进入。

(3)乙酸乙酯溶液和 NaOH 溶液浓度必须相同。

(4)乙酸乙酯溶液需临时配制，配制时动作要迅速，以减少挥发损失。

## 五、数据记录与结果处理

(1)将 $t$，$\kappa_t$，$\dfrac{\kappa_0-\kappa_t}{t}$ 数据列表。

(2)以两个温度下的 $\kappa_t$ 对 $(\kappa_0-\kappa_t)/t$ 作图，分别得一直线。

(3)由直线的斜率计算各温度下的速率常数 $k$。

(4)由两温度下的速率常数，根据 Arrhenius 公式计算该反应的活化能。

## 六、思考题

(1)为什么由 $0.0100\text{mol}\cdot\text{L}^{-1}$ 的 NaOH 溶液和 $0.0100\text{mol}\cdot\text{L}^{-1}$ 的 $CH_3COONa$ 溶液测得的电导率可以认为是 $\kappa_0$ 和 $\kappa_\infty$？

(2)如果乙酸乙酯和 NaOH 起始浓度不相等，试问应怎样计算 $k$ 值？

(3)如果 NaOH 和乙酸乙酯溶液为浓溶液，能否用此法求 $k$ 值，为什么？

(4)为什么本实验要在恒温条件下进行，而且乙酸乙酯和氢氧化钠溶液在混合前还要预先恒温？混合时能否将乙酸乙酯溶液倒入氢氧化钠溶液一半时开始计时？

(5)为什么实验用氢氧化钠和乙酸乙酯应新配制？

(6)被测溶液的电导率是哪些离子的贡献？反应进程中溶液的电导率为何减小？

(7)为什么要使两种反应物的浓度相等？

# 实验四十六 复杂反应——丙酮碘化速率常数、反应级数测定

## 一、实验目的

(1)测定用酸作催化剂时丙酮碘化反应的速率常数、反应级数，建立反应速率方程式。

(2)通过实验加深对复杂反应特征的理解。

(3)进一步掌握分光光度计的使用方法。

## 二、实验原理

在酸性溶液中，丙酮碘化反应是一个复杂反应，初级阶段的反应为：

$$(CH_3)_2CO+I_2 \longrightarrow CH_3COCH_2I+H^++I^-$$

$H^+$是该反应的催化剂。因反应中有 $H^+$生成，故这是一个自催化反应。随着反应的进行，产物中 $H^+$浓度增大，反应速率越来越快。假设丙酮碘化反应速率方程式为：

$$r=-dc(I_2)/dt=kc^p(CH_3COCH_3)\cdot c^q(I_2)\cdot c^s(H^+) \tag{4-28}$$

当 $c_2(H^+)=c_1(H^+),c_2(I_2)=c_1(I_2),c_2(CH_3COCH_3)=uc_1(CH_3COCH_3)$

则
$$r_2/r_1=\frac{kc_2^p(CH_3COCH_3)}{kc_1^p(CH_3COCH_3)}=\frac{u^pc_1^p(CH_3COCH_3)}{c_1^p(CH_3COCH_3)}=u^p \tag{4-29}$$

$$p=\frac{\lg(r_2/r_1)}{\lg u} \tag{4-30}$$

同理，当 $c_3(CH_3COCH_3)=c_1(CH_3COCH_3),c_3(I_2)=c_1(I_2),c_3(H^+)=wc_1(H^+)$

则：

$$s=\frac{\lg(r_3/r_1)}{\lg w} \tag{4-31}$$

同理，当 $c_4(CH_3COCH_3)=c_3(CH_3COCH_3),c_4(H^+)=c_3(H^+),c_4(I_2)=xc_3(I_2)_3$

则：

$$q=\frac{\lg(r_4/r_3)}{\lg x} \tag{4-32}$$

由于反应并不停留在一元碘代丙酮阶段，会继续进行下去，所以采取初始速率法，测定反应开始一段时间的反应速率。

事实上，在本实验条件下(酸浓度较低)，丙酮碘化反应对碘是零级的，即 $q=0$。如果反应物碘是少量的，而丙酮和酸是相对过量的，反应速率可视为常数，直到碘全部消耗。即：

$$r=-dc(I_2)/dt=kc^p(CH_3COCH_3)c^s(H^+) \tag{4-33}$$

积分得：

$$c(I_2)=-rt+C \tag{4-34}$$

因为碘溶液在可见光区有比较宽的吸收带，在这个吸收带中，本反应的其他物质盐酸、丙酮、碘化铜和碘化钾没有明显的吸收，所以可以通过分光光度法测定 $I_2$ 浓度的减小来跟踪反应的进程。

根据朗伯-比尔定律，在某指定波长下，$I_2$ 溶液对单色光的吸收遵守下列关系式：

$$A=\kappa lc(I_2) \tag{4-35}$$

式中，$A$ 为吸光度；$l$ 为比色皿光径长度；$\kappa$ 为摩尔吸光系数。由式(4-34)和式(4-35)得：

$$A=-\kappa lrt+B' \tag{4-36}$$

以 $A$ 对时间 $t$ 作图得一直线，由直线斜率 $m$ 可求得反应速率 $r$，即：

$$r=-m/\kappa l \tag{4-37}$$

式中，$\kappa l$ 可以通过测定一系列已知浓度的 $I_2$ 溶液的透光率作标准曲线而求得。以 $A$ 对溶液浓度$[I_2]$作图，其直线斜率即为 $\kappa l$。

由 $CH_3COCH_3$、$H^+$的分级数、浓度和反应速率的数据，利用式(4-28)可以计算得到反应速率常数。

## 三、实验仪器与试剂

仪器：7200 型分光光度计 1 套；恒温槽 1 套；秒表 1 只；碘量瓶(50mL)4 只；碘量瓶

(100mL)1 只；容量瓶(50mL)5 只。

试剂：碘溶液；丙酮；HCl(aq)；$H_2O$(l)。

## 四、实验步骤

(1)开启 7200 型分光光度计，将波长调节到 560nm，并接通恒温水浴。(仪器使用参见说明书)

(2)碘溶液标准曲线 $A$-$[I_2]$ 的测定。用移液管分别吸取 2mL、4mL、6mL、8mL、10mL 的 $I_2$ 标准溶液，分别注入 5～9 号 5 只 50mL 的容量瓶中，用蒸馏水稀释至刻度，充分混合后恒温放置 10 min，用 5 号瓶中 $I_2$ 溶液荡洗比色皿 3 次后注入适量该溶液，测定瓶中溶液的吸光度。重复测定 3 次，取其平均值。同法依次测定 6、7、8、9 号容量瓶中 $I_2$ 溶液的吸光度。填入表 4-11，每次测定之前，用蒸馏水将吸光度校正至零。

(3)反应动力学曲线 $A$-$t$ 的测定。取 4 只(编号为 1～4 号)洁净、干燥的 50mL 碘量瓶，用移液管按表 4-12 的用量，依次移取 $I_2$ 标准溶液、HCl 标准溶液和蒸馏水，塞好瓶塞，将其充分混合。另取一个洁净、干燥的 100mL 碘量瓶，注入浓度为 2.000mol·L$^{-1}$ 的 $CH_3COCH_3$ 标准溶液约 60mL，然后将它们一起恒温放置。取 1 号瓶，用移液管加入 $CH_3COCH_3$ 标准溶液 10mL，迅速摇匀，用此溶液荡洗比色皿 3 次后注入适量该溶液，同时按下秒表，测定吸光度。每隔 1min 读一次吸光度，直到取得 10～12 个数据为止。用同样的方法分别测定 2、3、4 号溶液在不同反应时间的吸光度，并填入表 4-13。每次测定之前，用蒸馏水将吸光度校正至零。

## 五、注意事项

(1)反应要在恒温条件下进行，各反应物在混合前必须恒温。

(2)严格按 7200 型分光光度计的使用方法操作仪器。

## 六、数据记录与结果处理

(1)实验数据记录。

**表 4-11　碘溶液标准曲线 $A$-$c(I_2)$ 的测定**

室温：________，大气压：________，恒温槽温度：________，$c$($I_2$ 标准溶液)/mol·L$^{-1}$：________

| 编号 | | 5 | 6 | 7 | 8 | 9 |
|---|---|---|---|---|---|---|
| $[I_2]$(标准溶液)/mol·L$^{-1}$ | | | | | | |
| $[I_2]$(稀释后)/mol·L$^{-1}$ | | | | | | |
| $A$ | 1 | | | | | |
| | 2 | | | | | |
| | 3 | | | | | |
| | 平均值 | | | | | |

**表 4-12　$I_2$(aq)、HCl(aq)、$H_2O$(l)和 $CH_3COCH_3$(aq)的用量**

室温：________，大气压：________，恒温槽温度：________，$c$(HCl 标准溶液)/mol·L$^{-1}$：________，$c$($I_2$ 标准溶液)/mol·L$^{-1}$：________，$c$($CH_3COCH_3$ 标准溶液)/mol·L$^{-1}$：________

| 编号 | $I_2$ 标准溶液/mL | HCl 标准溶液/mL | 蒸馏水/mL | $CH_3COCH_3$ 标准溶液/mL |
|---|---|---|---|---|
| 1 | 10 | 10 | 20 | 10 |
| 2 | 10 | 10 | 15 | 15 |
| 3 | 10 | 5 | 25 | 10 |
| 4 | 5 | 5 | 30 | 10 |

**表 4-13　反应动力学曲线 $A$-$t$ 的测定**

室温：________，大气压：________，恒温槽温度：________，$c$(HCl 标准溶液)/mol·L$^{-1}$：________，$c(I_2$ 标准溶液)/mol·L$^{-1}$：________，$c(CH_3COCH_3$ 标准溶液)/mol·L$^{-1}$：________

| $t$/min | | 1 | 2 | 3 | 4 | 5 | 6 | 7 | 8 | 9 | 10 | 11 | 12 |
|---|---|---|---|---|---|---|---|---|---|---|---|---|---|
| $A$ | 1# | | | | | | | | | | | | |
| | 2# | | | | | | | | | | | | |
| | 3# | | | | | | | | | | | | |
| | 4# | | | | | | | | | | | | |

(2)用表 4-11 的数据，以 $A$ 对溶液浓度 $c(I_2)$ 作图，求其直线斜率 $m'$(即 $\kappa l$)。

(3)用表 4-13 的数据，分别以 $A$ 对时间 $t$ 作图，可得四条直线。求出各条直线斜率 $m_1$、$m_2$、$m_3$、$m_4$；根据式(4-28)分别计算反应速率 $r_1$、$r_2$、$r_3$、$r_4$。

(4)根据式(4-30)和式(4-31)，计算 $CH_3COCH_3$ 和 $H^+$ 的分级数 $p$ 和 $s$，建立丙酮碘化的反应速率方程式。

(5)参照表 4-12 的用量，分别计算 1、2、3、4 号容量瓶中 HCl 和 $CH_3COCH_3$ 的初始浓度；再根据式(4-33)分别计算四种不同初始浓度的反应速率系数，并求其平均值。

## 七、思考题

(1)本实验中，将 $CH_3COCH_3$ 溶液加入盛有 $I_2$、HCl 溶液的碘量瓶中时，反应即开始，而反应时间却以溶液混合均匀并注入比色皿中才开始计时，这样操作对实验结果有无影响？为什么？

(2)影响本实验结果准确度的因素有哪些？

(3)速率常数 $k$ 与 $T$ 有关，而本实验没有安装恒温装置，这对 $k$ 有何影响？所测得的 $k$ 是室温下的 $k$，还是暗箱温度时的 $k$？

# 实验四十七　表面吸附量的测定

## 一、实验目的

(1)用气泡最大压力法测定十六烷基三甲基溴化铵水溶液的表面张力，从而计算溶液在某一浓度 $c$ 时的表面吸附量 $\Gamma$。

(2)学会使用表面张力实验组合装置。

(3)学会 $\sigma$ 对 $\ln c$ 作图求 $\Gamma$。

## 二、实验原理

在指定温度下，纯液体的表面张力是一定的，如果在液体中加入溶质而成溶液时，情况就发生了变化。溶液的表面张力不仅与温度有关，而且也与溶液的种类、溶液浓度有关。这是由于溶液中部分溶质分子进入到溶液表面，使表面层的分子组成发生了改变，分子间引力发生了变化，因而表面张力也随着改变，实验结果证明，加入溶质以后表面张力发生改变的同时还发现溶液表面层的浓度与内部浓度有差别，有些溶液表面层浓度大于溶液内部浓度，有些恰恰相反，这种现象称为溶液浓度表面吸附作用。

按吉布斯吸附等温式：

$$\Gamma=-\frac{c}{RT}\times\frac{d\sigma}{dc}=-\frac{1}{RT}\times\frac{d\sigma}{d\ln c} \tag{4-38}$$

式中，$\Gamma$ 代表溶液浓度为 $c$ 时的表面吸附量，$mol\cdot cm^{-2}$；$c$ 代表平衡时溶液浓度，$mol\cdot L^{-1}$；$R$ 为气体常数（$8.315J\cdot mol^{-1}\cdot K^{-1}$）；$T$ 为吸附时的温度。

由上式可看出，在一定温度时，溶液表面吸附量 $\Gamma$ 与平衡时溶液浓度 $c$ 和表面活度 $\frac{d\sigma}{dc}$ 或 $\frac{d\sigma}{d\ln c}$ 成正比关系。

当 $\frac{d\sigma}{dc}<0$ 时，$\Gamma>0$，表示溶液表面张力随浓度增大而减小，则溶液表面发生正吸附。

我们把能产生显著正吸附的物质（即能显著降低溶液表面张力的物质）称为表面活性物质。本实验用表面活性物质十六烷基三甲基溴化铵配制成一系列不同浓度的水溶液，分别测定这些溶液的表面张力 $\sigma$，然后以 $\sigma$ 对 $\lg c$ 作图，得一曲线，求曲线上某一点的斜率（$d\sigma/d\lg c$），可计算对应于该点浓度时溶液的表面吸附量 $\Gamma$。

本实验采用气泡最大压力法测定各溶液的表面张力，此法原理是当毛细管与液面相接触时，向毛细管内加压（或在溶液体系内减压），则可以在液面的毛细管出口处形成气泡。如果毛细管半径很小，则开始形成气泡时，表面几乎是平的，即这时的曲率半径最大，随着气泡的形成，曲率半径逐渐变小直到形成半球形，这时曲率半径 $R$ 与毛细管半径 $r$ 相等，曲率半径达到最小值。此时：

$$\Delta p=\frac{2\sigma}{R}=\frac{2\sigma}{r} \tag{4-39}$$

式中，$\Delta p$ 为最大附加压力；$r$ 为毛细管半径（此时等于气泡的曲率半径 $R$）；$\sigma$ 为表面张力。

当密度为 $\rho$ 的液体作压差计介质时，测得与 $\Delta p$ 相应的最大压差为 $\Delta h_m$。按式（4-39）得：

$$\sigma=\frac{r}{2}\Delta p=\frac{r}{2}\Delta h_m\rho g=K\Delta h_m \tag{4-40}$$

式中，$K$ 在一定温度下仅与毛细管半径 $r$ 有关，称为毛细管仪器常数，此常数可以从已知表面张力的标准物质测得。

## 三、实验仪器与试剂

仪器：最大气泡表面张力测定装置 1 套；100mL 容量瓶 9 只；铁架 2 台；自由夹；恒温槽 1 套。

试剂：十六烷基三甲基溴化铵（分析纯）。

## 四、实验步骤

(1)洗净毛细管和试管，并用蒸馏水淋洗 3 次。

(2)将实验温度调节至（30±0.1）℃。

(3)用蒸馏水作标准物质测定毛细管仪器常数 $K$（30℃时水的表面张力 $\sigma=71.18\times10^{-3}N\cdot m^{-1}$）。

(4)将仪器接好，在 30℃水中恒温 10min。

(5)缓缓打开活塞，使气泡从毛细管端口缓慢地放出(每分钟约4～6个气泡为宜)。

(6)开始冒泡后，读数字压力计上的最大数字即为$\Delta h_m$值。

(7)读取三次，取平均值。

(8)按上述实验方法测定各种浓度的表面活性物质，水溶液依浓度从小到大为好。

## 五、数据记录与结果处理

(1)实验温度：________。

(2)将毛细管仪器常数的测定实验数据记录及计算结果填入表4-14中。

**表4-14 毛细管仪器常数测定**

| 毛细管号码 | 平均$\Delta h_m$ | 水的表面张力/$N\cdot m^{-1}$ | 仪器常数$K$ |
|---|---|---|---|
| 1 | | | |
| 2 | | | |
| 3 | | | |

(3)将溶液表面吸附量的测定实验数据列于表4-15中。

**表4-15 溶液吸附量的测定**

| 溶液 | 浓度$c$/$mol\cdot L^{-1}$ | $\lg c$ | 最大压差$\Delta h_m$/mmHg | 表面张力$\sigma$/$N\cdot m^{-1}$ |
|---|---|---|---|---|
| | | | | |
| | | | | |
| | | | | |

(4)按式(4-40)计算不同浓度溶液的表面张力$\sigma$，并与相应的$\Delta h_m$值一起填入表4-15中。

(5)以$\sigma$对$\lg c$作图，得一光滑曲线。

(6)求溶液浓度$c=4.000\times10^{-4}mol\cdot L^{-1}$时溶液的表面吸附量$\Gamma$。

## 六、注意事项

(1)毛细管必须洗净，并淋洗过。

(2)恒温控制要调节正确。

(3)恒温时间要充分，因$\sigma$随温度而变化。

(4)毛细管与液面要恰好相接触，并且尽量使每次的深浅一样。

(5)冒泡速率一定要控制在每分钟4～6个，不宜过快或过慢，以免影响数据的结果。

(6)读取数据三次是指降下后上去，并非每次要关闭滴水漏斗重调。

(7)在换样品时也不要关闭滴水漏斗，因为调节比较困难，但要经常检查冒气泡的速率。

(8)在恒温10min后要套上橡皮管前必须清零，不能在套上橡皮管后调零。

(9)要注意保护毛细管，特别是毛细管不允许有损伤。

(10)实验结束需经过数据检查。

(11)毛细管要竖直。

(12)在实验过程中不可让过多的泡沫出现。

## 七、思考题

(1)为什么恒温时间要充分？

(2)为什么要求气泡每次一样大小？

(3)为什么要求毛细管与液面恰好接触？

(4)为什么要测定毛细管仪器常数 $K$？

(5)如果毛细管淋洗得不干净有何后果？

# 实验四十八　循环伏安研究电极过程

## 一、实验目的

(1)掌握循环伏安法研究电极过程的实验原理和方法；学会从循环伏安曲线上分析电极过程特征。

(2)测定 $Fe(CN)_6^{3-}$ 在 $1mol \cdot L^{-1}$ KCl 介质中循环伏安曲线，根据还原反应峰电位 $\varphi_p$、半峰电位 $\varphi_{\frac{p}{2}}$，求出放出电子数 $n$、半波电位 $\varphi_{\frac{1}{2}}$，并根据峰电流 $I_p$ 与扫描速率的关系求出扩散系数 $D_0$。

## 二、实验原理

### 1. 循环伏安曲线

设电极反应为 $O+ne \rightleftharpoons R$(式中：O 表示氧化态物质，R 表示还原态物质)，当扰动信号为一三角波电位(见图 4-10)时，所得的典型循环伏安曲线如图 4-11 所示。图 4-10 中 $\varphi_i$ 为起扫电位，$\varphi_\lambda$ 为反扫电位，当电位从 $\varphi_i$ 扫至 $\varphi_\lambda$ 时称正向扫描，为阴极过程；当电位从 $\varphi_\lambda$ 扫至 $\varphi_i$ 时称反向扫描，为阳极过程。从电位 $\varphi_i$ 开始扫描时，开始只有非法拉第充电电流，当电位向负方向增大到一定值时，反应物开始在电极表面发生还原反应 $O+ne \longrightarrow R$，电极表面反应物浓度下降，引起电极表面扩散电流增大，电流随电位的增加而上升，当电位增加到某一值时，扩散电流达到最大值，出现阴极峰电流 $I_{pc}$，这时电极表面反应物浓度已经下降到零，当电位继续向负方向增大时，由于溶液内部的反应物会向电极表面扩散，使扩散层厚度增加，这时电流开始下降，因而出现了具有峰电流的电流-电位曲线。当正向扫描电位达到三角波的顶点 $\varphi_\lambda$ 时，改为反向扫描，电位向正方向移动。此时电极附近积聚的还原态产物 R 随着电位的正移而逐渐被氧化 $R-ne \longrightarrow O$，其过程与正向扫描相似。随着电位逐

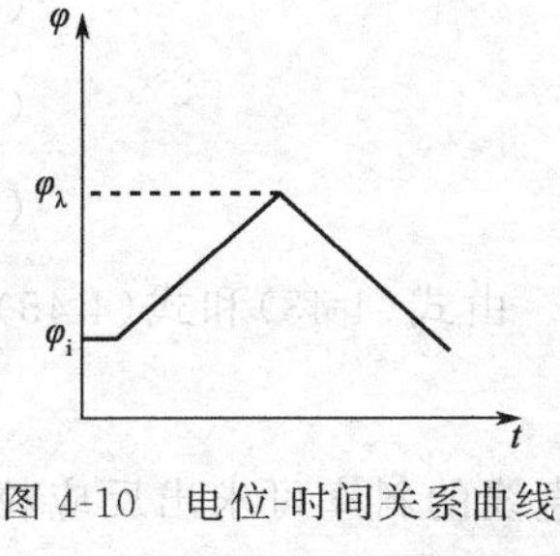


图 4-10　电位-时间关系曲线

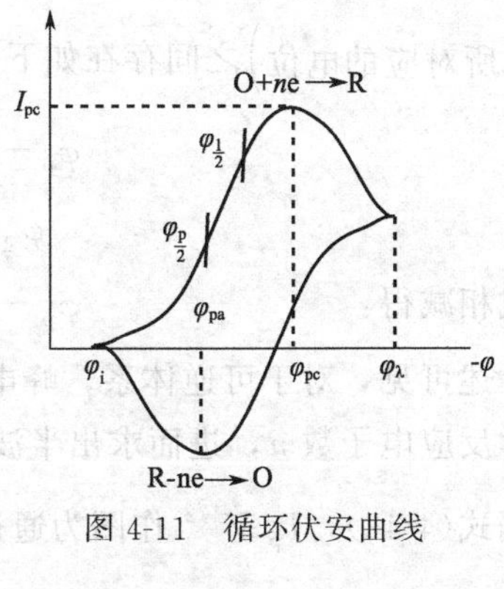


图 4-11　循环伏安曲线

渐增加阳极电流不断增大，阳极电流达到最大值后，同样出现电流衰减。因此反向扫描同样出现阳极峰电流 $I_{pa}$，整个扫描过程则形成如图 4-11 所示的循环曲线，阴极峰电流 $I_{pc}$ 与阳极峰电流 $I_{pa}$ 所对应的电位分别称为阴极峰电位 $\varphi_{pc}$ 及阳极峰电位 $\varphi_{pa}$。阴极峰电流 $I_{pc}$ 是峰位置相对于零电位基线($I=0$)的高度。而阳极峰电流由于反扫是从换向电位 $\varphi_{\lambda}$ 处开始的，而 $\varphi_{\lambda}$ 处的阴极电流并未衰减到零，因此阳极峰电流的读数应以阴极电流的衰减线的外延为基线。其方法是在 $\varphi_{\lambda}$ 处开始作阴极电流衰减线外延部分的对称线，以对称线作为基线。如果实验测定有困难可以用计算法确定阳极峰电流。即：

$$\frac{I_{pa}}{I_{pc}}=\frac{(I_{pa})_0}{I_{pc}}+\frac{0.485(I_{sp})_0}{I_{pc}}+0.086 \tag{4-41}$$

式中　$(I_{pa})_0$——相对于零电流线为基线的阳极峰电流；

$(I_{sp})_0$——电位为 $\varphi_{\lambda}$ 时所对应的阴极电流。

将循环伏安曲线进行数学分析可以推出峰电流、峰电位与扫描速率、反应物粒子浓度及动力学参数之间的一系列的特征关系，从而为电极过程的研究提供丰富的电化学信息，因此循环伏安法已经成为电化学研究中广泛应用的重要实验技术。

**2. 循环伏安曲线的特征**

(1)扩散传质步骤控制的可逆体系

对于反应 $O+ne \rightleftharpoons R$，假设满足半无限扩散条件，对于平面电极，存在大量支持电解质时，可以推导出 25℃时反应的峰电流表达式为：

$$I_p=2.69\times10^5 n^{3/2} S D_0^{1/2} v^{1/2} c_0^{\ominus} \tag{4-42}$$

式中　$I_p$——阴极峰电流，A；

$n$——交换电子数；

$S$——电极面积，$cm^2$；

$D_0$——反应物 O 的扩散系数，$cm^2 \cdot s^{-1}$；

$v$——电位扫描速率，$V \cdot s^{-1}$；

$c_0^{\ominus}$——反应物初始浓度，即为溶液的本体浓度，$mol \cdot mL^{-1}$。

由上式可以看出当 $c_0^{\ominus}$ 一定时，$I_p$ 与 $v^{1/2}$ 成正比，当 $v$ 一定时，$I_p$ 与 $c_0^{\ominus}$ 成正比。对于反应产物 R 稳定的可逆体系，其循环伏安曲线还有 2 个重要特征，即：

$$|\varphi_{pc}-\varphi_{pa}|=59/n(\text{mV}) \tag{4-43}$$

$$I_{pc}=I_{pa} \tag{4-44}$$

这两个特征是判断可逆过程的重要依据。另外峰电位 $\varphi_p$ 还与半波电位 $\varphi_{\frac{1}{2}}$、半峰电位 $\varphi_{\frac{p}{2}}\left(\dfrac{I_p}{2}\text{处所对应的电位}\right)$之间存在如下关系：

$$\varphi_p-\varphi_{\frac{1}{2}}=-28.5/n(\text{mV}) \tag{4-45}$$

$$\varphi_{\frac{p}{2}}-\varphi_{\frac{1}{2}}=28/n(\text{mV}) \tag{4-46}$$

两式相减得：

$$\varphi_p-\varphi_{\frac{p}{2}}=-56.5/n(\text{mV}) \tag{4-47}$$

由上述可见，对于可逆体系，峰电位 $\varphi_p$ 与扫描速率无关。由式(4-43)和式(4-45)可求出电化学反应电子数 $n$，进而求出半波电位 $\varphi_{\frac{1}{2}}$。

根据式(4-42)，$I_p$-$V^{1/2}$ 作图为通过坐标原点的直线，从直线的斜率可求出反应粒子的

扩散系数 $D_0$。

(2)电化学步骤控制的完全不可逆体系

对于完全不可逆反应 $O+ne \longrightarrow R$，当条件与式(4-42)相同时，反应的峰电流可以表示为：

$$I_p=2.99\times10^5 n^{3/2}D_0^{1/2}Sc_0^{\ominus}\alpha^{1/2}v^{1/2} \tag{4-48}$$

式中，$\alpha$ 为传递系数，其他参数与式(4-43)相同，与可逆过程相同。当 $c_0^{\ominus}$ 一定时 $I_p$ 与 $v^{1/2}$ 成正比，当 $v$ 一定时 $I_p$ 与 $c_0^{\ominus}$ 成正比。对于不可逆过程，由于可逆反应不能进行，反向扫描时不会出现峰电流。不可逆过程其峰电位 $\varphi_p$ 可表示为：

$$\varphi_p=\varphi_e^{\ominus}-\frac{RT}{\alpha nF}\left[0.783+\ln\frac{D_0^{1/2}}{K}+\ln\left(\frac{\alpha nFv}{RT}\right)^{1/2}\right] \tag{4-49}$$

式中　$\varphi_e^{\ominus}$——标准平衡电极电位，V；

$K$——标准速率常数，$cm\cdot s^{-1}$；

$v$——扫描速率。

从式(4-49)可以看出 $\varphi_p$ 是扫描速率的函数，且扫描速率 $v$ 每增加 10 倍，$\varphi_p$ 向负方向移动$\frac{30}{\alpha n}$mV(25℃时)。

当 $n=1$，$\alpha=0.5$ 时，$I_p$(不可逆)$=0.785I_p$(可逆)。

将式(4-48)与式(4-49)联立可得出峰电流与峰电位的关系为：

$$\ln I_p=\ln(0.227nFc_0^{\ominus}AK)-\frac{\alpha nF}{RT}(\varphi_p-\varphi_e^{\ominus}) \tag{4-50}$$

由此可知，在不同的扫描速率下，以 $\ln I_p$ 与 $\varphi_p-\varphi_e^{\ominus}$ 作图。由直线的斜率和截距求出 $\alpha n$ 和 $K$。

以上特征是指简单的电荷传递反应，如在电极表面产生吸附，那么在循环伏安曲线上将会出现吸附、脱附峰。如吸附、脱附为可逆过程，那么在正向和反向扫描时，同样会出现对称的吸附、脱附峰。

## 三、实验仪器与试剂

仪器：电化学工作站；计算机及打印机；研究电极为铂丝电极；辅助电极为铂片电极；参比电极为饱和甘汞电极。

试剂：$K_3Fe(CN)_6$(分析纯)；$K_2Fe(CN)$(分析纯)$_4$；KCl(分析纯)。

## 四、实验步骤

(1)配制 $0.1mol\cdot L^{-1}K_3Fe(CN)_6+0.1mol\cdot L^{-1}K_2Fe(CN)_4+1mol\cdot L^{-1}KCl$ 溶液100mL，放入电解池，插入阴极、阳极电极，连接好测量线路。

(2)接通电化学工作站、计算机电源，在计算机上选择循环伏安技术( cyclic voltametry)(CV)，并测量开路电位(open circuit potential)，选择参数：$E_{起始}$(V)=0.45，$E_{高}$(V)=0.45，$E_{低}$(V)=−0.05，扫描速率($V\cdot s^{-1}$)=0.05，扫描段数=2，取样间隔(V)=0.001，静止时间(s)=2，灵敏度($A\cdot V^{-1}$)=$1e^{-5}$。

(3)分别测出扫描速率为 $50mV\cdot s^{-1}$、$40mV\cdot s^{-1}$、$30mV\cdot s^{-1}$、$20mV\cdot s^{-1}$、$10mV\cdot s^{-1}$ 时的循环伏安曲线，并将所有的循环伏安曲线叠加到同一张图上。

## 五、数据记录与结果处理

从循环伏安曲线上：

(1)求出 $I_{pa}/I_{pc}$、$|\varphi_{pa}-\varphi_{pc}|$，判断电极过程是否可逆。

(2)如果是可逆反应，根据可逆反应过程的特征，求出 $Fe(CN)_6^{3-}$ 还原反应的电子数 $n$、半波电位 $\varphi_{\frac{1}{2}}$。

(3)在不同扫描速率下作 $I_p$ 与 $v^{1/2}$ 图，求出 $Fe(CN)_6^{3-}$ 扩散系数 $D_0$。

**六、思考题**

(1)循环伏安法的原理是什么？

(2)循环伏安法的应用范围主要有哪些？

# 实验四十九　络合物磁化率的测定

**一、实验目的**

(1)学习古埃法测定物质磁化率的原理和方法。

(2)通过对 $FeSO_4\cdot 7H_2O$ 与 $K_4[Fe(CN)_6]\cdot 3H_2O$ 磁化率的测定，推算未成对电子数。

**二、实验原理**

**1. 物质的磁性**

物质的磁性一般可分为三种：顺磁性、反磁性和铁磁性。顺磁性是指磁化方向和外磁场方向相同时所产生的磁效应，顺磁物质的 $\chi_{顺}>0$(外磁场作用下，原子、分子或离子中固有磁矩产生的磁效应)。反磁性是指磁化方向和外磁场方向相反时所产生的磁效应，反磁物质的 $\chi_{逆}<0$(电子的移动产生一个与外磁场方向相反的诱导磁矩，导致物质具有反磁性)。铁磁性是指在低外磁场中就能达到饱和磁化，去掉外磁场时，磁性并不消失，呈现出滞后现象等一些特殊的磁效应。

$$摩尔磁化率:\chi_M=\chi_{顺}+\chi_{逆}\approx\chi_{顺} \tag{4-51}$$

**2. 居里定律**

$$\chi_{顺}=\frac{N_A\mu_0\mu_s^2}{3kT} \tag{4-52}$$

式中　$\chi_{顺}$——物质的摩尔顺磁化率；

$N_A$——阿伏伽德罗常数；

$\mu_0$——真空磁导率，其值为 $4\pi\times10^{-7}N\cdot A^{-2}$；

$\mu_s$——永久磁矩；

$k$——玻尔兹曼常数；

$T$——热力学温度。

居里定律将物质的宏观物理量($\chi_{顺}$)与粒子的微观性质(分子磁矩 $\mu_s$)联系起来。由于分子磁矩 $\mu_s$ 决定于电子的轨道运动状态和未成对电子数 $n$。并且 $\mu_s$ 与 $n$ 符合公式：

$$\mu_s=\sqrt{n(n+2)}\mu_B \tag{4-53}$$

式中，$\mu_B$ 为玻尔磁子，$\mu_B=\frac{eh}{4\pi m_e}=9.274\times10^{-24}J\cdot T^{-1}$；$n$ 为未成对电子数。

通过分子磁矩 $\mu_s$ 推算未成对电子数 $n$，可以得到关于络合物的分子结构的某些信息。

**3. 古埃法测定物质的摩尔顺磁化率($\chi_{顺}$)的原理**

通过测定物质在不均匀磁场中受到的力，求出物质的磁化率。

实验装置如图 4-12 所示。

把样品装于样品管中，悬于两磁极中间，一端位于磁极间磁场强度最大($H$)的区域，而另一端位于磁场强度很弱($H_0$)的区域，则样品在沿样品管方向所受的力 $F$ 可表示为：

$$F=\chi mH\frac{\partial H}{\partial Z} \tag{4-54}$$

式中，$\chi$ 为质量磁化率；$m$ 为样品质量；$H$ 为磁场强度；$\frac{\partial H}{\partial Z}$为沿样品方向的磁场梯度。

设样品管的高度为 $h$ 时，把上式移项积分，得整个样品所受的力为：

$$F=\frac{\chi m(H^2-H_0^2)}{2h} \tag{4-55}$$

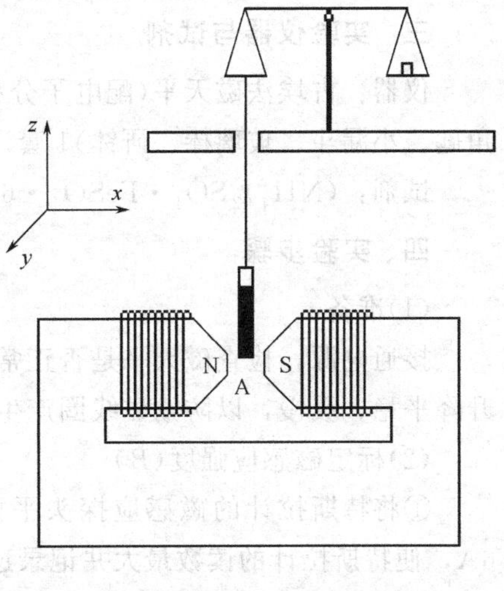

图 4-12　古埃法磁天平示意图

如果 $H_0$忽略不计，则简化为：

$$F=\frac{\chi mH^2}{2h} \tag{4-56}$$

用磁天平测出物质在加磁场前后的质量变化 $\Delta m$，显然：

$$F=\Delta mg=\frac{\chi mH^2}{2h} \tag{4-57}$$

式中，$g$ 为重力加速度。

整理后得：

$$\chi=\frac{2\Delta mgh}{mH^2} \tag{4-58}$$

由于：

$$\chi_M=M\chi \tag{4-59}$$

式中，$\chi_M$ 为摩尔磁化率；$\chi$ 为质量磁化率；$M$ 为物质的摩尔质量。

所以式(4-58)可以改为：

$$\chi_M=\frac{2\Delta mgh}{mH^2}M \tag{4-60}$$

又因为 $H=B/\mu_0$，所以式(4-60)可以改为：

$$\chi_M=\frac{2\Delta m\mu_0^2gh}{mB^2}M \tag{4-61}$$

原则上只要测得 $\Delta m$、$h$、$m$、$B$ 等物理量，即可由式(4-61)求出顺磁性物质的摩尔磁化率。等式右边各项都可以由实验直接测定，由此可以求物质的摩尔磁化率。

磁感应强度 $B$ 可用特斯拉计直接测量，不均匀磁场中必须用已知质量磁化率的标准物质进行标定。

$$|\chi|=\frac{95\mu_0}{T+1} \tag{4-62}$$

式中，$\chi$ 为质量磁化率；$\mu_0$ 为真空磁导率；$T$ 为实验时的温度。

本实验用莫尔氏盐(六水合硫酸亚铁铵)作为标准物质标定外磁感应强度 $B$。测定亚铁氰化钾和硫酸亚铁的摩尔磁化率，求金属离子的磁矩并推求未成对电子数。

## 三、实验仪器与试剂

仪器：古埃法磁天平(配电子分析天平)1 台；软质玻璃样品管 1 只；装样品工具(包括角匙、小漏斗、玻璃棒、研钵)1 套。

试剂：$(NH_4)_2SO_4 \cdot FeSO_4 \cdot 6H_2O$；$FeSO_4 \cdot 7H_2O$；$K_4[Fe(CN)_6] \cdot 3H_2O$。

## 四、实验步骤

(1)准备

接通电源，检查磁天平是否正常。通电和断电时应先将电源旋钮调到最小。励磁电流的升降平稳、缓慢，以防励磁线圈产生的反电动势将晶体管等元件击穿。

(2)标定磁感应强度($B$)

①将特斯拉计的磁感应探头平面垂直置于磁铁中心位置，调节励磁电流分别为 3A、6A，使特斯拉计的读数最大并记录这个数值 $B_{max}$/mT，然后通过调节棉线长度使样品管底部与标定的最大磁感应强度处重合。

②天平调零校准：调节天平后部的水泡使之处于水准器中心；秤盘空载使用标准砝码调零。

③把样品管悬于磁感应强度最大的位置，测定空管在励磁电流分别为 0、3A、6A 时的质量并记录。

④把已经研细的莫尔氏盐通过小漏斗装入样品管，样品高度约为 12～14cm(此时样品另一端位于磁感应强度 $B=0$ 处)。用直尺准确测量样品的高度 $h$ 并记录，要注意样品研磨细小，装样均匀不能有断层。测定莫尔氏盐在励磁电流分别为 0、3A、6A 时的质量并记录。测定完毕后，将样品管中药品倒入回收瓶，擦净待用。

(3)样品的摩尔磁化率测定

把测定过莫尔氏盐的试管擦洗干净，把待测样品 $FeSO_4 \cdot 7H_2O$ 与 $K_4[Fe(CN)_6] \cdot 3H_2O$ 分别装在样品管中，按着上述步骤④分别测定在励磁电流分别为 0、3A、6A 时的质量并记录。

## 五、注意事项

(1)测定用的试管一定要干净。

(2)标定和测定用的试剂要研细，填装时要不断地敲击桌面，使样品填装得均匀没有断层，并且要达到 12cm 以上(此时试管的顶部磁场 $H \approx 0$)。

(3)磁天平总机架必须放在水平位置，分析天平应作水平调整，一旦调好，不要使天平移动。

(4)吊绳和样品管必须垂直位于磁场中心的霍尔探头之上，样品管不能与磁铁和霍尔探头接触，相距至少 3mm 以上。

(5)测定样品的高度前，要先用小径试管将样品顶部压紧，压平并擦去沾浮在试管内壁上的样品粉末，避免在称量中丢失。

(6)励磁电流的变化应平稳、缓慢，调节电流时不宜过快和用力过大。

(7)测试样品时，应关闭玻璃门窗，整机不宜振动，否则实验数据误差较大。

## 六、数据记录与结果处理

(1)将实验结果填入表 4-16 中。

(2)由式(4-58)和式(4-62)计算实验时所加励磁电流时的磁感应强度。

(3)由式(4-61)求样品的摩尔磁化率。

**表 4-16　实验数据记录**

温度________，励磁电流________

| 被测物质 | 样品高度/cm | 质量/g | | |
|---|---|---|---|---|
| | | 0 | 3A | 6A |
| 空样品管 | | | | |
| 空样品管＋莫尔氏盐 | | | | |
| 空样品管＋$FeSO_4 \cdot 7H_2O$ | | | | |
| 空样品管＋$K_4[Fe(CN)_6] \cdot 3H_2O$ | | | | |

(4)分别由式(4-52)和式(4-53)求样品的分子磁矩与分子的未成对电子数。

(5)分析实验误差及原因。

## 七、思考题

(1)简述用古埃磁天平法测定磁化率的基本原理。

(2)本实验中为什么样品装填高度要求在 12cm 左右?

(3)在不同的励磁电流下测定的样品摩尔磁化率是否相同?为什么?实验结果若有不同应如何解释?

(4)用摩尔磁化率如何计算分子内未成对电子数及判断其配键类型?

(5)在什么条件下可以由 $\chi_M = \dfrac{2\Delta m \mu_0^2 gh}{mB^2}$ 计算待测样品的摩尔磁化率(式中 $m$、$\Delta m$ 分别为莫尔氏盐的质量和莫尔氏盐在有磁场和无磁场时的称量值的变化)?

## 知识扩展：顺磁化率与分子结构

分子的顺磁化率与分子的构型有关。根据顺磁化率的测定，能够确定分子的磁矩和未配对电子数。因而可能得到关于顺磁原子的价态和立体化学的相关信息。例如：

自由 $Ni^{2+}$ 有 2 个未配对电子，它可以生成有四个配位体的两种类型的络合物。如果是四面体，用 $sp^3$ 杂化轨道，应该是顺磁性的，有 2 个未配对电子；如果是平面四边形，用 $dsp^3$ 杂化轨道，络合物应是反磁性的。

| | 3d | 4s | 4p | | 未配对电子数 |
|---|---|---|---|---|---|
| (1)$Ni^{2+}$ | ↑↓ ↑↓ ↑↓ ↑ ↑ | _ | _ _ _ | | 2 |
| (2)Ni(Ⅱ) | ↑↓ ↑↓ ↑↓ ↑ ↑ | {_ | _ _ _} | $sp^3$ | 2 |
| (3)Ni(Ⅱ) | ↑↓ ↑↓ ↑↓ ↑↓ {_ | _ | _ _ _} | $dsp^2$ | 0 |

# 实验五十　筛板塔精馏过程实验

## 一、实验目的

(1)了解筛板精馏塔及其附属设备的基本结构，掌握精馏过程的基本操作方法。

(2)学会判断系统达到稳定的方法，掌握测定塔顶、塔釜溶液浓度的实验方法。

(3)学习测定精馏塔全塔效率和单板效率的实验方法，分析回流比对精馏塔分离效率的影响。

## 二、实验原理

### 1. 全塔效率 $E_T$

全塔效率又称总板效率，是指达到指定分离效果所需理论板数与实际板数的比值，即：

$$E_T=\frac{N_T-1}{N_P} \tag{4-63}$$

式中　$N_T$——完成一定分离任务所需的理论塔板数，包括蒸馏釜；

$N_P$——完成一定分离任务所需的实际塔板数，本装置 $N_P=10$。

全塔效率简单地反映了整个塔内塔板的平均效率，说明了塔板结构、物性系数、操作状况对塔分离能力的影响。对于塔内所需理论塔板数 $N_T$，可由已知的双组分物系平衡关系，以及实验中测得的塔顶、塔釜出液的组成，回流比 $R$ 和热状况 $q$ 等，用图解法求得。

### 2. 单板效率 $E_{mV}$

单板效率又称莫弗里板效率，如图 4-13 所示，是指气相或液相经过一层实际塔板前后的组成变化值与经过一层理论塔板前后的组成变化值之比。

按气相组成变化表示的单板效率为：

$$E_{mV}=\frac{y_n-y_{n+1}}{y_n^*-y_{n+1}} \tag{4-64}$$

因全回流时，$y_{n+1}=x_n$，　$y_n=x_{n-1}$，测出相邻两板的液相浓度，可计算得单板效率：

$$E_{mV}=\frac{x_{n-1}-x_n}{y_n^*-x_n} \tag{4-65}$$

式中　$y_n$、$y_{n+1}$——离开第 $n$、$n+1$ 块塔板的气相组成(摩尔分数)；

$x_{n-1}$、$x_n$——离开第 $n-1$、$n$ 块塔板的液相组成(摩尔分数)；

$y_n^*$——与 $x_n$ 成平衡的气相组成(摩尔分数)。

### 3. 图解法求理论塔板数 $N_T$

图解法又称麦卡勃-蒂列(McCabe-Thiele)法，简称 M-T 法，其原理与逐板计算法完全相同，只是将逐板计算过程在 $y$-$x$ 图上直观地表示出来。

精馏段的操作线方程为：

$$y_{n+1}=\frac{R}{R+1}x_n+\frac{x_D}{R+1} \tag{4-66}$$

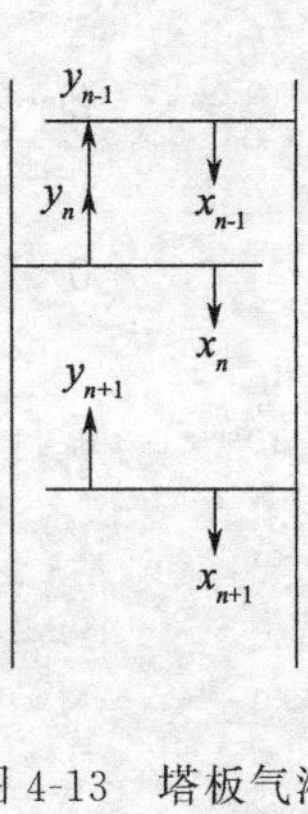


图 4-13　塔板气液流向示意图

式中　$y_{n+1}$——精馏段第 $n+1$ 块塔板上升的蒸汽组成(摩尔分数)；

$x_n$——精馏段第 $n$ 块塔板下流的液体组成(摩尔分数)；

$x_D$——塔顶馏出液的液体组成(摩尔分数)；

$R$——泡点回流下的回流比。

提馏段的操作线方程为：

$$y_{m+1}=\frac{L'}{L'-W}x_m-\frac{Wx_W}{L'-W} \tag{4-67}$$

式中　$y_{m+1}$——提馏段第 $m+1$ 块塔板上升的蒸汽组成(摩尔分数)；

$x_m$——提馏段第 $m$ 块塔板下流的液体组成(摩尔分数)；

$x_W$——塔底釜液的液体组成(摩尔分数)；

$L'$——提馏段内下流的液体量，$kmol \cdot s^{-1}$；

$W$——釜液流量，$kmol \cdot s^{-1}$。

$q$ 线方程可表示为：

$$y=\frac{q}{q-1}x-\frac{x_F}{q-1} \tag{4-68}$$

冷液进料时：

$$q=1+\frac{c_{pF}(t_S-t_F)}{r_F} \tag{4-69}$$

式中　$q$——进料热状况参数；

$r_F$——原料液组成下的汽化潜热，$kJ \cdot kmol^{-1}$；

$t_S$——原料液的泡点温度,℃；

$t_F$——原料液温度,℃；

$c_{pF}$——原料液在平均温度$(t_S+t_F)/2$下的比热容，$kJ \cdot kmol^{-1} \cdot ℃^{-1}$；

$x_F$——原料液组成(摩尔分数)。

回流比 $R$ 的确定：

$$R=\frac{L}{D} \tag{4-70}$$

式中　$L$——回流液量，$kmol \cdot s^{-1}$；

$D$——馏出液量，$kmol \cdot s^{-1}$。

式(4-70)只适用于泡点下回流时的情况，而实际操作时为了保证上升气流能完全冷凝，冷却水量一般都比较大，回流液温度往往低于泡点温度，即冷液回流。

如图 4-14 所示，从全凝器出来的温度为 $t_R$、流量为 $L$ 的液体回流进入塔顶第一块板，由于回流温度低于第一块塔板上的液相温度，离开第一块塔板的一部分上升蒸汽将被冷凝成液体，这样，塔内的实际流量将大于塔外回流量。

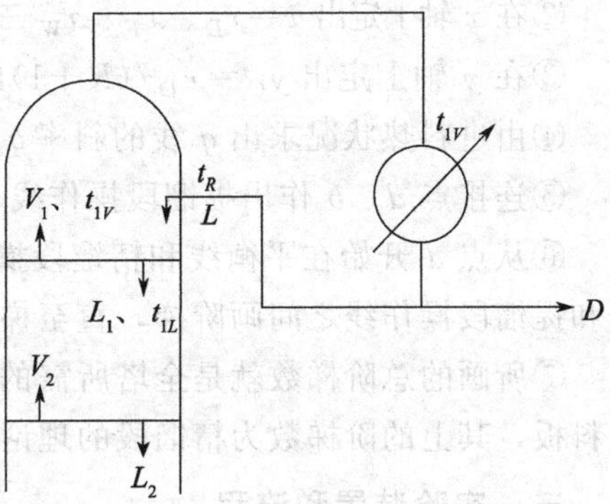

图 4-14　塔顶回流示意图

对第一块板作物料、热量衡算：

$$V_1+L_1=V_2+L \tag{4-71}$$

$$V_1I_{V_1}+L_1I_{L_1}=V_2I_{V_2}+LI_L \tag{4-72}$$

对式(4-71)、式(4-72)整理、化简后，近似可得到第一块板下降的液体量 $L_1$：

$$L_1 \approx L\left[1+\frac{c_p(t_{1L}-t_R)}{r}\right] \tag{4-73}$$

即实际回流比：

$$R_1=\frac{L_1}{D} \tag{4-74}$$

$$R_1=\frac{L\left[1+\frac{c_p(t_{1L}-t_R)}{r}\right]}{D} \tag{4-75}$$

式中　$V_1$、$V_2$——离开第 1、2 块板的气相摩尔流量，$kmol \cdot s^{-1}$；

$L_1$——塔内实际液流量，$kmol \cdot s^{-1}$；

$I_{V_1}$、$I_{V_2}$、$I_{L_1}$、$I_L$——对应 $V_1$、$V_2$、$L_1$、$L$ 下的焓值，$kJ \cdot kmol^{-1}$；

$r$——回流液组成下的汽化潜热，$kJ \cdot kmol^{-1}$；

$c_p$——回流液在 $t_{1L}$ 与 $t_R$ 平均温度下的平均比热容，$kJ \cdot kmol^{-1} \cdot ℃^{-1}$。

(1)全回流操作　在精馏全回流操作时，操作线在 $y$-$x$ 图上为对角线，如图 4-15 所示，根据塔顶、塔釜的组成在操作线和平衡线间作梯级，即可得到理论塔板数。

(2)部分回流操作　如图 4-16 所示，部分回流操作时，图解法的主要步骤为：

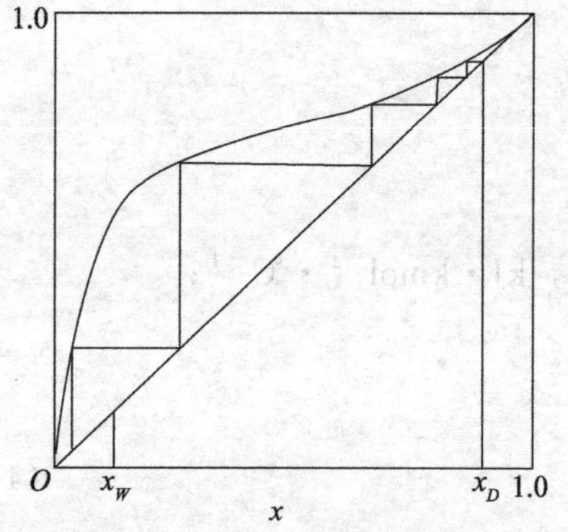


图 4-15　全回流时理论板数的确定

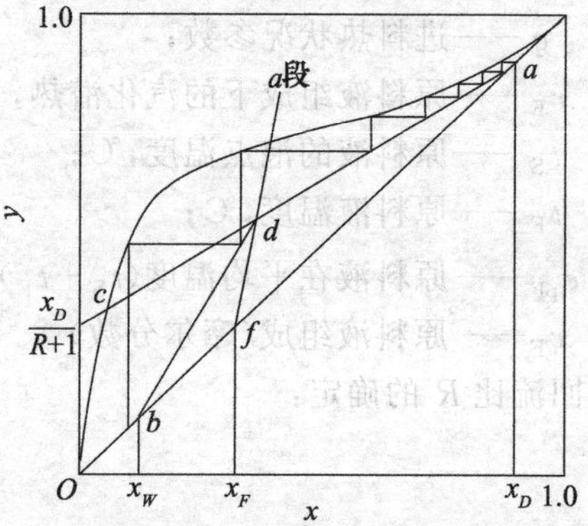


图 4-16　部分回流时理论板数的确定

①根据物系和操作压力在 $y$-$x$ 图上作出相平衡曲线，并画出对角线作为辅助线；

②在 $x$ 轴上定出 $x=x_D$、$x_F$、$x_W$ 三点，依次通过这三点作垂线分别交对角线于点 $a$、$f$、$b$；

③在 $y$ 轴上定出 $y_C=x_D/(R+1)$的点 $c$，连接 $a$、$c$ 作出精馏段操作线；

④由进料热状况求出 $q$ 线的斜率 $q/(q-1)$，过点 $f$ 作出 $q$ 线交精馏段操作线于点 $d$；

⑤连接点 $d$、$b$ 作出提馏段操作线；

⑥从点 $a$ 开始在平衡线和精馏段操作线之间画阶梯，当梯级跨过点 $d$ 时，就改在平衡线和提馏段操作线之间画阶梯，直至梯级跨过点 $b$ 为止；

⑦所画的总阶梯数就是全塔所需的理论塔板数(包含再沸器)，跨过点 $d$ 的那块板就是加料板，其上的阶梯数为精馏段的理论塔板数。

## 三、实验装置和流程

本实验装置的主体设备是筛板精馏塔，配套的有加料系统、回流系统、产品出料管路、残液出料管路、进料泵和一些测量、控制仪表。

筛板塔主要结构参数：塔内径 $D=68mm$，厚度 $\delta=2mm$，塔节 $\phi 76mm \times 4$，塔板数 $N=10$ 块，板间距 $H_T=100mm$。加料位置由下向上起数第 4 块和第 6 块。降液管采用弓形，齿形堰，堰长 56mm，堰高 7.3mm，齿深 4.6mm，齿数 9 个。降液管底隙 4.5mm。筛孔直径$d_0=1.5mm$，正三角形排列，孔间距 $t=5mm$，开孔数为 74 个。塔釜为内电加热式，加热功率 2.5kW，有效容积为 10L。塔顶冷凝器、塔釜换热器均为盘管式。单板取样为自下而上第 1 块和第 10 块，斜向上为液相取样口，水平管为气相取样口。

本实验料液为乙醇水溶液，釜内液体由电加热器产生蒸气逐板上升，经与各板上的液体传质后，进入盘管式换热器壳程，冷凝成液体后再从集液器流出，一部分作为回流液从塔顶流入塔内，另一部分作为产品馏出，进入产品罐；残液经釜液转子流量计流入残液罐。精馏过程如图 4-17 所示。

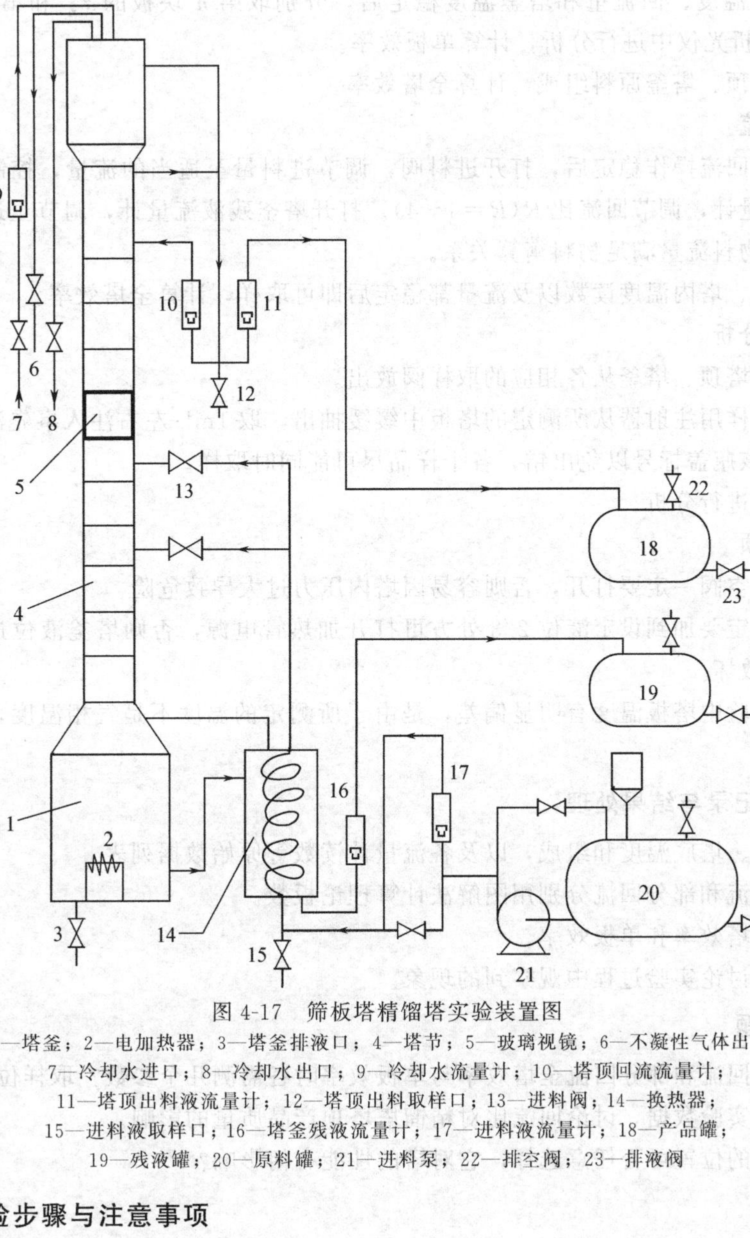


图 4-17　筛板塔精馏塔实验装置图

1—塔釜；2—电加热器；3—塔釜排液口；4—塔节；5—玻璃视镜；6—不凝性气体出口；7—冷却水进口；8—冷却水出口；9—冷却水流量计；10—塔顶回流流量计；11—塔顶出料液流量计；12—塔顶出料取样口；13—进料阀；14—换热器；15—进料液取样口；16—塔釜残液流量计；17—进料液流量计；18—产品罐；19—残液罐；20—原料罐；21—进料泵；22—排空阀；23—排液阀

## 四、实验步骤与注意事项

本实验的主要操作步骤如下。

**1. 全回流**

(1)在原料罐中按照 10%～20%(体积)的比例加入乙醇和水，启动进料泵将料液混合均匀。打开进料管路上的阀门，由进料泵将料液打入塔釜，观察塔釜液位计高度，进料至釜容积的 2/3 处。进料时可以打开进料旁路的闸阀，加快进料速率。

(2)关闭塔身进料管路上的阀门，启动电加热管电源，逐步增加加热电压，使塔釜温度缓慢上升(因塔中部玻璃部分较为脆弱，若加热过快玻璃极易碎裂，使整个精馏塔报废，故升温过程应尽可能缓慢)。

(3)打开塔顶冷凝器的冷却水，调节合适冷凝量，并关闭塔顶出料管路，使整塔处于全回流状态。

(4)当塔顶温度、回流量和塔釜温度稳定后，分别取第 $n$ 块板的 $x_n$ 和第 $n+1$ 块板的 $x_{n+1}$，在阿贝折光仪中进行分析，计算单板效率。

(5)分析塔顶、塔釜原料组成，计算全塔效率。

**2. 部分回流**

(1)待塔全回流操作稳定后，打开进料阀，调节进料量至适当的流量，控制塔顶回流和出料两转子流量计，调节回流比 $R(R=1\sim4)$。打开塔釜残液流量计，调节至适当流量。通过计算使进出物料流量满足物料衡算关系。

(2)当塔顶、塔内温度读数以及流量都稳定后即可取样，计算全塔效率。

**3. 取样与分析**

(1)进料、塔顶、塔釜从各相应的取样阀放出。

(2)塔板取样用注射器从所测定的塔板中缓缓抽出，取 1mL 左右注入事先洗净烘干的针剂瓶中，并给该瓶盖标号以免出错，各个样品尽可能同时取样。

(3)将样品进行分析。

**4. 注意事项**

(1)塔顶放空阀一定要打开，否则容易因塔内压力过大导致危险。

(2)料液一定要加到设定液位 2/3 处方可打开加热管电源，否则塔釜液位过低会使电加热丝露出干烧致坏。

(3)如果实验中塔板温度有明显偏差，是由于所测定的温度不是气相温度，而是气液混合的温度。

## 五、数据记录与结果处理

(1)将塔顶、塔底温度和组成，以及各流量计读数等原始数据列表。

(2)按全回流和部分回流分别用图解法计算理论板数。

(3)计算全塔效率和单板效率。

(4)分析并讨论实验过程中观察到的现象。

## 六、思考题

(1)测定全回流和部分回流全塔效率与单板效率时各需测几个参数？取样位置在何处？

(2)利用本实验数据，讨论回流比对精馏塔塔顶产品质量的影响。

(3)进料板的位置可否任意选择，它对塔的性能有何影响？

# 实验五十一　填料塔吸收传质系数的测定

## 一、实验目的

(1)了解填料吸收塔的结构、填料特性及吸收装置的基本流程。

(2)熟悉填料塔的流体力学性能，测定干填料及不同液体喷淋密度下填料的气压降 $\Delta p$ 与空塔气速 $u$ 的关系曲线，并确定液泛气速。

(3)了解空塔气速和液体喷淋密度对传质系数的影响。测量用水吸收空气-二氧化碳混合气体中二氧化碳的体积吸收系数 $K_{xa}$。

## 二、实验原理

### 1. 填料塔流体力学特性

填料塔是一种重要的气液传质设备，其主体为圆柱形的塔体，底部有一块带孔的支撑板来支承填料，并允许气液顺利通过。吸收塔中填料的作用主要是增加气液两相的接触面积，而气体在通过填料层时，由于克服摩擦阻力和局部阻力而导致了压降$\Delta p$的产生。填料塔的流体力学特性是吸收设备的主要参数，它包括压降和液泛规律。了解填料塔的流体力学特性是为了计算填料塔所需动力消耗，确定填料塔适宜操作范围以及选择适宜的气液负荷。

(1)干板压降的测定　在填料塔中，当气体自下而上通过干填料($L=0$)时，与气体通过其他固体颗粒床层一样，气压降$\Delta p$与空塔气速$u$的关系可用式$\Delta p \propto u^{1.8 \sim 2.0}$表示，在双对数坐标系中为一条直线，斜率为1.8～2.0。

(2)载点气速和泛点气速的测定　在有液体喷淋($L \neq 0$)时，气体通过床层的压降除与气速和填料有关外，还取决于喷淋密度等因素。在一定的喷淋密度下，当气速小时，阻力与空塔速率仍然遵守$\Delta p \propto u^{1.8 \sim 2.0}$这一关系。但在同样的空塔速率下，由于填料表面有液膜存在，填料中的空隙减小，气体通过填料空隙中的实际速率增大，因此床层阻力降比无液体喷淋时的值高。

当气速增加到某一值时，由于上升气流与下降液体间的摩擦阻力增大，开始阻碍液体的顺利下流，以至于填料层内的气液量随气速的增大而增大，此现象称为拦液现象，此点为载点，开始拦液时的空塔气速称为载点气速。进入载液区后，当空塔气速再进一步增大，则填料层内拦液量不断增高，到达某一气速时，气、液间的摩擦力完全阻止液体向下流动，填料层的压力将急剧升高，在$\Delta p \propto u^n$关系式中，$n$的数值可达10左右，此点称为泛点。在不同的喷淋密度下，在双对数坐标中可得到一系列的折线。随着喷淋密度的增大，填料层的载点气速和泛点气速下降。

本实验以水和空气为工作介质，在一定喷淋密度下，逐步增大气速，记录填料层的压降与塔顶表压的大小，直到发生液泛为止。

### 2. 体积吸收系数$K_{xa}$的测定

在吸收操作中，气体混合物和吸收剂分别从塔底和塔顶进入塔内，气液两相在塔内逆流接触，使气体混合物中的溶质溶解在吸收剂中。反映吸收性能的主要参数是吸收系数，影响吸收系数的因素很多，其中有气体的流速、液体的喷淋密度、温度、填料的自由体积、比表面积以及气液两相的物理化学性质等。吸收系数不可能有一个通用的计算式，工程上常对同类型的生产设备或中间试验设备进行吸收系数的实验测定。对于相同的物料系统和一定的设备(填料类型与尺寸)，吸收系数将随着操作条件及气液接触状况的不同而变化。

由于$CO_2$气体无味、无毒、廉价，所以气体吸收实验常选择$CO_2$作为溶质组分。本实验采用水吸收空气中的$CO_2$组分。一般$CO_2$在水中的溶解度很小，即使预先将一定量的$CO_2$气体通入空气中混合以提高空气中的$CO_2$浓度，水中的$CO_2$含量仍然很低，所以吸收的计算方法可按低浓度来处理，并且此体系$CO_2$气体的解吸过程属于液膜控制。因此，本实验主要测定$K_{xa}$和$H_{OL}$。

(1)基本计算公式

$$h_0=\frac{L}{K_{xa}}\int_{x_a}^{x_b}\frac{dx}{(x^*-x)}=H_{OL}N_{OL} \tag{4-76}$$

$$H_{OL}=\frac{L}{K_{xa}} \qquad N_{OL}=\int_{x_a}^{x_b}\frac{dx}{(x^*-x)} \tag{4-77}$$

式中　$h_0$——填料层高度；

$L$——液体通过塔截面的摩尔流量，$kmol\cdot m^{-2}\cdot s^{-1}$；

$K_{xa}$——以$\Delta x$为推动力的液相总体积传质系数，$kmol\cdot m^{-3}\cdot s^{-1}$；

$H_{OL}$——液相总传质单元高度，m；

$N_{OL}$——液相总传质单元数，无量纲。

令：吸收因数$A=L/mG$，脱吸因数$S=mG/L$，则：

$$N_{OL}=\frac{1}{1-A}\ln\left[(1-A)\frac{y_b-mx_a}{y_b-mx_b}+A\right] \tag{4-78}$$

或

$$N_{OL}=SN_{OG}=\frac{1}{A-1}\ln\left[(1-S)\frac{y_b-mx_a}{y_a-mx_a}+S\right] \tag{4-79}$$

(2)测定方法

①测定空气流量和水流量。

②测定填料层高度$h_0$和塔径$D$。

③测定塔顶和塔底气相组成$y_a$和$y_b$。

④本实验的平衡关系可写成：

$$y=mx \tag{4-80}$$

式中　$m$——相平衡常数，$m=E/p$；

$E$——亨利系数，$E=f(t)$，Pa，根据液相温度由表4-17查得；

$p$——总压，Pa，取101.3kPa。

**表4-17　二氧化碳在水中的亨利系数$E$**

| 温度/℃ | 0 | 5 | 10 | 15 | 20 | 25 | 30 | 35 | 40 | 50 | 60 |
|---|---|---|---|---|---|---|---|---|---|---|---|
| $E$/MPa | 73.7 | 88.7 | 105 | 124 | 144 | 166 | 188 | 212 | 236 | 287 | 345 |

对清水而言$x_a=0$，由全塔物料衡算，测得空气和水的流量、气体浓度$y_a$和$y_b$，可算得$x_b$。

$$x_b=\frac{(y_b-y_a)}{L/G}+x_a \tag{4-81}$$

本实验采用转子流量计测得空气和水的流量，并根据实验条件(温度和压力)和有关公式换算成空气和水的摩尔流量。

## 三、实验装置

### 1.装置流程

本实验装置流程如图4-18所示，水从填料塔塔顶经喷头喷淋在填料顶层。由风机送来的空气和二氧化碳混合后，一起进入气体混合罐，然后再进入塔底，与水在塔内进行逆流接触，进行质量和热量的交换，由塔顶出来的尾气放空，由于本实验为低浓度气体的吸收，所以热量交换可略，整个实验过程看成是等温操作。

### 2.主要设备

(1)吸收塔　高效填料塔，塔径100mm，塔内装有金属丝网波纹规整填料或$\theta$环散装填

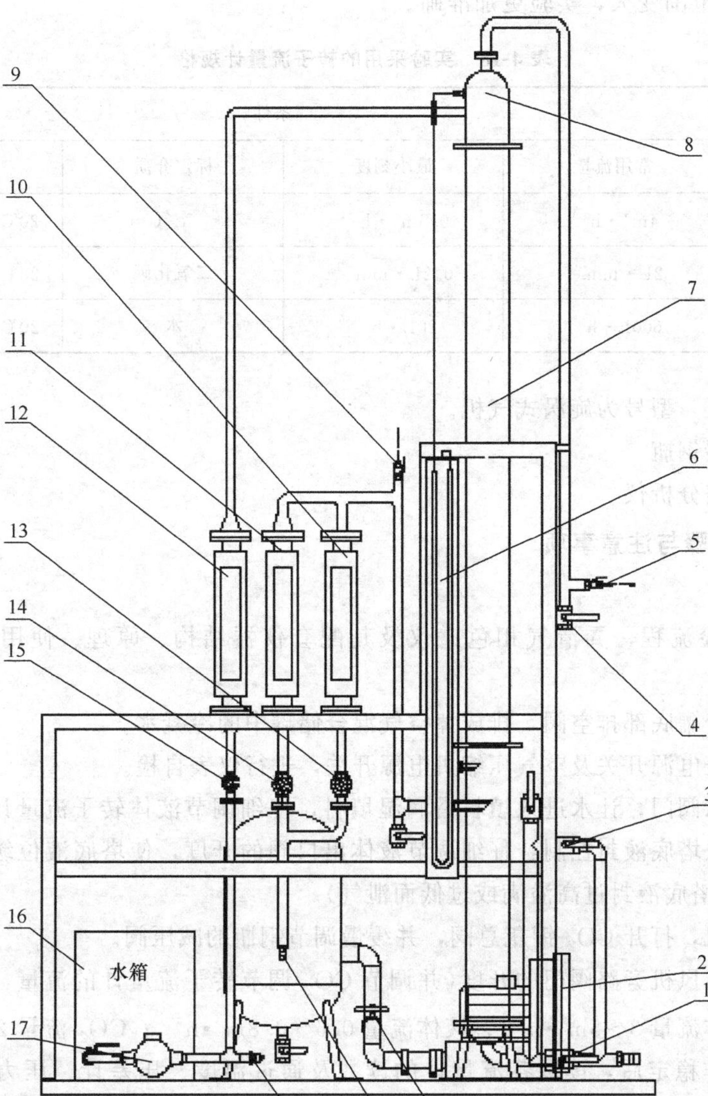


图 4-18　吸收装置流程图

1—液体出口阀 1；2—风机；3—液体出口阀 2；4—气体出口阀；5—出塔气体取样口；6—U 形压差计；7—填料层；8—塔顶预分离器；9—进塔气体取样口；10—气体小流量玻璃转子流量计(0.4～4$m^3 \cdot h^{-1}$)；11—气体大流量玻璃转子流量计(2.5～25$m^3 \cdot h^{-1}$)；12—液体玻璃转子流量计(100～1000$L \cdot h^{-1}$)；13,14—气体进口闸阀；15—液体进口闸阀；16—水箱；17—水泵；18—液体进口温度检测点；19—混合气体温度检测点；20—风机旁路阀

料，填料层总高度 2000mm。塔顶有液体初始分布器，塔中部有液体再分布器，塔底部有栅板式填料支承装置。填料塔底部有液封装置，以避免气体泄漏。

(2)填料规格和特性　金属丝网波纹规整填料：型号 JWB-700Y，规格 ϕ100mm × 100mm，比表面积 700$m^2 \cdot m^{-3}$。

(3)转子流量计　在本实验中提供了两种不同量程的玻璃转子流量计(见表 4-18)，使得气体的流量测量范围变大，实验更加准确。

表 4-18 实验采用的转子流量计规格

| 介质 | 条件 | | | |
|---|---|---|---|---|
| | 常用流量 | 最小刻度 | 标定介质 | 标定条件 |
| 空气 | $4m^3 \cdot h^{-1}$ | $0.5m^3 \cdot h^{-1}$ | 空气 | 20℃ $1.0133\times10^5Pa$ |
| 二氧化碳 | $2L \cdot min^{-1}$ | $0.2L \cdot min^{-1}$ | 二氧化碳 | 20℃ $1.0133\times10^5Pa$ |
| 水 | $600L \cdot h^{-1}$ | $20L \cdot h^{-1}$ | 水 | 20℃ $1.0133\times10^5Pa$ |

(4)空气风机 型号为旋涡式气机。

(5)二氧化碳钢瓶

(6)气相色谱分析仪

## 四、实验步骤与注意事项

### 1. 实验步骤

(1)熟悉实验流程，弄清气相色谱仪及其配套仪器结构、原理、使用方法及其注意事项。

(2)打开混合罐底部排空阀，排放掉空气混合储罐中的冷凝水。

(3)打开仪表电源开关及空气压缩机电源开关，进行仪表自检。

(4)开启进水阀门，让水进入填料塔润湿填料，仔细调节液体转子流量计，使其流量稳定在某一实验值(塔底液封控制：仔细调节液体出口阀的开度，使塔底液位缓慢地在一段区间内变化，以免塔底液封过高溢满或过低而泄气)。

(5)启动风机，打开 $CO_2$ 钢瓶总阀，并缓慢调节钢瓶的减压阀。

(6)仔细调节风机旁路阀门的开度(并调节 $CO_2$ 调节转子流量计的流量，使其稳定在某一值)。建议气体流量 $3\sim5m^3\cdot h^{-1}$；液体流量 $0.6\sim0.8m^3\cdot h^{-1}$；$CO_2$ 流量 $2\sim3L\cdot min^{-1}$。

(7)待塔操作稳定后，读取各流量计的读数及通过温度、压差计、压力表上读取各温度、塔顶塔底压差读数，通过六通阀在线进样，利用气相色谱仪分析出塔顶、塔底气体组成。

(8)实验完毕，关闭 $CO_2$ 钢瓶和转子流量计、水转子流量计、风机出口阀门，再关闭进水阀门及风机电源开关(实验完成后，我们一般先停水再停气体，这样做的目的是为了防止液体从进气口倒压破坏管路及仪器)，清理实验仪器和实验场地。

### 2. 注意事项

(1)固定好操作点后，应随时注意调整以保持各量不变。

(2)在填料塔操作条件改变后，需要有较长的稳定时间，稳定以后方能读取有关数据。

## 五、实验数据处理

(1)原始数据表。

将实验数据和结果填入到表 4-19、表 4-20 中。

(2)在双对数坐标纸上以 $\Delta p$ 对 $u$ 作图，确定直线斜率，给出干板压降 $\Delta p$ 与 $u$ 的经验关系式。确定一定喷淋密度下的载点和泛点。

**表 4-19　填料塔流体力学实验测定记录**

实验装置：第________套；实验介质：________；填料种类：________；填料规格：________；

填料层高度：________；塔内径：________；大气压强：________ Pa；水温：________℃

| 序号 | 水流量 /$L \cdot h^{-1}$ | 空气流量 | | | 压强降 | | 塔内现象 |
|---|---|---|---|---|---|---|---|
| | | 流量计示值 /$m^3 \cdot h^{-1}$ | 计前表压 /$mmH_2O$ | 气温 /℃ | 塔顶表压 /$mmH_2O$ | 填料层压降 /$mmH_2O$ | |
| 1 | | | | | | | |
| 2 | | | | | | | |
| 3 | | | | | | | |
| 4 | | | | | | | |
| 5 | | | | | | | |
| 6 | | | | | | | |
| 7 | | | | | | | |
| 8 | | | | | | | |
| 9 | | | | | | | |
| 10 | | | | | | | |

**表 4-20　吸收系数测定记录**

| 项目 \ 序号 | | 1 | 2 | 3 | 4 |
|---|---|---|---|---|---|
| 空气 | 流量计示值/$m^3 \cdot h^{-1}$ | | | | |
| | 计前表压/$mmH_2O$ | | | | |
| | 温度/℃ | | | | |
| 水 | 流量计示值/$L \cdot h^{-1}$ | | | | |
| | 温度/℃ | | | | |
| $CO_2$ | 流量计示值/$L \cdot min^{-1}$ | | | | |
| | 温度/℃ | | | | |
| 压强 | 塔顶表压/$mmH_2O$ | | | | |
| | 填料层压降/$mmH_2O$ | | | | |
| 进气 | $CO_2$ 摩尔分数 $y_b$ | | | | |
| 尾气 | $CO_2$ 摩尔分数 $y_a$ | | | | |

(3)计算不同气体流量、液体流量下的二氧化碳体积传质系数 $K_{xa}$，分析气体流量、液体流量变化对水吸收 $CO_2$ 体积传质系数 $K_{xa}$ 的影响。

(4)计算举例。

## 六、思考题

(1)测定吸收系数 $K_{xa}$ 分别需测哪些物理量？

(2)当气体温度和液体温度不同时，应用什么温度计算亨利系数？

(3)二氧化碳吸收过程属于什么控制？为什么？

# 第五篇　设计实验

## 实验一　HCl 和 $NH_4Cl$ 混合液中各组分含量测定

### 一、实验目的

(1)运用酸碱滴定的原理设计 HCl-$NH_4Cl$ 混合液中各组分含量的分析方案并具体实施。

(2)进一步掌握标准溶液的配制和标定方法。

(3)进一步巩固酸碱滴定基本原理和操作技能。

### 二、实验要求

(1)通过查阅资料，设计自己的实验方案和工作计划。实验方案要有详细的实验步骤，同时综合考虑保护环境和节约成本等因素。实验方案交指导老师审查。

(2)据自己的设计方案，计算出实验所需各种试剂的用量。若为溶液，应指明溶液的浓度。给出详细的仪器、药品清单。

### 三、简要提示

HCl-$NH_4Cl$ 混合液中的 HCl 是强酸，可以用标准 NaOH 溶液滴定，当滴定到 HCl 的计量点时，溶液中剩余的 $NH_4Cl$ 呈弱酸性(pH＝5.3)。故应用甲基红(变色范围 pH＝4.4～6.2)作为滴定 HCl 的指示剂。溶液中剩下的 $NH_4^+$ 由于其酸性太弱，无法用 NaOH 直接滴定，可用甲醛法滴定。

## 实验二　$NaH_2PO_4$ 和 $Na_2HPO_4$ 混合液中各组分含量测定

### 一、实验目的

(1)掌握酸碱滴定的原理及方法，了解准确分别滴定的条件。

(2)掌握化学分析法的基本操作技能和初步运用的能力。

(3)掌握滴定分析法的基本原理、方法和数据的处理。

(4)掌握分析化学实验的基本知识和基本操作技能，提高观察、分析和解决问题的能力。

### 二、实验要求

(1)通过查阅资料，设计自己的实验方案和工作计划。实验方案要有详细的实验步骤，同时综合考虑保护环境和节约成本等因素。实验方案交指导老师审查。

(2)据自己的设计方案，计算出实验所需的各种试剂的用量。若为溶液，应指明溶液的浓度。给出详细的仪器、药品清单。

**三、简要提示**

在 $NaH_2PO_4$ 和 $Na_2HPO_4$ 混合液中，$K_{a_2}=6.3\times10^{-8}$，$K_{a_3}=4.4\times10^{-13}$，$K_{a_2}/K_{a_3}>10^5$，故可分别滴定。用 NaOH 准确滴定 $H_2PO_4^-$，用百里酚酞作指示剂，滴定终点由无色变成微蓝色。由于 $Na_2HPO_4$ 的 $K_{a_3}$ 很小，不能直接连续滴定，用盐酸滴定磷酸氢根，以溴酚蓝作指示剂，滴定终点时溶液由红色变为黄色。

# 实验三　洗衣粉中活性组分与碱度的测定

**一、实验目的**

(1)培养独立进行实验分析的能力。

(2)提高灵活运用定量化学分析知识的水平。

(3)熟练掌握分析仪器的使用。

(4)熟练掌握酸碱溶液的配制与滴定的基本操作。

**二、实验要求**

(1)通过查阅资料，设计自己的实验方案和工作计划。实验方案要有理论依据和详细的实验步骤，同时综合考虑保护环境和节约成本等因素。实验方案交指导老师审查。

(2)据自己的设计方案，计算出实验所需的各种试剂的用量。若为溶液，应指明溶液的浓度。给出详细的仪器、药品清单。

**三、简要提示**

烷基苯磺酸钠是一种阴离子表面活性剂，具有良好的去污力、发泡力和乳化力。同时，它在酸性、碱性和硬水中都很稳定。分析洗衣粉中烷基苯磺酸钠的含量，是控制产品质量的重要步骤。烷基苯磺酸钠的分析方法主要为对甲苯胺法，即使其与盐酸对甲苯胺溶液混合，将生成的复盐溶于 $CCl_4$ 中，再用标准溶液滴定。洗衣粉的组成十分复杂，除活性物外，还要添加许多助剂。例如，添加一定量的碳酸钠等碱性物质，可以使洗涤液保持一定的 pH 值范围。当洗衣粉遇到酸性污物时，仍有较高的去污能力。在对洗衣粉中碱性物质的分析中，常用活性碱度和总碱度两个指标来表示碱性物质的含量。活性碱度仅指由于氢氧化钠(或氢氧化钾)产生的碱度；总碱度包括有碳酸盐、碳酸氢盐、氢氧化钠及有机碱(如三乙醇胺)等产生的碱度。利用酸碱滴定的有关知识，可以测定洗衣粉中的碱度指标。

# 实验四　活性炭吸附法处理工业含酚废水

**一、实验目的**

(1)了解工业含酚废水的来源。

(2)掌握活性炭吸附法处理工业含酚废水。

## 二、实验要求

(1)通过查阅资料，设计自己的实验方案和工作计划。实验方案要有理论依据和详细的实验步骤，同时综合考虑保护环境和节约成本等因素。实验方案交指导老师审查。

(2)据自己的设计方案，计算出实验所需的各种试剂的用量。若为溶液，应指明溶液的浓度。给出详细的仪器、药品清单。

## 三、简要提示

含酚废水是一种污染范围极广的工业废水，煤气厂、焦化厂、石油化工厂及其他化工厂在其生产过程中均会产生各种含酚废水。如不经处理直接排放会对人体、水体、鱼类、农作物、环境等带来严重危害。吸附法是处理含酚废水的有效方法之一。活性炭具有优良的吸附性能，但活性炭用量、pH 值、吸附反应温度、振荡时间等因素对苯酚废水处理效果具有较大的影响。

# 实验五　碱式碳酸铜的制备

## 一、实验目的

(1)探求碱式碳酸铜的制备条件和分析生成物颜色、状态。

(2)研究反应物的合理配料比并确定制备反应适合的温度条件。

(3)以培养独立设计实验的能力。

## 二、实验要求

(1)通过查阅资料，设计自己的实验方案和工作计划。实验方案要有理论依据和详细的实验步骤，同时综合考虑保护环境和节约成本等因素。实验方案交指导老师审查。

(2)据自己的设计方案，自行列出所需仪器、药品、材料清单，经指导老师的同意，即可进行实验。

## 三、简要提示

碱式碳酸铜为天然孔雀石的主要成分，呈暗绿色或淡蓝绿色，加热至 200℃即分解，在水中的溶解度很小，新制备的试样在沸水中很易分解。

将 $CuSO_4$ 和 $Na_2CO_3$ 在不同的操作条件下混合可制得颜色不同的晶体。这是因为产物的组成与反应物组成、溶液酸碱度、温度等有关，从而使晶体颜色发生变化。

# 实验六　由铝土矿制备聚碱式氯化铝

## 一、实验目的

(1)了解聚碱式氯化铝的性质与用途。

(2)掌握制备聚碱式氯化铝的方法。

(3)初步培养分析问题和解决问题的能力。

## 二、实验要求

(1)通过查阅资料，设计自己的实验方案和工作计划。实验方案要有理论依据和详细的实验步骤，同时综合考虑保护环境和节约成本等因素。实验方案交指导老师审查。

(2)据自己的设计方案，自行列出所需仪器、药品、材料之清单，经指导老师的同意，即可进行实验。

### 三、简要提示

聚碱式氯化铝易溶于水，其水解产物有强吸附力、高絮凝效果，能除去水中的悬浮颗粒和胶状污染物，还可以除去水中的微生物、细菌、藻类及高毒性的重金属铬、铅等，是国内外常用的净水剂。

铝土矿含 $Al_2O_3$ 30%～40%、$SiO_2$ 50%左右、少于 3%的 $Fe_2O_3$ 和少量的 K、Na、Ca、Mg 等元素。实验时先粉碎矿石，高温灼烧得到熟矿粉。然后用盐酸浸取得到 $AlCl_3$ 溶液。取部分 $AlCl_3$ 溶液用氨水调至 pH＝6，使之转变为 $Al(OH)_3$。再在 $Al(OH)_3$ 中加入 $AlCl_3$ 溶液使之溶解，在 60℃下保温聚合得到黏稠状液体。液体于 90℃烘箱中干燥，制得淡黄色固体即为产品。

## 实验七　由废电池锌皮制备硫酸锌

### 一、实验目的

(1)了解由废电池锌皮制备硫酸锌的方法。

(2)掌握无机制备中的一些基本操作。

(3)熟悉通过控制 pH 值分离杂质的方法。

### 二、实验要求

(1)通过查阅资料，设计自己的实验方案和工作计划。实验方案要有理论依据和详细的实验步骤，同时综合考虑保护环境和节约成本等因素。实验方案交指导老师审查。

(2)据自己的设计方案，自行列出所需仪器、药品、材料之清单，经指导老师的同意，即可进行实验。

### 三、简要提示

锌锰干电池上的锌皮既是电池的负极，也是电池的壳体。电池报废后，锌皮仍大部分留存，将其回收利用，既能节约能源，又能减少对环境的污染。

锌是两性物质，既能溶于酸，也能溶于碱。在常温下，锌片与碱的反应很慢，而与酸的反应则快得多。应采用稀硫酸溶解回收锌皮以制取硫酸锌：

$$Zn + H_2SO_4 \longrightarrow ZnSO_4 + H_2\uparrow$$

此时，锌皮中的少量铁同时溶解，生成硫酸亚铁：

$$Fe + H_2SO_4 \longrightarrow FeSO_4 + H_2\uparrow$$

因此，在所得的硫酸锌溶液中，先用过氧化氢将 $Fe^{2+}$ 氧化为 $Fe^{3+}$：

$$2FeSO_4 + H_2O_2 + H_2SO_4 \longrightarrow Fe_2(SO_4)_3 + 2H_2O$$

然后用 NaOH 调节溶液的 pH＝8，使 $Fe^{3+}$ 生成氢氧化物沉淀：

$$ZnSO_4 + 2NaOH \longrightarrow Zn(OH)_2\downarrow + Na_2SO_4$$

$$Fe_2(SO_4)_3 + 6NaOH \longrightarrow 2Fe(OH)_3\downarrow + 3Na_2SO_4$$

再加入稀硫酸，控制溶液的 pH=4.0～4.5，此时氢氧化锌溶解而氢氧化铁不溶解，可过滤除去。最后将滤液酸化、蒸发浓缩、结晶，即得 $ZnSO_4 \cdot 7H_2O$ 晶体。

## 实验八 汽车抗震剂——甲基叔丁基醚的制备

### 一、实验目的

(1)通过自行设计实验掌握甲基叔丁基醚的制备原理和方法。

(2)熟悉和掌握分馏和蒸馏等基本操作。

### 二、实验要求

(1)查阅相关文献，写出 300 字以上的文献简述，用给定的化学试剂设计一种可行的合成实验方案，实验方案主要可分为目的要求、实验原理以及有关化学反应式、实验仪器、操作步骤和预期结果几个部分，包括对产物的制备、分离、提纯以及鉴定，要求制得的产品约 3g，产率达到 50%。

(2)列出实验所需要的仪器，列出实验中可能出现的问题及对应的处理方法。对某些特殊药品的使用和保管方法应在实验前特别注意，试剂的配制方法应查阅有关手册。

(3)拟定的实验方案经教师审查合格后，独立完成实验，写出规范的实验报告。

### 三、简要提示

(1)甲基叔丁基醚主要用作汽油添加剂，具有优良的抗震性能，毒性小，是汽油中用于增强汽车抗震性能的四乙基铅的绿色替代品。在实验室中甲基叔丁基醚既可用醇钠和卤代烷反应制备，也可用醇分子间脱水法制备。

(2)主要化学试剂：正丁醇、甲醇、硫酸、碳酸钠。

(3)主要实验仪器：滴液漏斗、搅拌装置、分馏柱、三口瓶、分液漏斗、蒸馏装置。

## 实验九 从番茄中提取番茄红素及 *β*-胡萝卜素

### 一、实验目的

(1)了解番茄红素中的基本成分和结构。

(2)通过自行设计实验，熟悉从天然产物中提取分离色素的直接方法和操作技能。

(3)学习用柱层析和薄层层析法检验有机化合物的基本原理和方法。

### 二、实验要求

(1)查阅相关文献，写出 300 字以上的文献简述，设计可行的实验方案，包括提取方法的基本原理、分离以及鉴定的全过程。

(2)拟定的实验方案经教师审查合格后，独立完成实验，写出规范的实验报告。

### 三、简要提示

(1)类胡萝卜素是一类天然色素，广泛分布于植物、动物和海洋生物中。番茄红素和 *β*-胡萝卜素属于类胡萝卜素，大多类胡萝卜素可以看作番茄红素的衍生物，具有增强免疫功能、抗氧化、抗癌和预防心血管疾病等作用。

(2)根据类胡萝卜素不溶于水，难溶于甲醇、乙醇，易溶于石油醚、己烷、丙酮、氯仿、苯等有机溶剂的性质，可利用亲油性有机溶剂来提取番茄红素和$\beta$-胡萝卜素。

(3)实验可采取直接打浆，直接打浆的方法提取量最大，提取速度快，提取次数少，提取效率高。

(4)提取物采用色谱法进行分离。

(5)主要试剂：新鲜番茄、95%乙醇、二氯甲烷、硅胶 GF25、石油醚、丙酮、无水硫酸镁、中性 $Al_2O_3$。

(6)主要实验仪器：分液漏斗、漏斗、锥形瓶、回流装置、载玻片、层析缸、色谱柱、旋转蒸发仪。

(7)预习思考题

①番茄红素为红色，$\beta$-胡萝卜素为黄色，展开后的薄板放置一段时间后，样品为什么会褪色？操作时需要注意什么？

②为什么可以用柱色谱方法分离番茄红素和$\beta$-胡萝卜素？

## 实验十　洗发香波的配制

### 一、实验目的

(1)了解洗发香波的组成和作用原理。

(2)通过自行设计实验，掌握洗发香波的配制工艺。

### 二、实验要求

(1)查阅相关文献，设计可行的实验方案，包括洗发香波配方的选择、制备过程中需要注意的问题等，写出500字以上的文献简述。

(2)拟定的实验方案经教师审查合格后，独立完成实验，写出规范的实验报告。

### 三、简要提示

(1)洗发香波不仅具有洗发功能，还具有洁发、护发、美发等多种功效。在对洗发香波进行配方设计时要遵循以下原则：①具有适当的清洁力和柔和的脱脂作用；②泡沫丰富、持久；③具有良好的梳理性；④洗后的头发具有光泽、湿润感和柔顺性；⑤高度的安全性；⑥易洗涤、耐硬水、常温下具有最佳的洗涤效果。

(2)对主要原料要求如下：①能提供泡沫和去污能力的主表面活性剂，以阴离子表面活性剂为主；②能增进去污能力和泡沫稳定性，改善头发梳理性的辅助表面活性剂，其中包括阴离子、非阴离子、两性离子型表面活性剂；③能赋予香波特殊效果的各种添加剂，如去头屑药物、稀释剂、固色剂、螯合剂、增溶剂、防腐剂、营养剂、染料和香精等。此外，配方设计时还要考虑表面活性剂的良好配伍性。

(3)洗发香波的主要原料由表面活性剂和一些添加剂组成。表面活性剂分主表面活性剂和辅助表面活性剂两类。主剂要求泡沫丰富、易扩散、易清洗、去污性强，并具有一定的调理作用；辅剂要求具有增强稳定泡沫的作用，头发洗后易梳理、易定型、快干、光亮，并有抗静电等功能，与主剂有良好的配伍性。

常用的表面活性剂：阴离子型的烷基醚硫酸盐和烷基苯磺酸盐、非离子型的烷基醇酰胺，如椰子油酸二乙醇酰胺等。

常用的辅助表面活性剂：阴离子型的油酰胺基酸钠、雷米邦；非离子型的聚氧乙烯山梨醇酐单酯；两性离子型的十二烷基氨基丙酸钠等。

香波的添加剂主要有增稠剂烷基醇酰胺、聚乙二醇硬脂酸酯、羧甲基纤维素钠、氯化钠等。

遮光剂或珠光剂有硬脂酸乙二醇酯、十八醇、十六醇、硅酸铝镁等。香精多为水果香型、花香型和草香型。

最常用的螯合剂是乙二胺四乙酸二钠(EDTA)。

常用的去头屑止痒剂有硫化硒、吡啶硫铜锌等，滋润剂有液体石蜡、甘油、羊毛脂衍生物、聚硅氧烷等，还有胱氨酸、蛋白酸、水解蛋白和维生素等。

防腐剂有对羟基苯甲酸酯、苯甲酸钠。

(4)实验主要仪器与试剂如下。仪器：电炉、水浴锅、电动搅拌器、温度计、烧杯、量筒、托盘天平、玻璃棒、滴管、黏度计。

试剂：脂肪醇聚氧乙烯醚硫酸钠(AES，70%)、脂肪酸二乙醇酰胺(尼诺尔，6501，70%)、硬脂酸乙二醇酯、十二烷基苯磺酸钠(ABS-Na，30%)、十二烷基二甲基甜菜碱(BS-12，30%)、聚氧乙烯山梨醇酐单酯、羊毛脂衍生物、苯甲酸钠、柠檬酸、氯化钠、香精、色素等。

# 实验十一 实用香料——乙基香兰素的合成

## 一、实验目的

(1)了解乙基香兰素的结构及合成方法。

(2)通过自行设计实验，熟悉蒸馏、过滤、提纯等操作。

## 二、实验要求

(1)查阅相关文献，写出300字以上的文献简述，选择合理的反应路线合成目标产物。

(2)预测实验中可能出现的问题，提出相应的处理方法。

(3)拟定的实验方案经教师审查合格后，独立完成实验，写出规范的实验报告。

## 三、简要提示

(1)乙基香兰素又称乙基香草醛，是白色至微黄色鳞片结晶性粉末，呈甜巧克力香气及香兰素特有的芳香气味，基本上无毒害，广泛应用于香料、化妆品、食品添加剂、医药等行业中。其结构如下式：

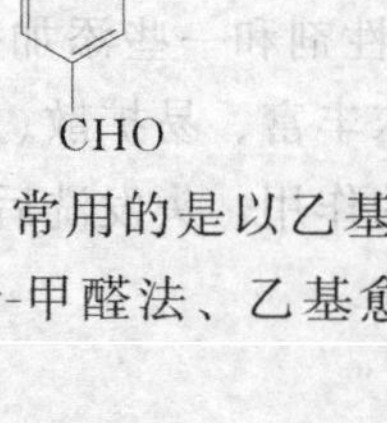


(2)生产乙基香兰素的方法较多，常用的是以乙基愈创木酚为原料的合成方法，如乙基愈创木酚-乌洛托品法、乙基愈创木酚-甲醛法、乙基愈创木酚-三氯乙醛法、乙基愈创木酚-

氯仿法、乙基愈创木酚-乙醛酸法等。除一般化学法外，还可用电解法合成乙基香兰素。普遍存在收率低、污染严重、成本高等问题。设计实验方案时，应该考虑合成的收率和遵循绿色化学原则。

## 实验十二　防腐剂——对羟基苯甲酸乙酯的合成

### 一、实验目的

(1)了解酯化反应特征，熟悉酯化反应的操作。

(2)通过自行设计实验，熟练掌握带分水器蒸馏、提纯等基本操作。

### 二、实验要求

(1)查阅相关文献，写出300字以上的文献简述，选择合理的反应路线合成目标产物。

(2)对合成的对羟基苯甲酸乙酯进行结构确定。

(3)拟定的实验方案经教师审查合格后，独立完成实验，写出规范的实验报告。

### 三、简要提示

对羟基苯甲酸乙酯又名防腐剂尼泊金A，是目前国内外常使用的一种新型的食品防腐剂和抑菌剂，由于它具有低毒性、无刺激性等特点而广泛应用于食品、化妆品、医药、日用化工等行业。

酯化反应是一个典型的、酸催化的可逆反应。实验设计中可以考察不同的酸性催化剂对反应的影响。为了使反应平衡向右移动，可以用过量的醇或羧酸，也可以把反应中生成的酯或水及时蒸出，或者两者并用。在实验中应注意控制好反应物的温度、滴加原料的速率和蒸出产品的速率，使反应能进行得比较完全。

合理的合成路线应包含以下几个方面：①根据反应原理选择合适的实验装置；②合适的原料配比；③反应温度、时间等条件的控制；④选择合适的分离措施；⑤产物结构的表征方法和确证。

## 实验十三　双酚A的制备

### 一、实验目的

(1)学习和掌握双酚A的制备原理和方法。

(2)练习利用搅拌提高非均相反应和减压过滤等操作。

### 二、实验要求

(1)查阅相关资料，调研工业和实验室中实现有关反应的具体方法，写出300字以上的文献简述。

(2)分析各种方法的优缺点，设计可行实验方案(包括分析可能存在的安全问题，并提出相应的解决策略)。

(3)拟定的实验方案经教师审查合格后，独立完成实验，写出规范的实验报告。

## 三、简要提示

双酚 A(2,2-二对羟基苯基丙烷)可作为塑料和油漆用抗氧剂，是聚氯乙烯的热稳定剂，也是聚碳酸酯、环氧树脂、聚砜及聚苯醚等树脂的合成原料。反应过程中应加入分散剂，以防止结块，双酚 A 可由苯酚和丙酮缩合制备。

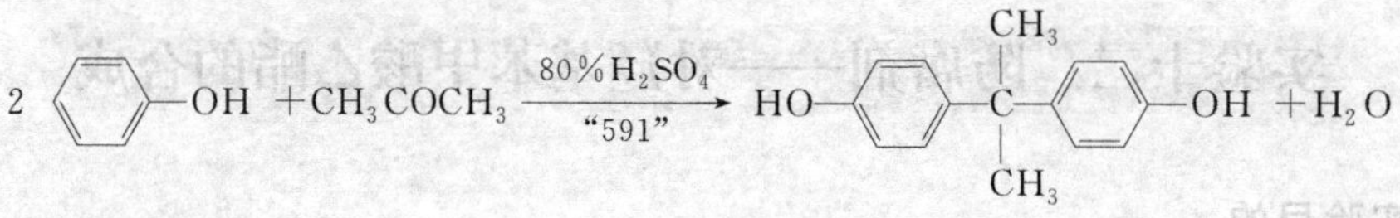

# 附 录

## 附录一 常用元素的元素符号及其相对原子质量

| 元素名称 | 符号 | 相对原子质量 | 元素名称 | 符号 | 相对原子质量 |
|---|---|---|---|---|---|
| 银 | Ag | 107.87 | 锂 | Li | 6.941 |
| 铝 | Al | 26.982 | 镁 | Mg | 24.305 |
| 硼 | B | 10.811 | 锰 | Mn | 54.938 |
| 钡 | Ba | 137.33 | 钼 | Mo | 95.94 |
| 溴 | Br | 79.904 | 氮 | N | 14.007 |
| 碳 | C | 12.011 | 钠 | Na | 22.9898 |
| 钙 | Ca | 40.08 | 镍 | Ni | 58.69 |
| 氯 | Cl | 35.453 | 氧 | O | 15.999 |
| 铬 | Cr | 51.996 | 磷 | P | 30.974 |
| 铜 | Cu | 63.54 | 铅 | Pb | 207.2 |
| 氟 | F | 18.998 | 钯 | Pd | 106.42 |
| 铁 | Fe | 55.84 | 铂 | Pt | 195.08 |
| 氢 | H | 1.0079 | 硫 | S | 32.06 |
| 汞 | Hg | 200.5 | 硅 | Si | 28.085 |
| 碘 | I | 126.905 | 锡 | Sn | 118.6 |
| 钾 | K | 39.098 | 锌 | Zn | 65.38 |

## 附录二 常用缓冲溶液的配制方法

### 1. 磷酸氢二钠-柠檬酸缓冲液

| pH 值 | 0.2mol·$L^{-1}$ $Na_2HPO_4$/mL | 0.1mol·$L^{-1}$ 柠檬酸/mL | pH 值 | 0.2mol·$L^{-1}$ $Na_2HPO_4$/mL | 0.1mol·$L^{-1}$ 柠檬酸/mL |
|---|---|---|---|---|---|
| 2.2 | 0.40 | 10.60 | 5.2 | 10.72 | 9.28 |
| 2.4 | 1.24 | 18.76 | 5.4 | 11.15 | 8.85 |
| 2.6 | 2.18 | 17.82 | 5.6 | 11.60 | 8.40 |
| 2.8 | 3.17 | 16.83 | 5.8 | 12.09 | 7.91 |
| 3.0 | 4.11 | 15.89 | 6.0 | 12.63 | 7.37 |
| 3.2 | 4.94 | 15.06 | 6.2 | 13.22 | 6.78 |
| 3.4 | 5.70 | 14.30 | 6.4 | 13.85 | 6.15 |

续表

| pH 值 | 0.2mol·$L^{-1}$ $Na_2HPO_4$/mL | 0.1mol·$L^{-1}$ 柠檬酸/mL | pH 值 | 0.2mol·$L^{-1}$ $Na_2HPO_4$/mL | 0.1mol·$L^{-1}$ 柠檬酸/mL |
|---|---|---|---|---|---|
| 3.6 | 6.44 | 13.56 | 6.6 | 14.55 | 5.45 |
| 3.8 | 7.10 | 12.90 | 6.8 | 15.45 | 4.55 |
| 4.0 | 7.71 | 12.29 | 7.0 | 16.47 | 3.53 |
| 4.2 | 8.28 | 11.72 | 7.2 | 17.39 | 2.61 |
| 4.4 | 8.82 | 11.18 | 7.4 | 18.17 | 1.83 |
| 4.6 | 9.35 | 10.65 | 7.6 | 18.73 | 1.27 |
| 4.8 | 9.86 | 10.14 | 7.8 | 19.15 | 0.85 |
| 5.0 | 10.30 | 9.70 | 8.0 | 19.45 | 0.55 |

注：$Na_2HPO_4$ 相对分子质量＝142.01，0.2mol·$L^{-1}$ 溶液为 28.40 g·$L^{-1}$。

$Na_2HPO_4 \cdot 2H_2O$ 相对分子质量＝178.05，0.2mol·$L^{-1}$ 溶液含 35.61g·$L^{-1}$。

$C_4H_2O_7 \cdot H_2O$ 相对分子质量＝180.02，0.1mol·$L^{-1}$ 溶液为 18.00g·$L^{-1}$。

## 2. 柠檬酸-氢氧化钠-盐酸缓冲液

| pH 值 | 钠离子浓度 /mol·$L^{-1}$ | 柠檬酸 $C_6H_8O_7 \cdot H_2O$/g | 氢氧化钠 NaOH(97%)/g | 浓盐酸 /mL | 最终体积/L |
|---|---|---|---|---|---|
| 2.2 | 0.20 | 210 | 84 | 160 | 10 |
| 3.1 | 0.20 | 210 | 83 | 116 | 10 |
| 3.3 | 0.20 | 210 | 83 | 106 | 10 |
| 4.3 | 0.20 | 210 | 83 | 45 | 10 |
| 5.3 | 0.35 | 245 | 144 | 68 | 10 |
| 5.8 | 0.45 | 285 | 186 | 105 | 10 |
| 6.5 | 0.38 | 266 | 156 | 126 | 10 |

注：使用时可以每升中加入 1g 酚，若最后 pH 值有变化，再用少量 50% 氢氧化钠溶液或浓盐酸调节，冰箱保存。

## 3. 柠檬酸-柠檬酸钠缓冲液(0.1mol·$L^{-1}$)

| pH 值 | 0.1mol·$L^{-1}$ 柠檬酸/mL | 0.1mol·$L^{-1}$ 柠檬酸钠/mL | pH 值 | 0.1mol·$L^{-1}$ 柠檬酸/mL | 0.1mol·$L^{-1}$ 柠檬酸钠/mL |
|---|---|---|---|---|---|
| 3.0 | 18.6 | 1.4 | 5.0 | 8.2 | 11.8 |
| 3.2 | 17.2 | 2.8 | 5.2 | 7.3 | 12.7 |
| 3.4 | 16.0 | 4.0 | 5.4 | 6.4 | 13.6 |
| 3.6 | 14.9 | 5.1 | 5.6 | 5.5 | 14.5 |
| 3.8 | 14.0 | 6.0 | 5.8 | 4.7 | 15.3 |
| 4.0 | 13.1 | 6.9 | 6.0 | 3.8 | 16.2 |
| 4.2 | 12.3 | 7.7 | 6.2 | 2.8 | 17.2 |
| 4.4 | 11.4 | 8.6 | 6.4 | 2.0 | 18.0 |
| 4.6 | 10.3 | 9.7 | 6.6 | 1.4 | 18.6 |
| 4.8 | 9.2 | 10.8 | | | |

注：柠檬酸 $C_6H_8O_7 \cdot H_2O$：相对分子质量 210.14，0.1mol·$L^{-1}$ 溶液为 21.01g·$L^{-1}$。

柠檬酸钠 $Na_3C_6H_5O_7 \cdot 2H_2O$：相对分子质量 294.12，0.1mol·$L^{-1}$ 溶液为 29.41g·$mL^{-1}$。

**4. 乙酸-乙酸钠缓冲液**（0.2mol·$L^{-1}$）

| pH 值（18℃） | 0.2mol·$L^{-1}$ NaAc/mL | 0.3mol·$L^{-1}$ HAc/mL | pH 值（18℃） | 0.2mol·$L^{-1}$ NaAc/mL | 0.3mol·$L^{-1}$ HAc/mL |
|---|---|---|---|---|---|
| 2.6 | 0.75 | 9.25 | 4.8 | 5.90 | 4.10 |
| 3.8 | 1.20 | 8.80 | 5.0 | 7.00 | 3.00 |
| 4.0 | 1.80 | 8.20 | 5.2 | 7.90 | 2.10 |
| 4.2 | 2.65 | 7.35 | 5.4 | 8.60 | 1.40 |
| 4.4 | 3.70 | 6.30 | 5.6 | 9.10 | 0.90 |
| 4.6 | 4.90 | 5.10 | 5.8 | 9.40 | 0.60 |

注：$NaAc \cdot 3H_2O$ 相对分子质量＝136.09，0.2mol·$L^{-1}$ 溶液为 27.22g·$L^{-1}$。

**5. 磷酸盐缓冲液**

磷酸氢二钠-磷酸二氢钠缓冲液（0.2mol·$L^{-1}$）

| pH 值 | 0.2mol·$L^{-1}$ $Na_2HPO_4$/mL | 0.3mol·$L^{-1}$ $NaH_2PO_4$/mL | pH 值 | 0.2mol·$L^{-1}$ $Na_2HPO_4$/mL | 0.3mol·$L^{-1}$ $NaH_2PO_4$/mL |
|---|---|---|---|---|---|
| 5.8 | 8.0 | 92.0 | 7.0 | 61.0 | 39.0 |
| 5.9 | 10.0 | 90.0 | 7.1 | 67.0 | 33.0 |
| 6.0 | 12.3 | 87.7 | 7.2 | 72.0 | 28.0 |
| 6.1 | 15.0 | 85.0 | 7.3 | 77.0 | 23.0 |
| 6.2 | 18.5 | 81.5 | 7.4 | 81.0 | 19.0 |
| 6.3 | 22.5 | 77.5 | 7.5 | 84.0 | 16.0 |
| 6.4 | 26.5 | 73.5 | 7.6 | 87.0 | 13.0 |
| 6.5 | 31.5 | 68.5 | 7.7 | 89.5 | 10.5 |
| 6.6 | 37.5 | 62.5 | 7.8 | 91.5 | 8.5 |
| 6.7 | 43.5 | 56.5 | 7.9 | 93.0 | 7.0 |
| 6.8 | 49.5 | 51.0 | 8.0 | 94.7 | 5.3 |
| 6.9 | 55.0 | 45.0 | — | — | — |

注：$Na_2HPO_4 \cdot 2H_2O$ 相对分子质量＝358.22，0.2mol·$L^{-1}$ 溶液为 71.64g·$L^{-1}$。

$NaH_2PO_4 \cdot 2H_2O$ 相对分子质量＝156.03，0.2mol·$L^{-1}$ 溶液为 31.21 g·$L^{-1}$。

**6. 硼酸-硼砂缓冲液**（0.2mol·$L^{-1}$ 硼酸根离子）

| pH 值 | 0.2mol·$L^{-1}$ 硼砂 /mL | 0.2mol·$L^{-1}$ 硼砂 /mL | pH 值 | 0.05mol·$L^{-1}$ 硼砂 /mL | 0.2mol·$L^{-1}$ 硼酸/mL |
|---|---|---|---|---|---|
| 7.4 | 1.0 | 9.0 | 8.2 | 3.5 | 6.5 |
| 7.6 | 1.5 | 8.5 | 8.4 | 4.5 | 5.5 |
| 7.8 | 2.0 | 8.0 | 8.7 | 6.0 | 4.0 |
| 8.0 | 3.0 | 7.0 | 9.0 | 8.0 | 2.0 |

注：硼砂 $Na_2B_4O_7 \cdot H_2O$ 相对分子质量＝381.43，0.05mol·$L^{-1}$ 溶液（＝0.2mol·$L^{-1}$ 硼酸根离子）为 19.07g·$L^{-1}$。

硼酸 $H_2BO_3$ 相对分子质量＝61.84，0.2mol·$L^{-1}$ 溶液为 12.37g·$L^{-1}$。

硼砂易失去结晶水，必须在带塞的瓶中保存。

# 附录三　常用干燥剂及应用范围

## 1. 常用干燥剂种类

| 序号 | 干燥剂 | 吸水能力 | 干燥速率 | 酸碱性 | 再生方式 |
|---|---|---|---|---|---|
| 1 | $CaSO_4$ | 小 | 快 | 中性 | 在163℃(脱水温度)下脱水再生 |
| 2 | BaO | — | 慢 | 碱性 | 不能再生 |
| 3 | $P_2O_5$ | 大 | 快 | 酸性 | 不能再生 |
| 4 | $CaCl_2$ | 大 | 快 | 含碱性杂质 | 200℃下烘干再生 |
| 5 | $Mg(ClO_4)_2$ | 大 | 快 | 中性 | 烘干再生(251℃分解) |
| 6 | $Mg(ClO_4)_2 \cdot 3H_2O$ | — | 快 | 中性 | 烘干再生(251℃分解) |
| 7 | KOH | 大 | 较快 | 碱性 | 不能再生 |
| 8 | $Al_2O_3$ | 大 | 快 | 中性 | 在110～300℃下烘干再生 |
| 9 | $H_2SO_4$ | 大 | 快 | 酸性 | 蒸发浓缩再生 |
| 10 | $SiO_2$ | 大 | 快 | 酸性 | 120℃下烘干再生 |
| 11 | NaOH | 大 | 较快 | 碱性 | 不能再生 |
| 12 | CaO | — | 慢 | 碱性 | 不能再生 |
| 13 | $CuSO_4$ | 大 | — | 微酸性 | 150℃下烘干再生 |
| 14 | $MgSO_4$ | 大 | 较快 | 中性、有的微酸性 | 200℃下烘干再生 |
| 15 | $Na_2SO_4$ | 大 | 慢 | 中性 | 烘干再生 |
| 16 | $K_2CO_3$ | 中 | 较慢 | 碱性 | 100℃下烘干再生 |
| 17 | Na | — | — | — | 不能再生 |
| 18 | 结晶的铝硅酸盐 | 大 | 较快 | 酸性 | 烘干，温度随型号而异 |

## 2. 液体适用干燥剂

| 序号 | 液体名称 | 适用干燥剂 |
|---|---|---|
| 1 | 饱和烃类 | $P_2O_5$，$CaCl_2$，$H_2SO_4$(浓)，NaOH，KOH，Na，$Na_2SO_4$，$MgSO_4$，$CaSO_4$，$CaH_2$，$LiAlH_4$，分子筛 |
| 2 | 不饱和烃类 | $P_2O_5$，$CaCl_2$，NaOH，KOH，$Na_2SO_4$，$MgSO_4$，$CaSO_4$，$CaH_2$，$LiAlH_4$ |
| 3 | 卤代烃类 | $P_2O_5$，$CaCl_2$，$H_2SO_4$(浓)，$Na_2SO_4$，$MgSO_4$，$CaSO_4$ |
| 4 | 醇　类 | BaO，CaO，$K_2CO_3$，$Na_2SO_4$，$MgSO_4$，$CaSO_4$，硅胶 |
| 5 | 酚　类 | $Na_2SO_4$，硅胶 |
| 6 | 醛　类 | $CaCl_2$，$Na_2SO_4$，$MgSO_4$，$CaSO_4$，硅胶 |
| 7 | 酮　类 | $K_2CO_3$，$Na_2SO_4$，$MgSO_4$，$CaSO_4$，硅胶 |
| 8 | 醚　类 | BaO，CaO，NaOH，KOH，Na，$CaCl_2$，$CaH_2$，$LiAlH_4$，$Na_2SO_4$，$MgSO_4$，$CaSO_4$，硅胶 |
| 9 | 酸　类 | $P_2O_5$，$Na_2SO_4$，$MgSO_4$，$CaSO_4$，硅胶 |
| 10 | 酯　类 | $K_2CO_3$，$CaCl_2$，$Na_2SO_4$，$MgSO_4$，$CaSO_4$，$CaH_2$，硅胶 |
| 11 | 胺　类 | BaO，CaO，NaOH，KOH，$K_2CO_3$，$Na_2SO_4$，$MgSO_4$，$CaSO_4$，硅胶 |
| 12 | 肼　类 | NaOH，KOH，$Na_2SO_4$，$MgSO_4$，$CaSO_4$，硅胶 |
| 13 | 腈　类 | $P_2O_5$，$K_2CO_3$，$CaCl_2$，$Na_2SO_4$，$MgSO_4$，$CaSO_4$，硅胶 |
| 14 | 硝基化合物 | $CaCl_2$，$Na_2SO_4$，$MgSO_4$，$CaSO_4$，硅胶 |
| 15 | 二硫化碳 | $P_2O_5$，$CaCl_2$，$Na_2SO_4$，$MgSO_4$，$CaSO_4$，硅胶 |
| 16 | 碱　类 | NaOH，KOH，BaO，CaO，$Na_2SO_4$，$MgSO_4$，$CaSO_4$，硅胶 |

### 3. 气体适用干燥剂

| 序号 | 气体名称 | 适用干燥剂 |
|---|---|---|
| 1 | $H_2$ | $P_2O_5$,$CaCl_2$,$H_2SO_4$(浓),$Na_2SO_4$,$MgSO_4$,$CaSO_4$,CaO,BaO,分子筛 |
| 2 | $O_2$ | $P_2O_5$,$CaCl_2$, $Na_2SO_4$,$MgSO_4$,$CaSO_4$,CaO,BaO,分子筛 |
| 3 | $N_2$ | $P_2O_5$,$CaCl_2$,$H_2SO_4$(浓),$Na_2SO_4$,$MgSO_4$,$CaSO_4$,CaO,BaO,分子筛 |
| 4 | $O_3$ | $P_2O_5$,$CaCl_2$ |
| 5 | $Cl_2$ | $CaCl_2$,$H_2SO_4$(浓) |
| 6 | CO | $P_2O_5$,$CaCl_2$,$H_2SO_4$(浓),$Na_2SO_4$,$MgSO_4$,$CaSO_4$,CaO,BaO,分子筛 |
| 7 | $CO_2$ | $P_2O_5$,$CaCl_2$,$H_2SO_4$(浓),$Na_2SO_4$,$MgSO_4$,$CaSO_4$, 分子筛 |
| 8 | $SO_2$ | $P_2O_5$,$CaCl_2$,$Na_2SO_4$,$MgSO_4$,$CaSO_4$,分子筛 |
| 9 | $CH_4$ | $P_2O_5$,$CaCl_2$,$H_2SO_4$(浓),$Na_2SO_4$,$MgSO_4$,$CaSO_4$,CaO,BaO,NaOH,KOH,Na,$CaH_2$,Li-$AlH_4$,分子筛 |
| 10 | $NH_3$ | $Mg(ClO_4)_2$,NaOH,KOH,CaO,BaO,$Mg(ClO_4)_2$,$Na_2SO_4$,$MgSO_4$,$CaSO_4$,分子筛 |
| 11 | HCl | $CaCl_2$,$H_2SO_4$(浓) |
| 12 | HBr | $CaBr_2$ |
| 13 | HI | $CaI_2$ |
| 14 | $H_2S$ | $CaCl_2$ |
| 15 | $C_2H_4$ | $P_2O_5$ |
| 16 | $C_2H_2$ | $P_2O_5$,NaOH |

# 附录四 常用有机化合物的物理常数

| 名称 | 相对分子质量 $M_w$ | 熔点(m.p.)/℃ | 沸点(b.p.)/℃ | $d_4^{20}$ | $n_D^{20}$ | 溶解度 水 | 溶解度 醇 | 溶解度 醚 |
|---|---|---|---|---|---|---|---|---|
| 环戊烷 | 70.13 | −93.88 | 49.26 | 0.7457 | 1.4065 | i | ∞ | ∞ |
| 戊烷 | 72 | −129.8 | 36.07 | 0.6262 | 1.3547 | 0.036 | ∞ | ∞ |
| 环己烷 | 84.16 | 6.47 | 80.74 | 0.7786 | 1.4266 | i | ∞ | ∞ |
| 正己烷 | 86.18 | −95 | 68.95 | 0.6603 | 1.3751 | i | $50^{33}$ | s |
| 甲基环己烷 | 98.19 | −127 | 100.9 | 0.7694 | 1.4231 | 0.1 | ∞ | ∞ |
| 二硫化碳 | 76.14 | −110.8 | 46.7 | 1.2632 | 1.6241 | $0.29^{20}$ | ∞ | ∞ |
| 环己烯 | 82.14 | −103.5 | 82.98 | 0.8109 | 1.4465 | si | ∞ | ∞ |
| 苯 | 78.11 | 5.53 | 80.1 | 0.8736 | 1.4979 | $0.07^{22}$ | ∞ | ∞ |
| 甲苯 | 92.15 | −95 | 110.6 | 0.8669 | 1.4968 | i | ∞ | ∞ |
| 乙苯 | 106.17 | −94.95 | 136.2 | 0.8670 | 1.4959 | $0.01^{15}$ | ∞ | ∞ |
| 邻二甲苯 | 106.17 | −25.17 | 144.4 | 0.8802 | 1.5055 | i | ∞ | ∞ |
| 间二甲苯 | 106.17 | −47.87 | 139.1 | 0.8642 | 1.4972 | i | ∞ | ∞ |
| 对二甲苯 | 106.17 | 13.26 | 138.3 | 0.8611 | 1.4958 | si | s | vs |
| 1,3,5-三甲苯 | 120.19 | −66.5 | 215.9 | 0.8631 | 1.4969 | i | ∞ | ∞ |
| 硝基苯 | 123.11 | 5.76 | 210.9 | 1.2037 | 1.5529 | 0.19 | vs | vs |
| 对硝基甲苯 | 137.14 | 52 | 237.7 | 1.286 | 1.5382 | i | vs | vs |

续表

| 名称 | 相对分子质量 $M_w$ | 熔点(m.p.) /℃ | 沸点(b.p.) /℃ | $d_4^{20}$ | $n_D^{20}$ | 溶解度 | | |
|---|---|---|---|---|---|---|---|---|
| | | | | | | 水 | 醇 | 醚 |
| 间二硝基苯 | 168.11 | 90.62 | 301 | 1.571 | | 0.3 | 3.3 | s |
| 蒽 | 178.24 | 216.1 | 339.9 | 1.25 | | | s | s |
| 一氯甲烷 | 50.49 | −97.73 | −27.2 | 0.9159 | 1.3398 | $280^{10}$ | $510^{20}$ | |
| 二氯甲烷 | 84.94 | −96.7 | 39.8 | 1.3255 | 1.4242 | i | ∞ | ∞ |
| 三氯甲烷 | 119.38 | −63.5 | 61.7 | 1.4832 | 1.4459 | $0.82^{20}$ | ∞ | ∞ |
| 四氯化碳 | 153.82 | −21.2 | 76.72 | 1.5940 | 1.4601 | $0.08^{20}$ | s | ∞ |
| 1-氯丁烷 | 92.57 | −123.1 | 78.44 | 0.8862 | 1.4021 | $0.07^{15}$ | ∞ | ∞ |
| 2-氯丁烷 | 92.57 | −131.3 | 68.5 | 0.8732 | 1.3971 | | ∞ | ∞ |
| 叔丁基氯 | 92.57 | −25.4 | 50.7 | 0.8420 | 1.3857 | i | vs | vs |
| 氯苯 | 112.56 | −45.6 | 132 | 1.1057 | 1.5246 | $0.049^{20}$ | ∞ | ∞ |
| 溴甲烷 | 94.00 | −95.3 | 3.56 | 1.6755 | 1.4218 | si | s | s |
| 溴乙烷 | 108.97 | −118.6 | 38.4 | 1.4604 | 1.4239 | $1.06^{0}$ | ∞ | ∞ |
| 1-溴丁烷 | 137.03 | −112.4 | 101.6 | 1.2758 | 1.4401 | $0.06^{25}$ | ∞ | ∞ |
| 仲丁基溴 | 137.03 | −111.9 | 91.9 | 1.2585 | 1.4366 | i | ∞ | ∞ |
| 异丁基溴 | 137.03 | −117.4 | 91.4 | 1.2640 | 1.4360 | $0.06^{18}$ | ∞ | ∞ |
| 叔丁基溴 | 137.03 | −16.2 | 73.25 | 1.2209 | 1.4278 | $0.06^{13}$ | ∞ | ∞ |
| 溴苯 | 157.02 | −30.82 | 156 | 1.4885 | 1.5601 | i | vs | vs |
| 碘甲烷 | 141.95 | −66.1 | 42.5 | 2.28 | 1.5308 | si | vs | vs |
| 碘乙烷 | 155.97 | −108 | 72.3 | 1.9358 | 1.5133 | | | |
| 三碘甲烷 | 393.73 | 119 | 218 | 4.188 | | si | si | si |
| 甲醇 | 32.04 | −97.7 | 64.96 | 0.7914 | 1.3288 | ∞ | ∞ | ∞ |
| 乙醇 | 46.07 | −117.3 | 78.5 | 0.7893 | 1.3611 | ∞ | ∞ | ∞ |
| 异丙醇 | 60.11 | −89.5 | 82.4 | 0.7855 | 1.3776 | ∞ | ∞ | ∞ |
| 正丁醇 | 74.12 | −89.5 | 117.2 | 0.8098 | 1.3993 | $9^{15}$ | ∞ | ∞ |
| 仲丁醇 | 74.12 | −104.7 | 98.5 | 0.8063 | 1.3978 | $12.5^{10}$ | ∞ | ∞ |
| 异丁醇 | 74.12 | −108 | 108.2 | 0.802 | 1.3968 | $10^{15}$ | ∞ | ∞ |
| 叔丁醇 | 74.12 | 25.5 | 82.2 | 0.7889 | 1.3878 | ∞ | ∞ | ∞ |
| 异戊醇 | 88.15 | −117.2 | 131.2 | 0.8012 | 1.4072 | $2^{14}$ | ∞ | ∞ |
| 叔戊醇 | 88.15 | −8.4 | 102 | 0.8095 | 1.4052 | s | ∞ | ∞ |
| 环己醇 | 100.16 | 25.15 | 161.1 | 0.9655 | 1.4641 | $3.6^{20}$ | s | s |
| 苯甲醇 | 108.13 | −15.3 | 205.5 | 1.0454 | 1.5396 | si | vs | vs |
| 乙二醇 | 62.07 | −11.5 | 198 | 1.1088 | 1.4318 | ∞ | ∞ | ∞ |
| 甘油 | 92.09 | 18.2 | 290 | 1.2613 | 1.4746 | ∞ | ∞ | si |
| 二甘醇 | 106.12 | −6.5 | 245 | 1.11 | 1.4475 | ∞ | ∞ | ∞ |
| 2-甲基-2-己醇 | 116.20 | | 141～142 | 0.8119 | 1.4175 | | | |
| 三甘醇 | 150.17 | −4.0 | 285 | 1.1274 | 1.4578 | ∞ | ∞ | |
| 月桂醇 | 186.33 | 24 | 259 | 0.8201 | 1.428 | i | s | s |
| 三苯甲醇 | 260.33 | 164.2 | 380 | 1.199 | | i | s | s |
| 苯酚 | 94.11 | 43 | 181.75 | 1.0576 | 1.5509 | $8.2^{15}$ | s | vs |
| 间苯二酚 | 110.11 | 109～110 | 280 | 1.272 | | vs | vs | vs |
| 对苯二酚 | 110.11 | 170～171 | 287 | 1.33 | | s | vs | vs |

续表

| 名称 | 相对分子质量 Mw | 熔点(m.p.)/℃ | 沸点(b.p.)/℃ | $d_4^{20}$ | $n_D^{20}$ | 溶解度 | | |
|---|---|---|---|---|---|---|---|---|
| | | | | | | 水 | 醇 | 醚 |
| 邻硝基苯酚 | 139.11 | 45~46 | 216 | $1.2942^{40}$ | 1.5723 | 0.2 | s | S |
| 对硝基苯酚 | 139.11 | 113~114 | 279 | $1.479^{30}$ | | 1.6 | vs | vs |
| β-萘酚 | 144.19 | 121~123 | 295 | 1.28 | | si | vs | vs |
| 对叔丁基苯酚 | 150.21 | 101 | 239.5 | 0.908 | 1.4787 | si | s | s |
| 2,4-二硝基苯酚 | 184.11 | $1.683^{24}$ | 116 | 1.7 | | i | i | i |
| 苦味酸 | 229.11 | 122.5 | | 1.767 | | vs | s | vs |
| 环氧乙烷 | 44.05 | −111 | 10.7 | 0.8824 | 1.3597 | s | s | s |
| 呋喃 | 68.08 | −85.65 | 31.36 | 0.9514 | 1.4214 | i | vs | vs |
| 四氢呋喃 | 72.12 | −108.6 | 67 | 0.8892 | 1.4050 | | | |
| 1,4-二氧六环 | 88.12 | 11.8 | 101 | 1.0337 | 1.4224 | ∞ | ∞ | ∞ |
| 苯甲醚 | 108.15 | −37.5 | 155 | 0.9961 | 1.5179 | i | s | s |
| 二甘醇单甲醚 | 120 | −76 | 194 | 1.02 | | ∞ | | |
| 苯乙醚 | 122 | −29.5 | 1 | 70.60 | 0.9666 | i | s | s |
| 正丁醚 | 130.03 | −95.3 | 142 | 0.7689 | 1.3992 | 0.05 | ∞ | ∞ |
| 二甘醇二乙醚 | 162.22 | −44.3 | 188.4 | 0.9082 | 1.4115 | ∞ | | |
| 二苯醚 | 170.14 | 26.84 | 257.9 | 1.0148 | 1.5787 | si | s | s |
| β-萘乙醚 | 172.22 | 37.5 | 282 | 1.0640 | 1.5932 | | | |
| 2,4-二硝基苯甲醚 | 198.14 | 88 | 208~207 | 1.341 | | i | s | s |
| 石油醚 | | | 30~60<br>60~90 | 0.625<br>0.660 | | | | |
| 甲醛 | 30.03 | −92 | −19.4 | 0.815 | | s | s | ∞ |
| 乙醛 | 44.05 | −123 | 20.4 | 0.7780 | 1.3311 | ∞ | ∞ | ∞ |
| 正丁醛 | 72.12 | −99 | 75.7 | 0.8170 | 1.3843 | 4 | ∞ | ∞ |
| 苯甲醛 | 106.13 | −26 | 179.1 | 1.0415 | 1.5463 | 0.3 | ∞ | ∞ |
| 对硝基苯甲醛 | 151.12 | 106~107 | | 1.496 | | si | s | si |
| 丙酮 | 58.08 | −95.75 | 56.2 | 0.7899 | 1.3588 | ∞ | ∞ | ∞ |
| 丁酮 | 72.12 | −86.7 | 79.6 | 0.8049 | 1.3788 | si | ∞ | ∞ |
| 环戊酮 | 84.12 | −51.3 | 130.65 | 0.9487 | 1.4366 | i | s | ∞ |
| 3-戊酮 | 98.15 | −16.4 | 155.65 | 0.9478 | 1.4507 | s | s | s |
| 环己酮 | 98.15 | −16.4 | 155.65 | 0.9487 | 1.4507 | s | s | s |
| 苯乙酮 | 120.16 | 20.5 | 202.0 | 1.0281 | 1.5371 | i | | s |
| 二苯甲酮 | 182.21 | 48.5 | 305.4 | 1.0869 | $1.5975^{45}$ | i | s | s |
| 甲酸 | 46.03 | 8.4 | 100.7 | 1.220 | 1.3714 | ∞ | ∞ | ∞ |
| 乙酸 | 60.05 | 16.6 | 117.9 | 1.0492 | 1.3716 | ∞ | ∞ | ∞ |
| 正丁酸 | 88.12 | −4.26 | 163.5 | 0.9582 | 1.3980 | ∞ | ∞ | ∞ |
| 乙二酸 | 90.04 | 189 | | 1.653 | 1.540 | vs | vs | vs |
| 乳酸 | 90.08 | 16.8 | 122 | 1.249 | | ∞ | ∞ | |
| 一氯乙酸 | 94.5 | 62.8 | 189 | 1.4013 | 1.4351 | vs | s | s |
| 正己酸 | 116.14 | −7.5 | 223 | 0.9181 | 1.4221 | | ∞ | ∞ |
| 氯磺酸 | 116.52 | −80 | 151 | 1.787 | 1.43714 | | | |
| 苯甲酸 | 122.12 | 122 | 249.2 | 1.2659 | | $0.21^{17}$ | $46.6^{18}$ | $60^{13}$ |

续表

| 名称 | 相对分子质量 $M_w$ | 熔点(m. p.) /℃ | 沸点(b. p.) /℃ | $d_4^{20}$ | $n_D^{20}$ | 溶解度 | | |
|---|---|---|---|---|---|---|---|---|
| | | | | | | 水 | 醇 | 醚 |
| 二氯乙酸 | 128.94 | 13.5 | 194 | 1.5634 | 1.4658 | ∞ | ∞ | ∞ |
| 水杨酸 | 138.12 | 159 | 211 | 1.443 | 1.565 | $0.16^{4}$ | $49.6^{15}$ | $50.5^{15}$ |
| 己二酸 | 146.14 | 153 | 337.5 | 1.360 | | $1.4^{18}$ | s | si |
| 肉桂酸 | 148.16 | 133 | 300 | 1.2475 | | si | s | vs |
| 酒石酸 | 150.09 | 206 | 分解 | 1.697 | 1.3843 | $139^{20}$ | $25^{15}$ | $0.4^{15}$ |
| 氢化肉桂酸 | 150.18 | 47～48 | 280 | | | vs | vs | vs |
| 三氯乙酸 | 163.39 | 57.5 | 197.5 | 1.6298 | 1.4603 | $120^{15}$ | s | s |
| 间硝基苯甲酸 | 167.12 | 142 | | 1.610 | | $0.02^{15}$ | $0.9^{10}$ | $2.2^{16}$ |
| 对硝基苯甲酸 | 167.12 | 242.3 | | 1.58 | | si | s | s |
| 间甲基苯甲酸 | 136.2 | 111～113 | 263 | 1.494 | | si | s | s |
| 对硝基肉桂酸 | 179.18 | 286 | | | | | s | s |
| 苯磺酸 | 158.2 | 43 | 137 | | | vs | vs | i |
| 乙酰氯 | 78.5 | −112 | 51.8 | 1.1051 | 1.3897 | ∞ | ∞ | ∞ |
| 顺丁烯二酸酐 | 98.06 | 52.8 | 202 | 1.48 | | $16.3^{30}$ | i | si |
| 醋酸酐 | 102.09 | −73.1 | 138.6 | 1.082 | 1.3903 | | | |
| 邻苯二甲酸酐 | 148.11 | 131.6 | 259.1 | 1.527 | | si | s | si |
| 己二酰氯 | 183.03 | 125～128 | 126 | 0.963 | 1.4263 | | ∞ | ∞ |
| 乙酸乙酯 | 88.12 | −83.57 | 77.1 | 0.9003 | 1.3723 | $8.5^{15}$ | ∞ | ∞ |
| 乙酸丁酯 | 116.16 | −77.9 | 126.5 | 0.8825 | 1.3941 | | | |
| 乙酰乙酸乙酯 | 130.14 | −45 | 180.4 | 1.0282 | 1.4191 | $13^{17}$ | ∞ | ∞ |
| 乙酸异戊酯 | 130.15 | −78.5 | 142 | 0.876 | 1.4003 | i | ∞ | ∞ |
| 苯甲酸乙酯 | 150.18 | −34.6 | 213 | 1.0282 | 1.5007 | i | s | ∞ |
| 丙二酸二乙酯 | 160.17 | −49 | 198～199 | 1.055 | 1.4143 | si | s | s |
| 氨 | 17.03 | −77.75 | −33.42 | | 1.325 | | | |
| 乙腈 | 41.05 | −45.72 | 81.6 | 0.8757 | 1.3442 | ∞ | ∞ | ∞ |
| 二甲胺 | 45.09 | −93 | 7.4 | 0.6804 | 1.350 | s | s | s |
| 甲酰胺 | 45.04 | 2.55 | 210.5 | 1.1334 | 1.4475 | s | s | i |
| 乙酰胺 | 59.07 | 82.3 | 221.2 | 1.1590 | 1.4278 | s | vs | i |
| 乙二胺 | 60.10 | 8.5 | 117.3 | 0.898 | 1.4568 | vs | vs | si |
| 硝基甲烷 | 61.04 | −28.5 | 101.2 | 1.7371 | 1.3817 | $9.5^{20}$ | s | s |
| 盐酸羟胺 | 69.49 | 151 | | 1.67 | | s | s | i |
| 二乙胺 | 73.14 | −50 | 55.5 | 0.7074 | 1.3864 | s | s | s |
| 醋酸铵 | 77.08 | 114 | | 1.17 | | | | |
| 吡啶 | 79.10 | −42 | 115.5 | 0.9831 | 1.5095 | ∞ | ∞ | ∞ |
| 苯胺 | 93.13 | −6.3 | 184.13 | 1.0217 | 1.5863 | $3.6^{18}$ | ∞ | ∞ |
| 三乙胺 | 110.19 | −115 | 89 | 0.7255 | 1.4003 | ∞ | ∞ | ∞ |
| 己二胺 | 116.21 | 285～295 | | 1.331 | | vs | s | s |
| α-苯乙胺 | 121.18 | 0.9395 | 80.81 | | | | | |
| *N*,*N*-二甲苯胺 | 121.18 | 2.45 | 194.15 | 0.9557 | | si | s | s |
| 喹啉 | 129.15 | −15 | 273.3 | 1.090 | 1.6268 | 0.6 | ∞ | ∞ |
| 乙酰苯胺 | 135.17 | 114～116 | 305 | 1.2105 | | 0.462 | vs | vs |

续表

| 名称 | 相对分子质量 $M_w$ | 熔点(m. p.) /℃ | 沸点(b. p.) /℃ | $d_4^{20}$ | $n_D^{20}$ | 溶解度 | | |
|---|---|---|---|---|---|---|---|---|
| | | | | | | 水 | 醇 | 醚 |
| 二苯胺 | 169.23 | 52.8 | 302 | 1.16 | | i | $50^{15}$ | s |
| N-溴代丁二酰亚胺 | 177.98 | 173～175 | 182 分解 | 2.097 | | | | |
| 过氧化苯甲酰 | 242.23 | 103～106 | | 1.33 | | i | si | s |

注：1. 相对密度，如未特别说明，一般表示为 $d_4^{20}$，即表示物质在 20℃时与 4℃的水的相对密度。

2. 折射率，如未特别说明，一般表示为 $n_D^{20}$，即以钠灯为光源，20℃时所测的 $n$ 值。

3. 溶解度，i：不溶，si：略溶，s：可溶，vs：易溶，∞：混溶（任意比例相溶），$8.5^{15}$：即在 15℃下，每 100 份水溶解 8.5 份该物质。

# 附录五 化学试剂纯度等级和适用范围

通用的化学试剂，共分为四个纯度。市售化学试剂在瓶子的标签上用不同的符号和颜色标明它的纯度等级。下表是试剂的纯度及其适用范围。

| 纯度等级 | 优级纯（一级） | 分析纯（二级） | 化学纯（三级） | 实验试剂（四级） |
|---|---|---|---|---|
| 英文代号 | G. R. | A. R. | C. P. | L. R. |
| 瓶签颜色 | 绿色 | 红色 | 蓝色 | 棕黄色 |
| 适用范围 | 用作基准物质，主要用于精密的科学研究分析实验 | 用于一般科学研究和分析实验 | 用于要求较高的无机和有机化学实验，或要求不高的分析检验 | 用于一般的实验和要求不高的科学实验 |

# 附录六 不同温度下水的饱和蒸汽压

| t/℃ | 0.0 | | 0.2 | | 0.4 | | 0.6 | | 0.8 | |
|---|---|---|---|---|---|---|---|---|---|---|
| | mmHg | kPa | mmHg | kPa | mmHg | kPa | mmHg | kPa | mmHg | kPa |
| 0 | 4.579 | 0.6105 | 4.647 | 0.6195 | 4.715 | 0.6286 | 4.785 | 0.6379 | 4.855 | 0.6473 |
| 1 | 4.926 | 0.6567 | 4.998 | 0.6663 | 5.070 | 0.6759 | 5.144 | 0.6858 | 5.219 | 0.6958 |
| 2 | 5.294 | 0.7058 | 5.370 | 0.7159 | 5.447 | 0.7262 | 5.525 | 0.7366 | 5.605 | 0.7473 |
| 3 | 5.685 | 0.7579 | 5.766 | 0.7687 | 5.848 | 0.7797 | 5.931 | 0.7907 | 6.015 | 0.8019 |
| 4 | 6.101 | 0.8134 | 6.187 | 0.8249 | 6.274 | 0.8365 | 6.363 | 0.8483 | 6.453 | 0.8603 |
| 5 | 6.543 | 0.8723 | 6.635 | 0.8846 | 6.728 | 0.8970 | 6.822 | 0.9095 | 6.917 | 0.9222 |
| 6 | 7.013 | 0.9350 | 7.111 | 0.9481 | 7.209 | 0.9611 | 7.309 | 0.9745 | 7.411 | 0.9880 |
| 7 | 7.513 | 1.0017 | 7.617 | 1.0155 | 7.722 | 1.0295 | 7.828 | 1.0436 | 7.936 | 1.0580 |
| 8 | 8.045 | 1.0726 | 8.155 | 1.0872 | 8.267 | 1.1022 | 8.380 | 1.1172 | 8.494 | 1.1324 |
| 9 | 8.609 | 1.1478 | 8.727 | 1.1635 | 8.845 | 1.1792 | 8.965 | 1.1952 | 9.086 | 1.2114 |
| 10 | 9.209 | 1.2278 | 9.333 | 1.2443 | 9.458 | 1.2610 | 9.585 | 1.2779 | 9.714 | 1.2951 |
| 11 | 9.844 | 1.3124 | 9.976 | 1.3300 | 10.109 | 1.3478 | 10.244 | 1.3658 | 10.380 | 1.3839 |

续表

| t/℃ | 0.0 | | 0.2 | | 0.4 | | 0.6 | | 0.8 | |
|---|---|---|---|---|---|---|---|---|---|---|
| | mmHg | kPa | mmHg | kPa | mmHg | kPa | mmHg | kPa | mmHg | kPa |
| 12 | 10.518 | 1.4023 | 10.658 | 1.4210 | 10.799 | 1.4397 | 10.941 | 1.4527 | 11.085 | 1.4779 |
| 13 | 11.231 | 1.4973 | 11.379 | 1.5171 | 11.528 | 1.5370 | 11.680 | 1.5572 | 11.833 | 1.5776 |
| 14 | 11.987 | 1.5981 | 12.144 | 1.6191 | 12.302 | 1.6401 | 12.462 | 1.6615 | 12.624 | 1.6831 |
| 15 | 12.788 | 1.7049 | 12.953 | 1.7269 | 13.121 | 1.7493 | 13.290 | 1.7718 | 13.461 | 1.7946 |
| 16 | 13.634 | 1.8177 | 13.809 | 1.8410 | 13.987 | 1.8648 | 14.166 | 1.8886 | 14.347 | 1.9128 |
| 17 | 14.530 | 1.9372 | 14.715 | 1.9618 | 14.903 | 1.9869 | 15.092 | 2.0121 | 15.284 | 2.0377 |
| 18 | 15.477 | 2.0634 | 15.673 | 2.0896 | 15.871 | 2.1160 | 16.071 | 2.1426 | 16.272 | 2.1694 |
| 19 | 16.477 | 2.1967 | 16.685 | 2.2245 | 16.894 | 2.2523 | 17.105 | 2.2805 | 17.319 | 2.3090 |
| 20 | 17.535 | 2.3378 | 17.753 | 2.3669 | 17.974 | 2.3963 | 18.197 | 2.4261 | 18.422 | 2.4561 |
| 21 | 18.650 | 2.4865 | 18.880 | 2.5171 | 19.113 | 2.5482 | 19.349 | 2.5796 | 19.587 | 2.6114 |
| 22 | 19.827 | 2.6434 | 20.070 | 2.6758 | 20.316 | 2.7068 | 20.565 | 2.7418 | 20.815 | 2.7751 |
| 23 | 21.068 | 2.8088 | 21.342 | 2.8430 | 21.583 | 2.8775 | 21.845 | 2.9124 | 22.110 | 2.9478 |
| 24 | 22.377 | 2.9833 | 22.648 | 3.0195 | 22.922 | 3.0560 | 23.198 | 3.0928 | 23.476 | 3.1299 |
| 25 | 23.756 | 3.1672 | 24.039 | 3.2049 | 24.326 | 3.2432 | 24.617 | 3.2820 | 24.912 | 3.3213 |
| 26 | 25.209 | 3.3609 | 25.509 | 3.4009 | 25.812 | 3.4413 | 26.117 | 3.4820 | 26.426 | 3.5232 |
| 27 | 26.739 | 3.5649 | 27.055 | 3.6070 | 27.374 | 3.6496 | 27.696 | 3.6925 | 28.021 | 3.7358 |
| 28 | 28.349 | 3.7795 | 28.680 | 3.8237 | 29.015 | 3.8683 | 29.354 | 3.9135 | 29.697 | 3.9593 |
| 29 | 30.043 | 4.0054 | 30.392 | 4.0519 | 30.745 | 4.0990 | 31.102 | 4.1466 | 31.461 | 4.1944 |
| 30 | 31.824 | 4.2428 | 32.191 | 4.2918 | 32.561 | 4.3411 | 32.934 | 4.3908 | 33.312 | 4.4412 |
| 31 | 33.695 | 4.4923 | 34.082 | 4.5439 | 34.471 | 4.5957 | 34.864 | 4.6481 | 35.261 | 4.7011 |
| 32 | 35.663 | 4.7547 | 36.068 | 4.8087 | 36.477 | 4.8632 | 36.891 | 4.9184 | 37.308 | 4.9740 |
| 33 | 37.729 | 5.0301 | 38.155 | 5.0869 | 38.584 | 5.1441 | 39.018 | 5.2020 | 39.457 | 5.2605 |
| 34 | 39.898 | 5.3193 | 40.344 | 5.3787 | 40.796 | 5.4390 | 41.251 | 5.4997 | 41.710 | 5.5609 |
| 35 | 42.175 | 5.6229 | 42.644 | 5.6854 | 43.117 | 5.7484 | 43.595 | 5.8122 | 44.078 | 5.8766 |
| 36 | 44.563 | 5.9412 | 45.054 | 6.0087 | 45.549 | 6.0727 | 46.050 | 6.1395 | 46.556 | 6.2069 |
| 37 | 47.067 | 6.2751 | 47.582 | 6.3437 | 48.102 | 6.4130 | 48.627 | 6.4830 | 49.157 | 6.5537 |
| 38 | 49.692 | 6.6250 | 50.231 | 6.6969 | 50.774 | 6.7693 | 51.323 | 6.8425 | 51.879 | 6.9166 |
| 39 | 52.442 | 6.9917 | 53.009 | 7.0673 | 53.580 | 7.1434 | 54.156 | 7.2202 | 54.737 | 7.2976 |
| 40 | 55.324 | 7.3759 | 55.910 | 7.4510 | 56.510 | 7.5340 | 57.110 | 7.6140 | 57.720 | 7.695 |

# 附录七　不同温度下水的表面张力 $\sigma$

| t/℃ | $\sigma/10^{-3}N\cdot m^{-1}$ | t/℃ | $\sigma/10^{-3}N\cdot m^{-1}$ |
|---|---|---|---|
| 0 | 75.64 | 13 | 73.78 |
| 5 | 74.92 | 14 | 73.64 |
| 10 | 74.22 | 15 | 73.49 |
| 11 | 74.07 | 16 | 73.34 |
| 12 | 73.93 | 17 | 73.19 |

续表

| $t$/℃ | $\sigma/10^{-3}N\cdot m^{-1}$ | $t$/℃ | $\sigma/10^{-3}N\cdot m^{-1}$ |
|---|---|---|---|
| 18 | 73.05 | 26 | 71.82 |
| 19 | 72.90 | 27 | 71.66 |
| 20 | 72.75 | 28 | 71.50 |
| 21 | 72.59 | 29 | 71.35 |
| 22 | 72.44 | 30 | 71.18 |
| 23 | 72.28 | 35 | 70.38 |
| 24 | 72.13 | 40 | 69.56 |
| 25 | 71.97 | 45 | 68.74 |

# 附录八 气体钢瓶使用注意事项

在实验室可以使用气体钢瓶直接获得各种气体。

气体钢瓶是储存压缩气体的特制耐压钢瓶。使用时，通过减压阀(气压表)有控制地放出气体。由于钢瓶的内压很大(有的高达 15 MPa)，而且有些气体易燃或有毒，所以在使用钢瓶时要注意安全。使用钢瓶的注意事项：

(1)钢瓶应存放在阴凉、干燥、远离热源处。可燃性气体钢瓶必须与氧气钢瓶分开存放。实验室中应尽量少放钢瓶。

(2)绝不可使油或其他易燃性有机物沾在气体钢瓶上(特别是气门嘴和减压阀处)。也不得用棉、麻等物堵漏，以防燃烧引起事故。

(3)使用钢瓶中的气体时，要用减压阀(气压表)。各种气体的气压表不得混用，以防爆炸。开启气门时应站在减压表的一侧，以防减压表脱出而被击伤。

(4)不可将钢瓶内的气体全部用完，一定要保留 0.05MPa 以上的残留压力(减压阀表压)。可燃性气体如乙炔应剩余 0.2～0.3MPa。

(5)为了避免各种气瓶混淆而用错气体，通常在气瓶外面涂以特定的颜色以便区别，并在瓶上写明瓶内气体的名称。

除盛毒气的钢瓶外，钢瓶的一般工作压力都在 $150kg\cdot cm^{-2}$ 左右。按国家标准规定涂成各种颜色以示区别，如下表所示：

| 钢瓶内所装气体 | 钢瓶颜色 | 横条颜色 | 字体颜色 |
|---|---|---|---|
| 氮气 | 黑 | 棕 | 黄 |
| 氢气 | 深绿 | 红 | 红 |
| 氯气 | 草绿 | 白 | 白 |
| 压缩空气 | 黑 | | 白 |
| 氧气 | 天蓝 | | 黑 |
| 二氧化碳 | 黑 | | 黄 |
| 氨气 | 黄 | | 黑 |
| 其他一切可燃气体 | 红 | | |
| 其他一切不可燃气体 | 黑 | | |

## 附录九 甘汞电极的电极电势与温度的关系

| 甘汞电极① | $\varphi$/V |
|---|---|
| SCE | $0.2412-6.61\times10^{-4}(t-25)-1.75\times10^{-6}(t-25)^2-9\times10^{-10}(t-25)^3$ |
| NCE | $0.2801-2.75\times10^{-4}(t-25)-2.50\times10^{-6}(t-25)^2-4\times10^{-9}(t-25)^3$ |
| 0.1NCE | $0.3337-8.75\times10^{-5}(t-25)-3\times10^{-6}(t-25)^2$ |

①SCE为饱和甘汞电极；NCE为标准甘汞电极；0.1NCE为0.1mol·$L^{-1}$甘汞电极。

## 附录十 常用参比电极电势及温度系数

| 名称 | 体系 | $E^{①}$/V | $(dE/dT)$/mV·$K^{-1}$ |
|---|---|---|---|
| 氢电极 | $Pt,H_2\|H^+(\alpha_{H^+}=1)$ | 0.0000 | |
| 饱和甘汞电极 | $Hg,Hg_2Cl_2\|$饱和KCl | 0.2415 | −0.761 |
| 标准甘汞电极 | $Hg,Hg_2Cl_2\|1mol\cdot L^{-1}KCl$ | 0.2800 | −0.275 |
| 甘汞电极 | $Hg,Hg_2Cl_2\|0.1mol\cdot L^{-1}KCl$ | 0.3337 | −0.875 |
| 银-氯化银电极 | $Ag,AgCl\|0.1mol\cdot L^{-1}KCl$ | 0.290 | −0.3 |
| 氧化汞电极 | $Hg,HgO\|0.1mol\cdot L^{-1}KOH$ | 0.165 | |
| 硫酸亚汞电极 | $Hg,Hg_2SO_4\|1mol\cdot L^{-1}H_2SO_4$ | 0.6758 | |
| 硫酸铜电极 | $Cu\|$饱和$CuSO_4$ | 0.316 | −0.7 |

①25℃相对于标准氢电极(NCE)。

## 附录十一 KCl溶液的电导率

| $t$/℃ | $c$/mol·$L^{-1}$ | | | |
|---|---|---|---|---|
| | 1.000 | 0.1000 | 0.0200 | 0.0100 |
| 0 | 0.06541 | 0.00715 | 0.001521 | 0.000776 |
| 5 | 0.07414 | 0.00822 | 0.001752 | 0.000896 |
| 10 | 0.08319 | 0.00933 | 0.001994 | 0.001020 |
| 15 | 0.09252 | 0.01048 | 0.002243 | 0.001147 |
| 16 | 0.09441 | 0.01072 | 0.002294 | 0.001173 |
| 17 | 0.09631 | 0.01095 | 0.002345 | 0.001199 |
| 18 | 0.09822 | 0.01119 | 0.002397 | 0.001225 |
| 19 | 0.10014 | 0.01143 | 0.002449 | 0.001251 |
| 20 | 0.10207 | 0.01167 | 0.002501 | 0.001278 |
| 21 | 0.10400 | 0.01191 | 0.002553 | 0.001305 |
| 22 | 0.10594 | 0.01215 | 0.002606 | 0.001332 |
| 23 | 0.10789 | 0.01239 | 0.002659 | 0.001359 |
| 24 | 0.10984 | 0.01264 | 0.002712 | 0.001386 |

续表

| $t$/℃ | $c$/mol·$L^{-1}$ | | | |
|---|---|---|---|---|
| | 1.000 | 0.1000 | 0.0200 | 0.0100 |
| 25 | 0.11180 | 0.01288 | 0.002765 | 0.001413 |
| 26 | 0.11377 | 0.01313 | 0.002819 | 0.001441 |
| 27 | 0.11574 | 0.01337 | 0.002873 | 0.001468 |
| 28 | | 0.01362 | 0.002927 | 0.001496 |
| 29 | | 0.01387 | 0.002981 | 0.001524 |
| 30 | | 0.01412 | 0.003036 | 0.001552 |
| 35 | | 0.01539 | 0.003312 | |
| 36 | | 0.01564 | 0.003368 | |

注：1. 电导率单位 S·$cm^{-1}$。

2. 在空气中称取 74.56g KCl，溶于 18℃水中，稀释到 1L，其浓度为 1.000mol·$L^{-1}$（密度 1.0449g·$mL^{-1}$），再稀释得其他浓度溶液。

# 附录十二　在 298K 的水溶液中，一些电解质的离子平均活度系数(活度因子)$\gamma_{\pm}$

| 溶液 \ $c$/mol·$L^{-1}$ | 0.01 | 0.02 | 0.03 | 0.05 | 0.07 | 0.09 | 0.10 | 0.20 | 0.50 |
|---|---|---|---|---|---|---|---|---|---|
| HCl | 0.904 | 0.875 | — | 0.830 | — | — | 0.796 | 0.767 | 0.758 |
| KOH | 0.90 | 0.86 | — | 0.82 | — | — | 0.80 | | 0.73 |
| KCl | 0.901 | | 0.846 | 0.815 | 0.793 | 0.776 | 0.790 | 0.719 | |
| KF | 0.930 | 0.920 | | 0.880 | | | | 0.810 | |
| $NH_4Cl$ | 0.88 | 0.84 | | 0.79 | | | 0.74 | 0.69 | |
| $Na_2SO_4$ | 0.714 | 0.641 | | 0.53 | | | 0.45 | 0.36 | |

# 附录十三　乙醇-水气液相平衡数据

| $t$/℃ | 100 | 95.5 | 89.0 | 86.7 | 85.3 | 84.1 | 82.7 | 82.3 |
|---|---|---|---|---|---|---|---|---|
| $x$ | 0.00 | 1.90 | 7.21 | 9.66 | 12.88 | 16.61 | 23.37 | 26.08 |
| $y$ | 0.00 | 17.00 | 38.91 | 43.75 | 47.04 | 50.89 | 54.45 | 55.80 |
| $t$/℃ | 81.5 | 80.7 | 79.8 | 79.7 | 79.3 | 78.74 | 78.41 | 78.15 |
| $x$ | 32.73 | 39.65 | 50.79 | 51.98 | 57.32 | 67.63 | 74.72 | 89.43 |
| $y$ | 58.26 | 61.22 | 65.64 | 65.99 | 68.41 | 73.85 | 78.15 | 89.43 |

注：表中 $x$ 为平衡时液相中乙醇的摩尔分数，$y$ 为平衡时气相中乙醇的摩尔分数。

## 附录十四 乙醇水溶液折射率(20℃)

| 质量% | 折射率 | 质量% | 折射率 | 质量% | 折射率 | 质量% | 折射率 | 质量% | 折射率 |
|---|---|---|---|---|---|---|---|---|---|
| 0.00 | 1.3330 | 7.00 | 1.3374 | 18.00 | 1.3455 | 44.00 | 1.3598 | 72.00 | 1.3654 |
| 0.50 | 1.3333 | 7.50 | 1.3377 | 19.00 | 1.3462 | 46.00 | 1.3604 | 74.00 | 1.3655 |
| 1.00 | 1.3336 | 8.00 | 1.3381 | 20.00 | 1.3469 | 48.00 | 1.3610 | 76.00 | 1.3657 |
| 1.50 | 1.3339 | 8.50 | 1.3384 | 22.00 | 1.3484 | 50.00 | 1.3616 | 78.00 | 1.3657 |
| 2.00 | 1.3342 | 9.00 | 1.3388 | 24.00 | 1.3198 | 52.00 | 1.3621 | 80.00 | 1.3658 |
| 2.50 | 1.3345 | 9.50 | 1.3392 | 26.00 | 1.3510 | 54.00 | 1.3626 | 82.00 | 1.3657 |
| 3.00 | 1.3348 | 10.00 | 1.3395 | 28.00 | 1.3524 | 56.00 | 1.3630 | 84.00 | 1.3656 |
| 3.50 | 1.3351 | 11.00 | 1.3403 | 30.00 | 1.3535 | 58.00 | 1.3634 | 86.00 | 1.3655 |
| 4.00 | 1.3354 | 12.00 | 1.3410 | 32.00 | 1.3546 | 60.00 | 1.3638 | 88.00 | 1.3653 |
| 4.50 | 1.3357 | 13.00 | 1.3417 | 34.00 | 1.3557 | 62.00 | 1.3641 | 90.00 | 1.3650 |
| 5.00 | 1.3360 | 14.00 | 1.3425 | 36.00 | 1.3566 | 64.00 | 1.3644 | 92.00 | 1.3646 |
| 5.50 | 1.3364 | 15.00 | 1.3432 | 38.00 | 1.3575 | 66.00 | 1.3647 | 94.00 | 1.3642 |
| 6.00 | 1.3367 | 16.00 | 1.3440 | 40.00 | 1.3583 | 68.00 | 1.3650 | 96.00 | 1.3636 |
| 6.60 | 1.3370 | 17.00 | 1.3447 | 42.00 | 1.3590 | 70.00 | 1.3652 | 98.00 | 1.3630 |

注：纯乙醇在同样条件下的折射率为 1.3614。

## 附录十五 乙醇水溶液在常温常压下的物性数据

| 体积分数/% | 密度/g·cm$^{-3}$ | 质量分数/% | 摩尔分数/% | 沸点/℃ | 比热容/kJ·kmol$^{-1}$·K$^{-1}$ | 汽化热/kJ·kmol$^{-1}$ |
|---|---|---|---|---|---|---|
| 0 | 1.00 | 0 | 0 | 100 | 75.3 | 40670 |
| 5 | 0.9928 | 4.00 | 1.6 | 95.8 | 79.8 | 40640 |
| 6 | 0.9916 | 4.80 | 1.9 | 95.1 | 80.7 | 40635 |
| 7 | 0.9903 | 5.62 | 2.3 | 94.4 | 81.6 | 40628 |
| 8 | 0.9891 | 6.42 | 2.6 | 93.8 | 82.4 | 40622 |
| 9 | 0.9879 | 7.24 | 3.0 | 93.2 | 83.2 | 40615 |
| 10 | 0.9867 | 8.05 | 3.3 | 92.6 | 84.0 | 40609 |
| 12 | 0.9845 | 9.69 | 4.0 | 91.6 | 85.2 | 40596 |
| 14 | 0.9822 | 11.33 | 4.8 | 90.7 | 86.3 | 40582 |
| 16 | 0.9802 | 12.97 | 5.5 | 89.8 | 87.4 | 40569 |
| 18 | 0.9782 | 14.62 | 6.3 | 89.1 | 88.5 | 40554 |
| 20 | 0.9763 | 16.20 | 7.1 | 88.4 | 89.3 | 40539 |
| 30 | 0.9657 | 24.69 | 11.4 | 85.7 | 93.7 | 40460 |
| 40 | 0.9523 | 33.39 | 16.4 | 84.1 | 97.8 | 40368 |
| 50 | 0.9348 | 42.52 | 22.4 | 82.8 | 100.9 | 40258 |
| 60 | 0.9141 | 52.20 | 29.9 | 81.7 | 102.7 | 40120 |

续表

| 体积分数/% | 密度/g·$cm^{-3}$ | 质量分数/% | 摩尔分数/% | 沸点/℃ | 比热容/kJ·$kmol^{-1}$·$K^{-1}$ | 汽化热/kJ·$kmol^{-1}$ |
|---|---|---|---|---|---|---|
| 70 | 0.8907 | 62.49 | 39.5 | 80.8 | 107.9 | 39943 |
| 80 | 0.8645 | 73.58 | 52.1 | 79.9 | 118.3 | 39711 |
| 90 | 0.8344 | 85.76 | 70.2 | 79.1 | 109.2 | 39378 |
| 92 | 0.8270 | 88.78 | 74.8 | 78.7 | 107.4 | 39294 |
| 94 | 0.8206 | 91.08 | 80.0 | 78.5 | 107.2 | 39198 |
| 96 | 0.8125 | 93.89 | 85.7 | 78.3 | 107.9 | 39093 |
| 98 | 0.8039 | 98.84 | 97.1 | 78.3 | 112.9 | 38883 |
| 100 | 0.7943 | 100 | 100 | 78.3 | 96.8 | 38830 |

# 附录十六　乙醇-水溶液密度(20℃)与质量分数关系

| 质量分数/% | 密度(20℃)/g·$cm^{-3}$ | 质量分数/% | 密度(20℃)/g·$cm^{-3}$ | 质量分数/% | 密度(20℃)/g·$cm^{-3}$ | 质量分数/% | 密度(20℃)/g·$cm^{-3}$ | 质量分数/% | 密度(20℃)/g·$cm^{-3}$ |
|---|---|---|---|---|---|---|---|---|---|
| 0 | 0.9982 | 21 | 0.9673 | 42 | 0.9311 | 63 | 0.8842 | 84 | 0.8335 |
| 1 | 0.9964 | 22 | 0.9659 | 43 | 0.9290 | 64 | 0.8818 | 85 | 0.8310 |
| 2 | 0.9945 | 23 | 0.9645 | 44 | 0.9269 | 65 | 0.8795 | 86 | 0.8284 |
| 3 | 0.9928 | 24 | 0.9631 | 45 | 0.9247 | 66 | 0.8771 | 87 | 0.8258 |
| 4 | 0.9910 | 25 | 0.9617 | 46 | 0.9226 | 67 | 0.8748 | 88 | 0.8232 |
| 5 | 0.9894 | 26 | 0.9602 | 47 | 0.9204 | 68 | 0.8724 | 89 | 0.8206 |
| 6 | 0.9878 | 27 | 0.9587 | 48 | 0.9182 | 69 | 0.8700 | 90 | 0.8180 |
| 7 | 0.9863 | 28 | 0.9571 | 49 | 0.9160 | 70 | 0.8677 | 91 | 0.8153 |
| 8 | 0.9848 | 29 | 0.9555 | 50 | 0.9138 | 71 | 0.8653 | 92 | 0.8126 |
| 9 | 0.9833 | 30 | 0.9538 | 51 | 0.9116 | 72 | 0.8629 | 93 | 0.8098 |
| 10 | 0.9819 | 31 | 0.9521 | 52 | 0.9094 | 73 | 0.8605 | 94 | 0.8071 |
| 11 | 0.9805 | 32 | 0.9504 | 53 | 0.9071 | 74 | 0.8581 | 95 | 0.8043 |
| 12 | 0.9791 | 33 | 0.9486 | 54 | 0.9049 | 75 | 0.8556 | 96 | 0.8014 |
| 13 | 0.9778 | 34 | 0.9468 | 55 | 0.9026 | 76 | 0.8532 | 97 | 0.7985 |
| 14 | 0.9764 | 35 | 0.9449 | 56 | 0.9003 | 77 | 0.8508 | 98 | 0.7955 |
| 15 | 0.9751 | 36 | 0.9431 | 57 | 0.8980 | 78 | 0.8484 | 99 | 0.7924 |
| 16 | 0.9739 | 37 | 0.9411 | 58 | 0.8957 | 79 | 0.8459 | 100 | 0.7893 |
| 17 | 0.9726 | 38 | 0.9392 | 59 | 0.8934 | 80 | 0.8434 | | |
| 18 | 0.9713 | 39 | 0.9372 | 60 | 0.8911 | 81 | 0.8410 | | |
| 19 | 0.9700 | 40 | 0.9352 | 61 | 0.8888 | 82 | 0.8385 | | |
| 20 | 0.9686 | 41 | 0.9331 | 62 | 0.8865 | 83 | 0.8360 | | |

## 参 考 文 献


[1] 南京大学《无机及分析化学实验》编写组. 无机及分析化学实验. 第4版. 北京：高等教育出版社，2006.
[2] 倪静安等. 无机及分析化学实验. 北京：高等教育出版社，2007.
[3] 李志林等. 无机及分析化学实验. 北京：化学工业出版社，2007.
[4] 魏琴. 无机及分析化学实验. 北京：科学出版社，2008.
[5] 辛述元. 无机及分析化学实验. 第2版. 北京：化学工业出版社，2011.
[6] 王传胜. 无机化学实验. 北京：化学工业出版社，2009.
[7] 李梅君，徐志珍. 无机化学实验. 北京：高等教育出版社，2007.
[8] 文利柏等. 无机化学实验. 北京：化学工业出版社，2010.
[9] 蔡蒍. 分析化学实验. 上海：上海交通大学出版社，2010.
[10] 马全红. 分析化学实验. 南京：南京大学出版社，2009.
[11] 胡广林. 分析化学实验. 北京：化学工业出版社，2010.
[12] 佘振宝，姜桂兰. 分析化学实验. 北京：化学工业出版社，2006.
[13] 马忠革. 分析化学实验. 北京：清华大学出版社，2011.
[14] 徐雅琴等. 有机化学实验. 北京：化学工业出版社，2010.
[15] 吴晓艺主编. 有机化学实验. 北京：清华大学出版社，2012.
[16] 朱靖等. 有机化学实验. 北京：化学工业出版社，2011.
[17] 马祥梅主编. 有机化学实验. 北京：化学工业出版社，2011.
[18] 宋毛平等主编. 有机化学实验. 郑州：郑州大学出版社，2004.
[19] 贾瑛等. 绿色有机化学实验. 西安：西北工业大学出版社，2009.
[20] 任玉杰主编. 绿色有机化学实验. 北京：化学工业出版社，2008.
[21] 邹立科，谢斌主编. 简明有机化学实验. 重庆：重庆大学出版社，2010.
[22] 李明主编. 有机化学实验. 北京：科学出版社，2010.
[23] 赵建庄，符史良主编. 有机化学实验. 北京：高等教育出版社，2007.
[24] 夏阳主编. 有机化学实验. 北京：科学出版社，2011.
[25] 陈芳. 物理化学实验. 武汉：武汉理工大学出版社，2011.
[26] 蔡邦宏. 物理化学实验教程. 南京：南京大学出版社，2010.
[27] 李敏娇，司玉军. 简明物理化学实验. 重庆：重庆大学出版社，2009.
[28] 刘廷岳，王岩. 物理化学实验. 北京：中国纺织出版社，2006.
[29] 杨百勤. 物理化学实验. 北京：化学工业出版社，2007.
[30] 王军，杨冬. 物理化学实验. 北京：化学工业出版社，2009.
[31] 刘志明等. 应用物理化学实验. 北京：化学工业出版社，2009.
[32] 韩国彬. 物理化学实验. 厦门：厦门大学出版社，2010.
[33] 姚克俭. 化工原理实验立体教材. 杭州：浙江大学出版社，2009.
[34] 赵晓霞，史宝萍. 化工原理实验指导. 北京：化学工业出版社，2012.
[35] 吴晓艺. 化工原理实验. 北京：清华大学出版社，2013.
[36] 张广旭. 化工原理实验. 武汉：武汉理工大学出版社，2011.
[37] 王建成等. 化工原理实验. 上海：华东理工大学出版社，2007.